高等学校计算机应用规划教材

PHP+MySQL 动态网站
开发基础教程

李 颖 编著

清华大学出版社

北 京

内 容 简 介

本书全面讲述了 PHP 程序设计语言的基本原理和技术。全书共分为 16 章，深入介绍了 PHP 语言的用途与 PHP 环境的搭建、PHP 语法和函数、字符串、数组、正则表达式、PHP 与 Web 页面的交互、日期和时间、HTTP、Cookie 和 Session、数据库编程、用 PHP 操作 MySQL 数据库、文件操作、图像技术、面向对象编程、PHP 与 JavaScript 和 Ajax、ThinkPHP 等内容。

本书内容丰富、结构合理、思路清晰、语言简练流畅、示例翔实，主要面向 PHP 语言的初学者，适合作为各种 Web 应用开发培训机构的培训教材、高等院校的 PHP 语言教材，还可作为 Web 应用开发人员的参考资料。

本书的电子课件、习题答案和实例源文件可以到 http://www.tupwk.com.cn/downpage 网站下载。

图书在版编目(CIP)数据

PHP+MySQL 动态网站开发基础教程/李颖　编著. —北京：清华大学出版社，2018（2021.1重印）
(高等学校计算机应用规划教材)
ISBN　978-7-302-50609-6

Ⅰ. ①P…　Ⅱ. ①李…　Ⅲ. ①PHP 语言－程序设计－高等学校－教材　②SQL 语言－程序设计－高等学校－教材　Ⅳ. ①TP312.8 ②TP311.132.3

中国版本图书馆 CIP 数据核字(2018)第 151305 号

责任编辑：胡辰浩　李维杰
封面设计：孔祥峰
版式设计：思创景点
责任校对：牛艳敏
责任印制：吴佳雯

出版发行：清华大学出版社
　　　　网　　　址：http://www.tup.com.cn，http://www.wqbook.com
　　　　地　　　址：北京清华大学学研大厦 A 座　　　　　　邮　　编：100084
　　　　社 总 机：010-62770175　　　　　　　　　　　　邮　　购：010-62786544
　　　　投稿与读者服务：010-62776969，c-service@tup.tsinghua.edu.cn
　　　　质 量 反 馈：010-62772015，zhiliang@tup.tsinghua.edu.cn
印 刷 者：北京富博印刷有限公司
装 订 者：北京市密云县京文制本装订厂
经　　销：全国新华书店
开　　本：185mm×260mm　　　印　　张：23.75　　　字　　数：578 千字
版　　次：2018 年 7 月第 1 版　　　印　　次：2021 年 1 月第 3 次印刷
定　　价：68.00元

产品编号：074754-02

前　言

　　本书将向读者介绍如何用 PHP 语言建立交互式的 Web 站点和应用程序。PHP 是当前最受欢迎的 Web 编程语言之一。作为编程语言，PHP 非常易学。PHP 提供了数以百计的内置函数，并且通过 PHP 引擎的增件，提供了数以千计的函数。本书只是把这门语言的最重要部分介绍给读者，指导读者创建可靠的、高质量的 PHP 应用程序。

　　本书是针对零基础编程学习者编写的 PHP 入门教程，从初学者角度出发，通过通俗易懂的语言、实用的示例，详细介绍了使用 PHP 进行程序开发所需要掌握的知识和技术。全书共分 16 章，内容包括开发环境的搭建、PHP 语言基础、流程控制语句、字符串操作与正则表达式、PHP 数组、面向对象编程、PHP 与 Web 页面的交互、MySQL 数据库基础以及综合网站开发等。书中的重要知识都结合具体实例进行讲解，对设计的程序代码也给出了详细注释，可以使读者轻松领会 PHP 程序开发的精髓，快速提高开发技能。

　　下面将逐章介绍本书的内容，这有助于读者决定采用什么样的阅读方法。

　　第 1 章为 PHP 入门。该章介绍 Web 技术基础、PHP 基础知识、PHP 开发环境的搭建、如何编写 PHP 程序、如何运行 PHP 程序、如何调试 PHP 程序和发生错误时如何处理等。

　　第 2 章介绍 PHP 语法和函数，主要内容包括 PHP 语法风格、标识符和关键字、常量、变量、变量类型的转换、运算符和表达式、流程控制语句、函数等。

　　第 3 章介绍字符串处理，主要内容包括创建和访问字符串、求字符串的长度、搜索字符串、字符串替换、格式化字符串、大小写转换等。

　　第 4 章介绍数组的知识，主要内容包括数组的概念、数组的创建和访问、数组的输出和切割、统计数组个数、遍历数组、多维数组的使用、数组的常用操作等。

　　第 5 章介绍正则表达式，首先介绍什么是正则表达式，其次讲解正则表达式的语法规则、模式匹配、正则表达式的使用、用 pre_match_all()函数实现多次匹配、用 preg_grep()函数搜索数组、用正则表达式实现文本替换功能等。

　　第 6 章介绍如何使用 PHP 建立交互式 Web 表单，具体内容包括如何建立 HTML 表单，如何在 PHP 脚本中捕获表单数据，如何用 PHP 生成动态表单。此外，还介绍文件的上传等。

　　第 7 章介绍常用的日期和时间功能以及 HTTP 请求，首先详细介绍日期和时间处理，包括许多实用的内置日期函数以及 DateTime 类，然后介绍如何处理 HTTP 请求-响应过程中的请求头和响应头等。

　　第 8 章介绍 Cookie 和 Session 技术，首先介绍 Cookie 的概念，Cookie 变量的创建、读取、删除，以及 Cookie 变量的生命周期，其次介绍 Session 的概念，Session 变量的创建，设置

Session 的有效时间,使用 Session 对用户权限进行控制,删除和销毁 Session 变量;最后介绍 Session 和 Cookie 的区别等。

第 9 章讨论 MySQL 控制台下的 MySQL 数据库编程,主要内容包括 MySQL 数据库的启动和连接、MySQL 数据库操作、数据表操作、数据表记录的更新操作、数据库的备份和还原操作等。

第 10 章介绍如何使用 PHP 语言操纵 MySQL 数据库,主要内容包括 MySQL 服务器的连接、SQL 语言的执行、数据库记录的读取、如何使用 PHP 语言对数据库执行增删改查操作等。

第 11 章介绍文件操作,首先介绍文件和目录基础、获取文件相关的属性信息、打开和关闭文件、文件的读写操作、文件权限的设置,其次介绍文件的赋值、重命名和删除,最后介绍目录的操作等内容。

第 12 章介绍如何使用 PHP 创建和处理图像,首先介绍计算机图形的一些理论,其次介绍如何创建新的图像,如何修改现有的图像,最后介绍如何使用 PHP 做一些常用的图像处理操作。

第 13 章主要介绍 PHP 面向对象技术,讨论如何使用 PHP 语言实现面向对象技术中的类、对象、类中的任何成员和属性、类中的静态成员、方法重载、接口、继承等内容。

第 14 章主要介绍 JavaScript 和 Ajax 技术与 PHP 语言的交互,主要内容包括 JavaScript 语言基础和 Ajax 技术的使用。

第 15 章主要介绍流行的 ThinkPHP 框架,重点介绍的是 ThinkPHP 的安装、目录架构、MVC 概念在 ThinkPHP 中的体现、URL 和路由等内容。

第 16 章主要通过两个综合实例来对本书介绍的 PHP 知识进行巩固,第一个综合实例通过 PHP 原生语言来实现,第二个综合实例通过 ThinkPHP 框架来实现。

本书内容丰富、结构合理、思路清晰、语言简练流畅、示例翔实,每一章的引言部分概述了该章的作用和内容。在每一章的正文中,结合所讲述的关键技术和难点,穿插了大量极富实用价值的示例。每一章末尾都安排了有针对性的思考题和练习题,思考题有助于读者巩固所学的基本概念,练习题有助于培养读者的实际动手能力、增强对基本概念的理解和实际应用能力。

本书是专为 PHP 编程初学者编写的。如果读者以前使用过其他编程语言,如 Java、C# 或 Perl,则学习 PHP 会比较容易。本书适合作为高等院校 PHP 网站开发、Web 应用程序开发课程的教材,也可作为 Web 开发人员的参考资料。

全书由吉林师范大学的李颖编写并统稿。除封面署名的作者外,参加本书编写的人员还有周爱萍、屈文斌、万鑫、张春辉、梅泉滔、杨永好、郑梦成、孙红胜、何玉华、李文静、冯波、马金帅、张晓晗、张梦甜、李亮等。由于作者水平有限,本书难免有不足之处,欢迎广大读者批评指正。我们的电子邮箱是 huchenhao@263.net,电话是 010-62796045。

本书的电子课件、习题答案和实例源文件可以到 http://www.tupwk.com.cn/downpage 网站下载。

作　者

2018 年 5 月

目　录

第 1 章

PHP 入 门

PHP 是一门服务器端程序设计语言。除 PHP 外，还有 JSP、ASP、ASP.NET 等重要的服务器端程序设计语言。服务器端程序语言主要运行在服务器端，用于处理来自浏览器端的客户请求；服务器端程序根据请求处理好之后，将处理结果返回到浏览器端，供用户在浏览器端查看或进行下一步交互。

PHP 语言最强大和最重要的特征就是跨平台和面向对象。本章首先介绍 Web 技术基础，其次介绍 PHP 语言的基础知识、开发环境的搭建，接着编写一个简单的 PHP 程序，最后介绍开发过程中遇到错误如何调试和处理。通过本章的学习，读者能够对 PHP 语言有一个整体上的认识，为后期学习 PHP 语言的具体内容打下良好的基础。

本章的学习目标：
- 掌握 Web 技术基础知识。
- 了解 PHP 基础知识。
- 掌握 Windows 与 Linux 操作系统平台上 PHP 开发环境的搭建。
- 掌握编写、运行和调试 PHP 程序的方法。

1.1 Web 技术基础

没有 Web 技术，就没有 PHP 的诞生。因此，在学习 PHP 之前，首先来了解 Web 技术相关的一些知识。

1.1.1 Web 技术概述

1. Web 的定义

百度百科对 Web 的定义是：Web 一般指 WWW(World Wide Web)，即全球广域网，也称为万维网，是一种基于超文本和 HTTP 的、全球性的、动态交互的、跨平台的分布式图形信息系统，是建立在 Internet 上的一种网络服务，为浏览者在 Internet 上查找和浏览信息提供了图形化的、易于访问的直观界面，其中的文档及超链接将 Internet 上的信息节点组织成一个互为关联的网状结构。简而言之，就是指互联网，人们通常说的"上网"就是访问互联网。

2. Web 的表现形式

Web 的表现形式有 3 种：超文本、超媒体、超文本传输协议。

- 超文本：百度百科将超文本定义为一种用户接口方式，用以显示文本以及与文本相关的内容。通俗易懂地说，主要是指链接到其他字段或文档的超文本链接(超链接)，允许浏览者从当前阅读位置直接跳转到超文本链接所指向的文字。一般具有这种特性的文档就是网页——用 HTML(HyperText Markup Language，超文本标记语言)语言书写的文档。
- 超媒体：超级媒体的简称，是超文本和多媒体在信息浏览环境下的结合，使得通过网页不仅能从一段文本跳转到另一段文本，还可以播放一段声音、显示一个图形，甚至可以播放一段动画。由此可见，超媒体使网页变得丰富多彩。
- 超文本传输协议(HyperText Transfer Protocol，HTTP)是互联网上应用最为广泛的一种网络传输协议。浏览器和服务端之间的交互都是通过 HTTP 协议来实现的。

3. C/S 和 B/S 架构

C/S 和 B/S 架构是最流行的两种软件架构。

(1) C/S 架构

C/S(Client/Server)架构，即客户端/服务器架构。客户端包含一个或多个在用户计算机上运行的程序；而服务器有两种，一种是数据库服务器，客户端通过数据库连接访问数据库服务器上的数据；另一种是 Socket 服务器，服务器上的程序通过 Socket 与客户端的程序通信。

C/S 架构也可以看成胖客户端架构。因为客户端需要实现绝大多数的业务逻辑和界面展示功能。这种架构中，作为客户端的部分需要承受很大的压力，因为显示逻辑和事务处理都包含在其中，通过与数据库的交互(通常是 SQL 或存储过程的实现)来达到持久化数据，以此满足实际项目的需要。

C/S 架构的优点有：界面和操作可以很丰富；安全性能很容易得到保证；实现多层认证也不难，由于只有一层交互，因此响应速度较快。缺点是：适用面窄，通常用于局域网中；用户群固定，由于程序需要安装才可使用，因此不适合面向一些不可知的用户；维护成本高，只要升级，所有客户端的程序都需要改变。

(2) B/S 架构

B/S(Browser/Server)架构，即浏览器/服务器架构。Browser 指的是 Web 浏览器，Server 是指用某种语言编写的服务器端程序。在 B/S 架构中，业务逻辑处理一般很少在浏览器端实现，主要放在服务器端用服务器端程序语言(后端语言)实现。一般情况下，浏览器、服务器和数据库构成了网站开发的三层架构。采用 B/S 架构的系统不需要特别安装客户端组件，用浏览器执行即可。

B/S 架构中，显示逻辑(即网页)交给 Web 浏览器解释执行，业务逻辑放在服务器端，用后端语言编写程序来处理，这样减少了客户端浏览器的压力。由于客户端浏览器只需要负责页面呈现和用户交互，因此也被称为瘦客户端。

B/S 架构的优点是：客户端无须安装组件，有浏览器即可；B/S 架构可以直接放在 Internet 上，供多用户访问，交互性较强；B/S 架构无须升级多个客户端组件，更新服务器端程序即可。

B/S 架构的缺点是：在跨浏览器上，B/S 架构在呈现上不尽如人意，要达到 C/S 架构的呈现程度更难；在速度和安全性上需要花费巨大的成本，这是 B/S 架构的最大问题；客户端/服务器的交互是请求-响应模式，常常需要刷新页面。

1.1.2 主流的 Web 应用平台

动态网站服务器平台至少要包括：操作系统+Web 服务器+应用程序服务+数据库。好的动态网站服务器是由多方面因素决定的，如个人喜好、部署费用、安全机制等。目前主流的 3 种 Web 平台分别是 LAMP、J2EE 和 ASP.NET，它们的运行环境组合如下：

- LAMP：Linux+Apache+MySQL+PHP
- J2EE：UNIX+Tomcat+Oracle+JSP
- ASP.NET：Windows Server+IIS+SQL Server+ASP.NET

LAMP、J2EE 和 ASP.NET 平台各有优缺点，三者的比较如表 1-1 所示。

表 1-1 3 种 Web 平台的比较

性能比较	LAMP	J2EE	ASP.NET
运行速度	较快	快	快
开发速度	快	慢	快
运行损耗	一般	较小	较大
难易程度	简单	难	简单
运行平台	Linux/UNIX/Windows	绝大多数平台	Windows 平台
扩展性	好	好	较差
安全性	好	好	较差
应用程度	较广	较广	较广
建设成本	非常低	非常高	高

1.1.3 Web 工作原理

Web 应用程序采用的是 B/S 架构。Web 工作原理就是：B/S 架构模式下，Web 服务器如何接收用户通过浏览器发来的请求，如何处理这些请求，以及如何将处理的结果返回给浏览器呈现给用户查看(即进行下一步交互)的过程。下面以 Apache 和 PHP 为基础，详细介绍 Web 工作原理。

1. 当直接请求静态 HTML 页面时

当客户通过浏览器直接请求静态的 HTML 页面时，即请求的页面不带应用程序和数据库操作时，Web 服务器将根据访问地址，找到存放该页面的地址，然后将该页面直接返回给客户端浏览器，如图 1-1 所示。

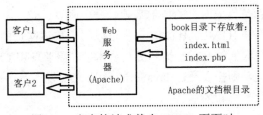

图 1-1 当直接请求静态 HTML 页面时

2. 当访问的页面带应用程序时

当客户请求一个带应用程序(如 PHP 程序)的页面时，Web 服务器将寻找到该文件，并通知

PHP 应用服务器。PHP 应用服务器(即 PHP 解释器)逐条解释程序，将其翻译成 HTML 静态页面，然后将该 HTML 静态页面返回给 Web 服务器，由 Web 服务器返回给浏览器，呈现给客户，如图 1-2 所示。

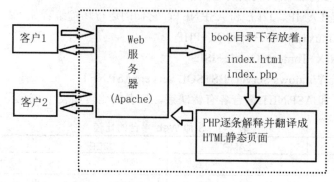

图 1-2   当访问带应用程序的页面时

3. 当访问的页面带应用程序和数据库时

当客户请求一个带应用程序(如 PHP 程序)的页面，并且该页面需要访问数据库时，PHP 应用服务器逐条解释程序时，还需要连接数据库服务器(如 MySQL 服务器)，并通过标准 SQL 语句来操作数据库，得到结果，返回给 PHP 程序，翻译成 HTML 静态页面，然后将该 HTML 静态页面返回给 Web 服务器，由 Web 服务器返回给浏览器，呈现给客户，如图 1-3 所示。

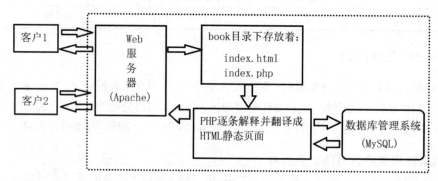

图 1-3   当访问的页面带应用程序和数据库时

1.1.4   常用的 Web 技术

Web 技术基础，也就是构成网页的技术基础。一个网页，首先需要有构成这个网页的结构。表示网页构成的语言是 HTML。HTML 语言可以用来描述网页的构成元素。为了使页面的布局或元素的样式符合人们的视觉习惯和更具艺术感，需要使用 CSS 语言来描述。如果网页还要能和用户进行交互，则需要通过 JavaScript 语言来实现。

1. HTML

HTML(HyperText Markup Language，超文本标记语言)是用标记来描述网页的一种语言，因此 HTML 不是编程语言，而是标记语言。网站由一个个网页组成，因此可以使用 HTML 来建立网站。HTML 网页运行在浏览器上，由浏览器解析。

HTML 文件的扩展名为.html 或.htm。文件结构如下：

```
<!DOCTYPE html>
<html>
<head>
<meta charset="utf-8">
<title>HTML 文档标题</title>
</head>
<body>
    <h1>第一个标题</h1>
    <p>第一个段落</p>
</body>
</html>
```

其中，各组成部分的含义如下：

● <!DOCTYPE html>声明为 HTML 文档。

● <html>元素是 HTML 页面的根元素。

● <head>元素包含文档的元(meta)数据。

● <title>元素描述文档的标题。

● <body>元素包含可见的页面内容。

● <h1>元素定义一个大标题。

● <p>元素定义一个段落。

由此可见，HTML 语言主要由一个个标记来描述网页的组成及结构。标记格式为：<标记名></标记名>。由于本书主要讲解 PHP 语言，因此不对 HTML 作详细介绍，后面章节仅对使用到的标记进行介绍。若要深入了解 HTML 语言，可参考其他 HTML 教程。

2. CSS

HTML 标记主要用于定义网页结构，通过使用<h1>、<p>、<table> 这样的标记，HTML 表达的是"这是标题""这是段落""这是表格"之类的信息。同时，网页布局由浏览器来完成，而不使用任何的格式化标记。

由于浏览器不断地将新的 HTML 标记和属性(比如字体标签和颜色属性)添加到 HTML 规范中，创建文档内容清晰地独立于文档表现层的站点变得越来越困难。

为了解决这个问题，万维网联盟(W3C)肩负起了 HTML 标准化的使命，并在 HTML 4.0 之外创造出层叠样式表(CSS)。由此可见，CSS 主要是为了描述网页元素的呈现效果而诞生的，有了 CSS，HTML 可以专注于定义网页内容，CSS 则专注于定义 HTML 标记的呈现效果及页面布局。

样式通常保存在外部的.css 文件中。样式表允许以多种方式定义样式信息。样式可以定义在单个 HTML 标记中，也可以定义在 HTML 页面的头元素<head></head>中，还可以单独在一个外部的 CSS 文件中，甚至可以在同一个 HTML 文档内部引用多个外部样式表。

CSS 规则由两个主要部分构成：选择器，以及一条或多条声明。格式如下：

```
selector {declaration1; declaration2; ... declarationN }
```

其中，选择器(selector)通常是需要改变样式的 HTML 元素。每条声明(declaration)由一个属性(property)和一个值(value)组成。属性是希望设置的样式属性。每个属性有一个值。属性和值被冒号分开，格式如下：

```
selector {property: value}
```

下面这行代码的作用是将 h1 元素内的文字颜色定义为红色，同时将字体大小设置为 14像素。在这个例子中，h1 是选择器，color 和 font-size 是属性，red 和 14px 是值。

```
h1 {color:red; font-size:14px;}
```

图 1-4 展示了上面这行代码的结构。

由于本书主要讲解 PHP 语言，因此不对 CSS 作详细介绍，后面章节仅对用到的样式进行介绍。若要深入了解 CSS，请参考专门的 CSS 教程。

图 1-4　代码结构示意图

3. JavaScript

JavaScript 是互联网上最流行的脚本语言，被数百万计的网页用来改进设计、验证表单、检测浏览器、创建 Cookies 以及进行其他更多的应用。JavaScript 是一种轻量级的编程语言，可插入 HTML 页面，由浏览器执行。

在使用 JavaScript 语言时，可以将 JavaScript 脚本通过<script>标记插入 HTML 的<head>或<body>中，或是单独保存为一个.js 文件，然后在 HTML 文档中通过<script>标签引用这个.js文件。

(1) <head>中的 JavaScript 函数

把一个 JavaScript 函数放置到 HTML 页面的<head>部分，例如：

```
<!DOCTYPE html>
<html>
<head>
<script>
function myFunction()
{
    document.getElementById("demo").innerHTML="我的第一个 JavaScript 程序";
}
</script>
</head>
<body>
<h1>个人页面</h1>
<p id="demo">一个段落</p>
<button type="button" onclick="myFunction()">试一试</button>
</body>
</html>
```

该函数会在单击按钮时被调用。

(2) <body>中的 JavaScript 函数

把一个 JavaScript 函数放置到 HTML 页面的<body>部分，例如：

```
<!DOCTYPE html>
<html>
<body>
<h1>个人页面</h1>
<p id="demo">一个段落</p>
<button type="button" onclick="myFunction()">试一试</button>
<script>
```

```
function myFunction()
{
    document.getElementById("demo").innerHTML="我的第一个 JavaScript 方法";
}
</script>
</body>
</html>
```

该函数会在单击按钮时被调用。这里需要注意的是，这里把 JavaScript 函数放到了页面代码的底部，这样就可以确保在<p>元素创建之后再执行脚本。

(3) 外部的 JavaScript

可以把脚本保存到外部文件中。外部文件通常包含被多个网页使用的代码。外部 JavaScript 文件的文件扩展名是.js。如果需要使用外部文件，可在<script>标记中通过 src 属性引用.js 文件，例如定义了一个 index.js 文件，则在 HTML 页面中这样引用：

```
<!DOCTYPE html>
<html>
<body>
<h1>个人页面</h1>
<p id="demo">一个段落</p>
<button type="button" onclick="myFunction()">单击这里</button>
<p><b>注释：</b>myFunction 保存在名为 "myScript.js" 的外部文件中。</p>
<script type="text/javascript" src="/js/index.js"></script>
</body>
</html>
```

以上 HTML 代码中，将引用保存在当前路径下 js 文件夹中的 index.js 脚本文件。

由于本书主要讲解 PHP 语言，因此不对 JavaScript 语言作详细介绍，只在后续章节对 JavaScript 和 PHP 之间的交互作介绍。若要深入了解，请参考专门的 JavaScript 教程。

1.2 PHP 基础知识

1.2.1 PHP 概述

PHP(Hypertext Preprocessor，超文本预处理器)是一种服务器端、跨平台、HTML 嵌入式的脚本语言，其独特的语法混合了 C、Java 和 Perl 语言的特点，是一种被广泛应用的、开源的多用途脚本语言，尤其适合 Web 开发。

PHP 采用 B/S 体系架构，PHP 程序在 Web 服务器启动后，用户可以不使用客户端软件，使用浏览器即可访问，既保持了图形化的用户界面，又大大减少了应用的维护量。

1.2.2 PHP 的优势

PHP 起源于自由软件，即开放源代码软件，使用 PHP 进行 Web 应用程序的开发具有以下优势：

- 跨平台特性：PHP 几乎支持所有的操作系统平台，如 Windows、UNIX、Linux、Macintosh、FreeBSD、OS2 等，并且支持 Apache、IIS 等多种 Web 服务器。

- 对主流数据库的良好支持：可操纵多种主流数据库，如 MySQL、Access、SQL Server、Oracle、DB2 等，其中 PHP 和 MySQL 是目前最佳的组合，它们的组合可以跨平台运行。
- 易学性：PHP 嵌入在 HTML 语言中，以脚本语言为主，内置丰富函数，语法简单，书写容易，方便开发人员学习掌握。
- 免费：在流行的企业级应用 LAMP 平台中，Linux、Apache、MySQL、PHP 都是免费软件，这种开源免费的框架结构可以为网站经营者节省很大一笔开支。
- 模板化：实现程序逻辑与用户界面的分离。
- 支持面向对象与过程：支持面向对象和过程的两种开发风格，并可向下兼容。
- 内嵌 Zend 加速引擎，性能稳定快速。

1.2.3　PHP 的应用领域

PHP 在互联网高速发展的今天，应用范围非常广泛，主要包括：中小型网站的开发，大型网站的业务逻辑结果展示，Web 办公管理系统，硬件管控软件的 GUI，电子商务应用，Web 应用系统开发，企业级应用开发。

PHP 吸引着越来越多的 Web 开发人员。PHP 可应用于任何地方、任何领域，并且已拥有数百万用户，拥有良好的生态社区。

1.2.4　常用的 PHP 开发工具

PHP 的开发工具很多，常用的开发工具通常分为三类：一类是简单文本编辑器类型，如 EditPlus、Notepad++；一类是专门的 PHP 开发编辑器，如 phpDesigner 8、PHP Coder、Zend Studio、PHP Editor；还有一类是在通用开发编辑器上通过嵌入 PHP 插件支持形成的 PHP 开发编辑器，如 NetBeans IDE、Eclipse PDT 等。每种开发工具各有优势，好的开发工具可以提升开发效率，开发人员可以根据需要进行选择。这里不对编辑器作过多介绍，读者可搜索相应的开发工具，查看工具介绍，找一款适合自己需要的开发编辑器。

1.2.5　如何学好 PHP

如何学好 PHP 语言？这是所有初学者共同面临的问题。其实，每种程序设计语言的学习方法都大同小异，需要注意的有以下几点：

- 明确自己的学习目标和学习方向，选择并锁定一门语言，按照自己的学习方向努力学习，认真研究。
- 学会配置 PHP 的开发环境，选择一种适合自己的开发工具。
- 扎实的基础对程序员来说尤为重要。因此，建议读者多阅读一些程序设计基础教材，了解基本的编程知识，掌握常用的函数。
- 了解设计模式，这几乎是学习任何一种编程语言都必须掌握的高级技能。开发人员编写的程序代码应该具有良好的可读性，这样才能使编写的程序具有调试、维护和升级的价值，学习一些设计模式，就能更好地把握项目的整体结构。
- 多实践，多思考，多请教。不要死记语法，在刚接触一门编程语言时，要掌握好基本语法，反复实践，如果有实际项目进行操练，效果最佳。仅读懂书本中的内容和技术是不行的，必须动手编写程序代码，并运行程序、分析运行结构，以便对学习内容有整体的认识。平时可以多借鉴网上一些好的功能模块，培养自己的编程思想。多向他人请教，学习他人的编程思想。多和他人沟通技术问题，提高自己的技术和见识。

- 学习最忌讳急躁，遇到技术问题，必须冷静对待，分析出现问题的原因大致有哪些，然后学会使用 Google、百度等搜索引擎工具，寻找此类问题都有哪些解决方案，逐一尝试，找到针对当前问题的最佳解决方案。
- PHP 函数有几千个，需要下载 PHP 帮助手册和 MySQL 手册，或者查看 PHP 函数类的相关书籍，以解决程序中出现的问题。
- 现在很多 PHP 案例书籍都配有视频教程，可以看一些视频录像来领悟他人的编程思想。只有掌握了整体的开发思路，才能够系统地学习编程。
- 养成良好的编程习惯。遇到问题不要放弃，要有坚持不懈、持之以恒的精神。

1.2.6　PHP 学习资源

1. PHP 帮助手册的下载和使用

学习任何编程语言都不可能一一记住每一个方法和参数，因此，在学习 PHP 的时候，手边最好有一份 PHP 帮助手册，以方便查阅需要用到的 PHP 方法。PHP 官方网站提供了电子版的 PHP 帮助手册，使用前需要到官方网站进行下载。

(1) 打开浏览器，在地址栏中输入网址 http://php.net/，回车后进入 PHP 官网，如图 1-5 所示。在导航栏中找到 Documentation，然后单击。

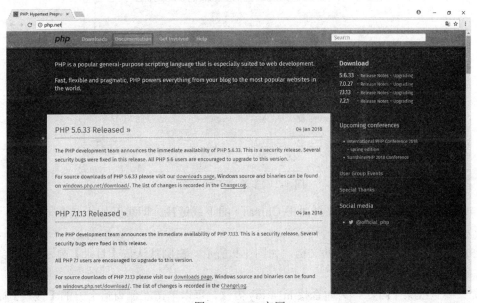

图 1-5　PHP 官网

(2) 进入 Documentation 页面，找到 documentation downloads 链接，如图 1-6 所示。

(3) 单击链接进入多语言下载页面，如图 1-7 所示。在该页面中找到 Chinese(Simplified)，单击该栏最右侧的 chm 链接。

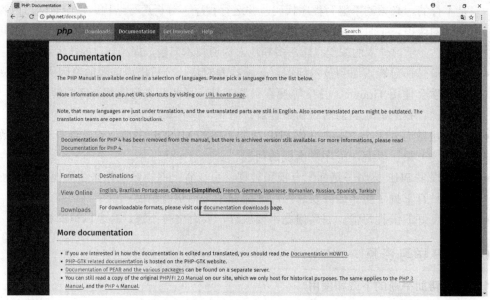

图 1-6 documentation downloads 链接

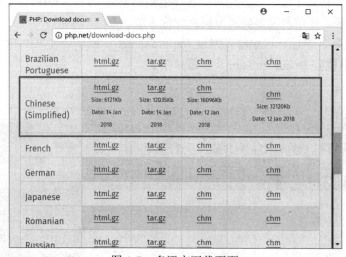

图 1-7 多语言下载页面

(4) 打开下载页面，单击该页面中 China 下的下载链接，即可开始下载帮助手册，如图 1-8 所示。

(5) 打开已下载的 PHP 帮助文档，如图 1-9 所示。左侧默认按【目录】显示帮助文档的内容。

如果要查找某个方法，例如查找 in_array 方法，可以单击左侧窗格上方的【搜索】标签，切换到搜索页。在【键入关键字进行查找】文本框中输入 in_array，手册将会自动匹配。若找到 in_array 项，将高亮显示(蓝色背景词条)，双击该项，即可在右侧显示 in_array 方法的功能、使用格式、使用示例等，如图 1-10 所示。另外，还可以通过索引进行查找，以及对经常用到的词条进行收藏，方便以后查阅。

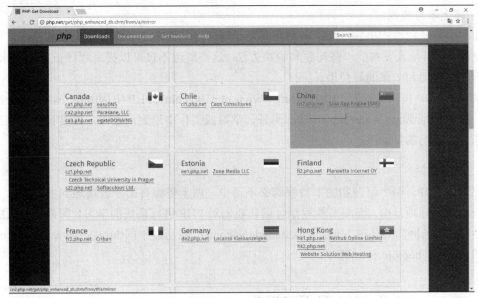

图 1-8 下载页面

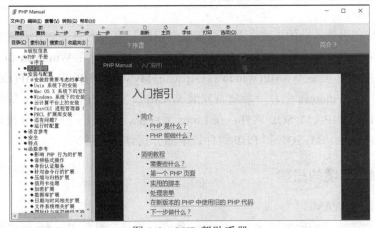

图 1-9 PHP 帮助手册

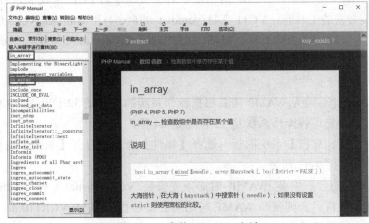

图 1-10 查找 in_array 方法

2. 网上学习资源

要想学好一门编程语言，除了教材和帮助手册，还需要多上一些技术论坛和社区，与同行多交流，多看他人发布的一些问题和解决方法。这些资源不仅可以提高程序员的技术水平，也是程序员学习和工作的好帮手。

常用的 PHP 技术论坛有 PHP100(http://www.php100.com)、PHP 中国(http://www.phpchina.com)、PHP 论坛(http://www.php.cn)等。另外，学习或工作中遇到问题时，百度和谷歌等搜索引擎永远是学习的好助手。

3. 图书网站

要学好 PHP，网上资源和图书教程都必不可少。网上资源有助于解决遇到的问题以及将所学应用到实际项目中，而图书教程则可以让我们对 PHP 进行系统的学习。国内比较大的图书网站有：当当网图书频道(http://book.dangdang.com/)、亚马逊中国(https://www.amazon.cn/)、京东图书(http://book.jd.com)等。

1.3 PHP 开发环境的搭建

PHP 是运行在服务器端的语言，要想快速在自己的计算机上测试 PHP，需要让自己的计算机也能运行服务器软件。服务器软件(即 Web 服务器)主要运行在 Windows 和 Linux 操作系统上，对应的搭建环境是 WAMP(Windows+Apache+MySQL+PHP)和 LAMP(Linux+Apache+MySQL+PHP)。在 Windows 上，一般常常安装 WAMP、XAMPP、AppServ 等集成套件，其中包含了 Apache、PHP、MySQL 软件；在 Linux 系统上，一般采用 CentOS 操作系统，采用 yum 方式安装 Apache、MySQL 和 PHP 组件。下面分别详细介绍。

1.3.1 WAMP 环境的搭建

1. 安装与配置 WAMP

WAMP 环境的搭建一般采用 WampServer 集成安装包，即在 Windows 系统上一键安装 Apache 服务器、MySQL 数据库、PHP 解析器，对于快速学习 PHP 来说非常合适。

WAMP 安装必备的工具有：VC11 支持(vcredist_x86\x64)和 WampServer 3.0.6 32/64 位集成(Apache 2.4.23、PHP 5.6.25/7.0.10、MySQL 5.7.14、phpMyAdmin 4.6.4、Adminer 4.2.5、phpSysInfo 3.2.5)。

具体安装步骤如下：

(1) 查看系统类型。因为 WAMP 需要根据操作系统的类型是 32 位还是 64 位来选择不同的安装程序，所以要先了解操作系统是 32 位还是 64 位。

在桌面上右击【计算机】系统图标，选择【属性】命令，打开【系统】窗口，可以查看操作系统的位数，如图 1-11 所示。

(2) 下载和安装组件。安装 WAMP 时必须先安装 VC11(Visual C++ Redistributable for Visual Studio 2012)支持，否则安装 WAMP 时系统会提示找不到 MSVCR110.dll。为了方便，这里提供了两个文件最新的安装包(于 2018 年 1 月 15 日从官网获取)。

图 1-11　查看 Windows 系统的位数

VC11 官网下载地址：https://www.microsoft.com/en-us/download/details.aspx?id=30679。

WAMP 下载地址：http://www.wampserver.com/en/download-wampserver-64bits/。

(3) 运行安装 VC11 支持包(vcredist_x64.exe 或 vcredist_x86.exe)，如图 1-12 所示。另外，还要确保有最新版的 VC9、VC10、VC13 和 VC14 支持包。

(4) 运行安装已下载的 WampServer 安装包(WampServer 3.0.6)，根据安装向导进行软件的安装。首先选择语言，如图 1-13 所示，只有两种选择，这里选择 English 选项。

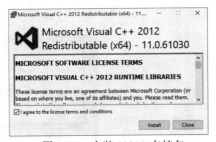

图 1-12　安装 VC11 支持包

图 1-13　选择语言

(5) 然后选择是否接受协议和安装信息，如图 1-14 所示。

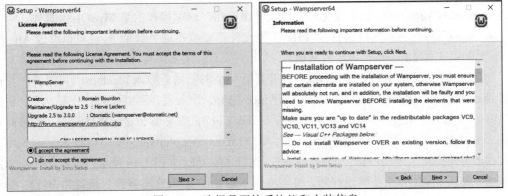

图 1-14　选择是否接受协议和安装信息

(6) 接下来选择安装目录，默认为 C:\wamp64。根据安装向导一步步进行安装即可。

需要注意的是，安装过程中会弹出提示，让选择默认启动 localhost 地址的浏览器，找不到路径跳过也没有关系。只是想帮用户关联 localhost 快捷访问，默认是 IE。其实以后通过打开 Chrome 浏览器，输入 localhost 或 127.0.0.1(本机地址)进行访问也是一样的。

(7) 安装完毕后，桌面上出现一个图标，双击即可启动 WampServer 64。Windows 桌面右下角会出现 WampServer 的运行状态图标(图标多的话可能会被隐藏，仔细找找)，如图 1-15 所示。如果这时图标是绿色的，说明 Apache、PHP、MySQL 都正常运行，服务器可以投入使用。如果是橙色或红色，说明 Apache、MySQL 或 PHP 组件启动失败。

(8) 配置与调试。在服务器状态图标上右击，在弹出的菜单中展开 Language 选项，选择 chinese(中文)，如图 1-16 所示。

在服务器状态图标上单击，打开控制管理面板，如图 1-17 所示，其中各选项如下：

- Localhost：调用浏览器访问本机地址，默认优先读取 www 目录下的 index.php 文件。

图 1-15　启动图标　　　　图 1-16　设置语言　　　图 1-17　WAMP 的控制管理面板

- phpMyAdmin：一款可视化的数据库管理工具，这里操作的是 MySQL 数据库。
- www 目录：网站文件根目录，PHP 工程文件都要放在这个目录下，也可以通过 Apache 配置文件 httpd.conf 指定为其他目录。

访问上面的 localhost(127.0.0.1)或者打开任意一个浏览器后输入 localhost，可以看到如图 1-18 所示的页面。因为服务器默认优先打开 index.php，即首页，所以如果有需要，可以用自己做好的首页文件来替换。如果目录下不存在 index.php，服务器会显示文件列表。要访问自己的 xxx.php 文件，在浏览器的地址栏中输入 127.0.0.1/xxx.php 并回车即可。

在服务器图标上单击，打开控制管理面板，选择 MySQL，如图 1-19 所示，选择进入 MySQL 控制台。如果 MySQL 服务器没问题，将出现黑色命令行窗口(这里将背景设置为白色)。提示输入密码，直接按回车键，成功登录数据库服务器，如图 1-20 所示，这时可以使用各种数据库操作命令了。

图 1-18　默认的 localhost 页面

　　PHP 连接时默认的数据库用户名是 root，密码为空(留空)。黑色界面是原生的数据库命令行操作界面，所以上面的 phpMyAdmin 是这个界面之上的可视化界面，类似的客户端软件还有 Navicat。

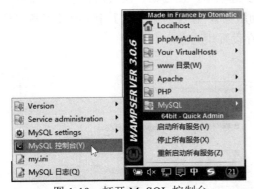

图 1-19　打开 MySQL 控制台

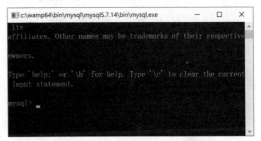

图 1-20　MySQL 命令行窗口

2. 将 Apache 和 MySQL 注册为系统服务

　　WAMP 环境已安装完毕。当在本机上使用 WAMP 环境浏览网站时，首先要双击 WAMP 图标以启动程序。但是，当网站已被部署到服务器上时，如果也这样启动 WAMP 程序，只要服务器崩溃重启，就又要到服务器桌面手动重启 WAMP 程序，显然很不方便。更方便的办法是，将 Apache 和 MySQL 注册为 Windows 系统服务，设置为自动运行，这样，只要服务多次无法响应或服务器重启，服务组件就会自动重启，而不需要手工干预。

　　事实上，当运行 WAMP 时，程序已经将 Apache 和 MySQL 注册为系统服务。

　　(1) 在桌面上右击【计算机】(或【此电脑】)，从弹出的快捷菜单中选择【管理】命令，如图 1-21 所示。这时将打开【计算机管理】窗口，如图 1-22 所示。

　　(2) 在【计算机管理】窗口的左侧窗格中找到【服务和应用程序】，展开后单击【服务】选项，右侧窗格将显示当前计算机中所有已安装的服务。找到 wampapache64 和 wampmysqld64 选项。

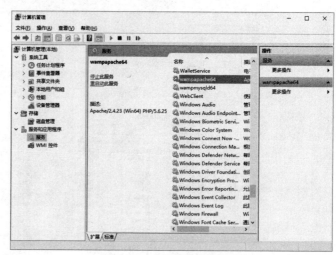

图 1-21　选择【管理】命令　　　　　　图 1-22　【计算机管理】窗口

(3) 右击 wampapache64 选项,从弹出的快捷菜单中选择【属性】命令,打开【wampapache64 的属性(本地计算机)】对话框,如图 1-23 所示。在【常规】选项卡的【启动类型】中,选择【自动】,然后单击【应用】按钮;切换到【恢复】选项卡,在【第一次失败】中选择【重新启动服务】,在【第二次失败】中选择【重新启动服务】,在【后续失败】中选择【重新启动计算机】,如图 1-24 所示。单击【确定】按钮保存设置。

使用同样的方法设置 wampmysqld64 服务。

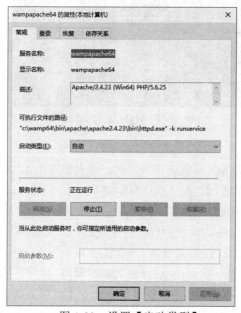

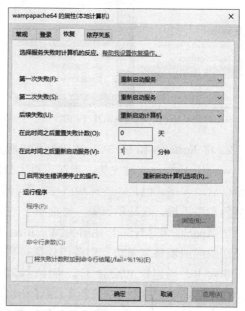

图 1-23　设置【启动类型】　　　　　　图 1-24　设置服务失败后的处理

经过上面这些设置后,每当计算机重启时,WAMP 会自动跟随启动;当 WAMP 发生故障无法正常接收和响应客户端请求时,WAMP 服务会自动重启,如果故障非常严重,将重新启动计算机以重置服务器。

注意,也可以分别单独将安装目录下的 bin 目录下的 Apache 和 MySQL 手动注册为系统服务，这里不作过多介绍，感兴趣的读者可以自行搜寻将 Apache 或 MySQL 分别注册为 Windows 系统服务的方法。

1.3.2　LAMP 环境的搭建

在 Linux 操作系统下搭建 PHP 开发环境相比 Windows 操作系统下要复杂得多，除了 Apache、MySQL、PHP 等软件外，还要安装一些相关工具，并设置必要参数。此外，如果要使用 PHP 扩展库，还要进行编译。

安装之前需要准备的安装包如下：

- httpd-2.4.23.tar.gz
- mysql-5.7.16-linux-glibc2.5-i686.tar.gz
- php-5.6.25.tar.gz
- libxml2-2.9.7.tar.gz

1．安装 Apache 服务器

为了安装 Apache 服务器，首先需要打开 Linux 终端。例如，以 Red Hat 为例，选择【主菜单】|【系统工具】命令，在弹出的子菜单中选择【终端】命令。下面介绍 Apache 的安装步骤。

(1) 进入 Apache 安装文件所在的目录，如/usr/local/work。

```
cd /usr/local/work/
```

(2) 解压安装包。解压完成后，进入 httpd2.4.23 目录。

```
tar xfz httpd-2.4.23.tar.gz
cd httpd-2.4.23
```

(3) 建立 makefile，将 Apache 服务器安装到 usr/local/Apache2 下。

```
./configure –prefix=/usr/local/Apache2 –enable-module=so
```

(4) 编译文件。

```
make
```

(5) 开始安装。

```
make install
```

(6) 安装完成后，将 Apache 服务器添加到系统启动项中，最后重启服务器。

```
/usr/local/Apache2/bin/Apachectl start >> /etc/rc.d/rc.local
/usr/local/Apache2/bin/Apachectl restart
```

(7) 打开 Chrome 浏览器，在地址栏中输入 http://localhost/，按 Enter 键查看安装是否成功。

2．安装 MySQL 数据库

安装 MySQL 比安装 Apache 复杂一些，因为需要创建 MySQL 账号，并将新建的账号加入到组群中。安装步骤如下：

(1) 创建 MySQL 账号，并加入到组群中。

```
groupadd   mysql
useradd  -g mysql mysql
```

(2) 进入 MySQL 的安装目录，将安装包解压，例如目录为/usr/local/mysql。

```
cd /usr/local/mysql
tar xfz /usr/local/work/mysql-5.7.16-linux-glibc2.5-i686.tar.gz
```

(3) 考虑到 MySQL 数据库升级的需要，通常以链接的方式建立/usr/local/mysql 目录。

```
ln –s mysql-5.7.16-linux-glibc2.5-i686.tar.gz mysql
```

(4) 进入 MySQL 目录，在/usr/local/mysql/data 中建立 MySQL 数据库。

```
cd mysql
scripts/mysql_install_db –user=mysql
```

(5) 修改文件权限如下：

```
chown –R root
chown –R mysql data
chgrp –R mysql
```

(6) 至此，MySQL 安装成功。用户可以通过在终端输入命令来启动 MySQL 服务。

```
/usr/local/mysql/bin/mysqld_safe –user=mysql &
```

启动后输入命令，进入 MySQL：

```
/usr/local/mysql/bin/mysql –u root
```

3. 安装 PHP

在安装 PHP 之前，首先需要查看 libxml 的版本号，其版本号不宜过低。安装 libxml 和 PHP 的步骤如下：

(1) 将 libxml 和 PHP 复制到/usr/local/work 目录下，并进入该目录。

```
cp php-5.6.25.tar.gz libxml2-2.9.7.tar.gz /usr/local/work
cd /usr/local/work
```

(2) 分别将 libxml 和 PHP 安装包解压。

```
tar xfz libxml2-2.9.7.tar.gz
tar php-5.6.25.tar.gz
```

(3) 进入 libxml2 目录，建立 makefile，将 libxml 安装到/usr/local/libxml2 下。

```
cd libxml2-2.9.7
./configure –prefix=/usr/local/libxml2
```

(4) 编译文件。

```
makefile
```

(5) 开始安装。

```
make install
```

(6) libxml2 安装完毕后，开始安装 PHP。进入 PHP 目录。

```
cd ./ php-5.6.25
```

(7) 建立 makefile。

```
./configure –with-apxs2=/usr/local/Apache2/bin/apxs
-with-mysql=/usr/local/mysql
-with-libxml-dir=/usr/local/libxml2
```

(8) 开始编译。

```
make
```

(9) 开始安装。

```
make install
```

(10) 复制 php.ini-dist 或 php.ini-recommended 到 usr/local/lib 目录中，并命名为 php.ini。

```
cp php.ini-dist /usr/local/lib/php.ini
```

(11) 更改 httpd.conf 文件设置，该文件位于/usr/local/Apache2/conf 目录。找到该文件中的以下指令行：

```
AddType application/x-gzip .gz .tgz
```

在该行后加入如下指令：

```
AddType application/x-httpd-php .php
```

重启 Apache，在 Apache 主目录下建立文件 phpinfo.php。

```
<?php phpinfo(); ?>
```

在浏览器中输入 http://localhost/phpinfo.php，按 Enter 键测试是否成功显示 PHP 信息页。如果成功显示，则说明 PHP 安装成功。

1.3.3　扩展库

PHP 一直在不断升级和更新，总体上围绕着性能、安全和新特性，不断为开发者提供新的动力。PHP 提供了一些扩展库，这些扩展库使 PHP 如虎添翼，更加灵活方便。如网上社区、BBS 论坛等，如果没有扩展库的支持，它们都可能无法使用。因此，在安装 PHP 时，要根据各自用途选择安装扩展库。

从 PHP5 开始，PHP 新增了内置的标准扩展库，如表 1-2 所示，包括 XML 扩展库-DOM、SimpleXML、SPL、SQLite 等，而 MySQL、MySQLi、Overload、GD2 这些库则被放在 PECL 外部扩展库中，需要在 php.ini 配置文件中选择加载。

在 Windows 下加载扩展库，是通过修改 php.ini 文件来完成的。用户也可以在脚本中通过使用 dl()函数来动态加载。PHP 扩展库的 DLL 文件都具有 php_前缀。

很多扩展库都内置于 Windows 版本的 PHP 中，加载这些扩展库时不需要额外的 DLL 文件和 extension 配置命令。Windows 下的 PHP 扩展库列表列出了需要或曾经需要额外 DLL 文件的扩展库。

在编辑 php.ini 文件时，需要注意以下几点：

* 需要修改 extension_dir 设置，使其指向用户放置扩展库的目录或者放置 php_*.dll 文件的位置，例如 extension_dir=d:\php\extensions。
* 为了在 php.ini 文件中启用某扩展库，需要去掉 extension=php_*.dll 前的注释符号，即需要将加载的扩展库前的分号";"删除。例如，为了启用 Bzip2 扩展库，需要将下面这行代码的注释分号去掉：

```
;extension=php_bz2.dll
```

改成：

```
extension=php_bz2.dll
```

* 有些扩展库需要额外的 DLL 文件才能工作。其中一部分 DLL 文件绑定在发行包中，但有一些需要的 DLL 文件并没有绑定在发行包中。如果安装 PHP5，需要将绑定的 DLL 文件从 D:\php\dlls 复制到主目录 D:\php 中。值得注意的是，必须将 C:\php5 放到系统路径 PATH 中。
* 某些 DLL 文件没有绑定在 PHP 发行包中。PECL 中有庞大的 PHP 扩展库，这些扩展库需要单独下载。

表 1-2　PHP 扩展库

扩 展 库	说　明	注　解
php_bz2.dll	Bzip2 压缩函数库	无
php_calendar.dll	历法转换函数库	自 PHP 4.0.3 起内置
php_cpdf.dll	ClibPDF 函数库	无
php_crack.dll	密码破解函数库	无
php_ctype.dll	ctype 家族函数库	自 PHP 4.3.0 起内置
php_curl.dll	CURL，客户端 URL 函数库	需要 libeay32.dll 和 ssleay32.dll(已附带)
php_cycrash.dll	网络现金支付函数库	PHP<=4.2.0 版本之前内置
php_dbase.dll	dBase 函数库	无
php_dba.dll	DBA，数据库(dbm 风格)抽象层函数库	无

（续表）

扩 展 库	说　　明	注　　解
php_dbx.dll	dbx 函数库	无
php_domxml.dll	DOM XML 函数库	PHP<=4.2.0，需要 libxml2.dll(已附带) PHP>=4.3.0，需要 icon.dll(已附带)
php_dotnet.dll	.NET 函数库	PHP<=4.1.1
php_exif.dll	EXIF 函数库	需要 php_mbstring.dll，并且在 php.ini 中，php_exif.dll 必须在 php_mbstring.dll 之后加载
php_fbsql.dll	frontBase 函数库	PHP<=4.2.0
php_fdf.dll	FDF:表单数据格式化函数库	需要 fdftk.dll(已附带)
php_filepro.dll	filePro 函数库	只读访问
php_ftp.dll	FTP 函数库	自 PHP 4.0.3 起内置
php_gd.dll	GD 库图像函数库	自 PHP 4.0.3 中删除。此外注意，在 GDI 中不能用真彩色函数，应用 php_gd2.dll 替代
php_gd2.dll	GD2 函数库	GD2
php_gettext.dll	Gettext 函数库	PHP<=4.2.0，需要 gun_gettext.dll(已附带) PHP>=4.2.3，需要 libintl-l.dll 和 iconv.dll(已附带)
php_hyperwave.dll	HyperWave 函数库	无
php_iconv.dll	ICONV 字符集转换	需要 iconv-1.3.dll(已附带)
php_ifx.dll	Informix 函数库	需要 Informix 库
php_iisfunc.dll	IIS 管理函数库	无
php_imap.dll	IMAP、POP3 和 NNTP 函数库	无
php_ingres.dll	Ingres II 函数库	需要 Ingres II 库
php_interbase.dll	InterBase 函数库	需要 gds32.dll(已附带)
php_java.dll	Java 函数库	PHP<=4.0.6，需要 jvm.dll(已附带)
php_ldap.dll	LDAP 函数库	PHP<=4.2.0，需要 libsasl.dll(已附带) PHP>=4.3.0，需要 libeasy32.dll 和 ssleay32.dll(已附带)
php_mbstring.dll	多字节字符串函数库	无
php_mcrypt.dll	Mcrypt 加密函数库	需要 libmcrypt.dll
php_mhash.dll	Mhash 函数库	PHP>=4.3.0，需要 libmhash.dll(已附带)
php_mime_magic.dll	Mimetype 函数库	需要 libmcrypt.dll
php_mhash.dll	Mhash 函数库	PHP>=4.3.0，需要 libmhash.dll(已附带)
php_mime_magic.dll	Mimetype 函数库	需要 magic.mime(已附带)
php_ming.dll	Ming 函数库(Flash)	无
php_msql.dll	MSQL 函数库	需要 msql.dll(已附带)
php_mssql.dll	MSSQL 函数库	需要 ntwdblib.dll

（续表）

扩　展　库	说　　明	注　　解
php_mysql.dll	MySQL 函数库	PHP>=5.0.0，需要 libmysql.dll
php_oci8.dll	Oracle 8 函数库	需要 Oracle 8.1+客户端库
php_openssl.dll	OpenSSL 函数库	需要 libeasy 32.dll
php_oracle.dll	Oracle 函数库	需要 Oracle 7 客户端库
php_overload.dll	对象重载函数库	自 PHP 4.3.0 起内置
php_pdf.dll	PDF 函数库	无
php_pgsql.dll	PostgreSQL 函数库	无
php_printer.dll	打印机函数库	无
php_shmop.dll	共享内存函数库	无
php_snmp.dll	SNMP 函数库	仅用于 Windows NT
php_soap.dll	SOAP 函数库	PHP>=5.0.0
php_sockets.dll	Socket 函数库	无
php_sybase_ct.dll	Sybase 函数库	无
php_tidy.dll	Tidy 函数库	PHP>=5.0.0
php_tokenizer.dll	Tokenizer 函数库	自 PHP 4.3.0 起内置
php_w32api.dll	W32api 函数库	无
php_xmlrpc.dll	XML_RPC 函数库	PHP>=4.2.1 需要 iconv.dll
php_xslt.dll	XSLT 函数库	PHP<4.2.0，需要 sablot.dll 和 expat.dll PHP>=4.2.1，需要 sablot.dll、expat.dll 和 iconv.dll
php_yaz.dll	YAZ 函数库	需要 yaz.dll
php_zip.dll	Zip 文件函数库	只读访问
php_zlib.dll	ZLib 压缩函数库	自 PHP 4.3.0 起内置

1.4 第一个 PHP 程序

下面以 NotePad++作为编辑器编写一个简单的 PHP 程序。

【例 1-1】本例的目的是熟悉 PHP 的书写规则和程序的执行。本例将输出一行"Hello World"。

（1）找到 WAMP 的安装目录，本书为 C:\wamp64。打开 www 文件夹，新建一个文件夹并命名为 book，用于存放本书的示例程序。

（2）打开 book 文件夹，再新建 ch01 文件夹，右击，从弹出的菜单中选择【新建】|【文本文档】命令，新建一个文本文档，命名为 index.php。

（3）右击 index.php，选择用 NotePad++打开。

（4）输入以下代码：

```
<?php
  echo "hello world";
?>
```

启动 WAMP 服务程序，打开浏览器，输入网址，回车后页面输出如图 1-25 所示。

图 1-25　第一个 PHP 程序的输出

在这个程序中，有以下几点需要注意：

- "<?php"和"?>"是 PHP 的标记对。在这对标记中，所有的代码都被当成 PHP 处理。除了这种表示方法外，PHP 还可以使用 ASP 风格的"<%...%>"和 SGML 风格的"<?…?>"等。
- echo 是 PHP 中的输出语句，与 ASP 中的 response.write、JSP 中的 out.print 的含义相同，用于将紧跟其后的字符串或变量值显示在页面中。每行代码都以分号";"结尾。
- www 目录是 WAMP 服务器默认用于存放网站的位置，在这个示例中，PHP 将会默认到这个位置的 book 目录的 ch01 文件夹中查找 index.php 文件，然后进行解析、输出。

1.5　调试与错误处理

　　程序的调试与错误处理，就是通过一定的方法，在程序中找到并减少缺陷的数量，从而使程序能正常工作。这里介绍一些调试 PHP 程序的经验。

1.5.1　使用自带的报错功能

1. 环境配置

　　实际项目中，一般在网站的开发阶段和上线之后，采用两种不同的环境方案：开发环境和生产环境。开发环境是开发人员进行开发和调试的环境，生产环境是最终客户使用的线上环境。

　　一般情况下，开发环境和生产环境要分开设置报错功能。

　　(1) 开发环境

　　开发环境需要打开报错功能，以下是 php.ini 中的配置项及其说明：

```
; This directive sets the error reporting level.
; Development Value: E_ALL | E_STRICT (Show all errors, warnings and notices including coding standards.)
error_reporting = E_ALL | E_STRICT
; This directive controls whether or not and where PHP will output errors,
; notices and warnings too. Error output is very useful during development.
; Development Value: On
display_errors = On
```

这样在开发过程中，能第一时间发现错误，即使是低等级的报错"Notice: Undefined

variable: a in E:\phpspace\test.php on line 14"，但未定义变量的使用往往暗藏着 bug。

有的读者会问，如果引入了开源的类库，运行时抛出一堆低级的错误怎么办？一般代码质量好的类库，是没有 Notice 级别的报错的。所以这也是一种鉴别类库的质量的方法。

(2) 生产环境

生产环境下不能直接将错误输出，而是记入日志，以下是 php.ini 中的配置项及其说明：

```
; It could be very dangerous in production environments.
; It's recommended that errors be logged on production servers rather than
; having the errors sent to STDOUT.
display_errors = Off
; Besides displaying errors, PHP can also log errors to locations such as a
; server-specific log, STDERR, or a location specified by the error_log
; directive found below. While errors should not be displayed on productions
; servers they should still be monitored and logging is a great way to do that.
; Production Value: On
log_errors = On
; Log errors to specified file.
error_log = /path/to/php_error.log
```

生产环境是给客户提供服务的，不能在上面进行设置断点、打印输出等操作，所以日志是不错的选择。当然，将日志写到文件里只是一个选择，还有其他配置，可参考手册。

2. 其他 PHP 语言特性、功能的使用

(1) 少用错误控制运算符 "@"

将 "@" 放置在一个 PHP 表达式之前，该表达式可能产生的任何错误信息都被忽略掉。如果在这个表达式中发生缺陷，从 PHP 的输出中看不到任何错误，这增加了调试的难度。所以能不用则不用。

(2) 有些函数自带调试功能

比如下面这行代码：

```
$fp = fsockopen("www.example.com", 80, $errno, $errstr, 30);
```

调试时已经确定，$fp 为空，连接失败，是这一行有问题，但是为什么连接失败？函数是 PHP 自带的，无法进行更深入的调试。所以一般这样的函数(主要是网络通信类的函数)，会自己提供调试参数：$errno 和$errstr。可以加一句：

```
if (!$fp) echo "$errstr ($errno)<br />\n";
```

这样就能看到连接失败的原因了。这类函数有 fsockopen、pfsockopen、stream_socket_server、stream_socket_client 等。

还有些函数是调试功能用的，比如 mysql_errno、socket_last_error、socket_strerror 等。

1.5.2 引进调试工具

在遇到复杂问题时，可以借助调试工具。比较成熟的有 Xdebug、ZendDebugger。

以 Xdebug 为例，它能够控制打印输出的样式和数组层级、堆栈式的追踪错误、追踪函数调用、对代码执行覆盖分析、程序的概要分析(Profiling)、远程调试。Xdebug 的前两个功能对 PHP 原有的调试功能做了改进，更方便调试，详见 http://xdebug.org/docs/。

1.5.3　调试业务逻辑错误

当 PHP 程序执行没有任何错误时，说明程序此时没有语法上的错误，但并不能说业务逻辑上没有错误。很多业务逻辑上的错误并不会反映在语法错误上，但调试的思路和 PHP 自带调试功能差不多。下面是一些常用的调试方法。

1. 最基本的调试方法

首先要确定程序预期的结果，以及程序现在的不符合预期的结果。然后，寻找与两种结果相关的代码片段。首先阅读代码，尝试以"肉眼"找出错误；如果找不出，则需要输出一些关键变量，通过检查它们的值是否正确来判断是哪里发生了错误；若干次尝试后，最终一般可以确定错误发生在哪个点。

另外，也可以借助 Xdebug 等工具，查看变量值的变化，或者设置断点进行调试。

2. 记录运行日志

有些复杂或特殊的业务，用上面的方法不合适，比如不能被打断运行的后台脚本。这些情况下记录运行日志比较合适。记日志的点要有所选择，除了业务上比较重要的点，通常容易出错的地方有：网络连接和通信、系统权限问题等。

3. 单元测试

以代码测试代码，而不是调试完就把测试代码丢掉。以测试驱动开发为例，这个话题比较大，但适合放这里提一下。有兴趣的同学可以去了解。

1.5.4　调试非功能性错误

非功能性错误，如内存溢出导致程序终止，效率有问题等导致程序非常慢、死循环等。这些问题，无法通过"肉眼"检查代码来发现，这样效率太低，这时可以借助调试工具进行程序的概要分析(Profiling)，从中检查出程序的瓶颈所在。

1.6　本章小结

本章主要从概要上介绍了 Web 技术和 PHP 在 Web 中的位置。Web 应用程序是以 B/S 架构为基础的应用程序，主要以浏览器(Browser)为客户端。网站就是 Web 应用程序的一种。用户通过浏览器发送请求到服务器(Server)，服务器处理完毕后，再把结果 HTML 页面发送回客户端。

网站开发过程中，客户端需要用到 HTML、CSS、JavaScript 语言，而服务器端程序语言一般采用 PHP、JSP、ASP 等。PHP 以简单、高效著称。

PHP 是一种服务器端、跨平台、HTML 嵌入式的脚本语言，其独特的语法混合了 C、Java 和 Perl 语言的特点，是一种被广泛应用的、开源的多用途脚本语言，尤其适合 Web 开发。PHP 语言的优点有：安全性高、跨平台、易学、执行速度快、免费、模板化、支持面向对象与过程、内嵌 Zend 加速引擎、性能稳定快速。

　　PHP 适合用来开发任何应用类型的服务器端程序，可应用于各行各业。在编写 PHP 程序时，如果程序不多，简单的记事本即可满足编辑要求；如果是大型项目，也有许多开源免费的 IDE 平台可供选择。另外，在学习 PHP 的过程中，有大量的 PHP 图书、网站、技术论坛等辅助渠道。

　　本书的最后还介绍了如何在 Windows 和 Linux 系统上搭建 PHP 环境，以及如何编写一个简单的 PHP 程序，如何调试 PHP 程序以及出现错误时如何处理。接下来就开始 PHP 语言学习之旅吧！

1.7　思考和练习

1. 简述 Web 工作原理，并画出交互图。
2. 常用的 PHP 开发工具有哪些？
3. 尝试在 Linux 上部署 PHP 运行环境。
4. 尝试在 Windows 上部署 PHP 运行环境。
5. 编写一个简单的 PHP 程序，并在浏览器中执行。

第 2 章

PHP 语法和函数

"千里之行，始于足下"，本章从 PHP 基础知识开始进行介绍，以便大家建立扎实的理论基础，这是建立复杂网站或其他应用程序的基础。本章从 PHP 的语法风格开始讲解，然后简单介绍 PHP 标识符的命名规则以及语言本身的关键字，接着介绍常量、变量、表达式的使用，再接着介绍针对程序运行的流程控制，最后介绍极其重要的函数的使用。通过本章的学习，读者应能掌握 PHP 语言的基础知识，并能够使用 PHP 语言开发一些解决基本问题的完整 PHP 程序。

本章的学习目标：
* 掌握 PHP 的语法风格，包括 PHP 标记和 PHP 注释。
* 了解 PHP 标识符的命名规则和 PHP 已有的关键字。
* 掌握 PHP 常量与变量的定义与使用。
* 掌握常用的数据类型与不同类型转换的方法。
* 掌握运算符和表达式的使用。
* 掌握流程控制语句在程序中的使用。
* 掌握函数的定义与使用。

2.1 PHP 的语法风格

一般情况下，PHP 是服务器端语言，需要和前端语言结合起来开发网页。因此，PHP 需要有自己独特的标记，以将 PHP 语言和其他前端语言区分开来，方便 PHP 解释器解析。另外，和其他语言一样，PHP 也有自己的注释符号，方便读者给 PHP 程序写注释，提高代码的可读性。

2.1.1 PHP 标记

PHP 和其他几种 Web 语言一样，都是使用一对标记将 PHP 代码部分包含起来，以便和 HTML 代码区分开。PHP 一共支持 4 种标记风格，分别如下：

(1) XML 风格

XML 风格的标记是本书使用的标记，也是推荐使用的标记，服务器不能禁用。该风格的标记在 XML 和 XHTML 中都可以使用。XML 风格的标记的格式如下：

```
<?php
  echo "这是 XML 风格的标记";
?>
```

(2) 脚本风格

```
<script language="php">
  echo "这是脚本风格的标记";
</script>
```

(3) 简短风格

```
<? echo "这是简短风格的标记"; ?>
```

(4) ASP 风格

```
<%
  echo "这是 ASP 风格的标记";
%>
```

需要注意的是，如果要使用简短风格和 ASP 风格，需要在 php.ini 文件中进行设置。本书使用的是 WAMP 组件，php.int 文件在 WAMP 的 bin 目录下。打开 php.ini 文件，将 short_open_tag 和 asp_tags 都设置为 ON，然后重启 Apache 服务器即可。

2.1.2　PHP 注释

注释是对代码的解释和说明，一般放到代码的上方或尾部。若放到尾部，代码和注释之间以 Tab 键进行分隔，以方便代码的阅读。注释用来说明代码或函数的编写人、用途、时间等。注释不会影响程序的执行，因为在执行时，注释部分会被解释器忽略掉。

PHP 支持以下 3 种风格的程序注释。

(1) C++风格的单行注释

```
<?php
  echo '使用 C++风格';           //这是 C++风格的单行注释
?>
```

(2) C 风格的多行注释

```
<?php
  /*
  C 风格的多行
  注释
  */
  echo '使用 C 风格的多行注释';
?>
```

需要注意的是，多行注释符号不能嵌套使用。

(3) Shell 风格的注释

```
<?php
  echo 'Shell 风格的注释';        #这是 Shell 风格的注释
?>
```

在单行注释的内容中，不能出现 PHP 文档结束符——"?>"标记，因为解释器会以为 PHP 脚本结束了，而去执行结束符后面的代码。例如，下面这样的注释是错误的：

```
<?php
  echo "hello world";            //不会看到?>会看到
```

2.2 PHP 标识符与关键字

在 PHP 语言中，标识符一般是指变量、常量、函数的名称。而关键字指的是 PHP 语言本身的一些内置标识符，有特殊的用途。标识符的名称可以由开发人员定义，但是需要符合 PHP 标识符的命名规则，且不能和系统内置的标识符(即关键字)冲突。

2.2.1 PHP 标识符

标识符是适用于变量、函数和其他各种用户定义对象的一般术语。PHP 标识符必须满足以下要求：

- 标识符可以由一个或多个字符组成，必须以字母或下画线开头。此外，标识符只能由字母、数字、下画线和从 127 到 255 的其他 ASCII 字符组成。例如，以下是一些合法的标识符命名：

```
my_function
Size
_someword
```

而下面的标识符命名是不合法的：

```
This&that      //包含特殊字符&
!counter       //不能以叹号!开头
4ward          //不能以数字开头
```

- 标识符区分大小写，函数例外。因此，变量$recipe 不同于变量$Recipe、$rEciPe 或 $recipE。
- 标识符可以是任意长度。开发人员能通过标识符名准确地描述标识符的用途。
- 标识符的名称不能与任何 PHP 预定义关键字相同。
- 变量名可以与函数名相同，但不推荐，这样会降低代码的可读性。

2.2.2 关键字

关键字，也就是 PHP 内置的标识符，已经被 PHP 语言本身占用，有着特殊用途，是 PHP 语言的一部分。因此，不能再用这些关键字作为变量、常量、方法或类的名称。常见的关键字如表 2-1 所示。

表 2-1　PHP 关键字

and	or	xor	__FILE__	exception
__LINE__	array()	as	break	case
class	const	continue	declare	default
die	do	echo	else	elseif
empty	enddeclare	endfor	endforeach	endif
endswitch	endwhile	eval	exit	extends

for	foreach	function	global	if
include	include_once	isset	list	new
print	require	require_once	return	static
switch	unset	use	var	while
__FUNCTION__	__CLASS__	__METHOD__	final	php_user_filter
interface	implements	extends	public	private
protected	abstract	clone	try	catch
throw	this			

2.3　PHP 常量

实际开发中，有些值需要在整个程序中保持不变，例如配置文件、需要显示的文本等。对于这种情况，一般使用常量来表示。常量的值在程序运行中不能改变。在 PHP 程序中，常量的值只能定义一次。PHP 语言中有两种类型的常量：一类是由开发人员定义的常量；另一类是由 PHP 语言本身定义的常量。

2.3.1　常量的定义

在命名常量时，除了要符合 PHP 标识符的命名规范外，最好用全部大写字母表示常量。此外，常量的首字符不能是$($是变量名的首字符)，因此要尽量避免使常量名与语句名或函数名等 PHP 关键字同名。例如，不可以建立名为 ECHO 或 SETTYPE 的常量。如果定义了这样的常量名称，PHP 引擎会无法识别。

常量只包含标量值，如布尔值、整型数、浮点数和字符串(不可以是数组和对象等值)，可以在 PHP 程序中的任何地方引用常量，而不需要考虑变量的作用域或大小写敏感等问题。

1. 常量的定义

在 PHP 中使用 define()函数来定义常量，该函数的语法格式为：

```
define(string constant_name,mixed value,case_sensitive=true)
```

该函数有 3 个参数，这些参数的说明如表 2-2 所示。

表 2-2　define()函数的参数说明

参　　　数	说　　　明
constant_name	必选参数。常量名称，即标识符
value	必选参数。常量的值
case_sensitive	可选参数。指定是否大小写敏感。设置为 true 时，表示不敏感

例如，定义常量 MY_CONSTANT，代码如下：

```
define( "MY_CONSTANT", "19" );    // MY_CONSTANT 常量的值为字符串"19"
echo MY_CONSTANT;                 // 输出字符串"19"
```

2. 常量值的获取

定义常量之后，即可在程序中使用常量。使用常量即使用常量中存储的值，这时候就需要获取常量的值。获取常量的值有以下两种方法：使用常量名直接获取值；使用 constant()函数获取常量值。其中，通过 constant()函数获取常量值和直接使用常量名输出的效果一样，但函数可以动态地输出不同的常量，在使用方式上要更灵活些。constant()函数的语法格式如下：

```
mixed constant(string constant_name)
```

其中，参数 constant_name 为要获取值的常量名，也可以是存储常量名的变量。如果获取成功，则返回常量的值，否则以错误信息来提示用户常量没有定义。

3. 常量是否存在的判断

要判断一个常量是否已经定义，可以使用 defined()函数，其语法格式如下：

```
bool defined(string constant_name)
```

其中，参数 constant_name 为要判断是否存在的常量的名称，成功返回 true，失败返回 false。

4. 一个使用常量的例子

【例 2-1】通过 define()、constant()和 defined()函数定义并使用常量。

在下面的程序中，使用 define()函数定义常量，使用 constant()函数获取常量的值，使用 defined()函数判断常量是否被定义。

```php
<?php
define("MSG","常量 1");
echo MSG."<br>";                    //输出常量 MSG
echo Msg."<br>";                    //输出报错信息，直接输出 Msg，表示没有该常量
define("NAME","姓名",true);
echo NAME."<br>";                   //输出常量 NAME
echo Name."<br>";                   //输出常量 NAME，因为设置了大小写不敏感
$str = "name";
echo constant($str)."<br>";          //输出常量 NAME
echo (defined("MSG"))."<br>";        //常量已定义，返回 true，echo 输出为 1
?>
```

将以上程序保存为 constant.php，然后在浏览器中运行该文件，效果如图 2-1 所示。

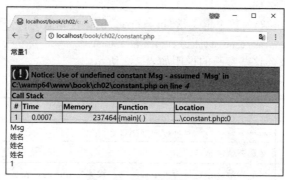

图 2-1　程序运行结果

2.3.2　预定义常量

PHP 语言将一些经常用到的值定义成了系统常量，如表 2-3 所示。开发人员可以直接使

用这些常量。

表 2-3　PHP 预定义常量

常　量　名	说　明
__FILE__	当前 PHP 文件名(注意，FILE 前后是两个下画线_)
__LINE__	PHP 程序行数
PHP_VERSION	使用的 PHP 版本
PHP_OS	内置常量，执行 PHP 解析器的操作系统名称，如 Linux、Windows
TRUE	该常量是一个真值(true)
FALSE	该常量是一个假值(false)
NULL	一个 null 值
E_ERROR	该常量指向最近的错误处
E_WARNING	该常量指向最近的警告处
E_PARSE	该常量指向解析语法有潜在问题处
E_NOTICE	该常量为发生不寻常处的提示，但不一定是错误处
PHP_SAPI	Web 服务器与 PHP 之间的接口
PHP_INT_MAX	最大的整型数
DEFAULT_INCLUDE_PATH	PHP 默认的包含路径
PEAR_INSTALL_DIR	PEAR 的安装路径
PEAR_EXTENSION_DIR	PEAR 的扩展路径
PHP_BINDIR	PHP 的执行路径
M_E	自然对数 e 值
M_PI	数学上的圆周率的值
__FUNCTION__	当前被调用的函数名
__CLASS__	当前类名
__METHOD__	当前类的当前方法名

【例 2-2】PHP 预定义常量的使用。

```
<?php
    echo 'PHP 常用的预定义常量'.'<br>';
    echo '当前 PHP 的版本为(PHP_VERSION):'.PHP_VERSION.'<br>';
    echo '当前所使用的操作系统类型(PHP_OS):'.PHP_OS.'<br>';
    echo 'Web 服务器与 PHP 之间的接口为(PHP_SAPI):'.PHP_SAPI.'<br>';
    echo '最大的整型数(PHP_INT_MAX):'.PHP_INT_MAX.'<br>';
    echo 'php 默认的包含路径(DEFAULT_INCLUDE_PATH):'.DEFAULT_INCLUDE_PATH.'<br>';
    echo 'PEAR 的安装路径(PEAR_INSTALL_DIR):'.PEAR_INSTALL_DIR.'<br>';
    echo 'PEAR 的扩展路径(PEAR_EXTENSION_DIR):'.PEAR_EXTENSION_DIR.'<br>';
    echo 'PHP 的执行路径(PHP_BINDIR):'.PHP_BINDIR.'<br>';
    echo 'PHP 扩展模块的路径为(PHP_LIBDIR):'.PHP_LIBDIR.'<br>';
    echo '指向最近的错误处(E_ERROR):'.E_ERROR.'<br>';
    echo '指向最近的警告处(E_WARNING):'.E_WARNING.'<br>';
    echo '指向最近的注意处(E_NOTICE):'.E_NOTICE.'<br>';
```

```
        echo '自然对数 e 值(M_E):'.M_E.'<br>';
        echo '数学上的圆周率的值(M_PI):'.M_PI.'<br>';
        echo '逻辑真值(TRUE):'.TRUE.'<br>';
        echo '逻辑假值(FALSE):'.FALSE.'<br>';
        echo '当前文件行数(__LINE__):'.__LINE__.'<br>'; //是两个下画线
        echo '当前文件路径名(__FILE__):'.__FILE__.'<br>';
        echo '当前被调用的函数名(__FUNCTION__):'.__FUNCTION__.'<br>';
        echo '类名(__CLASS__):'.__CLASS__.'<br>';
        echo '类的方法名(__METHOD__):'.__METHOD__.'<br>';
    ?>
```

将以上程序保存为 pre_constant.php，然后在浏览器中运行该程序，结果如图 2-2 所示。从图 2-2 中可以看出，最后 3 行的值为空，因为当前程序行并未在函数和类中，因此没有值。

图 2-2   程序运行结果

2.4   PHP 变量

变量是指在程序执行过程中数值可以变化的量。变量通过名称(变量名)来标识。变量的命名必须符合标识符规范。当定义一个变量后，系统为该变量分配一个存储单元。变量名实际上就是计算机内存单元的命名。因此，记住变量名即可访问内存中的变量值。

2.4.1   变量的声明和使用

在 PHP 中使用变量之前不需要声明变量，只需要为变量赋值即可。变量包括两个方面：变量名和变量值。PHP 变量名除要符合标识符的命名规则外，第一个字符必须是$，$后的字符必须是字母或下画线，其他字符可以是字母、数字或下画线，而且长度没有限制。例如：

```
    $my_first_variable;
```

当 PHP 第一次看到一个变量名时，就自动地为它创建一个变量。下面是一些合法的 PHP 变量名：

```
$my_first_variable    $anotherVariable    $x    $_123
```

而下面的 PHP 变量名是非法的：

```
$2222_var    $@spee
```

当声明一个变量时，最好同时给它赋一个值，即进行变量的初始化。例如：

```
$my_first_variable = 3;
```

以上语句创建变量$my_first_variable，并用运算符=把 3 赋给了它。这样，阅读程序的人可以知道一个变量在创建时的值。下面这段代码建立了两个变量，并把它们分别初始化为 7和 6，然后输出两者之和 13：

```
$x = 7; $y = 6;
echo $x + $y;
```

除了用等号(=)为变量赋值之外，还可以通过引用赋值，即用不同的名称访问同一个变量的内容。当改变其中一个变量的值时，另一个变量的值也跟着变化。引用赋值使用"&"符号来表示引用。例如，下面的变量$n 使用了引用赋值：

```
<?php
    $m = 30;
    $n = & $m;
    $k = $m;
    echo $n. ', ';
    $n = 40;
    echo $m.', ';
    echo $k;
?>
```

以上程序输出"30，40，30"。程序首先声明了变量$m，并赋值为 30；然后声明了变量$n，并使用引用赋值方式引用变量$m 的值，这时候变量$n 和变量$m 指向同一个内存单元，因此 echo $n 输出 30，而变量$k 则是使用等号赋值。接着，$n=40 将内存单元存储的值改变为 40，因此，这时候变量$m 的值也改为 40，因此 echo $m 输出 40，而变量$k 的值不变，其值还是 30。

注意：引用赋值和等号赋值的区别在于，等号赋值是将变量的内容复制下来，开辟一块新的内存空间来保存，而引用相当于给变量再起个名字。

2.4.2 PHP 的数据类型

变量的数据类型决定了变量的数据所允许的操作以及在内存中的存储空间。首先，PHP支持 4 类标量数据，如表 2-4 所示。标量数据是指只有一个值的数据。

表 2-4 标量数据类型

标量数据类型	说　明	示　例
Integer	整数	15
Float	浮点数	8.23
String	字符串	"Hello，world!"
Boolean	布尔型	true

PHP 还定义了两类组合数据，如表 2-5 所示。组合数据是指由多个数值组成的数据。

表 2-5　组合数据类型

组合数据类型	说　　　明
Array	有序列表的映射(包含从名称或数字到数值的映射)
Object	包含属性和方法的类型

　　最后，PHP 还支持两类特殊的数据类型，它们不像标量数据和组合数据那样有明确的意义，如表 2-6 所示。

表 2-6　特殊数据类型

特殊数据类型	说　　　明
Resource	表示对外部资源(如文件或数据库)的引用
null	只有一个 null 值，显式说明某个变量不包含任何值

　　由此可见，PHP 属于松散类型的编程语言。这是指 PHP 不过分讲究保存在变量中的数据的类型。根据使用变量的上下文，PHP 可以自动转换变量的数据类型。例如，可以用一个整数值初始化一个变量，再把它与浮点数相加，把它变为一个浮点数，再把它合并到一个字符串中，得到一个更长的字符串。与此相反，诸如 C++、Java 语言则是强类型语言。在 Java 中，一旦给某个变量声明了某种类型，它就只能保存这种特定类型的数据。

　　松散类型的优势是，能使变量变得非常灵活，使同一个变量可以应用在不同的情景中，但是这也意味着，在声明变量时，无须考虑变量的类型。例如，当不小心传递了错误的数据类型时，PHP 不会发出错误消息。例如，PHP 允许把一个浮点数传递给一个本来需要整数的函数，而且不会提示错误信息，但是脚本得到的结果并不是所期待的值。虽然这会导致错误排解难度的增加，但 PHP 提供了许多有针对性的类型检测函数。

2.4.3　检测变量的数据类型

　　gettype()函数可以在任何时候确定一个变量的类型。该函数的语法格式如下：

```
string gettype (mixed $var)
```

$var 为需要判断类型的变量。该函数将以字符串的形式返回该变量的类型(有关函数的使用，本章最后一节会介绍)。

　　下面是使用 gettype()函数的一些例子：

```
$test_var;                          // 声明变量$test_var，未初始化
echo gettype( $test_var ) . "<br />"; // 输出"NULL"
$test_var = 15;
echo gettype( $test_var ) . "<br />"; // 输出"integer"
$test_var = 8.23;
echo gettype( $test_var ) . "<br />"; // 输出"double"
$test_var = "Hello, world!";
echo gettype( $test_var ) . "<br />"; // 输出"string"
```

　　程序首先声明了一个变量，并用 gettype()函数测试它的类型；然后把 4 种不同类型的数据赋给这个变量，并且每次都用 gettype()函数重新测试该变量的类型。其中，变量$test_var 的初始类型为 null，因为它已经创建但还没初始化(还没赋值)。在把 15 赋值给变量$test_var 后，它的类型变为 integer(整型)；在把 8.23 赋值给变量$test_var 后，它的类型就变为 double(双

精度类型。在 PHP 中，所有浮点数都是双精度类型)。最后，在把"Hello, world!"赋给该变量后，它的类型就变为 string(字符串类型)。

在 PHP 中，浮点型数值是指带小数点的数值。因此，以上程序中，如果用 15.0 替换 15，$test_var 就会变为一个双精度数，而不是一个整型数。

使用如表 2-7 所示的 PHP 类型测试函数也可以确定变量的数据类型。

表 2-7　测试变量数据类型的函数

函　　数	说　　明
is_int(value)	如果 value 是一个整数，返回 true
is_float(value)	如果 value 是一个浮点数，返回 true
is_string(value)	如果 value 是一个字符串，返回 true
is_bool(value)	如果 value 是一个布尔值，返回 true
is_array(value)	如果 value 是一个数组，返回 true
is_object(value)	如果 value 是一个对象，返回 true
is_resource(value)	如果 value 是一个资源，返回 true
is_null(value)	如果 value 是 null，返回 true

当想通过调试找出脚本中可能存在的与数据类型有关的 bug 时，最好使用 gettype()函数。当只想确定某个变量的数据类型是否正确时，可以使用具体类型的测试函数。例如，在函数中，在使用从外部传递过来的参数之前，最好先测试它的类型是否正确。

2.4.4　可变变量

可变变量是一种独特的变量，允许动态改变变量的名称。其工作原理是，该变量的名称由另一个变量的值确定，实现过程就是在变量的前面多加一个美元符号$。

【例 2-3】使用可变变量动态改变变量的名称。

```php
<?php
    $change_name = "trans";      //声明变量$change_name
    $trans="You can see me!";    //声明变量 trans
    echo $change_name;           //输出变量$change_name
    echo "<br>";
    echo $$change_name;          //通过可变变量输出$trans 的值
?>
```

运行以上程序，输出结果如下：

```
trans
You can see me!
```

程序首先定义两个变量$change_name 和$trans，并且输出变量$change_name 的值，然后使用可变变量改变$change_name 的名称，最后输出改变名称后的变量的值。

2.4.5　变量的作用域

变量声明后，必须在其有效范围内使用，如果变量超出自己的有效范围，程序就引用不到变量的值，甚至报错。变量的作用域如表 2-8 所示。

表 2-8　变量的作用域

作　用　域	说　明
局部变量	在函数的内部定义的变量，其作用域是所在的函数
全局变量	被定义在所有函数之外的变量，其作用域是整个 PHP 文件，但在用户自定义函数内部是不可用的。如果希望在用户自定义函数内部使用全局变量，则需要使用 global 关键字声明全局变量
静态变量	能够在函数调用结束后仍保留变量的值，当再次回到其作用域时，又可以继续使用原来的值。而一般变量在函数调用结束后，存储的数据值即被清除，所占用的内存空间也被释放。使用静态变量时，要先用关键字 static 来声明，也就是把关键字 static 放在要定义的变量之前

1. 局部变量

局部变量是在函数内部定义的变量，其作用域为所在函数，如果在函数外赋值，将被认为是完全不同的另一个变量。在退出声明变量的函数时，局部变量及相应值就会被清除。

【例 2-4】在函数内赋值的变量和在函数外赋值的变量。

```php
<?php
    $var = "……函数外……";
    function hello(){
            $var = "……函数内……";
            echo "在函数内输出的内容是：$var.<br>";
    }
    hello();
    echo "在函数外输出的内容是：$var.<br>";
?>
```

保存程序，然后在浏览器中运行，输出结果如图 2-3 所示。

2. 静态变量

静态变量在很多地方都能用到。例如，在网站中使用静态变量记录浏览者的人数。每一次用户访问或离开时，都能够保留目前浏览者的人数。在聊天室中也可以用静态变量来记录用户的聊天内容。

图 2-3　不同作用域变量的输出结果

【例 2-5】静态变量和普通变量的使用比较。

```php
<?php
    function fun1(){
            static $msg = 0;
            $msg += 1;
            echo $msg." ";
    }
    function fun2(){
            $msg = 0;
            $msg += 1;
            echo $msg." ";
    }
    for($i=0;$i<10;$i++) fun1();
```

```
        echo "<br>";
        for($i=0;$i<10;$i++) fun2();
        echo "<br>";
    ?>
```

运行以上程序，输出结果如图 2-4 所示。自定义函数 fun1()输出从 1 到 10 共 10 个数字，
而 fun2()函数输出的是 10 个 1。因为自定义函数
fun1()含有静态变量$msg，而函数 fun2()中的$msg
是一个普通变量，两个变量都初始化为 0。再分别
使用 for 循环调用两个函数，结果是 fun1()函数在
被调用后保留了静态变量$msg 中的值，而静态变
量的初始化只在函数第一次调用时执行，以后就不
再进行初始化操作了。而 fun2()函数被调用后，其
变量$msg 失去了原来的值，重新被初始化为 0。

图 2-4　静态变量和普通变量的输出区别

3. 全局变量

全局变量可以在程序中的任何地方访问，但是在用户自定义函数内部是不可用的。如果
想在自定义函数内部使用全局变量，要使用 global 关键字声明。

【例 2-6】全局变量的使用。

```php
    <?php
    $var = "看不到";           //声明全局变量$var
    $var_1 = "看得到";         //声明全局变量$var_1
    function fun(){
        echo $var."<br>";      //$var 不能被调用，没有输出，输出警告信息
        global $var_1;         //利用关键字 global 在函数内部定义全局变量
        echo $var_1."<br>";    //此处调用$var_1
    }
    fun();
    ?>
```

运行以上程序，输出结果如图 2-5 所
示。本例中定义了两个全局变量$var 和
$var_1，在自定义函数 fun()中，希望在第 5
行和第 7 行调用它们，而在程序输出结果之
后，$var_1 的值"看得到"，因为第 6 行用
global 关键字声明了全局变量$var_1，而第
5 行将输出警告信息，因为第 5 行的$var 和
第 2 行的$var 没有任何关系。

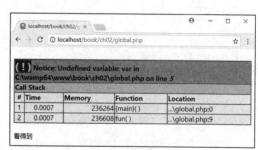

图 2-5　全局变量示例输出

2.5　变量类型的转换

在实际开发中，有时需要在不同的变量类型之间进行转换。对此，PHP 语言提供了两种
类型转换方式，一种是自动类型转换，另一种是强制类型转换。

2.5.1 自动类型转换

前面已经介绍了通过给变量赋予不同的值来改变变量的类型。另外，也可以用 PHP 的 settype()函数改变变量的类型，同时尽量保留变量的原始值。使用 settype()函数时，必须把需要改变类型的变量名和修改后的类型名(要用引号)传递给它，例如：

```
$test_var = 8.23;
echo $test_var . "<br />";          //输出"8.23"
settype($test_var, "string");
echo $test_var . "<br />";          //输出"8.23"
settype($test_var, "integer");
echo $test_var . "<br />";          //输出"8"
settype($test_var, "float");
echo $test_var . "<br />";          //输出"8"
settype($test_var, "boolean");
echo $test_var . "<br />";          //输出"1"
```

上面的程序首先声明变量$test_var，并把它初始化为一个浮点值(8.23)，接着把它转换成字符串类型，这表示 8.23 这个数现在是用 8、.(句点)、2、3 四个字符表示的。当把它转换为整型后，它的值就变成 8，换言之，它的小数部分已经丢失了，不能再恢复，这从它后面两条语句的输出结果可以看出：其中一条语句把变量转换为浮点型，另一条语句输出它的值。虽然现在$test_var 是一个浮点数，但它的全部值只有 8。最后，把$test_var 转变为布尔型，它的值为 true(在 PHP 中显示的值是 1)，这是因为 PHP 会把非零数转换成布尔值 true。

2.5.2 强制类型转换

利用强制类型转换的方式也可以把变量的值从一种类型转换为另一种类型，只要把目标类型名放在变量名前的一对括号里即可。

注意，变量本身的类型并没有发生变化，这一点正好与 settype()函数相反，因为 settype()函数改变了变量的类型。例如：

```
$test_var = 8.23;
echo $test_var . "<br />";              //输出"8.23"
echo(string)$test_var . "<br />";       //输出"8.23"
echo(int)$test_var . "<br />";          //输出"8"
echo(float)$test_var . "<br />";        //输出"8.23"
echo(boolean)$test_var . "<br />";      //输出"1"
```

以上程序中，变量$test_var 的类型始终都没有变化，一直是浮点型变量，而且其值一直是 8.23，改变的只是传递给 echo 语句的数据的类型。

表 2-9 中显示的是 PHP 语言中全部强制类型转换的情况。

表 2-9　强制类型转换

函　　数	说　　明
(int)value 或(integer)value	返回 value 的整型值
(float)value	返回 value 的浮点值
(string)value	返回 value 的字符串值
(bool)value 或(boolean)value	返回 value 的布尔值

(续表)

函　　数	说　　明
(array)value	返回 value 的数组型值
(object)value	返回 value 的对象型值

另外，PHP 还提供了 3 个函数用于把任意一个值分别强制转换为整型数、浮点值或字符串值，如表 2-10 所示。

表 2-10　其他强制类型转换函数

函　　数	说　　明
intval(value)	返回 value 的整型值
floatval(value)	返回 value 的浮点值
strval(value)	返回 value 的字符串值

提示：顺便指出，intval()还可以把非十进制数转换为十进制数，需要给这个函数传递一个非十进制数的字符串表示和这个数的基，例如，intval("11",5)返回值 6。

为什么要用 settype()函数转换变量的类型或者用强制转换方法转换值的类型呢？这是出于安全上的考虑。例如，当希望把用户输入的一个数作为整型数传递给一个数据库时，最好把这个数强制转换为整数，这样可以确保传递给数据库的是整数。同理，当要把数据传递给另一个程序，且这个程序要求数据必须使用字符串格式时，最好在传递之前把数据强制转换为字符串。

总之，每当希望某个变量的值必须是某种特定的数据类型时，就可以使用强制转换或 settype()函数。

2.6　PHP 运算符与表达式

到目前为止，本书已经介绍了什么是变量、如何给变量赋值，以及如何读取变量的值和类型。就像数学中的表达式，有了数，还需要有算术符号(如加减乘除)，这在 PHP 中称为运算符。利用运算符，可以对一个或多个变量的值进行运算，得到一个新值。例如，下面的代码利用加法运算符(+)对$x 和$y 的值进行加法运算，得到一个新值：

```
echo $x + $y;
```

由此可知，在 PHP 中，表达式是值、变量、运算符和函数的组合。例如：

```
$x + $y + $z
$x - $y
$x
5
true
gettype($test_var)
```

2.6.1 运算符的类型

在 PHP 中运算符被分为 10 种类型，如表 2-11 所示。

表 2-11 运算符的类型

类 型	说 明
算术运算符	执行通常的算术运算，如加、减等
赋值运算符	把值赋给变量
位运算	对整型数中的二进制位进行运算
比较运算符	比较两个值的大小(返回 true 或 false)
错误控制	影响错误处理
执行运算符	把引号中的内容作为 shell 命令执行
增量/减量运算符	递增或递减变量值
逻辑运算符	使用 and、or 和 not 等布尔运算符
字符串运算符	字符串合并运算符，把两个字符串合并成一个字符串，字符串运算符只有一个
数组	对数组进行运算

下面介绍最常用的 PHP 运算符。

1. 算术运算符

在 PHP 中，算术运算符(＋、－等)，简单来说就是数学中的运算符号，用来连接参与运算的变量，以表示数学式子。例如，表达式$c=$a+$b 将$b 与$a 相加并把和赋予$c。表 2-12 所示的是 PHP 的全部算术运算符。

表 2-12 算术运算符

算术运算符	举 例
+(加)	6+3=9
- (减)	6 - 3 =3
*(乘)	6*3=18
/(除)	6/3=2
%(求余)	6%3=0

2. 赋值运算符

前面已经介绍了基本赋值运算符(=)的用法，它可以把一个值赋给一个变量：

```
$test_var = 8.23;
```

有必要指出，上述表达式本身的运算结果就是赋值结果，即 8.23。这是因为赋值运算符也像大多数其他运算符一样，除了执行赋值运算外，本身也有运算结果。这意味着可以写出如下代码：

```
$another_var = $test_var = 8.23;
```

上述语句的作用是"把 8.23 赋给$test_var，然后把这个赋值表达式的结果(8.23)赋值给$another_var"，因此$test_var 和$another_var 两个变量的值都为 8.23。

赋值符号(=)与其他运算符相组合，可以得到组合赋值运算符，用组合赋值运算符可以简化某些表达式。组合赋值运算符(如+=、−=等)是普通的算术运算符的简化表示，使用它们之后，在表达式中同一个变量就不需要出现多次。例如：

```
$first_number += $second_number;
```

等同于下面的表达式：

```
$first_number = $first_number + $second_number;
```

这种组合方法同样适用于其他运算符。例如，合并运算符与赋值符号(=)相组合可以得到组合合并赋值运算符(.=)，它把赋值符号右侧的字符串添加到左侧变量现有值的后面，例如：

```
$a = "Start a sentence ";
$b = "and finish it.";
$a .= $b;                    // $a 变量的值此时为"Start a sentence and finish it. "
```

基本算术运算符、字符串运算符和位运算符都支持这种组合赋值运算符。

3. 位运算符

位运算符对整型变量的单个位进行操作。例如 1234 这个整型数，对于一个 16 位的整数来说，它是以两个字节进行存储的：4(最高有效字节)和 210(最低有效字节)。因为 4*256+210=1234。现在用两个字节的二进制表示这个数，如下所示：

```
00000100 11010010
```

如果某一位的值为 1，就将其称为置位；如果某一位的值为 0，就将其称为复位(或未置位)。利用位运算符，可以直接对这些位进行操作，如表 2-13 所示。

表 2-13　位运算符

位运算符	说　　明	举　　例
&(与)	只有当两个位的值都置位时，结果才置位	14 & 3 =2 00001110 & 00000011 = 00000010
|(或)	只要有一个位的值置位，结果就置位	14 | 3 = 15 00001110 | 00000011 = 00001111
^(异或)	只要有一个位的值置位，但不是两个值都置位，结果置位	14 ^ 3 = 13 00001110 | 00000011 = 00001101
~(取反)	置位的变成复位，复位的变成置位	~14 = −15 ~0000000000000000000000000001110 = 1111111111111111111111111110001
<<(左移)	把第一个数的全部位向左移动若干位(移动位数由第二个数确定)	3 << 2 = 12 00000011 << 2 = 00001100
>>(右移)	把第一个数的全部位向右移动若干位(移动位数由第二个数确定)	8 >> 2 = 2 00001000 >> 2 = 00000010

提示：~(取反运算符)是对所有的位取反。在表 2-13 中，对 14 取反后的结果是 1111111111111111111111111110001，就是 −15，因为 PHP 是用补码表示负数的。

位运算符的一个常见应用是把两个数组合成一个位掩码。例如，考虑 PHP 错误级别的常量表示，E_NOTICE 常量的值为整数 8(二进制为 00001000)，E_PARSE 常量的值为整数 4(二进制为 00000100)。为了能同时输出 E_NOTICE 和 E_PARSE 这两个错误级别，我们需要用 |(或)运算符把这两个常量组合成一个常量：

```
E_NOTICE | E_PARSE
```

这两个整型常量组合后，生成另一个整型数(12)，它的位值可以同时表示 E_NOTICE(8)

和 E_PARSE(4)两个错误级别：

```
00001000 (8) | 00000100 (4)  = 00001100 (12)
```

4. 比较运算符

比较运算符用来以多种方式比较两个操作数。如果比较成功，表达式的值为 true，否则表达式的值为 false。在后面介绍的流程控制语句 if、while、for 等中经常会用到比较运算符。

表 2-14 所示的是 PHP 的全部比较运算符。

表 2-14 比较运算符

比较运算符	举 例	结 果
== (相等)	$x == $y	若$x 和$y 相等，结果为 true，否则结果为 false
!=或<> (不等)	$x != $y	若$x 和$y 不相等，结果为 true，否则结果为 false
=== (恒等)	$x === $y	若$x 和$y 恒等，结果为 true，否则结果为 false
!== (非恒等)	$x !== $y	若$x 和$y 不恒等，结果为 true，否则结果为 false
< (小于)	$x < $y	若$x 小于$y，结果为 true，否则结果为 false
> (大于)	$x > $y	若$x 大于$y，结果为 true，否则结果为 false
<= (小于或等于)	$x <= $y	若$x 小于或等于$y，结果为 true，否则结果为 false
> = (大于或等于)	$x > = $y	若$x 大于或等于$y，结果为 true，否则结果为 false

下面这些例子说明了比较运算符的使用：

```php
<?php
$x = 23;
echo ($x < 24)."<br />";        //输出 1(结果为 true)
echo ($x < "24")."<br />";      //输出 1(结果为 true)，PHP 将字符串 24 转换成整型后，再进行比较
echo ($x == 23)."<br />";       //输出 1(结果为 true)
echo ($x === 23)."<br />";      //输出 1(结果为 true)
echo ($x === "23")."<br />";    //输出" " (结果为 false)，因为$x 和"23"的数据类型不同
echo ($x >= 23)."<br />";       //输出 1(结果为 true)
echo ($x > 24)."<br />";        //输出" " (结果为 false)
?>
```

可以看出，比较运算符常用来比较两个数的大小(或者先把字符串转换为数值)。相等运算符(==)常用来判断两个字符串是否相等。

5. 增量运算符和减量运算符

在实际开发过程中，经常需要对一个变量反复加 1 或减 1，这种情况频繁发生——特别是在循环中，因此可以用特殊运算符表示加 1 和减 1 运算，即增量运算符和减量运算符。递增 1 用两个加号表示，递减 1 用两个减号表示，它们可以放在变量的前面或后面，例如：

```
++$x;  //对$x 加 1 后返回结果
$x++;  //返回$x 后对$x 加 1
--$x;  //对$x 减 1 后返回结果
$x--;  //返回$x 后对$x 减 1
```

这两个运算符用在变量前或变量后是有差别的。如果用在变量前，则在引用变量的当前值之前，就把它的值增加 1 或减去 1；如果放在变量之后，则先引用变量的当前值，然后把变量的值增加 1 或减少 1。例如：

```
$x = 5;
echo ++$x;    //输出"6"(此时$x 为 6)
$x = 5;
echo $x++;    //输出"5"(此时$x 为 6)
```

提示：增量运算符也可应用于字符。例如，将字符'B'加 1，就得到字符'C'，但是不可以对字符进行减法运算(递减运算)。

6. 逻辑运算符

PHP 的逻辑运算符是针对布尔值的。布尔值要么为 true，要么为 false。必要时，PHP 会自动把表达式结果表示为 true 或 false。如有必要，可强制把值显式转换为布尔类型。例如，下列表达式的计算结果都为 true：

```
1
1 == 1
3 > 2
"hello" != "goodbye"
```

以下表达式的值都为 false：

```
3 < 2
gettype( 3 ) == "array"
"hello" == "goodbye"
```

此外，PHP 认为以下值为 false：字面值 false、整型数 0(0)、浮点数 0(0.0)、空字符串(" ")、0 字符串("0")、元素均为 0 的数组、特殊类型 null(包括任何未赋值的变量)、根据空 XML 标签创建的 SimpleXML 对象。在布尔运算情况下，其他所有的值都是 true。

了解了布尔值后，就可以用逻辑运算符把这些布尔值组合起来，得到逻辑表达式。PHP 提供了 6 个逻辑运算符，其操作数都是 true 或 false 布尔值，其运算结果也是 true 或 false 布尔值，如表 2-15 所示。

表 2-15　逻辑运算符

运算符	举　例	结　果
&&	$x && $y	如果$x 和 $y 都为 true，则值为 true；否则值为 false
and	$x and $y	如果$x 和 $y 都为 true，则值为 true；否则值为 false
||	$x || $y	如果$x 或 $y 为 true，则值为 true；否则值为 false
or	$x or $y	如果$x 或 $y 为 true，则值为 true；否则值为 false
xor	$x xor $y	如果$x 或 $y 为 true 且两个不同时为 true，则值为 true；否则值为 false
!	!$x	如果$x 为 true，值为 false；如果$x 为 false，则值为 true

下面是逻辑运算符的使用示例：

```
$x = 2;
$y = 3;
echo (($x >1)&&($x<5)) ."<br />";      //输出 1(结果为 true)
echo (($x == 2) or ($y == 0))."<br />";  //输出 1(结果为 true)
echo (($x == 2) xor ($y == 3))."<br />"; //输出" " (结果为 false)
echo (!($x == 5)) . "<br />";            //输出 1(结果为 true)
```

逻辑运算符和布尔值主要用在选择语句和循环语句中。有人可能会问，既然有 and 和 or 两个运算符，为什么还定义&&和||两个运算符？原因是 and 和 or 的优先级不同于&&和||。2.6.2

节将会讨论运算符的优先级。

7. 字符串运算符

字符串运算符只有一个，就是合并运算符，用点(.)表示。这个运算符需要两个字符串，可以把运算符右边的字符串添加到左边字符串的后面，得到一个更长的字符串。例如：

```
echo "Shaken, " . "not stirred";          //输出 "Shaken, not stirred"
```

也可以在一个式子里把多个字符串合并成一个字符串，而且并非只有字符串才可以参加合并。由于 PHP 具有类型自动转换特性，因此非字符串类型的数值，如整数、浮点数，在合并时都会先转换为字符串，例如：

```
$tempF = 451;
//下面的语句输出"Books catch fire at 232.777777778 degrees C."
echo "Books catch fire at " . ( (5/9) * ($tempF - 32) ) . " degrees C.";
```

事实上，还有一个字符串运算符，即前面提及的组合赋值运算符(.=)。当需要把一个新字符串添加到一个现有字符串的后面时，这个运算符就非常有用。例如：

```
$x = $x . $y;
$x .= $y;
```

以上两行代码的功能一样，都是把字符串变量$y 的值添加到$x 的值的后面。

2.6.2 运算符的优先级

对于一些像 3+4 这样简单的表达式，很容易就能知道这个表达式要执行哪个操作。但是当表达式中使用不止一个运算符时，就需要考虑先计算哪一步、后计算哪一步，例如：

```
3 + 4 * 5
```

PHP 是把这个式子看成 3 加 4 再乘 5，最后得到的结果为 35 呢？还是把它看成 4 与 5 先相乘，再加上 3，得到结果为 23 呢？

这个问题与运算符的优先级有关。每个运算符都有优先级。优先级高的运算符比优先级低的运算符先参与运算。在上面这个示例中，*的优先级比+高，因此先进行 4 乘 5 运算，然后再加 3，得到的结果为 23。

表 2-16 列出了常用运算符的优先级，从高到低排序。

表 2-16 常用运算符的优先级(从高到低排列)

++ - - (增量/减量)
(int) (float) (string) (array) (object) (bool) (强制转换)
!
* / % (算术运算)
+ - . (算术运算)
< <= > >= <> (比较运算)
== != === !== (比较运算)
& &
||

（续表）

= += - = *= /= .= %= （赋值运算）
and
xor
or

在表达式中添加括号可以改变运算符的执行次序。在运算符及其运算数据的外面加上括号，可以强制运算符按最高的优先级进行运算。因此，下面的表达式的结果为 35：

```
( 3 + 4 ) * 5
```

前面提到，PHP 有两个逻辑与运算符(&&和 and)和两个逻辑或运算符(||和 or)。根据运算符的优先级可知，&&和||的优先级比 and 和 or 的优先级高。事实上，and 和 or 的优先级甚至比赋值运算符的优先级还低。这意味着当使用 and 和 or 运算符时要特别小心。例如：

```
$x = false || true;    // $x 的值为 true
$x = false or true;    // $x 的值为 false
```

以上程序中，第一行 false||true 的值为 true，因此$x 的结果为 true。然而，在第二行，要先运算$x=false，这是因为=的优先级比 or 高。当执行 false or true 运算时，$x 的值已经是 false 了。

注意：由于 or 和 and 的优先级非常低，因此最好使用&&和||这两个运算符。

2.7　流程控制语句

前面创建的所有程序都按照脚本的顺序从上到下运行，直到脚本的最后一行代码为止。而在实际开发中，许多需要反复执行的功能，如果采用顺序执行方式，显然不现实。因此，PHP 为代码控制提供了选择结构和循环结构。

利用选择结构，可以根据某个特定测试表达式的结果，运行代码中的某一部分。另外，利用循环结构，可以反复执行同一段代码，直到满足某个条件为止。

使用选择结构与循环结构可以增强脚本的功能，并使它成为真正动态的脚本。有了它们，就可以根据访问者所在的位置，或者根据访问者在表单上单击哪个按钮，或者根据用户是否登录到站点而显示不同的页面。

2.7.1　选择结构

PHP 允许用户在脚本中根据一个表达式的结果选择执行某一段功能代码。PHP 语言提供了大量的运算符，开发人员可以用任何表达式作为选择语句的表达式。

PHP 中提供了以下选择结构：if 语句、else 语句和 elseif 语句、switch 语句。下面逐一进行介绍。

1. 用 if 编写简单的选择语句

最容易理解的选择语句是 if 语句。最基本的 if 语句的结构如下：

```
if(表达式) {
```

```
    //执行的代码块
    }
    //其他代码块
```

如果圆括号中表达式的值为 true，程序执行花括号中的代码。如果表达式的值为 false，程序将会跳过花括号中的代码，执行后续的其他代码块。不管表达式的结果如何，闭花括号之后的代码总是会运行的。因此在上例中，如果表达式的值为 true，"执行的代码块"和"其他代码块"这两部分的代码都会运行；如果表达式的值为 false，那么就会跳过"执行的代码块"这部分代码，开始运行"其他代码块"。例如：

```
$widgets = 23;
if ( $widgets == 23 ) {
    echo "库存中有 23 件商品";
}
```

以上程序的第一行创建了一个$widgets 变量，并把 23 赋值给它。接下来是一条 if 语句，它用==运算符判断存储在$widgets 变量中的值是否等于 23。如果是，表达式的值为 true，并且脚本显示"库存中有 23 件商品"一行消息；如果$widgets 的值不等于 23，就跳过花括号中的代码——echo 语句。

下面的例子使用了一个包含两个比较运算符(>=、<=)和&&逻辑运算符的测试表达式：

```
$widgets = 23;
if ( $widgets >= 10 & & $widgets <= 20 ) {
    echo "库存中有 10~20 件商品";
}
```

在这里，如果存储在$widgets 中的值大于或等于 10，并且小于或等于 20，表达式的值为 true，输出"库存中有 10~20 件商品"一行消息。如果其中任何一个比较表达式的值为 false，整个表达式的值也为 false，那么程序将跳过 echo 语句，不会输出任何内容。

花括号中的代码有多少行是不受限制的，代码的内容也不受限制。例如，可以在浏览器中显示某些内容、调用一个函数，甚至可以终止脚本程序的运行。其实前面这个例子还可以重新写成一条 if 语句包含另一条 if 语句的形式，代码如下：

```
$widgets = 23;
    if ( $widgets >= 10 ) {
        if ( $widgets <= 20 ) {
            echo "库存中有 10~20 件商品";
        }
    }
```

第一条 if 语句后面的花括号中的代码块本身就是一条 if 语句。如果$widgets > = 10 成立，则运行第一条 if 语句的代码块，但是只有当$widgets < = 20 时，才会运行内嵌的 if 语句的代码块——echo 语句。因此只有当两个 if 表达式的值都为 true 时，才会运行 echo 语句，最终的结果和上一个例子的结果相同。

实际上，如果花括号内部的代码只有一行内容，则可以省略花括号，例如：

```
$widgets = 23;
if ( $widgets == 23 )
    echo "库存中有 23 件商品";
```

但是这样做时一定要注意，如果之后还想在代码块中添加其他代码行，那么就必须加上花括号，否则代码将不会按照预期的要求运行。

2. 用 else 语句提供备选方案

在 if 语句中，当表达式的值为 true 时，可以运行一组代码；如果表达式的值为 false，程序将跳过这段代码执行其他代码。

PHP 还允许在 if 结构中增加一条 else 语句，以扩展选择语句的功能。这样，程序不仅可以执行表达式值为 true 的一组代码，还可以执行表达式值为 false 的一组代码。例如：

```php
if ( $widgets >= 10 ) {
    echo "库存商品充足";
} else {
    echo "库存商品小于 10，请及时采购";
}
```

如果$widgets 大于或等于 10，程序就运行第一个代码块并输出"库存商品充足"的信息。但是如果$widgets 小于 10，程序会运行第二个代码块，因此会看到"库存商品小于 10，请及时采购"的信息。

还可以把 else 语句与另一条 if 语句组合在一起，提供多种选择，例如：

```php
if ( $widgets >= 10 ) {
    echo "库存商品充足";
} else if ( $widgets >= 5 ) {
    echo "库存商品小于 10，请及时采购";
} else {
    echo "严重警告：库存商品低于 5！请多采购商品";
}
```

如果商店中有 10 件或更多件商品，则程序运行第一个代码块，输出"库存商品充足"的信息。如果$widgets 小于 10，程序将直接跳到第一条 else 语句，并且运行第二个 if 表达式，即 if ($widgets>= 5)。如果它的值为 true，就显示第二条信息——"库存商品小于 10，请及时采购"。如果第二个 if 表达式的结果为 false，程序将跳到最后一个 else 代码块，输出信息"严重警告：库存商品低于 5！请多采购商品"。

PHP 甚至还提供了一类特殊的 elseif 语句，将一条 else 语句和一条 if 语句结合到一起。这样，前面的例子可以改写为：

```php
if ( $widgets >= 10 ) {
    echo "库存商品充足";
} elseif ( $widgets >= 5 ) {
    echo "库存商品小于 10，请及时采购";
} else {
echo "严重警告：库存商品低于 5！请多采购商品";
}
```

3. 用 switch 语句对表达式进行多次判断

有时候需要将一个表达式与多个不同的值进行判断，并根据判断结果执行不同的任务。下面是一个使用 if、elseif 和 else 语句的例子：

```php
if ( $userAction == "open" ) {
    //打开文件
} elseif ( $userAction == "save" ) {
    //保存文件
} elseif ( $userAction == "close" ) {
    //关闭文件
```

```
    } elseif ( $userAction == "logout" ) {
      //退出登录
    } else {
      print "请选择";
    }
```

可以看到，脚本程序用不同的值对同一个变量进行反复测试。这样显得非常麻烦。

PHP 提供了一种更为简洁的方法来实现这类判断：switch 语句。使用 switch 语句，测试表达式只出现一次，然后是多个代码组，对应于某个与测试表达式相等的值。可以用 switch 语句改写前面的例子，如下所示：

```
    switch ( $userAction ) {
      case "open":
        // 打开文件
        break;
      case "save":
        // 保存文件
        break;
      case "close":
        // 关闭文件
        break;
      case "logout":
        // 退出账号
        break;
      default:
        print "请选择";
    }
```

可以看出，虽然在第二个程序中代码行数变多了，但是结构变得更简单。

下面介绍程序的运行过程。第一行是 switch 语句的特征，并且 switch 后面的圆括号中是测试表达式——在本例中，就是$userAction 的值。接下来是一系列 case 语句，把测试表达式的值分别与"open""save"等值进行比较。如果某个值与表达式的值相匹配，则程序运行该 case 语句后面的代码块。如果这些值与表达式的值都不匹配，则跳到 default 语句，并执行它后面一行的代码。

注意，每个 case 结构的结尾都有一条 break 语句。为什么必须使用这条 break 语句呢？因为当 PHP 引擎找到一个与表达式匹配的 case 值时，它并不是只运行这条 case 语句后面的代码块，而是会继续执行其后的每一条 case 语句，以及最后的 default 语句，并且依次运行它们的代码块。更重要的是，程序在运行这些代码的时候不会考虑表达式的值是否与这些 case 语句的值相匹配。而大多数时候，用户不希望出现这种情况，因此就要在每个代码组的末尾添加一条 break 语句。break 语句的作用是退出整个 switch 结构，确保不再运行 switch 结构中其他的代码组。

例如，假如在这个脚本中没有插入 break 语句，并且$userAction 的值等于"open"，那么脚本将会依次打开文件，保存文件，关闭文件，退出账号，并且最终显示"请选择"，所有操作都在同一时间进行！

但是有时候，switch 语句的这种特征也是有用的，特别是当表达式的值对应于多个值中的一个，而我们又希望对它们执行同一个操作的时候。例如，下面这段脚本只有在关闭文件或者注销用户的时候才要求用户确认操作：

```
switch ( $userAction ) {
    case "open":
        // 打开文件
        break;
    case "save":
        // 保存文件
        break;
    case "close":
    case "logout":
        print "确定吗?";
        break;
    default:
        print "请选择";
}
```

如果$userAction 等于"open"或"save"，则脚本会按前一个例子的同样方式运行。但是如果$userAction 等于"close"，则"close"代码组(空的)和紧接着的"logout"代码组都要运行，最终都显示"确定吗?"信息。当然，如果$userAction 等于"logout"，程序也会运行"确定吗?"这行代码。显示"确定吗?"之后，脚本程序执行 break 语句，从而确保不执行 default 中的代码组。

4. 使用三目运算符的简约编码

PHP 的其他运算符，要么是单目运算符，即只需要一个操作数(如!$x)；要么是双目运算符，即需要两个操作数(如$x==$y)。依此类推，三目运算符需要 3 个操作数表达式：

```
( expression1 ) ? expression2 : expression3;
```

三目运算符可以看成 if…else 结构的简化版。上面的语句可以这样理解：如果 expression1 的值为 true，则整个表达式的值就等于 expression2 的值；否则整个表达式的值就等于 expression3 的值。例如：

```
$widgets = 23;
$plenty = "库存商品充足.";
$few = "库存商品小于 10，请及时采购!";
echo ( $widgets >= 10 ) ? $plenty : $few;
```

在功能上，这段代码等同于本章讨论 else 用法的那一节中的例子。程序首先创建 3 个变量：变量$widgets 被赋值为 23，另外两个变量$plenty 和$few，用来保存向用户显示的文本字符串。最后，用三目运算符来显示正确的信息。首先测试表达式$widgets >= 10；如果值为true(也就是本例中的结果)，则整个表达式就等于$plenty 的值。如果测试表达式的值为 false，则整个表达式取$few 的值。最后，用 echo()语句输出整个表达式的值。

如果脚本仅需要简单的 if…else 选择语句，使用三目运算符将使程序变得简约。

2.7.2 循环结构

循环语句的基本思想是反复运行同一个代码组，直到满足某个条件为止。与选择语句一样，这个条件也必须使用表达式的形式。如果表达式的值为 true，循环就继续运行；如果表达式的值为 false，则循环结束，并执行紧跟在循环代码组后的第一行代码。

本节将介绍以下 3 种类型的循环语句：while 语句、do…while 语句、for 语句。

1. 用 while 语句实现简单的循环

while 语句的结构与 if 语句的结构很相似，语法格式如下：

```
while (表达式) {
    // 执行这段代码
}
// 其他代码
```

其中，圆括号中的表达式是测试表达式；如果它的值是 true，则会执行紧随其后的花括号中的代码组。然后再测试表达式；如果表达式的值仍然是 true，则再次执行这个代码组，这样不断反复。然而，如果在某个时候表达式的值为 false，程序就会退出循环并运行紧随闭花括号之后的其他代码。例如：

```php
<?php
$widgetsLeft = 10;
while ( $widgetsLeft > 0 ) {
    echo "售出 1 个商品... ";
    $widgetsLeft--;
    echo "库存中还剩".$widgetsLeft."个商品.<br />";
}
echo "商品已脱销!";
?>
```

将以上程序保存为 while.php，然后在浏览器中执行，输出结果如图 2-6 所示。该例首先创建一个变量 $widgetsLeft，保存商品数量 10。然后用 while 循环逐个访问这些商品，每"卖出"一件商品(将$widgetsLeft 的值减 1，表示卖出一个)之后，便显示剩余商品的数量。当$widgetsLeft 的值减为 0 时，圆括号中的表达式 ($widgetsLeft > 0)的值就为 false，因此，程序退出循环。最后执行循环后面的 echo 语句，显示"商品已脱销"消息。

图 2-6 程序运行结果

2. 程序跳转和终止语句

(1) 用 break 语句退出循环

通常情况下，只要测试表达式的值为 true，while、do…while 和 for 语句就会一直循环下去。若想退出当前正在运行的循环，可以使用 break 语句。这与在 switch 结构中的作用一样。

很多情况下，在没有必要继续执行循环时需要跳出循环，否则浪费资源。例如，下面的 while 循环表面上看是一个无限循环，因为它的测试表达式的值总是 true，但实际上，当计数器的值为 10 时就退出循环：

```php
$count = 0;
while ( true ) {
    $count++;
    echo "累加和: $count<br />";
    if ( $count == 10 ) break;
}
```

另一个跳出循环的常见原因是希望提前中断操作。例如：

```
$randomNumber = rand( 1, 1000 );
for ( $i=1; $i <= 1000; $i++ ) {
  if ( $i == $randomNumber ) {
    echo "好极了!我猜到这个数了，这个数是: $i<br />";
    break;
  }
}
```

这段代码使用 rand()函数创建并存储了一个介于 1 到 1000 的随机整数，然后从 1 到 1000 循环，与前面的随机数进行比较。如果相等，就显示一条成功的消息并用 break 语句退出循环。注意，如果省略这条 break 语句，代码照样可以执行。但是因为找到这个数后，再继续执行下去没有意义，因此使用 break 语句跳出循环，这样可以节省处理时间。

(2) 用 continue 语句跳过本次循环

continue 语句不像 break 语句那样直接结束循环结构，它主要用于提前结束当前本次循环的执行，直接跳转到下一次循环。当需要跳过正在处理的数据时，continue 语句就非常有用。例如，在不想改变或者使用某个数据，或者由于某种原因这个数据无法使用时，就可以使用 continue 语句。例如，下面的例子输出 1~10，但跳过 4：

```
for ( $i=1; $i <= 10; $i++ ) {
  if ( $i == 4 ) continue;
  echo "累加和: $i<br />";
}
echo "累加结束!";
```

3. 嵌套循环

嵌套循环就是把一个循环放到另一个循环中，这样内部循环的全部循环次数执行结束后，再重复执行外部的循环，接着执行内部循环的全部循环次数，依此类推。例如：

```
for ( $tens = 0; $tens < 10; $tens++ ) {
  for ( $units = 0; $units < 10; $units++ ) {
    echo $tens . $units . "<br />";
  }
}
```

这个例子显示了 0~99 之间的所有整数(0~9 之间的数字前面都加 0)。程序设置了两个循环：外部的 tens 循环和内部的 units 循环。外部循环从 0 计数到 9。tens 循环的每次执行，units 循环都要重复 10 次。units 循环每重复一次，就把$units 的值与$tens 的值相结合，得到一个当前数，并显示这个当前数。

注意，外部循环重复 10 次，但是内部循环最终要重复 100 次：外部循环每重复 1 次，内部循环就重复 10 次。

嵌套循环在处理多维数据结构时非常有用，例如，对于嵌套数组和对象，不止限于双重嵌套，还可以在内部循环中再创建循环，组成多层嵌套结构。

在嵌套循环中使用 break 语句时，可以使用一个可选的数字，表示要中断第几层嵌套循环。例如：

```
//当$units == 5 时跳出内层循环
for ( $tens = 0; $tens < 10; $tens++ ) {
  for ( $units = 0; $units < 10; $units++ ) {
```

```
        if ( $units == 5 ) break 1;
        echo $tens . $units . "<br />";
    }
}
//当$units == 5 时跳出外部循环
for ( $tens = 0; $tens < 10; $tens++ ) {
    for ( $units = 0; $units < 10; $units++ ) {
        if ( $units == 5 ) break 2;
        echo $tens . $units . "<br />";
    }
}
```

在 break 语句中使用数字参数的这种方法也可以用在嵌套的 switch 结构中(或在 while 或 for 语句中嵌套另一条 switch 语句的情形)。

4. 在 HTML 中结合选择语句和循环语句

下面结合选择语句和循环语句,控制网页的哪些部分用来显示格式以及它们如何显示。

【例 2-7】使用选择语句和循环语句控制网页的显示。

```html
<!DOCTYPE html>
<html>
  <head>
    <title>斐波那契数列</title>
    <link rel="stylesheet" type="text/css" href="common.css" />
    <style type="text/css">
      th { text-align: left; background-color: #999; }
      th, td { padding: 0.4em; }
      tr.alt td { background: #ddd; }
    </style>
  </head>
  <body>
    <h2 align="center">斐波那契数列</h2>
    <table align="center" cellspacing="0" border="0" style="width: 20em; border: 1px solid#666;">
        <tr>
          <th> 数列 #</th>
          <th> 值 </th>
        </tr>
        <tr>
          <td>F<sub>0</sub></td>
          <td>0</td>
        </tr>
        <tr class="alt">
          <td>F<sub>1</sub></td>
          <td>1</td>
        </tr>
<?php
$iterations = 10;
$num1 = 0;
$num2 = 1;
for ( $i=2; $i <= $iterations; $i++ )
{
```

```
        $sum = $num1 + $num2;
        $num1 = $num2;
        $num2 = $sum;
    ?>
            <tr<?php if ( $i % 2 != 0 ) echo ' class="alt" ' ?>>
              <td>F<sub><?php echo $i?></sub></td>
              <td><?php echo $num2?></td>
            </tr>
    <?php
    }
    ?>
        </table>
      </body>
    </html>
```

将以上程序保存为 fibonacci.php，然后在浏览器中运行该程序，结果如图 2-7 所示。

这段代码显示了斐波那契数列的前 10 个数字。首先显示 HTML 页眉和表头。然后用一个 for 循环生成斐波那契数列，每次循环都插入 HTML 代码来显示表格中的一行内容。注意脚本是如何用< ?php 和? >标签在 HTML 标签与 PHP 代码之间相互切换的。这里利用 head 元素中的 CSS 样式表和嵌入到这个表格的行标签中的 if 语句实现了隔行采用不同格式的功能。

图 2-7　输出的斐波那契数列

2.8　函数

在开发过程中，总会遇到一些经常出现的功能，比如，注册、登录功能几乎任何项目都会用到，或者同一个项目中经常需要操作某个数据表。针对这些通用的功能或在项目中反复出现的功能，一般情况下，可以用函数来封装这些功能，使用的时候直接调用即可，而不是用到一次就写一次。

2.8.1　定义和调用函数

函数，就是把一些重复使用的功能写在一个独立的代码块中，在需要时单独调用。创建函数的基本语法格式为：

```
function fun_name($str1,$str2…$strn) {
    fun_body;
}
```

其中，各参数说明如下：
- function：声明自定义函数时必须用到的关键字。
- fun_name：自定义函数的名称。

- $str1…$strn：函数的参数。
- fun_body：自定义函数的主体，是功能实现部分。

定义好函数后，就可以在程序中调用这个函数。调用函数的操作很简单，直接引用函数名并赋予正确的参数即可。

【例2-8】定义一个函数，计算传入的参数的平方，然后输出表达式及结果。

```php
<?php
//声明函数
function fun($num){
    return "$num*$num=".$num*$num;
}
//调用函数
echo fun(10);
?>
```

程序的输出结果为"10*10=100"。

2.8.2 在函数间传递参数

在调用函数时，需要向函数传递参数，被传入的参数称为实参，而函数定义时的参数称为形参。函数间参数传递的方式有按值传递、按引用传递和默认参数3种方式。

1. 按值传递方式

将实参的值赋值给对应的形参，在函数内部的操作针对形参进行，操作的结果不会影响实参，即函数返回后，实参的值不会改变。

【例2-9】按传值方式调用函数。

```php
<?php
//声明函数
function fun($n){
    $n=$n*10;
    echo "在函数内\$n=".$n;
}
//调用函数
$n=3;
fun($n);
echo "<p>在函数外\$n=$n<p>";
?>
```

本例首先定义了函数 fun()，功能是在对传入的参数值做一些运算后输出；接着在函数外部定义变量$n，也就是实参；最后调用函数 fun($n)，分别在函数体的内外输出形参$n 和实参$n 的值。运行以上程序，程序输出如下：

```
在函数内$n=30
在函数外$n=3
```

2. 按引用传递方式

按引用传递就是将实参的内存地址传递给形参。这时，在函数内部对形参的所有操作都会影响到实参的值。函数返回后，实参的值会发生变化。引用传递方式就是在函数定义时在形参前加"&"符号即可。

【例 2-10】将上一个示例的程序改写成按引用传递参数。

```php
<?php
//声明函数
function fun(&$n){
    $n=$n*10;
    echo "在函数内\$n=".$n;
}
//调用函数
$n=3;
fun($n);
echo "<p>在函数外\$n=$n<p>";
?>
```

运行程序，输出结果如下：

```
在函数内$n=30
在函数外$n=30
```

3. 默认参数

还有一种设置参数的方式，即可选参数。可以指定某个参数为可选参数，将可选参数放在参数列表的末尾，并且指定其默认值为空。

【例 2-11】实现一个简单的计算功能。

```php
<?php
//声明函数
function calculator($price,$tax=""){
    $price=$price+($price*$tax);
    echo "价格：$price<br>";
}
//调用函数
calculator(100,0.13);
calculator(100);
?>
```

以上程序设置自定义函数 calculator 的参数$tax 为可选参数，默认值为空。第一次调用该函数，并且给参数$tax 赋值 0.25，输出价格；第二次调用该函数，不给参数$tax 赋值，输出价格。运行以上程序，输出结果如下：

```
价格：113
价格：100
```

注意：当使用默认参数时，默认参数必须放在非默认参数的右侧，否则函数会出错。

2.8.3　从函数中返回值

通常，一般都希望将函数的结果返回给调用程序。函数将返回值传递给调用者的方式是使用关键字 return 或 return()函数。return 关键字的作用是将函数的值返回给函数的调用者，即将程序控制权返回到调用者的作用域。如果在全局作用域内使用 return 关键字，那么将终止脚本的执行。

【例 2-12】使用 return 关键字从函数中返回计算结果。

```php
<?php
//声明函数
function calculator($price,$weight){
```

```
            $total=$price*$weight;
            return $total;
    }
    //调用函数
    $value = calculator(1.2,100);
    echo "总价为：$value";
?>
```

以上程序首先定义了函数 calculator，作用是输入商品的单价和重量，然后计算总价，最后输出商品总价。运行以上程序，输出结果如下：

```
总价为：120
```

return 语句只能返回一个值，不能一次返回多个值。如果要返回多个值，可以在函数中定义一个数组，将返回值存储在数组中并返回。有关数组的内容，将在后续章节中进行介绍。

2.8.4 变量函数

变量函数，即将函数作为变量来使用。PHP 支持变量函数。下面通过实例来介绍。

【例 2-13】变量函数的使用。

下面的程序首先定义 3 个函数，接着声明一个变量，通过这个变量来访问不同的函数。

```php
<?php
function come(){
        echo "来了<p>";
}
function go($name="jack"){
        echo $name."走了<p>";
}
function back($str){
        echo "又回来了,$str<p>";
}
$func = "come";
$func();
$func = "go";
$func("Lily");
$func="back";
$func("Gaga");
?>
```

运行以上程序，输出结果如下：

```
来了
Lily 走了
又回来了,Gaga
```

可以看到，变量函数的调用是通过改变变量名来实现的，通过在变量名的后面加上一对小括号，PHP 将自动寻找与变量名相同的函数，并且执行它。如果找不到对应的函数，系统将会报错。这个技术可以用于实现回调函数和函数表等。

2.8.5 对函数的引用

前面在介绍函数间的参数传递时提到，按引用传递的方式可以修改实参的内容。引用不仅可用于普通变量、函数参数，也可作用于函数本身。对函数的引用，就是对函数返回结果的引用。

【例 2-14】对函数进行引用。

下面的程序首先定义了函数 fun，在函数名前加&符号，接着，变量$str 将引用该函数，最后输出变量$str，实际上也就是$tmp 的值。

```php
<?php
function &fun($tmp=0){
       return $tmp;
}
$str=&fun("看到了");
echo $str;
?>
```

运行以上程序，输出结果如下：

看到了

注意：和参数引用传递不同，对函数的引用必须在两个地方都使用"&"符号，用来说明返回的是一个引用。

2.8.6　取消引用

当不再需要引用时，可以取消引用。使用 unset()函数取消引用，它只是断开了变量名和变量内容之间的绑定，而不是销毁变量内容。

【例 2-15】取消引用。

下面的程序首先声明一个变量和对这个变量的引用，输出引用后取消引用，再次调用引用和原变量。可以看到，取消引用后对原变量没有任何影响。

```php
<?php
$num = 111;
$m = &$num;              //声明一个对变量$num 的引用$m
echo "\$m is:$m.<br>";    //输出引用$m
unset($m);               //取消引用$m
echo "\$m is:$m.<br>";    //再次输出引用
echo "\$num is:$num";     //输出原变量
?>
```

运行以上程序，输出结果如图 2-8 所示。由于取消了引用，因此输出引用"\$m is:$m.
"时 PHP 将输出警告信息。

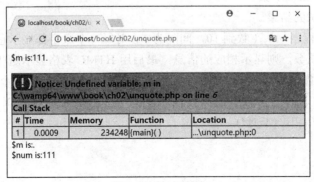

图 2-8　输出结果

2.9 本章小结

本章介绍了 PHP 语言的基本内容，主要内容包括：

- PHP 语法风格，主要介绍的是 PHP 标记和注释。
- 标识符和关键字，简单介绍了 PHP 中标识符的命名规则以及系统关键字。
- PHP 常量，包括自定义常量和系统预定义常量。
- 变量，介绍了变量的声明和使用、变量的数据类型及检测、变量的作用域。
- 变量类型的转换，包括自动类型转换和强制类型转换。
- 运算符和表达式，主要讨论的是运算符类型及不同运算符的优先级。
- 流程控制语句。一类是选择结构，例如，用 if 语句实现简单的"非此即彼"选择结构；用 else 语句和 elseif 语句实现多选择结构；用 switch 语句根据一个表达式的值运行一个代码组；用？：(三目)运算符实现简单的 if…else 结构。另一类是循环结构，允许程序多次重复执行同一个代码组，直到满足循环条件为止。例如，while 循环是在循环的开始判断循环条件；do…while 循环是在循环的末尾判断循环条件；for 循环可以创建简洁的"计数型"循环。

读者还学习了其他与循环相关的语句，包括跳出循环的 break 语句和跳过当前循环的 continue 语句。

2.10 思考和练习

1. 编写一个脚本程序，先创建一个变量，并把一个整数赋给它，然后分 3 次给这个变量加上 1，每次用不同的运算符。最后向用户显示最终结果。

2. 编写一个脚本程序，先创建两个变量，并把两个不同的整数赋给它们。接着在脚本中测试第一个数：

- 是否等于第二个数。
- 是否大于第二个数。
- 是否小于或等于第二个数。
- 是否不等于第二个数。

并输出每次测试的结果。

3. 写一个脚本程序，从 1 数到 10，间隔为 1。对每一个数字都显示它是奇数还是偶数，并且如果它是一个质数，则显示相应的信息。最后用 HTML 表格显示这些信息。

4. 编写一个函数，实现斐波那契数列。斐波那契数列指的是这样一个数列：1、1、2、3、5、8、13、21、34、……在数学上，斐波纳契数列以递归的方法定义：$F(0)=1$，$F(1)=1$，$F(n)=F(n-1)+F(n-2)(n>2$，$n \in N^*)$。

第 3 章

字符串

字符串就是字符的序列，例如"hello""how are you?""123"和"!@#$%"等都是有效的字符串。Web 是基于字符串数据的。HTML 页面是由普通文本组成的，URL 地址也是字符串形式的。PHP、JSP 等 Web 编程语言都提供了强大的字符串处理功能。其中，PHP 有将近 100 个不同的函数专门用来处理字符串。

本章将介绍字符串的基本用法，包括字符串的创建、访问、搜索、查找和替换、格式化等。通过本章的学习，读者应能够熟练应对实际开发中经常出现的字符串问题。

本章的学习目标：
- 掌握创建和访问字符串的方法。
- 掌握搜索字符串的常用函数。
- 掌握在字符串中进行字符替换的函数。
- 了解格式化字符串的常用函数。
- 掌握字符大小写转换的常用函数。

3.1 创建和访问字符串

3.1.1 创建字符串

字符串的创建方法有两种，一种是将字符串赋给变量，另一种是将表达式的值赋给变量。

1. 将字符串赋给变量

创建一个字符串变量的方法是，先声明一个变量，然后将字符串赋值给该变量，例如：
```
$myStr = 'hello';
```
这里用单引号(')表示字符串常量(hello)，也可以用双引号表示字符串常量，例如：
```
$myStr = "hello";
```
单引号和双引号的作用不一样。单引号中的字符串值就是实际的字符序列，但是，双引号就不一样，主要体现在两方面：字符串中的任何变量名都要经过解析后才替换为变量的值；利用转义字符可以在字符串中插入特殊字符。例如，以下示例说明了单引号和双引号之间的区别：
```
$myStr = 'world';
```

```
echo "Hello, $myStr!<br/>";      //输出"Hello, world!"
echo 'Hello, $myStr!<br/>';      //输出"Hello, $myStr!"
echo "<pre>Hi\tthere!</pre>";    //输出"Hi        there!"
echo '<pre>Hi\tthere!</pre>';    //输出"Hi\tthere!"
```

在输出为"Hello,world!"的语句中，由于使用了双引号，其中的$myStr变量名被$myStr的实际值取代；若此时使用单引号，$myStr字符串变量会在字符串中保持原样输出。

在输出为"Hi there!"的语句中，在字符串常量中包含了一个转义字符(\t)。当使用双引号时，\t会被实际的跳格字符替代，因此在输出的 Hi 与 there!之间会有大片的空白。对于同样的字符串常量，当使用单引号时，\t会原样出现在输出结果中。

表 3-1 中列出了一些常用的转义字符，它们要在双引号中使用。

表 3-1 常用的转义字符

转义字符	作　　用
\n	换行符(ASCII 码 10)
\r	回车符(ASCII 码 13)
\t	水平跳格符(ASCII 码 9)
\v	竖直跳格符(ASCII 码 11)
\f	换页符(ASCII 码 12)
\\	\(对应于以\开始的转义字符)
\$	$(对应于以$为首字符的变量名)
\"	双引号(")(对应于作为字符串结束符的双引号)

提示：在单引号字符串中，实际上也可以使用一些转义字符，比如，用 \' 表示在一个字符串中加入一个单引号。

以上定义的是单行字符串，也可以定义多行字符串。只需要在字符串常量的中间插入换行符即可，例如：

```
$myStr = "
    多行字符串示例:<br/>
    字符串行 1; <br/>
    字符串行 2
";
```

2. 将表达式的值赋给变量

创建字符串变量时，也可以将表达式的值赋给它，例如：

```
$myStr = $yourString;
$myStr = "how " . "are " . "you?";
$myStr = ( $x > 100 ) ? "Big number" : "Small number";
```

此外，许多 PHP 函数可以返回字符串值，可以把它们的返回值赋给变量。

3.1.2 在字符串中引用变量

虽然在双引号字符串中插入变量名，即可访问字符串，但有时也会产生歧义，例如：

```
$favoriteAnimal = "cat";
echo " My favorite animals are $favoriteAnimals";
```

以上代码中的字符串$favoriteAnimals 有两个含义：一个是在字符串中插入$favoriteAnimal变量的值，然后在该变量的值的后面加上一个 s；另一个是插入$favoriteAnimals 这个变量的值(实际上，这个变量不存在)。这时候 PHP 会按第二种情况处理，输出如下：

```
My favorite animals are
```

事实上，开发人员希望的是在字符串中输出变量$favoriteAnimal 的值。为了实现此目的，可以使用花括号{}把字符串中的变量名括起来，代码如下：

```
$favoriteAnimal = "cat";
echo "My favorite animals are {$favoriteAnimal}s";
```

输出如下：

```
My favorite animals are cats
```

也可以把$符号提到{}之前，代码如下：

```
echo "My favorite animals are ${favoriteAnimal}s";
```

因此，利用花括号，可以在字符串中插入更加复杂的变量值。

3.1.3　自定义分隔符

很多时候，在字符串常量中会使用引号作为分隔符，但有时需要自定义分隔符。例如，如果需要定义一个非常长的字符串，里面包含很多单引号和双引号，这时如果在字符串中用转义字符表示单引号和双引号，就太麻烦了。

PHP 中提供了两种自定义分隔符的方法：heredoc 表示法和 nowdoc 表示法。其中，heredoc 表示法与双引号表示法等效，变量名被变量值替换，用转义字符表示特殊字符；而 nowdoc 表示法与单引号表示法相似，没有变量替换，也没有转义字符替换，字符串完全取代原来的值。

heredoc 表示法如下：

```
$myStr = <<<DELIMITER
(在这里插入字符串)
DELIMITER;
```

DELIMITER 是用作分隔符的字符串。它只能包含字母、数字和下画线，而且必须以字母或下画线开头。习惯上，heredoc 分隔符与常量一样，用大写字母表示。

nowdoc 表示法必须将分隔符字符串放在单引号中，例如：

```
$myStr = <<<'DELIMITER'
(在这里插入字符串)
DELIMITER;
```

下面是一个 heredoc 表示法的例子：

```
$religion = 'Hebrew';
$myStr = <<<END_TEXT
"'I am a $religion,' he cries - and then - 'I fear the Lord the God of
Heaven who hath made the sea and the dry land!'"
END_TEXT;
echo "<pre>$myStr</pre>";
```

运行程序，输出如下：

```
"'I am a Hebrew,' he cries - and then - 'I fear the Lord the God of
Heaven who hath made the sea and the dry land!'"
```

如下程序则使用 nowdoc 表示法来实现以上功能：

```
$religion = 'Hebrew';
$myStr = <<<'END_TEXT'
"'I am a $religion,' he cries - and then - 'I fear the Lord the God of
Heaven who hath made the sea and the dry land!'"
END_TEXT;
Echo "<pre>$myStr</pre>";
```

这个例子的输出结果如下：

```
"'I am a $religion,' he cries - and then - 'I fear the Lord the God of
```

Heaven who hath made the sea and the dry land!'"

可以看到，这里输出的$religion 变量名并没有被它的值替换。

3.1.4　求字符串的长度和单词个数

1. 求字符串的长度

求字符串的长度可通过 strlen()函数来实现，语法格式如下：

```
int strlen(string $string );
```

其中，$string 参数是一个字符串或字符串变量，返回值是字符串中的字符个数。例如：

```
$myStr = "hello";
echo strlen($myStr) . "<br />";    //输出 5
echo strlen("goodbye") . "<br />"; //输出 7
```

遍历字符串的每个字符或者验证字符串的长度是否符合要求时，strlen()函数非常有用，例如：

```
if ( strlen( $year ) != 4 ) {
    echo "年份数据为 4 位数，请重新输入";
}
    else {
}
    //处理年份
    }
```

以上程序保证$year 字符串变量的长度正好是 4 个字符。

2. 统计单词个数

统计字符串中的单词个数可通过 str_word_count()函数来实现，其语法格式如下：

```
mixed str_word_count(string $string [, int $format = 0 [, string $charlist ]])
```

如果可选的参数 format 没有指定，那么返回值是一个代表单词数量的整型数。如果指定了 format 参数，返回值将是一个数组，数组的内容则取决于 format 参数。例如：

```
echo str_word_count( "Hello, world!" ); // 输出 2
```

3.1.5　访问字符串中的字符

1. 访问字符串中的单个字符

访问字符串中的单个字符，也就是读取字符串中某个位置的字符，语法格式如下：

```
$character = $string[index];
```

可以看出，把字符串的位置索引放在字符串变量名后面的方括号中，即可访问这个位置的字符。第一个字符的索引为 0，第二个字符的索引为 1，依此类推。开发人员可以读取字符串中的指定字符，也可以改变指定位置的字符。例如：

```
$myStr = "Hello, world!";
echo $myStr[0] . "<br />";    //输出'H'
echo $myStr[7] . "<br />";    //输出'w'
$myStr[12] = '?';
echo $myStr . "<br />";       //输出'Hello, world?'
```

2. 访问字符串中的多个连续字符

如果需要从一个字符串中读取连续的几个字符，即从一个字符串中取子字符串，需要用到 substr()函数，其语法格式如下：

```
string substr (string $string , int $start [, int $length ])
```

参数说明如下：

- $string 为源字符串。
- $start 为读取字符的开始位置，如果这个参数为负数，表示从字符串末尾向前计数。
- $length 为读取的字符个数。如果为负数，表示忽略从字符串末尾开始的字符个数。如果没有这个参数，表示读取从开始位置到字符串末尾位置之间的字符。

下面是几个使用 substr()函数取子字符串的例子：

```
$myStr = "   Hello, world!";
echo substr( $myStr, 0, 5 ) . "< br/ >";        //输出'Hello'
echo substr( $myStr, 7 ) . "< br/ >";           //输出'world!'
echo substr( $myStr, -1 ) . "< br/ >";          //输出'!'
echo substr( $myStr, -5, -1 ) . "< br/ >";      //输出'orld'
```

3.2　搜索字符串

实际开发中，经常需要判断两个字符串是否具有包含关系，PHP 提供了以下函数：

- strstr()函数，返回一个布尔值，告知某个字符串是否包含搜索文本。
- strpos()和 strrpos()函数，分别返回搜索文本在被搜索字符串中第一次和最后一次出现的位置。
- substr_count()函数，返回搜索文本在被搜索字符串中出现的次数。
- strpbrk()函数，可以在字符串中搜索字符集中的任意一个字符。

3.2.1　用 strstr()函数搜索字符串

strstr()函数用于判断一个字符串是否是另一个字符串的子串，语法格式如下：

```
string strstr(string $haystack, mixed $needle [, bool $before_needle = FALSE ] )
```

这个函数需要 3 个参数：目标字符串$haystack、搜索字符串$needle、是否为目标字符串到返回搜索字符串之前的字符串$before_needle。

当只有前面的两个参数时，如果找到搜索字符串，则函数返回搜索字符串在目标字符串中开始位置到目标字符串末尾位置之间的全部字符，如果找不到搜索字符串，则返回 false。例如：

```
$myStr = "Hello, world!";
echo strstr( $myStr, "wor" ) . "<br />";            //输出'world!'
echo (strstr( $myStr, "xyz" ) ? "Yes" : "No" ) . "<br/>";   //输出'No'
```

当$before_needle 为 true 时，将返回从目标字符串的开始位置到搜索字符串的开始位置之间的子字符串，例如：

```
$myStr = "Hello, world!";
echo strstr( $myStr, "wor", true );                 //输出'Hello, '
```

3.2.2　用 strpos()和 strrpos()函数定位字符串位置

strpos()函数用于查找字符串首次出现的位置，语法格式如下：

```
int strpos( string $haystack , mixed $needle [, int $offset = 0 ] )
```

其中的两个参数与 strstr()函数完全一样：目标字符串$haystack 和搜索字符串$needle；第三个可选参数$offset 用于指定从目标字符串的哪个位置开始搜索。

如果找到搜索字符串,则 strpos()返回搜索字符串在目标字符串中首次出现的位置。如果找不到,则返回 false。例如:

```
$myStr = "Hello, world!";
echo strpos( $myStr, "wor" );              //输出'7'
echo strpos( $myStr, "xyz" );              //输出'' (false)
```

当搜索字符串出现在目标字符串的开始位置时,可能存在编程陷阱。在这种情况下,strpos()返回的值为 0(找到的字符串中第一个字符的索引),如果稍不注意,很容易把它误认为 false 值。例如,以下程序将输出"Not found"信息,但是实际上这个结果是错的:

```
$myStr = "Hello, world!";
if ( !strpos( $myStr, "Hel" ) )   echo "Not found";
```

因此,严谨的做法是显式测试返回值是否为 false,代码如下:

```
$myStr = "Hello, world!";
if ( strpos( $myStr, "Hel" ) === false ) echo "Not found";
```

当指定$offset 参数时,将从目标字符串的指定索引开始搜索,例如:

```
$myStr = "Hello, world!";
echo strpos( $myStr, "o" ) . "<br/>";      //输出'4'
echo strpos( $myStr, "o", 5 ) . "<br/>";   //输出'8'
```

利用 strpos()的第三个参数,并且结合 strpos()返回的找到的字符串的位置,可以反复进行操作,从而找出搜索字符串在目标字符串中出现的所有位置,例如:

```
$myStr = "Hello, world!";
$pos = 0;
while ( ( $pos = strpos( $myStr, "l", $pos ) ) !== false ) {
    echo "The letter 'l' was found at position): $pos <br/>";
    $pos++;
}
```

这段代码输出的结果如图 3-1 所示。

strpos()有一个姐妹函数 strrpos(),它的作用基本上与 strpos()相同,唯一的差别在于 strrpos()找到的是最后一次匹配的位置,而不是第一次匹配的位置,例如:

```
$myStr = "Hello, world!";
echo strpos( $myStr, "o" ) . "<br />";     //输出'4'
echo strrpos( $myStr, "o" ) . "<br />";    //输出'8'
```

图 3-1　字母 l 在"Hello,world!"中
出现的所有位置

与 strpos()函数一样,strrpos()也有第三个可选参数,表示开始搜索的索引位置。如果将这个参数设置为负数,则 strrpos()不是从字符串的开始位置,而是从字符串的末尾位置开始搜索。

3.2.3　用 substr_count()函数统计字符串的出现次数

有时需要知道某个字符串在另一个字符串中出现了多少次。例如,需要知道某个单词在文本中出现的次数。用前面介绍的 strpos()函数再加上循环,可以求得搜索字符串出现的次数。更直接的办法是使用 substr_count()函数,其语法格式如下:

```
int substr_count ( string $haystack , string $needle [, int $offset = 0 [, int $length ]] )
```

参数的含义和前面介绍的几个函数的参数相同。这个函数可以返回搜索字符串在目标字符串中出现的次数。例如:

```
$myStr = "I say, nay, nay, and thrice nay!";
echo substr_count( $myStr, "nay" );              //输出'3'
```

```
echo substr_count( $myStr, "nay", 9 ) . "<br />";        //输出'2'
echo substr_count( $myStr, "nay", 9, 6 ) . "<br />";     //输出'1'
```

3.2.4 用 strpbrk()函数搜索字符集

当想知道字符串中是否包含一个字符集中的任意字符时，怎么办？例如，不允许某个表单元素的值包含指定字符。可以通过 strpbrk()函数来实现，该函数的语法格式如下：

```
string strpbrk ( string $haystack , string $char_list )
```

其中，$haystack 为目标字符串，$char_list 为字符集中的字符串。该函数返回目标字符串中从第一个匹配字符的位置到字符串末尾的内容。如果这个字符集中的任何一个字符都没有出现在这个字符串中，则返回 false。例如：

```
$myStr = "Hello, world!";
echo strpbrk( $myStr, "abcdef" );        //输出'ello, world!'
echo strpbrk( $myStr, "xyz" );           //输出" (false)
$username = "matt@example.com";
if ( strpbrk( $username, "@!" ) ) echo "用户名不能包含@和!字符";
```

3.3 在字符串中进行字符替换

查找和替换是字符串操作中的常用功能。本节将介绍如下 3 个字符串替换函数：

- str_replace()：替换目标字符串中出现的全部搜索字符串。
- substr_replace()：用另一个字符串替换目标字符串中某个特定的部分。
- strtr()：用其他字符替换目标字符串中的某些字符。

3.3.1 用 str_replace()函数替换全部搜索字符串

利用 str_replace()函数，可以用一个新的字符串替换目标字符串中的全部搜索字符串，相当于 Word 软件中的"全部替换"功能。其语法格式如下：

```
mixed str_replace ( mixed $search , mixed $replace , mixed $subject [, int &$count ] )
```

该函数有 3 个必选参数：搜索字符串$search、替换字符串$replace 和目标字符串$subject；可选参数$count 用于保存替换次数。该函数返回进行替换后的原字符串。例如：

```
$myStr = "It was the best of times, it was the worst of times.";
//以下输出"It was the best of bananas, it was the worst of bananas."
echo str_replace( "times", "bananas", $myStr );
//以下输出"It was the best of bananas, it was the worst of bananas."
echo str_replace( "times", "bananas", $myStr, $num ) . "<br/>";
//以下输出"The text was replaced 2 times."
echo "The text was replaced $num times.<br/>";
```

3.3.2 用 substr_replace()替换字符串的部分内容

str_replace()函数在目标字符串中搜索需要替换的某个字符串，而 substr_replace()函数则替换目标字符串的指定部分，其语法格式如下：

```
mixed substr_replace ( mixed $string , mixed $replacement , mixed $start [, mixed $length ] )
```

其中，$string 为目标字符串，$replacement 为替换字符串，$start 为在目标字符串中开始替换的索引。该函数将会用替换字符串替换从索引位置到目标字符串末尾的全部字符，最后返回替换后的字符串(原目标字符串保持不变)。例如：

```
$myStr = "It was the best of times, it was the worst of times.";
echo substr_replace( $myStr, "bananas", 11 ) . "<br/>";        //输出"It was the bananas"
```

可以看出，原字符串中从索引位置 11 开始到末尾的全部字符被替换为替换字符串("bananas")。

如果不想替换从索引位置到末尾的全部字符，可以使用第四个可选参数$length，指定需要替换的字符的个数，例如：

```
$myStr = "It was the best of times, it was the worst of times.";
//以下输出"It was the best of bananas, it was the worst of times."
echo substr_replace( $myStr, "bananas", 19, 5 ) . "<br/>";
```

如果把一个负值传递给第四个参数，则表示替换到离字符串末尾多少个字符为止，例如：

```
$myStr = "It was the best of times, it was the worst of times.";
//以下输出"It was the best of bananas the worst of times."
echo substr_replace( $myStr, "bananas", 19, -20 ) . "<br/>";
```

如果把 0 传递给第四个参数，则表示把替换字符串插入到目标字符串中，例如：

```
$myStr = "It was the best of times, it was the worst of times.";
//以下输出"It really was the best of times, it was the worst of times."
echo substr_replace( $myStr, "really ", 3, 0 ) . "<br/>";
```

3.3.3　用 strtr()函数变换字符

当需要把一个字符串中的某些字符替换成其他字符时，例如，将某一字符串中的空格替换为加号(+)，将其中的省略号替换为连字符(-)，就可以得到一个"友好的 URL 地址"字符串。这类需求可以通过 strtr()函数来实现，其语法格式如下：

```
string strtr ( string $str , string $from , string $to )
```

该函数返回 str 的一个副本，即替换后的字符串，并将 from 中指定的字符转换为 to 中相应的字符。例如：

```
$myStr = "Here's a little string";
//输出"Here-s+a+little+string"'
echo strtr( $myStr, " '", "+-" ) . "<br/>";
```

当需要把一个字符串中的一个字符变换成另一个字符时，strtr()函数就特别有用。因为只需要把几个字符传递给它，就能够把字符串中的数百个字符映射到新字符集中对应的字符。

3.4　格式化字符串

通常，现实中人们看到的日期和时间、用千分位符分隔的数字等字符串，都有固定的格式。因此，也希望程序在输出这些字符串时，也具有同样的格式。PHP 提供了许多格式化函数，专门用来处理此类问题。

3.4.1　通用的格式化函数 printf()和 sprintf()

printf()及其亲密伙伴 sprintf()是功能非常强大的格式化函数，它们可以用各种不同方式对字符串进行格式化。其中，printf()函数的语法格式如下：

```
int printf ( string $format [, mixed $args [, mixed $... ]] )
```

其中，第一个参数$format 为格式字符串(简称格式串)，之后通常紧跟着一个或多个输出参数$args，这些参数就是需要格式化的字符串。该函数会输出格式化后的结果字符串。

格式字符串由普通字符和一个或多个转换说明符组成，每个转换说明符对应一个输出参数，用来对对应的那个参数进行格式处理，并把处理结果插入到格式字符串中，最后输出格式化后的整个字符串。转换说明符总是以百分号(%)开始。例如：

```
printf( "Pi rounded to a whole number is: %d", M_PI ); //输出"Pi rounded to a whole number is: 3"
```

在这个例子中，"Pi rounded to a whole number is: %d"是格式串，字符串中的"%d"是转换说明符。转换说明符指示 printf()函数读取输出参数(M_PI)的值，并把它格式化为一个十进制整数，再插入到格式串中。这里的输出参数(M_PI)是 PHP 的一个常量，代表 PI 的近似值，精确到一定的位数(默认是 14 位)。因此，这个函数的结果是用 PI 的整数部分替换格式串中的%d，然后输出替换后的格式串。

下面是另一个例子，它包含多个转换说明符：

```
printf( "%d 乘以%d 等于%d.", 2, 4, 2*4 );   //输出"2 乘 4 等于 8"
```

这条语句在输出字符串中显示了 3 个整数：2、4 和表达式 2*4 的值。

1．类型说明符

转换说明符"%d"中的 d 是一个类型说明符，表示 printf()函数把对应的参数输出为一个十进制整数。格式串中还可以使用其他的类型说明符，如表 3-2 所示。

表 3-2　类型说明符

类型说明符	含　义
b	把参数当作一个整数，并将其格式化为它的二进制值
c	把参数当作一个整数，并将其格式化为以它为 ASCII 码的字符
d	把参数当作一个整数，并将其格式化为一个带符号的十进制整数
e	用科学记数法输出参数(例如，3.45e+2)
f	把参数格式化为一个浮点数，但是要考虑当前区域语言设置(例如，许多欧洲的语言设置用逗号而非句点作为小数点)
F	把参数格式化为一个浮点数，但是不需要考虑当前区域语言设置
o	把参数当作一个整数，并将其格式化为八进制数
s	把参数格式化为一个字符串
u	把参数当作一个整数，并将其格式化为一个不带符号的十进制数
x	把参数当作一个整数，并将其格式化为一个小写的十六进制数
x	把参数当作一个整数，并将其格式化为一个大写的十六进制数
%	输出一个%字符，它不需要一个参数

【例 3-1】使用不同的类型说明符输出同一个参数。

```
……
<body>
  <h1> Type Specifiers in Action</h1>
<?php
$myNumber = 123.45;
printf( "Binary: %b<br/>", $myNumber );
printf( "Character: %c<br/>", $myNumber );
printf( "Decimal: %d<br/>", $myNumber );
printf( "Scientific: %e<br/>", $myNumber );
```

```
printf( "Float: %f<br/>", $myNumber );
printf( "Octal: %o<br/>", $myNumber );
printf( "String: %s<br/>", $myNumber );
printf( "Hex (lower case): %x<br/>", $myNumber );
printf( "Hex (upper case): %X<br/>", $myNumber );
?>
</body>
```

运行以上程序，输出结果如图3-2所示。

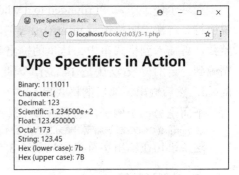

图 3-2　输出结果

2．符号说明

默认情况下，printf()在输出负数时，会在它之前输出一个负号(-)；而在输出正数时，在它前面并没有输出一个正号(+)。实际开发中，有时需要正负数前有一个符号，可在类型说明符之前加上一个符号说明符(+)。例如：

```
printf( "%d<br/>", 123 );        //输出"123"
printf( "%d<br/>", -123 );       //输出"-123"
printf( "%+d<br/>", 123 );       //输出"+123"
printf( "%+d<br/>", -123 );      //输出"-123"
```

3．宽度说明

有时需要在数值的前面添加一些 0，或者添加一些空格，从而使多个字符串对齐。这时可以在格式化参数的左侧(默认是左侧)或右侧添加字符，使参数的输出达到一定的宽度。

要设置输出宽度，需要在转换说明符中的类型说明符之前插入宽度说明符。宽度说明符包含一个 0 或一个空格符，其后紧跟一个数字来说明输出宽度。

例如，下面这条语句输出 3 个不同的数值，在需要时，可以添加 0，从而使输出宽度达到 6 个字符长：

```
printf( "%06d<br/>", 123 );      //输出"000123"
printf( "%06d<br/>", 4567 );     //输出"004567"
printf( "%06d<br/>", 123456 );   //输出"123456"
```

提示：宽度说明符会根据需要增加字符，但是绝对不会截断输出字符串，因此printf("%06d", 12345678)会输出 12345678 而非 345678。

要用宽度说明符将各个字符串右对齐，可通过在左边添加前导的空格符来实现，例如：

```
print "<pre>";
printf( "% 15s/n", "Hi" );
printf( "% 15s/n", "Hello" );
printf( "% 15s/n", "Hello, world!" );
print "<pre>";
```

运行程序，输出结果如下：

```
Hi
Hello
Hello, world!
```

也可以省略 0 或空格，而只说明一个数字。对于这种情况，printf()会用空格填充。

填充字符并不局限于 0 和空格，也可以用其他字符进行填充。使用其他填充字符时，要使用撇号(')，后面跟填充字符，例如：

```
printf( "%'#8s", "Hi" ); //输出"######Hi"
```

如果要在右侧而不是左侧添加填充字符——这样得到的结果是左对齐而不是右对齐，则需要在填充字符与宽度说明符之间插入一个负号(-)，例如：

```
printf( "%'#-8s", "Hi" ); //输出"Hi######"
```

注意：当用 f 或 F 输出浮点数时，填充方式稍有不同。

4. 说明数值精度

当用 f 或 F 类型说明符输出浮点数时，可以用精度说明符表示小数点后舍入的位数。添加精度说明符时，需要插入一个句点(.)，并在句点之后、类型说明符之前，插入一个表示小数位数的数值，例如：

```
printf( "%f <br />", 123.4567 );        //输出"123.456700" (默认精度)
printf( "%.2f <br />", 123.4567 );      //输出"123.46"
printf( "%.0f <br />", 123.4567 );      //输出"123"
printf( "%.10f <br />", 123.4567 );     //输出"123.4567000000"
```

可以同时定义宽度说明符和精度说明符，整个宽度包括小数点前整数部分的位数、小数点和小数点后的位数，例如：

```
echo "<pre>";
printf( "%.2f <br />", 123.4567 );      //输出"123.46"
printf( "%012.2f <br />", 123.4567 );   //输出"000000123.46"
printf( "%12.4f <br />", 123.4567 );    //输出" 123.4567"
echo "</pre>";
```

若在格式化字符串时也使用精度说明符，则表示的是 printf()把字符串末尾截掉一部分后保留的字符个数，例如：

```
printf( "%.8s\n", "Hello, world!" );    //输出"Hello, w"
```

5. 交换转换符的顺序

在使用 printf()函数格式化字符串时，输出参数的顺序必须与格式串中转换说明符的顺序一一对应。但是，实际开发中有时需要交换转换说明符的顺序，而不改变输出参数的顺序。例如，假设下面这个格式串保存在一个名为 template.txt 的文件中：

```
You have %d messages in your %s, of which %d are unread.
```

如果程序要利用这个文件把一段消息显示给一个用户，示例如下：

```
$mailbox = "Inbox";
$totalMessages = 36;
$unreadMessages = 4;
printf( file_get_contents( "template.txt" ), $totalMessages, $mailbox,$unreadMessages );
```

执行代码，输出结果如下：

```
You have 36 messages in your Inbox, of which 4 are unread.
```

现在，为了把这个应用程序推向另一个市场，需要重构此应用程序的"外观"，这需要用到下面的 template.txt 文件：

```
Your %s contains %d unread messages, and %d messages in total.
```

这个格式串包含同样的转换说明符，但是它们的顺序不同。应用这个文本文件，会得到如下完全离谱的结果：

```
Your 36 contains 0 unread messages, and 4 messages in total.
```

通常解决这个问题的唯一办法是改变参数在 PHP 代码中的顺序，只重构应用程序的"外观"是无法解决上述问题的。

此时参数交换方法就可以派上用场了。利用参数交换方法，可以定义每个转换说明符对应哪个参数。它的使用方法是：在每个%符号的后面，增加一个位置参数，表示参数的位置(1 表示格式化之后的第一个输出参数，2 表示第二个参数，依此类推)。因此，可以修改 template.txt 文件的内容，把它修改为如下格式串：

```
Your %2$s contains %3$d unread messages, and %1$d messages in total.
```

这样就可以正确显示消息了，输出如下：

Your Inbox contains 4 unread messages, and 36 messages in total.

6. 存储格式化结果

使用 sprintf()函数可以把 printf()的结果存储起来。sprintf()的用法与 printf()唯一的区别在于，可以把结果字符串作为函数值返回，而不输出到终端。语法格式如下：

```
string sprintf ( string $format [, mixed $args [, mixed $... ]] )
```

例如：

```php
<?php
$username = "Matt";
$mailbox = "Inbox";
$totalMessages = 36;
$unreadMessages = 4;
$messageCount=sprintf( file_get_contents( "template.txt" ), $totalMessages, $mailbox, $unreadMessages );
?>
    <p>Welcome, <?php echo $username?> . </p>
    <p class="messageCount"><?php echo $messageCount?></p>
```

提示：fprintf()函数可以把结果字符串保存到一个打开的文件中。

3.4.2 删除空白符的函数 trim()、ltrim()和 rtrim()

PHP 程序经常需要处理输入的字符串，而这些字符串经常存在多余的空白符。例如，字符串之前或之后的许多换行符，或者字符串行首的许多跳格符，这些都属于空白符。空白符对于要求字符串具有特定长度的脚本来说，或者对于试图对两个字符串进行比较的脚本程序来说，非常不便，因此需要删除。PHP 提供了以下 3 个函数来实现删除：

- trim()：删除字符串首尾的空白符。
- ltrim()：只删除字符串首部的空白符。
- rtrim()：只删除字符串尾部的空白符。

提示：这些函数只能删除字符串首尾的空白符，而不能删除字符串内部的空白符。

这 3 个函数的用法都一样：需要将一个字符串作为其参数，并返回删除空白符后的字符串。语法格式分别如下：

```
string trim( string $str[, string $character_mask = " \t\n\r\0\x0B" ] )
string ltrim( string $str[, string $character_mask ] )
string rtrim( string $str[, string $character_mask ] )
```

例如：

```php
$myStr = " What a lot of space! ";
echo "<pre>";
echo "|" . trim( $myStr ) . "|\n";   //输出"|What a lot of space!|"
echo "|" . ltrim( $myStr ) . "|\n";   //输出"|What a lot of space! |"
echo "|" . rtrim( $myStr ) . "|\n";   //输出"| What a lot of space!|"
echo "</pre>";
```

也可以给函数传递第二个可选的参数：把一些字符当作空白符删除。这样做之后，这几个函数就会删除字符串中的这些字符，而不是删除默认的空白符。可以用".."符号指定字符的范围(如"1..5"或"a..z")。例如，如下程序删除了行号、冒号和每一行行首的空白符：

```php
$milton1 = "1: 第一行\n";
$milton2 = "2: 第二行\n";
$milton3 = "3: 第三行\n";
echo "<pre>";
echo ltrim( $milton1, "0..9: " );
```

```
    echo ltrim( $milton2, "0..9: " );
    echo ltrim( $milton3, "0..9: " );
    echo "</pre>";
```

运行以上程序，输出结果如下：

```
    第一行
    第二行
    第三行
```

3.4.3　填充字符串函数 str_pad()

使用 str_pad()函数在字符串的首尾填充字符相比 printf()函数更好用。其语法格式如下：

```
    string str_pad(string $input, int $pad_length[, string $pad_string=" " [,
    int $pad_type = STR_PAD_RIGHT ]] )
```

第一个参数$input 是需要填充的字符串，第二个参数$pad_length 是希望得到的字符串的长度。默认用空格符在字符串的右侧进行填充。例如：

```
    echo '<pre>';
    echo str_pad( "Hello, world!", 20 ); //输出 "Hello, world!          "
    echo '"</pre>';
```

如果要用其他字符进行填充，则还要把一个字符串传递给它的第三个可选参数。注意，这个字符串可以是单个字符，也可以是几个字符。如果属于后者，则把这个字符串重复多次填充到输入字符串中，例如：

```
    echo str_pad( "Hello, world!", 20, "*" ) . "\n";       //输出"Hello, world!*******"
    echo str_pad( "Hello, world!", 20, "123" ) . "\n";     //输出"Hello, world!1231231"
```

此外，还可以在字符串的左侧进行填充，或者同时在左侧和右侧进行填充。为此，需要给它传递第四个可选参数，该参数由以下 PHP 内部常量组成：

- STR_PAD_RIGHT：表示在字符串的右侧(默认情况)进行填充，并将字符串左对齐。
- STR_PAD_LEFT：表示在字符串的左侧进行填充，并将字符串右对齐。
- STR_PAD_BOTH：表示在字符串的两侧进行填充，并将字符串尽可能中心对齐。

下面是一个在字符串左右两侧进行填充的例子：

```
    echo str_pad( "Hello, world!", 20, "*", STR_PAD_BOTH ) . "\n";    //输出"***Hello, world!****"
```

3.4.4　自动换行函数 wordwrap()

实际开发中，有时需要把很大的一段文本显示给用户，如 Web 页面或电子邮件的内容。如果把这样的文本接收为一长行，则需要把这一长行的内容分割成多行内容，以便阅读。

借助 PHP 的 wordwrap()函数，可以输入单行文本内容，并用换行符(\n)把它拆分成多行文本。为了避免单词被分解，它会在某个单词之后换行。使用这个函数时，必须把需要自动换行的字符串传递给它，之后返回换行后的字符串。wordwrap()函数的语法格式如下：

```
    string wordwrap( string $str [, int $width = 75 [, string $break = "\n" [, bool $cut = FALSE ]]] )
```

例如：

```
    $myStr = "But think not that this famous town has only harpooneers,
                cannibals, and bumpkins to show her visitors. Not at all. Still New Bedford";
    echo "<pre>";
    echo wordwrap( $myStr );
    echo "</pre>";
```

运行以上程序，输出结果如下：

```
    But think not that this famous town has only harpooneers,
    cannibals, and bumpkins to show her visitors. Not at all. Still New Bedford
```

默认情况下，wordwrap()函数会确保每一行不超过 75 个字符，但是通过第二个可选参数，可以克服这个限制。例如，将以上例子的 wordwrap()函数一行改为如下：

```
echo wordwrap( $myStr, 40 );
```

运行以上程序，输出结果如下：

```
But think not that this famous town has
only harpooneers,
cannibals, and bumpkins to show her
visitors. Not at all. Still New Bedford
```

如果不想用换行符，而想用其他一个或多个字符分解行，则需要把这个(或这些)字符传递给这个函数的第三个可选参数。例如，如果想用 HTML 的换行元素
分解行，可改写上面的例子为：

```
$myStr = "But think not that this famous town has only harpooneers,
        cannibals, and bumpkins to show her visitors. Not at all. Still New Bedford";
echo wordwrap($myStr,40, "<br/>");
```

提示：如果读者要把字符串中的换行符替换为 HTML 的
元素，可以使用 PHP 的 nl2br()函数。给这个函数输入一个需要替换的字符串，则会返回把所有换行符(\n)替换成
后的字符串。

如果将 wordwrap()的第四个可选参数设置为 true(默认是 false)，则会将长文本自动分解成固定的长度，这意味着可能会把行末的长单词一分为二。例如：

```
$myStr = "This string has averylongwordindeed.";
echo wordwrap( $myStr, 10, "<br />" );
echo "<br /><br />";
echo wordwrap( $myStr, 10, "<br />", true );
```

运行程序，输出结果如下：

```
This
string has
Averylongwordindeed.

This
string has
averylongw
ordindeed.
```

3.4.5 格式化数值函数 number_format()

number_format()函数可以把数值格式化成容易理解的形式，它使用千位分隔符，且把数值舍入到一定的位数，最后返回格式化之后的字符串，例如：

```
echo number_format( 1234567.89 );    //输出"1,234,568"
```

以上代码把数值舍入到最接近的整数。如果想包含几位小数，则需要传递第二个参数，它表示小数位数，例如：

```
echo number_format( 1234567.89, 1 );    //输出"1,234,567.9"
```

最后，如果想用其他字符作为小数点和千位分隔符，则需要再给它传递两个参数。例如，在下面的代码中，用逗号作为小数点，用空格作为千位分隔符：

```
echo number_format( 1234567.89, 2, ",", " " );    //输出"1 234 567,89"
```

还可以把空串传递给这两个参数中的一个，利用这种办法，可以得到没有千位分隔符的数值，例如：

```
echo number_format( 1234567.89, 2, ".", "" );    //输出"1234567.89"
```

提示：利用 money_format()函数，可以把货币值格式化为各种货币格式。

3.5　字母大小写转换

PHP 提供了大小写转换的多个方法。要把一个字符串全部转换为小写，可以使用 strtolower()，其语法格式如下：

```
string strtolower( string $string )
```

为这个函数输入一个需要转换的字符串$string，然后返回转换后的小写字符串。例如：

```
$myStr = "Hello, world!";
echo strtolower( $myStr );   //输出'hello, world!'
```

如果想要将一个字符串全变成大写，则使用 strtoupper()函数，语法格式如下：

```
string strtoupper( string $string )
```

这个函数也需要输入一个需要转换的字符串$string，然后返回转换后的大写字符串。例如：

```
$myStr = "Hello, world!";
echo strtoupper( $myStr );   //输出'HELLO, WORLD!'
```

但很多时候，并不需要将所有的字母都转换成大写或小写，按照英语语法，更合理的做法是将首字符转换成大写。针对这种情形，PHP 提供了 ucfirst()函数，其语法格式如下：

```
string ucfirst( string $str )
```

例如：

```
$myStr = "hello, world!";
echo ucfirst( $myStr );   //输出'Hello, world!'
```

另外，PHP 还引入了 lcfirst()函数，它可以把一个字符串的首字符转换为小写字母，语法格式如下：

```
string lcfirst( string $str )
```

例如：

```
$myStr = "Hello, World!";
echo lcfirst( $myStr );   //输出'hello, World!'
```

最后，PHP 还提供了 ucwords()函数，用于把字符串中每个单词的首字符转换为大写字母，语法格式如下：

```
string ucwords( string $str [, string $delimiters = " \t\r\n\f\v" ] )
```

例如：

```
$myStr = "hello, world!";
echo ucwords( $myStr );   //输出'Hello, World!'
```

谈到大小写字母，本章前面介绍的绝大多数查找和替换函数都是对大小写敏感的，这是指它们只匹配大小写相同的字母，例如：

```
$myStr = "Hello, world!";
//输出"Not found"
if ( strstr( $myStr, "hello" ) )
    echo "Found";
else
    echo "Not found";
```

PHP 也有一些字符串函数不区分大小写，这意味着即使字母的大小写不匹配，它们也仍然有效。例如，一个与 strstr()对应的函数，即 stristr()，它对大小写不敏感，例如：

```
$myStr = "Hello, world!";
//以下输出"Found"
if ( stristr( $myStr, "hello" ) )
    echo "Found";
```

```
    else
        echo "Not found";
```

表 3-3 中列出了不区分大小写的字符串函数。

表 3-3　不区分大小写的字符串函数

函数	对应的不区分大小写的函数
strstr()	stristr()
strpos()	stripos()
strrpos()	strripos()
str_replace()	str_ireplace()

3.6　本章小结

本章首先介绍了字符串的创建和访问,包括字符串的创建、在字符串中引用变量、自定义分隔符、求字符串的长度和单词个数、访问字符串中的单个字符和多个连续字符等。

然后介绍了一些常用的字符串搜索和替换函数,这些函数如下:

- strstr()、strpos()和 strrpos()用于字符串搜索。
- substr_count()用于统计搜索文本在字符串中出现的次数。
- strpbrk()用于在字符串中搜索字符集中的任意一个字符。
- str_replace()用于替换目标字符串中出现的全部的搜索字符串。
- substr_replace()用于用另一个字符串替换目标字符串中的某个特定部分。
- strtr()用于用其他字符替换目标字符串中的某些字符。

接着介绍了两个重要的字符串格式化函数:printf()和 sprintf()。这两个函数可以用很多方式格式化字符串,此外还介绍了其他几个格式化函数,如 trim()、ltrim()、rtrim()、str_pad()、wordwrap()和 number_format()等。

最后介绍了字母大小写转换函数,包括 strtolower()、strtoupper()、ucfirst()、lcfirst()、ucwords()函数等。

3.7　思考和练习

1. 编写一段脚本,查找出以下字符串中的双竖线:

```
$str="admin||46cc468df60c961d8da2326337c7aa58||0,0,0,0,0,0,0,0,0,0,0,0,0,0,0,0,0,0,0,0,0,0,";
```

2. 举例说明字符串截取函数 substr()、iconv_substr()、mb_substr()的使用以及优劣分析。

3. 假设有一个字符串 "Warning: System will shutdown in NN minutes!",首先用 substr_replace()函数将 NN 替换为数字 15 并输出,然后休眠 10 秒,再将 NN 替换为 5 并输出。

4. 假设有字符串"Learn PHP string functions at jb51.net",将字符串中的每个英文字符全部转换成小写或大写。

5. 把两个字符串分割合并,例如 str1=aaaa、str2=bbbb,合并后生成 abababab。

第 4 章

数组

变量是一个只能存放单个数值的容器。然而，PHP 有几类变量，可以在一个变量中同时存储多个值，比如数组。

数组主要用于存储大量相似的数据。例如，使用数组存储 100 个客户的信息。有了数组，就不需要用 100 个独立的变量——$cumstomer1、$cumstomer2 等存储这些客户的信息，只需要创建一个名为$customer 的数组就可以保存全部客户的信息。

通过本章的学习，读者应能掌握一维数组和多维数组的基本操作，基本能够满足实际开发中的使用需要。由于数组在 Web 开发中是使用最多的数据结构，因此本章内容应重点掌握。

本章的学习目标：
- 掌握数组的概念、数组的创建以及数组元素的访问和修改。
- 掌握数组的常用操作方法，包括数组元素的输出、数组元素个数的统计等。
- 掌握使用 foreach 遍历数组的方法。
- 掌握多维数组的创建、访问和遍历。
- 掌握数组的常用操作，包括数组排序、添加和删除数组元素、合并数组、数组和字符串之间的转换、将数组转换为变量列表等。

4.1 数组概述

数组是一个可以保存很多值的变量，可以把数组看成数值列表，数组中的值称为元素。数组中的每个元素都是通过唯一的索引进行引用的。访问一个元素的值——不管是创建、读取、赋值还是删除这个元素，都要用到这个元素的索引。

PHP 支持两类数组：索引数组和关联数组。
- 索引数组：这类数组和 C、Java 语言中的数组一样，每个元素都是通过一个数值型索引进行引用的。通常元素的索引从 0 开始。例如，第一个元素的索引为 0，第二个元素的索引为 1，依此类推。
- 关联数组：这类数组的元素就像一对 Key/Value，每个元素通过一个键值索引进行引用。例如，可能用一个数组的元素表示客户的年龄，并把"age"作为它的索引，形如$customer['age']=10。

虽然 PHP 允许创建和操作索引数组和关联数组,但事实上,PHP 中的所有数组都是属于同一类型的。这有时会带来许多方便,例如,可能会在同一个数组中混用字符索引和数值索引,或者把索引数组当作关联数组。实际上,通常不是使用索引数组就是使用关联数组,这有助于把索引数组和关联数组看成两种不同类型的数组。

提示: 数组的索引也常称为键。通常,称数值索引为索引,称字符串索引为键。

实际上,数组元素中存储的实际值可以是任何类型,甚至可以在同一个数组中保存多种类型的值。例如,可能会有这样一个数组,它的第一个元素是字符串,第二个元素是浮点数,第三个元素是布尔值。

4.2 数组的创建与访问

本节主要介绍数组最基本的操作,包括创建数组,读取、增加和修改数组元素的值,输出数组,切割数组,统计数组元素个数,遍历数组元素等。

4.2.1 创建数组

创建数组可通过 array()构造函数来实现,其语法格式如下:

```
array array([ mixed $... ] )
```

这个函数需要输入一个值列表,之后就可以建立一个含有这些值的数组元素,例如:

```
$authors = array( "Landy", "Tom", "Michelle", "Fen" );
```

这行代码创建了一个包含 4 个元素的数组,每个元素都是一个字符串值,然后把这个数组赋给了变量$authors。这样就可以通过单个变量名$authors 访问该数组中的任意一个元素了。

这个数组是一个索引数组,每个元素都可以通过一个从 0 开始的唯一数值索引进行访问。在本例中,Landy 的索引为 0,Tom 的索引为 1,Michelle 的索引为 2,Fen 的索引为 3。

如果想要建立一个关联数组,使其中每个元素通过字符串索引而不是数值索引访问,则需要使用=>运算符,例如:

```
$myBook = array( "title" => "The Grapes of Wrath", "author" => "John","pubYear" => 1939 );
```

以上代码创建了一个包含 3 个元素的数组。"The Grapes of Wrath"这个元素的索引为"title","John"的索引为"author",1939 的索引为"pubYear"。

提示: PHP 有许多内置的函数可以用来创建数组。

4.2.2 访问数组的元素

创建了数组之后,在使用数组元素时,就需要访问数组。事实上,数组元素的访问方法与字符串中单个字符的访问方法一样。语法格式如下:

```
数组名[索引];
```

先写数组名,其后是一对方括号,方括号里面是元素的索引,索引从 0 开始。例如:

```
$authors = array( "Landy", "Tom", "Michelle", "Fen" );
$myAuthor = $authors[0];        // $myAuthor 变量的值为"Landy"
$anotherAuthor = $authors[1];    // $anotherAuthor 变量的值为"Tom"
```

以上代码中，$authors[0]表示要访问数组$authors 的第一个元素，$authors[1]表示要访问数组$authors 的第二个元素。

如果需要访问关联数组的元素，则使用字符串索引，例如：

```
$myBook = array( "title" => "The Grapes of Wrath","author" => "John ","pubYear" => 1939 );
$myTitle = $myBook["title"];          // $myTitle 变量的值为"The Grapes of Wrath"
$myAuthor = $myBook["author"];        // $myAuthor 变量的值为" John"
```

以上代码中，$myBook["title"]表示要访问数组$myBook 中键值为 title 的元素值，$myBook["author"]表示要访问数组$myBook 中键值为 author 的元素值。

数组变量名后面的方括号中的内容并非必须是常量，而可以是任何表达式，只要表达式的值是一个合适的整数或字符串就行。例如：

```
$authors = array( "Landy", "Tom", "Michelle", "Fen" );
$pos = 2;
echo $authors[$pos + 1];              // 输出"Fen"
```

4.2.3　修改元素值

实际开发中，还需要经常修改数组元素的值。修改元素值的方法和访问数组元素值的方法相同。可以把数组元素看成单独的变量，可以随意创建、读取、写入它的值，例如：

```
$authors = array( "Landy", "Tom", "Michelle", "Fen" );
$authors[2] = "Melville";
```

以上代码把数组的第三个元素的值从"Michelle" 改成了"Melville"。

4.2.4　新增数组元素

如何为数组添加新的元素？最简单的方法是新建一个索引值为 4 的新元素。例如：

```
$authors = array( "Landy", "Tom", "Michelle", "Fen" );
$authors[4] = "Orwell";
```

还有一种更简单的给数组增加新元素的方法，只用方括号，不用索引，例如：

```
$authors = array( "Landy", "Tom", "Michelle", "Fen" );
$authors[] = "Orwell";
```

以上代码会直接在数组$authors 的最后增加元素 Orwell。事实上，还可以用这种方括号方法，从头开始创建一个数组。使用下面 3 种方法将会得到一个相同的数组：

```
//(1)通过构造函数 array()创建数组
$authors1 = array( "Landy", "Tom", "Michelle", "Fen" );
//(2)直接通过方括号+索引方式创建数组
$authors2[0] = "Landy";
$authors2[1] = "Tom";
$authors2[2] = "Michelle";
$authors2[3] = "Fen";
//(3)直接通过方括号创建数组
$authors3[] = "Landy";
$authors3[] = "Tom";
$authors3[] = "Michelle";
$authors3[] = "Fen";
```

与普通变量一样，必须先正确初始化数组。在第二个和第三个例子中，如果$author2 和$author3 数组变量已存在且其中已经包含其他元素，则执行上述代码后，最后得到的数组可能就会包含不止上述赋值的 4 个元素。

如果无法确定一个数组是否已创建，则最好在创建数组之前先对数组进行初始化，即使当前还不需要创建它的元素。用 array()构造函数，以空列表为参数即可初始化数组，例如：

```
$authors = array();
```

在创建一个没有任何元素的数组(空数组)之后，还可以给它添加元素，例如：

```
$authors[] = "Landy";
$authors[] = "Tom";
```

用方括号方法也可以给关联数组添加元素或修改元素的值。下面是一个关联数组，用两种方法给它赋值：第一种方法用的是 array()构造函数，第二种方法用的是方括号方式。代码如下：

```
//使用构造函数创建关联数组
$myBook = array( "title" => "The Grapes of Wrath","author" => "John Landy","pubYear" => 1939 );
//使用方括号方式创建关联数组
$myBook = array();
$myBook["title"] = "The Grapes of Wrath";
$myBook["author"] = "John Landy";
$myBook["pubYear"] = 1939;
```

修改关联数组的元素值与修改索引数组的元素值的方法一样。例如：

```
$myBook["title"] = "East of Eden";
$myBook["pubYear"] = 1952;
```

4.2.5　输出所有数组元素

普通变量可以使用 print()或 echo()函数输出，但不能用这两个函数来输出数组，因为这两个函数一次只能输出一个值。于是，PHP 提供了专门的函数用于输出数组元素——print_r()，它可以输出数组中的全部元素，其语法格式如下：

```
print_r($array);
```

其中，$array 为待输出元素的数组名称。下面通过一个示例来说明。

【例 4-1】创建一个索引数组和一个关联数组，然后用 print_r()函数，将这两个数组的元素显示到一个网页上。

```
……
    <body>
        <h1>通过 print_r()函数输出数组元素</h1>
<?php
    $authors = array( "Landy", "Tom", "Michelle", "Fen" );
    $myBook = array( "title" => "The Grapes of Wrath","author" => "John Landy","pubYear" => 1939 );
    echo '<h2>$authors:</h2><pre>';
    print_r( $authors );
    echo '</pre><h2>$myBook:</h2><pre>';
    print_r( $myBook );
    echo "</pre>";
?>
    </body>
```

运行以上程序，输出结果如图 4-1 所示。可以看出，print_r()函数首先输出传递给它的变量的类型，即 Array，然后以 key=>value 的形式输出这个数组的全部元素。本例中的索引数组$authors 的键(或索引)是从 0 到 3，关联数组$myBook 的键是 title、author 和 pubYear。

程序中用<pre>和</pre>标签控制 print_r()的输出格式，这样看到的是格式化后的结果。如果没有这些标签，结果将以一行显示在网页上。

提示：用 print_r()函数可以输出任意类型的数据，而不止数组变量。例如，用 print_r()也可以输出对象的内容(对象的知识将在后面章节中介绍)。

图 4-1　通过 print_r()输出的数组元素

如果要把 pritn_r()的输出结果存储到一个字符串中，而不是输出到浏览器中，则需要给它传递第二个参数 true。例如：

```
$arrayStructure = print_r( $array, true );
echo $arrayStructure; //输出数组$array 的内容
```

4.2.6　切割数组

有时希望一次能访问多个连续的数组元素。例如，有一个数组保存了 100 个未处理的客户订单，想读取前 10 个订单进行处理。array_slice()函数可以从一个数组中读取一组元素，其语法格式如下：

```
array array_slice( array $array , int $offset [, int $length = NULL [, bool $preserve_keys = false ]] )
```

需要把数组变量$array 传递给它，之后是第一个元素的位置(从 0 开始)，其后再跟一个数值，表示读取元素的个数。该函数可以返回一个新数组，新数组的元素就是原数组$offset 开头的$length 个连续元素。例如：

```
$authors = array( "Landy", "Tom", "Michelle", "Fen" );
$authorsSlice = array_slice( $authors, 1, 2 );
print_r( $authorsSlice ); //输出"Array ( [0] => Tom [1] => Michelle )"
```

这个例子从$author 数组中读取第二和第三个元素，并把结果存储到一个新变量中。然后用 print_r()函数输出这个新数组的值。

注意，array_slice()不保留原数组的键值，而是会在新数组中从 0 开始重新设置索引。因此，在原数组$author 中，Tom 的索引为 1；而在$authorSlice 数组中，它的索引为 0。

那么，如何把 array_slice()用于关联数组？虽然关联数组并没有数值索引，但是 PHP 会记住每个元素在关联数组中的顺序。因此，仍然可以用 array_slice()函数读取关联数组的部分元素。例如，下面用 array_slice()读取一个关联数组的第二和第三个元素：

```
$myBook = array( "title" => "The Grapes of Wrath","author" => "John Landy","pubYear" => 1939 );
$myBookSlice = array_slice( $myBook, 1, 2 );
print_r( $myBookSlice );   //输出"Array ( [author] => John Landy [pubYear] => 1939 )";
```

从以上程序可以看出，array_slice()函数保留了原关联数组的键值。

在使用 array_slice()函数时，如果没有指定第三个参数，则会读取原数组从指定位置开始到数组最后一个元素之间的全部元素。例如：

```
$authors = array( "Landy", "Tom", "Michelle", "Fen" );
$authorsSlice = array_slice( $authors, 1 );
print_r( $authorsSlice );    //输出"Array ( [0] => Tom [1] => Michelle [2] => Fen )";
```

默认情况下，array_slice()不会保留索引数组元素原来的索引号。如果确实要保留原来的索引号，则需要把 true 传递给 array_slice()的第四个参数。例如：

```
$authors = array( "Landy", "Tom", "Michelle", "Fen" );
print_r( array_slice( $authors, 2, 2 ) );          //输出"Array ( [0] => Michelle [1] => Fen )";
print_r( array_slice( $authors, 2, 2, true ) );    //输出"Array ( [2] => Michelle [3] => Fen )";
```

4.2.7 统计数组中元素的个数

实际开发中经常需要统计数组中元素的个数。可以通过 count()函数实现，语法格式如下：

```
int count($array)
```

其中，$array 为需要统计元素个数的数组的名称。该函数将返回一个整数，表示数组中元素的个数。例如：

```
$authors = array( "Landy", "Tom", "Michelle", "Fen" );
$myBook = array( "title" => "The Grapes of Wrath","author" => "John Landy","pubYear" => 1939 );
echo count( $authors ) . "<br/>";    //输出"4"
echo count( $myBook ) . "<br/ >";    //输出"3"
```

很多时候大家想通过 count()函数读取索引数组的最后一个元素。例如：

```
$authors = array( "Landy", "Tom", "Michelle", "Fen" );
$lastIndex = count( $authors ) - 1;
echo $authors[$lastIndex];    //输出"Fen"
```

成功了，但千万不要认为，一个包含了 4 个元素的索引数组，它的最后一个元素的索引肯定为 3。例如：

```
$authors = array( 0 => "Landy", 1 => "Tom", 2=> "Michelle", 47 =>"Fen" );
$lastIndex = count( $authors ) - 1;
echo $authors[$lastIndex];    //输出"Undefined Offset"警告信息
```

虽然这个数组使用的是数值键，这表示它是一个索引数组，但是它的键值不连续。当然也可以把它看成一个使用数值键的关联数组。由于 PHP 在内部并不区分索引数组和关联数组，因此有可能创建一个非连续键值的索引数组。因此，在以上程序中，虽然$authors 这个数组的最大索引为 47，但是实际上它只包含 4 个元素，而非 48 个元素(这样的数组为稀疏数组)。因此，当脚本用$lastIndex(它的值为 3，比 count()函数的返回值小 1)访问最后一个元素("Fen")时，PHP 会输出 Undefined Offset("没有定义的偏移")消息，并且用 echo 语句输出一个空串。

可见，如果一个索引数组的索引是连续的，则可以认为，第 30 个元素的索引肯定是 29；但是如果无法确定索引是否连续，则需要通过下一节介绍的方法来访问数组元素。

4.2.8 逐个访问数组的元素

大家已经知道，可以用元素的键——不管是数值键(针对索引数组)还是字符串键(针对关联数组)——访问数组的任意一个元素，但是如果事先不知道数组的键，那又该怎么办呢？PHP 提供了几个数组访问函数。

1. 通过数组指针逐个访问数组的元素

用这些函数可以逐个访问数组的元素，不管它们的索引如何表示。当创建数组时，PHP 会记住元素的创建顺序，并且保存一个内部指针，它指向数组中的元素。这个指针初始时会指向第一个创建的元素，但是可以任意地向前或向后移动这个指针。表 4-1 中的函数可以操作这个指针并且访问它指向的元素。

表 4-1　操作数组指针的函数

函　数	说　明
current()	返回指针指向的当前元素的值，指针位置没有变化
key()	返回指针指向的当前元素的键，指针位置没有变化
next()	将指针移动到下一个元素位置，并且返回这个元素的值
prev()	将指针移动到前一个元素位置，并且返回这个元素的值
end()	将指针移动到最后一个元素位置，并且返回这个元素的值
reset()	将指针移动到第一个元素位置，并且返回这个元素的值

上述每个函数都只有一个参数，即数组，返回的是找到的元素的值或索引。如果找不到，则返回 false(例如，当指针指向数组的最后一个元素时，使用 next()函数，或者对一个空数组使用 current()函数)。

【例 4-2】通过函数方式操纵数组指针，访问数组。

```
……
  <body>
    <h1>通过操作数组指针逐个访问数组元素</h1>
<?php
$authors = array( "Landy", "Tom", "Michelle", "Fen" );
echo "<p>数组元素: " . print_r( $authors, true ) . "</p>";
echo "<p>当前元素是: " . current( $authors ) . ".</p>";
echo "<p>下一个元素是: " . next( $authors ) . ".</p> ";
echo "<p> ...索引为: " . key( $authors ) . ".</p>";
echo "<p>下一个元素是: " . next( $authors ) . ".</p>";
echo "<p>上一个元素是: " . prev( $authors ) . ".</p>";
echo "<p>第一个元素是: " . reset( $authors ) . ".</p>";
echo "<p>最后一个元素是: " . end( $authors ) . ".</p>";
echo "<p>上一个元素是: " . prev( $authors ) . ".</p>";
?>
  </body>
```

运行程序，输出结果如图 4-2 所示。

注意，这里是如何用这些函数向前或向后移动数组的指针的(current()和 key()函数是例外情况，这两个函数只返回当前元素的值或键，而没有移动指针)。

再回到上一节说明 count()函数用法的稀疏数组示例，可使用以下方法读取数组的最后一个元素：

```
$authors = array( 0 => "Landy", 1 => "Tom",
                  2=> "Michelle", 47 =>"Fen" );
echo end( $authors ); //输出"Fen"
```

这些函数非常有用，但是当找不到元素时，这些函数都会返回 false。注意，如果数组中某个元素的值正好也是 false，就很难判断它究竟是表示元素的值，还是表示找不到这个元素。

图 4-2　输出结果

2. 通过 each()函数逐个访问数组的元素

为了解决这个问题，可以使用另一个 PHP 函数：each()。它会返回数组的当前元素，然后将指针移动到下一个元素。但是 each()返回的不是一个值，而是一个包含 4 个元素的数组，其中包含当前元素的键和值。如果找不到某个元素——原因可能是指针到达了数组的末尾，或者是空数组，则 each()会返回 false。因此用 each()函数就可以很容易地判断，它读取的是否是一个值为 false 的元素，因为在这种情况下，它会返回一个包含 4 个元素的数组，如果找不到元素，则返回 false。

each()函数返回的四元素数组正好说明了 PHP 数组的灵活性，因为它既包含数值型元素，也包含字符串元素，如表 4-2 所示。

表 4-2　each()函数返回的四元素数组

元素索引	元素值
0	当前元素的键
"key"	当前元素的键
1	当前元素的值
"value"	当前元素的值

这样可以用 0 索引或"key"键访问当前元素的键，用 1 索引或"value"键访问当前元素的值。例如：

```
$myBook = array( "title" => "The Grapes of Wrath","author" => "John Landy","pubYear" => 1939 );
$element = each( $myBook );
echo "Key: " . $element[0] . "<br/>";
echo "Value: " . $element[1] . "<br/>";
echo "Key: " . $element["key"] . "<br/>";
echo "Value: " . $element["value"] . "<br/>";
```

运行以上代码，输出如下：

```
Key: title
Value: The Grapes of Wrath
Key: title
Value: The Grapes of Wrath
```

下面的程序说明了如何用 each()函数读取一个值为 false 的数组元素：

```
$myArray = array( false );
$element = each( $myArray );
$key = $element["key"];          //此时$key 为 0
$val = $element["value"];        //此时$value 为 false
```

由于 each()函数会返回当前数组元素，同时把数组指针向前移动一个位置，因此可以在 while 循环中用它访问数组的每个元素。下面的示例用来访问$myBook 数组的每个元素，并且返回元素的键或值。

【例 4-3】使用 each()函数逐个访问数组的元素。

```
......
  <body>
    <h1>通过 each()和 while 循环访问数组</h1>
    <dl>
<?php
$myBook = array( "title" => "The Grapes of Wrath","author" => "John Landy","pubYear" => 1939);
while($element = each($myBook) ) {
  echo "<dt> $element[0]:</dt>";
  echo "<dd> $element[1]</dd>";
}
```

```
      ?>
        </dl>
      </body>
```

运行以上程序，输出结果如图 4-3 所示。只要
each()函数返回四元素数组，这个 while 循环就会一
直执行下去。当到达数组的末尾时，each()函数就
会返回 false，循环结束。

图 4-3　输出结果

4.3　用 foreach 遍历数组

从上一节的介绍可知，each()函数与 while 循
环相结合，可以逐个访问数组的元素，也就是遍历数组。事实上，PHP 提供了一种更简单的
方法——foreach 语句。foreach 是一类特殊的循环语句，只适用于数组(或对象)。可以两种不
同方式使用 foreach 语句：一种是用它读取每个元素的值，另一种是读取元素的键和值。本
节就来介绍 foreach 语句的使用。

4.3.1　用 foreach 遍历数组的每个值

foreach 语句最简单的应用就是访问数组中每个元素的值，语法格式如下：

```
foreach( $array as $value ) {
    // 对$value 值进行操作
}
//其他程序代码
```

foreach 循环可以逐个访问数组的第一个元素到最后一个元素。在 foreach 的某次循环过
程中，$value 变量被赋予当前数组元素的值，在循环体内，可以根据需要对此变量的值进行
处理……然后执行下一次循环，读取数组下一个元素的值，这样反复执行，直到处理完数组
的全部元素为止。例如，下面的代码使用 foreach 语句遍历$authors 数组元素并输出元素值：

```
$authors = array( "Landy", "Tom", "Michelle", "Fen" );
foreach( $authors as $val ) {
    echo $val . "<br/>";
}
```

运行以上程序，输出结果如下：

```
Landy
Tom
Michelle
Fen
```

4.3.2　用 foreach 遍历数组的键和值

使用 foreach 可以同时访问数组的键和值，语法格式如下：

```
foreach( $array as $key => $value ) {
    // (对数组元素的$key 和$value 值进行操作)
}
// 其他程序代码
```

这段代码与前面一段代码的差别在于，$key 变量存储了数组当前元素的键。

【例 4-4】使用 foreach 语句遍历数组元素的键和值。

```
......
    <body>
        <h1>使用 foreach 语句遍历数组的键和值</h1>
        <dl>
    <?php
    $myBook = array( "title" => "The Grapes of Wrath",
                     "author" => "John Landy",
                     "pubYear" => 1939 );
    foreach( $myBook as $key => $value ) {
        echo "<dt>$key:</dt>";
        echo "<dd>$value</dd>";
    }
    ?>
        </dl>
    </body>
```

将程序代码保存为 foreach1.php，然后在浏览器中
运行程序，输出如图 4-4 所示的键和值列表。

4.3.3 用 foreach 遍历修改数组元素的值

当使用 foreach 语句时，在循环体内处理的是数组
元素的副本。这意味着改变这个值，并不会改变原来数
组中相应元素的值。例如：

图 4-4　程序输出的键和值列表

```
$authors = array( "Landy", "Tom", "Michelle", "Fen" );
//下面的 foreach 语句输出"Landy Tom Hardy Fen";
foreach( $authors as $val ) {
    if( $val == "Michelle" ) $val = "Hardy";
    echo $val . " ";
}
echo "<br/>";
print_r( $authors ); //输出"Array([0] => Landy [1] => Tom [2] => Michelle [3] =>Fen )"
```

以上代码中，虽然在循环体内$val 的值已从 Michelle 改为 Hardy，但是原来$authors 数
组中的值并没有发生变化，所以最后一行 print_r()的输出仍是数组元素的旧值 Michelle。

如果确实需要修改数组元素的值，可以用 foreach 循环返回这个值的引用，而不是它的副
本。这意味着循环中的变量指向的是数组中元素的值，要改变数组元素的值，只需要改变这
个变量的值即可。这时 foreach 语句的写法如下：

```
foreach( $array as & $value ) {
```

使用引用方式把前面的例子改写如下：

```
$authors = array( "Landy", "Tom", "Michelle", "Fen" );
//下面的 foreach 语句输出"Landy Tom Hardy Fen";
foreach( $authors as & $val ) {
    if( $val == "Michelle" ) $val = "Hardy";
    echo $val . " ";
}
unset( $val );
echo "<br/>";
print_r( $authors );    //输出"Array ( [0] => Landy [1] => Tom [2] => Hardy [3] =>Fen )"
```

可以看到，$author 数组的第三个元素的值已从 Michelle 改为 Hardy。代码中的 unset($val)
可以确保在循环结束之后删除$val 变量。因为循环结束后，$val 变量仍然保存了最后一个元素
的引用(即 Fen)。如果万一之后的代码改变了$val 变量的值，则可能在不经意间改变$author 数
组的最后一个元素的值。因此，复位或删除$val 这个变量，可以防止出现这个潜在的 bug。

4.4 多维数组

前面已经介绍了一维数组的定义和使用。实际上，数组中的元素可以是任意类型的，因此数组元素也可以是数组，这时候数组中包含数组，就成了多维数组(也称为嵌套数组，因为一个数组包含一个或多个数组)。如果一个数组包含多个其他数组，则称这样的数组为二维数组；如果这些数组再包含其他数组，则称这样的数组为三维数组，依此类推。

4.4.1 创建多维数组

下面的示例创建了一个简单的名为$myBooks 的二维数组，然后用 print_r()函数输出该数组的全部元素。

【例 4-5】创建并使用二维数组。

```
......
  <body>
    <h1>一个二维数组</h1>
<?php
$myBooks = array(
    array(
        "title" => "计算机应用基础新手学电脑(第二版)",
        "author" => "智云科技",
        "pubYear" => 2016
    ),
    array(
        "title" => "深度学习",
        "author" => "[美] Ian，Goodfellow，[加] Yoshua，Bengio，[加] Aaron",
        "pubYear" => 2015
    ),
    array(
        "title" => "TensorFlow：实战 Google 深度学习框架(第 2 版)",
        "author" => "郑泽宇，梁博文，顾思宇",
        "pubYear" => 2018
    ),
    array(
        "title" => "Keras 快速上手：基于 Python 的深度学习实战",
        "author" => "谢梁，鲁颖，劳虹岚 著",
        "pubYear" => 2018
    ),
);
echo "<pre>";
print_r($myBooks);
echo "</pre>";
?>
    </body>
```

将以上程序保存为 multiarr.php，然后在浏览器中运行，输出结果如图 4-5 所示。这段脚本创建的是一个索引数组，即$myBooks 包含 4 个元素，它们的键分别为 0、1、2 和 3。其中每个元素又是一个包含 3 个元素的关联数组，它们的键分别为 title、author 和 pubYear。

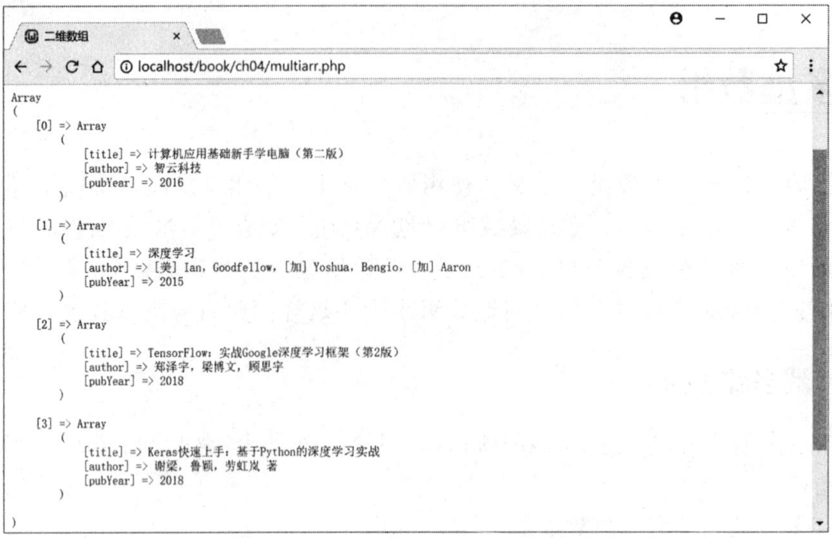

图 4-5　二维数组$myBooks 的输出

4.4.2　访问多维数组的元素

利用前面介绍的方括号方法可以访问多维数组的任意一个元素。例如：

```
//输出 Array ( [title] => 深度学习 [author] => [美] Ian，Goodfellow，[加] Yoshua，Bengio，[加] Aaron
//[pubYear] => 2015 );
print_r($myBooks[1]);
echo "<br/>" .$myBooks[1]["title"]."<br/>";    //输出"深度学习"
echo $myBooks[3]["pubYear"]."<br/>";         //输出 "2018"
```

根据 print_r()的输出结果，可以看出，事实上，$myBooks 数组的第二个元素是一个关联数组，它包含《深度学习》这本书的信息。同时，其后的两行 echo 代码说明了如何访问这个嵌套的关联数组的元素，分别在两个方括号中使用两个键：第一个键是顶层元素的索引，第二个键是嵌套数组的元素的索引。在以上程序中，首先通过第一个键选择需要访问的关联数组，然后通过第二个键选择这个关联数组的一个元素。

4.4.3　多维数组的遍历

前面已经介绍了如何用 foreach 循环访问，也就是遍历一维数组的全部元素，但是如何遍历多维数组的每个元素呢？本质上，多维数组是在数组中嵌套数组，因此可以使用嵌套的循环遍历多维数组。

【例 4-6】遍历多维数组。这个例子将使用两层嵌套的 foreach 循环访问$myBooks 数组。

```
    ......
    <body>
<?php
  $myBooks = array(
    array(
        "title" => "计算机应用基础新手学电脑(第二版)",
        "author" => "智云科技",
        "pubYear" => 2016
    ),
    array(
        "title" => "深度学习",
```

```
            "author" => "[美] Ian，Goodfellow，[加] Yoshua，Bengio，[加] Aaron",
            "pubYear" => 2015
        ),
        array(
            "title" => "TensorFlow：实战 Google 深度学习框架(第 2 版)",
            "author" => "郑泽宇，梁博文，顾思宇",
            "pubYear" => 2018
        ),
    );
    $bookNum = 0;
    foreach( $myBooks as $book ) {
        $bookNum++;
        echo "<h2>Book #$bookNum:</h2>";
        echo "<dl>";
        foreach( $book as $key => $value ) {
            echo "$key:$value<br/>";
        }
        echo "</dl>";
    }
    ?>
    </body>
```

将以上程序保存为 multi_array_loop.php，然后在浏览器中执行，结果如图 4-6 所示。

图 4-6　程序运行结果

　　该脚本程序首先定义了二维数组$myBooks，其中每个元素都是一个关联数组，其中包含了某本书的相关信息。

　　接着定义一个计数器变量$bookNum，并把它设置为 0，然后建立一个外层 foreach 循环。这个循环逐一访问顶层数组($myBooks)的每个元素。当循环访问每个元素时，首先给$bookNum 变量加 1，并显示当前图书的序号。

　　内层循环访问当前元素中的关联数组。对于关联数组的每个元素，脚本显示它的键("title"、"author"和"pubYear")和值。内层循环结束后，再结束外层循环。

4.5　数组的操作

　　前面已经介绍了什么是数组、如何创建数组、如何访问数组的元素、如何遍历数组中的每个元素、如何创建和遍历多维数组等。但实际上数组操作并不仅限于此，PHP 提供了很多数组操作函数。本节将介绍一些常用的函数。

4.5.1 数组排序

在大多数程序设计语言中，都有一个很重要的功能，即可以按顺序对数组的元素进行排序。例如，从一个文本文件中读取 100 个书名，并将它们保存到一个数组中。可以把这些书名按字母顺序进行排序，然后按照排序后的顺序输出。关于数组排序，PHP 语言提供了不少与数组排序有关的函数。其中比较常用的是：

- sort()和 rsort()：用于索引数组的排序。
- asort()和 arsort()：用于关联数组的排序。
- ksort()的 krsort()：根据关联数组的键而非值对数组进行排序。
- array_multisort()：一个非常有用的函数，它可以同时对多个数组或多维数组进行排序。

1. 用 sort()和 rsort()对索引数组进行排序

最简单的数组排序函数是 sort()和 rsort()。sort()函数可以按升序对数组的值进行排序(对于字母，是按字母表顺序；对于数字，是按数值大小，并且字母排在数值之前)。rsort()可以按降序对数组的值进行排序。这两个函数的语法格式分别如下：

```
bool sort( array &$array[, int $sort_flags = SORT_REGULAR ] )
bool rsort( array &$array[, int $sort_flags = SORT_REGULAR ] )
```

这两个函数都需要一个数组名作为参数，如果排序成功，则返回 true，如果排序不成功，则返回 false。下面的示例先按字母的升序对作者的姓名进行排序，然后按降序进行排序：

```
$authors = array( "Landy", "Tom", "Michelle", "Fen" );
sort( $authors );
print_r( $authors ); //输出 "Array ( [0]=> Fen [1] => Tom [2] => Landy [3] =>Michelle )"
rsort( $authors );
print_r( $authors ); //输出 "Array ([0] => Michelle [1] => Landy [2] => Tom [3] =>Fen )"
```

2. 用 asort()和 arsort()对关联数组进行排序

前面用 sort()和 rsort()进行排序时，可以发现，排序后数组元素的键不同于原来数组元素的键。例如，Landy 在原来数组中的索引为 0，而在第二个数组中的索引为 2，在第三个数组中的索引为 1。由此可见，sort()和 rsort()函数对原来的数组重新建立了索引。

对于索引数组来说，这正是所希望的，因为希望排序后的元素以正确的顺序出现，同时也希望索引数组的索引从 0 开始。但是，对于关联数组，这可能会产生一个问题，比如下面的情形：

```
$myBook = array( "title" => "Dance","author" => "Fen","year" => 1853 );
sort( $myBook );
print_r( $myBook ); //输出 "Array ( [0] => Dance [1] => Fen [2] => 1853 )"
```

这里 sort()函数是把一个关联数组转换为一个索引数组，并用数值键取代原来的字符串键。这样做实际上没有任何意义。因为这样排序后，就无法找出哪个元素包含书的书名。

这种情况可以用 asort()和 arsort()函数解决。它们对关联数组排序时，保留了每个元素的键与值之间的关系。例如：

```
$myBook = array( "title" => "Dance","author" => "Fen","year" => 1853 );
asort( $myBook );
print_r( $myBook );   //输出 "Array ([title] => Dance [author] => Fen [year] =>1853 )"
```

```
arsort( $myBook );
print_r( $myBook );   //输出 "Array ( [year] => 1853 [author] => Fen [title] => Dance )"
```

提示：asort()和 arsort()函数也可以用于索引数组。

3. 用 ksort()和 krsort()函数对关联数组的键进行排序

ksort()和 krsort()的作用与 asort()和 arsort()相似，它们分别按升序和降序对数组进行排序，而且它们都保留了键与值之间的关联性。唯一差别在于，asort()和 arsort()是根据元素的值进行排序，而 ksort()和 krsort()是根据元素的键进行排序：

```
$myBook = array( "title" => "Dance","author" => "Fen","year" => 1853 );
ksort( $myBook );
print_r( $myBook ); //输出 "Array ([author] => Fen [title] => Dance [year] =>1853 )"
krsort( $myBook );
print_r( $myBook ); //输出 "Array ( [year] => 1853 [title] => Dance [author] =>Fen )"
```

ksort()根据键的升序(author、title、year)对数组进行排序，而 krsort()则是按相反顺序对数组进行排序。

提示：与 asort()和 arsort()一样，ksort()和 krsort()主要应用于关联数组。

4. 用 array_multisort()函数进行多重排序

利用 array_multisort()函数，可以同时对多个相关数组进行排序，并且保留它们之间的关系。使用这个函数时，需要把要排序的几个数组传递给它作为参数，语法格式如下：

```
array_multisort( $array1, $array2, ... );
```

例如下面的示例，没有把书籍信息存储在一个多维数组中，而是存储到 3 个相关的数组中。其中，一个数组用来保存图书的作者，另一个数组用来保存书名，第三个数组用来保存出版的年份。把这 3 个数组传递给 array_multisort()，则它们会根据第一个数组的值进行排序。代码如下：

```
$authors = array( "Landy", "Tom", "Michelle", "Fen" );
$titles = array("The Grapes of Wrath", "The Trial", "The Hobbit", "A Tale of Two Cities" );
$pubYears = array( 1939, 1925, 1937, 1859 );
array_multisort( $authors, $titles, $pubYears );
print_r( $authors );   //输出 "Array ([0] => Fen [1] => Tom [2] => Landy [3] =>Michelle )"
echo "<br/>";
print_r( $titles );     //输出"Array([0] => A Tale of Two Cities [1] => The Trial [2] => The Grapes of Wrath
                        //[3] = > The Hobbit )"
echo "<br/>";
print_r( $pubYears );   //输出 "Array ( [0] => 1859 [1] => 1925 [2] => 1939 [3] => 1937 )"
```

$author 数组按字母顺序进行排序，而$titles 和$pubYears 数组也重新进行了排序，从而使得它们的元素的顺序与$author 数组中的元素相对应。如果想按照书名进行排序，只需要改变传递给 array_multisort()的参数的次序即可，代码如下：

```
array_multisort( $titles, $authors, $pubYears );
```

array_multisort()函数的用途不止这些。它会先按第一个数组的值进行排序，然后按第二个数组的值排序，依此类推。例如：

```
$authors = array( "Landy", "Tom", "Landy", "Michelle", "Landy","Fen" );
$titles = array( "The Grapes of Wrath", "The Trial", "Of Mice and Men", "The Hobbit", "East of Eden",
                "A Tale of Two Cities" );
$pubYears = array( 1939, 1925, 1937, 1937, 1952, 1859 );
array_multisort( $authors, $titles, $pubYears );
print_r( $authors ); //输出 "Array ([0] => Fen [1] => Tom [2] => Landy [3] =>Landy [4] => Landy
                     //[5] => Michelle )"
```

```
echo "<br/>";
print_r ( $titles ); //输出  "Array ([0] => A Tale of Two Cities [1] => The Trial [2] => East of Eden
              //[3] => Of Mice and Men [4] => The Grapes of Wrath [5] => The Hobbit )"
echo "<br/>";
print_r ( $pubYears ); //输出  "Array([0] => 1859 [1] => 1925 [2] => 1952 [3] => 1937 [4] =>1939
              //[5] => 1937 )"
```

这些数组保存了 Landy 这位作者的 3 本书的信息。array_multisort()函数会按照作者的升序对这 3 个数组进行排序。但是，同时也把 *East of Eden*、*Of Mice and Men* 和 *The Grapes of Wrath* 按照升序进行了排序。

此外，用 array_multisort()函数还可以对多维数组进行排序。它的用法与多个数组的排序方法相同，唯一差别是函数的参数只需要一个数组。它先对嵌套数组的第一个元素进行排序，然后对第二个元素进行排序，依此类推。在排序过程中，嵌套数组中元素的顺序保持不变。

【例 4-7】下面用 array_multisort()函数对一个二维数组进行排序。

```
......
  <body>
<?php
 $myBooks = array(
    array(
        "title" => "John Landy's book",
        "author" => "John Landy",
        "pubYear" => 1939
    ),
    array(
        "title" => "John Vandor's book",
        "author" => "Vandor",
        "pubYear" => 1962
    ),
    array(
        "title" => "Tom's dairy",
        "author" => "Franz Tom",
        "pubYear" => 1925
    ),
    array(
        "title" => "Rabbit",
        "author" => "J. R. R. Michelle",
        "pubYear" => 1937
    ),
 );
 array_multisort($myBooks);
 echo "<pre>";
 print_r($myBooks);
 echo "</pre>";
?>
  </body>
```

将以上程序保存为 array_multisort.php，然后在浏览器中执行，输出结果如图 4-7 所示。

提示：需要注意的是，array_multisort()函数虽然不会改变数组元素的键值，但是会生成数组索引。

从输出结果可以发现，array_multisort()函数会根据书名顺序对$myBooks 数组进行排序。如果想根据作者的顺序对它进行排序，则需要改变嵌套的关联数组中的元素顺序。

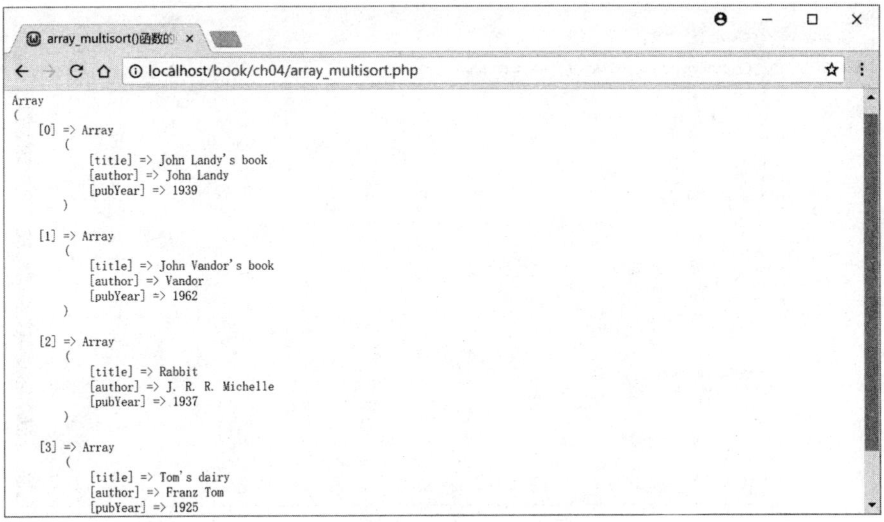

图 4-7　按书名进行排序

【例 4-8】根据书名顺序对 $myBooks 数组进行排序。

```php
......
  <body>
<?php
 $myBooks = array(
    array(
       "author" => "John Landy",
       "title" => "John Landy's book",
       "pubYear" => 1939
    ),
    array(
       "author" => "Vandor",
       "title" => "John Vandor's book",
       "pubYear" => 1962
    ),
    array(
       "author" => "Franz Tom",
       "title" => "Tom's dairy",
       "pubYear" => 1925
    ),
    array(
       "author" => "J. R. R. Michelle",
       "title" => "Rabbit",
       "pubYear" => 1937
    ),
 );
 array_multisort($myBooks);
 echo "<pre>";
 print_r($myBooks);
 echo "</pre>";
?>
  </body>
```

将以上代码保存为 array_multisort1.php，在浏览器中运行，输出结果如图 4-8 所示。

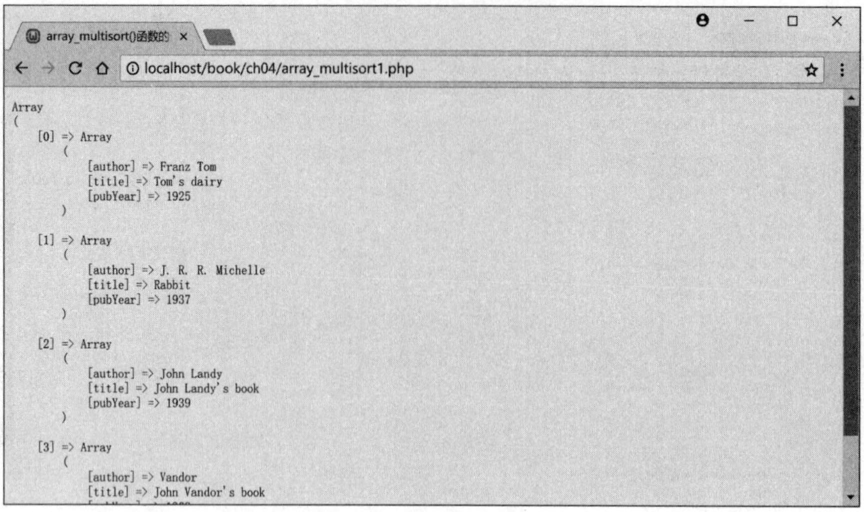

图 4-8 按作者进行排序

4.5.2 添加和删除数组元素

前面已经介绍了使用方括号方法给数组添加元素。例如：

```
$myArray[] = "new value";
$myArray["newKey"] = "new value";
```

若添加的元素少，这种添加方法是可行的。但是，如果需要添加大量的数组元素，则需要更强大的元素添加和删除功能，为此 PHP 提供了以下函数：

- array_unshift()：将一个或多个新元素添加到数组的开始位置。
- array_shift()：删除数组的第一个元素。
- array_push()：在数组的末尾位置添加一个或多个新元素。
- array_pop()：删除数组的最后一个元素。
- array_splice()：删除数组中从某个位置开始的元素，或把新元素插入到数组的某个位置。

1. 在数组的首尾添加或删除元素

(1) array_unshift()函数

想要把一个或多个元素插入到数组的开始位置，可以使用 array_unshift()函数，语法格式如下：

```
int array_unshift( array &$array , mixed $value1 [, mixed $... ] )
```

只需要把数组名$array 和要插入的元素$value1 传递给该函数，就能够返回插入后的数组的元素个数，例如：

```
$authors = array( "Landy", "Tom", "Michelle", "Fen" );
echo array_unshift( $authors,"Hardy", "Lily" ) . "<br/>";   //输出"6"
//以下输出"Array ( [0] => Hardy [1] => Lily [2] => Landy [3] =>Tom [4] => Michelle [5] => Fen )"
print_r( $authors );
```

提示：不可以用 array_unshift()把键/值对插入到关联数组中，但是 array_merge()函数具有此功能。本章后面将介绍 array_merge()函数。

(2) array_shift()函数

用 array_shift()函数可以删除数组的第一个元素，并返回它的值(而不是它的键)，语法格式如下：

```
mixed array_shift( array &$array )
```

该函数只需要一个参数，即需要删除元素的数组$array。例如：

```
$myBook = array("title" => "John Landy's book","author" => "John Landy","pubYear" => 2016);
echo array_shift($myBook)."<br/>";     //输出"John Landy's book"
print_r( $myBook );                    //输出"Array ([author] => John Landy [pubYear] => 2016)"
```

(3) array_push()函数

如果要在数组的末尾位置添加一个元素，也可以使用前面介绍过的方括号方法，但是使用 array_push()可以一次添加多个元素(而且它可以告诉数组的新长度)，语法格式如下：

```
int array_push( array &$array , mixed $value1 [, mixed $... ] )
```

该函数的用法与 array_unshift()的用法相似，需要传入数组名$array 和需要添加的元素值 $value1 作为参数。例如：

```
$authors = array("Landy", "Tom");
echo array_push($authors, "Hardy", "Lily"). "<br/>";// 输出 "4"
print_r($authors);   //输出 "Array ([0] => Landy [1] => Tom [2] => Hardy [3] => Lily)"
```

(4) 使用 array_unshift()和 array_push()函数添加一个数组

对于 array_unshift()和 array_push()这两个函数，如果要向数组添加一个数组，则它们会把待添加数组作为一个元素添加到原来的数组中，这样就把原来的数组变成了多维数组。例如：

```
$authors = array( "Landy", "Tom" );
$newAuthors = array( " Michelle ", " Fen " );
echo array_push( $authors, $newAuthors ) . "<br/>";
print "<pre>";
print_r( $authors );
print "</pre>";
```

以上程序输出如下：

```
3
Array
(
    [0] => Landy
    [1] => Tom
    [2] => Array
        (
            [0] =>   Michelle
            [1] =>   Fen
        )
)
```

如果希望把数组的元素逐一添加到原来的数组中，则可以使用 array_merge()函数。

(4) array_pop()函数

array_pop()函数与 array_shift()函数相反，它可以删除数组的最后一个元素，并返回这个元素的值，语法格式如下：

```
mixed array_pop(array &$array)
```

使用这个函数时，只需要把数组$array 作为参数传递给它即可。例如：

```
$myBook = array("title" => "John Landy's book","author" => "John Landy","pubYear" => 2018);
echo array_pop($myBook)."<br/>"; //最后一个元素出栈，输出"2018"
print_r($myBook); //输出 "Array ( [title] => John Landy's book [author] => John Landy)"
```

提示：利用 array_push()和 array_pop()可以很容易地创建一个后进先出的栈。

2. 在数组中间位置插入或删除元素

如果不只是希望在数组的首尾添加元素，还希望可以在数组中间位置插入或删除元素，则需要使用功能更加强大的 array_splice()函数。这个函数的功能相当于字符串处理函数 substr_replace()。利用 array_splice()函数可以删除数组中的几个连续元素,并且用另一个数组的元素替换它们。删除和替换都是可选的,这意味着既可以只删除元素,不插入新的元素,也可以只插入新的元素,不删除原来的元素。

array_splice()函数的语法格式如下:

```
array array_splice( array &$input , int $offset [, int $length = count($input) [, mixed $replacement = array() ]] )
```

该函数会返回删除后(或插入后)的数组。使用该函数时,必须传递给它 3 个参数,第一个参数是要处理的数组$input,第二个参数是要删除的元素的开始位置$offset,第三个参数是可选的,表示需要删除的元素个数$length。如果省略了第三个参数,则表示删除从这个开始位置之后的全部元素。array_splice()函数还有第四个可选的参数,表示要插入的数组$replacement。

【例 4-9】使用 array_splice()函数在数组中间位置插入或删除元素。

```php
……
  <head>
    <title>array_splice()函数的使用</title>
    <style type="text/css">
      h2, pre { margin: 1px; }
      table { margin: 0; border-collapse: collapse; width: 100%; }
      th { text-align: left; }
      th, td { text-align: left; padding: 4px; vertical-align: top; border: 1px solid gray; }
    </style>
  </head>
  <body>
    <h1>使用 array_splice()函数在中间位置插入或删除元素</h1>
<?php
$headingStart = '<tr><th colspan="4"><h2>';
$headingEnd = '</h2></th></tr>';
$rowStart = '<tr><td><pre>';
$nextCell = '</pre></td><td><pre>';
$rowEnd = '</pre></td></tr>';
echo '<table cellpadding="0" cellspacing="0"><tr><th>Original
array</th><th>Removed</th><th>Added</th><th>New array</th></tr>';
//第一个例子
echo "{$headingStart}1. 增加两个元素到中间位置{$headingEnd}";
$authors = array( "Landy", "Tom", "Michelle" );
$arrayToAdd = array( "Gaga", "ViVi" );
echo $rowStart;
print_r( $authors );
echo $nextCell;
print_r( array_splice( $authors, 2, 0, $arrayToAdd ) );
echo $nextCell;
print_r( $arrayToAdd );
echo $nextCell;
print_r( $authors );
echo $rowEnd;
//第二个例子
echo "{$headingStart}2. 替换两个元素{$headingEnd}";
$authors = array( "Landy", "Tom", "Michelle" );
$arrayToAdd = array( "BoBo" );
echo $rowStart;
print_r( $authors );
echo $nextCell;
print_r( array_splice( $authors, 0, 2, $arrayToAdd ) );
echo $nextCell;
```

```
print_r( $arrayToAdd );
echo $nextCell;
print_r( $authors );
echo $rowEnd;
//第三个例子
echo "{$headingStart}3. 删除最后两个元素{$headingEnd}";
$authors = array( "Landy", "Tom", "Michelle" );
echo $rowStart;
print_r( $authors );
echo $nextCell;
print_r( array_splice( $authors, 1 ) );
echo $nextCell;
echo "Nothing";
echo $nextCell;
print_r( $authors );
echo $rowEnd;
//第四个例子
echo "{$headingStart}4. 插入一个字符串元素{$headingEnd}";
$authors = array( "Landy", "Tom", "Michelle" );
echo $rowStart;
print_r( $authors );
echo $nextCell;
print_r( array_splice( $authors, 1, 0, "Orwell" ) );
echo $nextCell;
echo "Orwell";
echo $nextCell;
print_r( $authors );
echo $rowEnd;

echo '</table>';
?>
    </body>
```

将以上程序保存为 array_splice.php，然后在浏览器中执行，结果如图 4-9 所示。

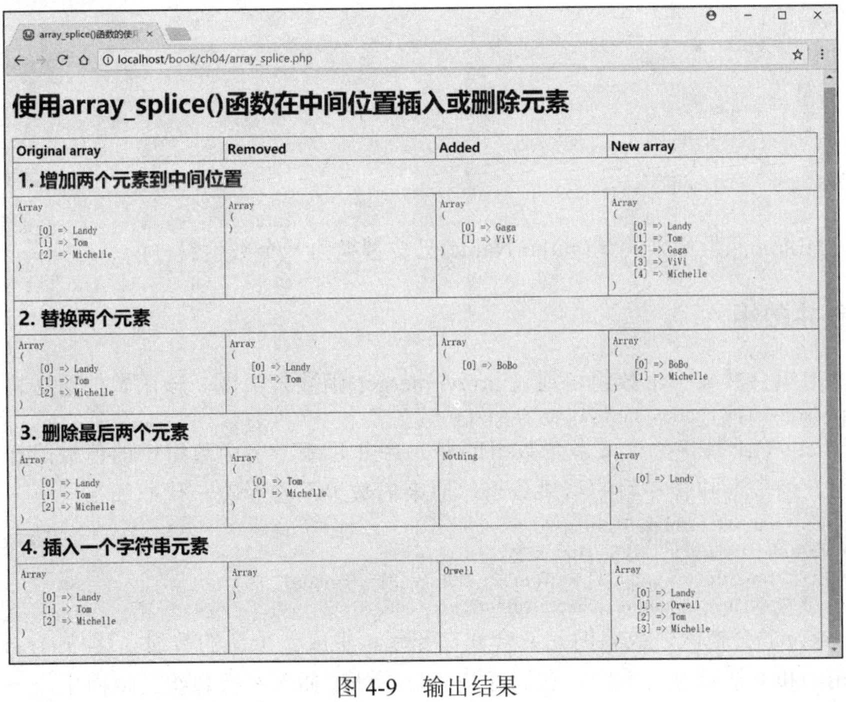

图 4-9　输出结果

这个例子说明了 array_splice()函数的 4 种不同用法，并将它的执行结果显示在了一个 HTML 表格中。第一个例子把两个新元素插入到数组的第三个位置，并显示被删除的元素，但是由于没有删除元素，因此它是一个空数组。代码如下：

```
print_r( array_splice( $authors, 2, 0, $arrayToAdd ) );
```

在第 2 个位置删除 0 个元素，然后插入$arrayToAdd 数组。

第二个例子说明了如何同时删除和插入元素，代码如下：

```
print_r( array_splice( $authors, 0, 2, $arrayToAdd ) );
```

这在数组的开始位置(0 位置)删除两个元素，然后把$arrayToAdd 数组的元素插入到 0 位置。

第三个例子说明了没有第三个参数时的情况，代码如下：

```
print_r( array_splice( $authors, 1 ) );
```

这行代码表示删除从第 2 个位置开始的全部元素。

最后，第四个例子说明了第四个参数的作用，即第四个参数可以不是一个数组名。假如只需要添加一个元素，如一个字符串，则只需要把这个字符串值传递给这个参数就行。这是因为，array_splice()函数在使用之前会自动把第四个参数转换为一个数组。因此 array_splice() 会自动把"Orwell"字符串转换为只有一个元素("Orwell")的数组，然后把它添加到另一个数组中，代码如下：

```
print_r( array_splice( $authors, 1, 0, "Orwell" ) );
```

需要注意的是，插入一个数组时，插入元素的键不会保留，而是用数值键重新生成索引。因此 array_splice()不可以用来插入关联数组，例如：

```
$authors = array( "Landy", "Tom", "Michelle" );
array_splice( $authors, 1, 0, array( "authorName" => "Hilton" ) );
echo "<pre>";
print_r( $authors );
echo "</pre>";
```

这段代码的输出如下：

```
Array
(
    [0] => Landy
    [1] => Hilton
    [2] => Tom
    [3] => Michelle
)
```

注意，Hilton 元素原来的键(authorName)已被替换为一个数值键(1)。

4.5.3 合并数组

把多个数组合并成一个数组可通过 array_merge()函数来实现。该函数的语法格式如下：

```
array array_merge( array $array1[, array $... ] )
```

array_merge()函数将一个或多个数组的单元合并起来，一个数组中的值被附加在前一个数组的后面。函数返回合并后的结果数组。原来的数组不受影响。代码如下：

```
$authors = array("Landy", "Tom");
$moreAuthors = array("Lily", "Hinton");
//输出  "Array([0] => Landy [1] => Tom [2] => Lily [3] =>Hinton)"
print_r( array_merge($authors, $moreAuthors));
```

array_merge()会把两个数组的元素合并在一起，生成一个新的数组。这与 array_push()、array_unshift()和方括号方法不同，它们都是原封不动地插入参数数组，从而生成一个多维数组。代码如下：

```
$authors = array("Landy", "Tom");
$moreAuthors = array("Lily", "Hinton");
array_push($authors, $moreAuthors);
print_r($authors);//输出"Array( [0] => Landy[1] => Tom [2] => Array([0] =>Lily [1] => Hinton))"
```

array_merge()函数保留了关联数组的键，因此，经常通过它将新的键/值对插入到关联数组中。代码如下：

```
$myBook = array("title" => "John Landy's book","author" => "John Landy","pubYear" => 2018);
$myBook = array_merge( $myBook, array( "numPages" => 200 ) );
print_r ( $myBook );//输出  "Array([title] => John Landy's book [author] => John Landy [pubYear] => 2018
               //[numPages] => 200)"
```

如果用一个字符串添加一个键/值对时，数组中已经存在这个元素，则原来的元素将会被覆盖。因此用 array_merge()函数可以方便地更新关联数组。代码如下：

```
$myBook = array("title" => "John Landy's book","author" => "John Landy","pubYear" => 2018);
$myBook = array_merge( $myBook, array( "title" => "East of Sea", "pubYear"=> 2016));
print_r( $myBook );   //输出"Array ([title] => East of Sea [author] => John Landy [pubYear] => 2016)"
```

但是，数值键相等的元素不会被覆盖，而是在数组的末尾添加一个新的元素，并且给它分配一个新的索引。代码如下：

```
$authors = array("Landy", "Tom", "Michelle", "Fen");
$authors = array_merge($authors, array( 0 => "Hinton"));
print_r($authors); //输出"Array ( [0] => Landy[1] => Tom [2] => Michelle [3] =>Fen [4] => Hinton)"
```

提示：如果既想合并两个数组，同时又想保留它们原有的数值键，则可以使用 array_replace() 函数。

此外，还可以用 array_merge()函数重新生成单个索引数组的索引值，只需要把这个数组传递给它就可以。当想保证一个索引数组的全部元素使用连续的索引号时，这个特性就非常有用。代码如下：

```
$authors = array(34 =>"Landy", 12 => "Tom", 65 => "Michelle", 47 =>"Fen");
print_r( array_merge($authors)); //输出  "Array([0] => Landy [1]=> Tom [2] => Michelle [3] =>Fen)"
```

4.5.4 数组与字符串之间的转换

字符串与数组的转换在程序开发过程中经常使用。PHP 中主要通过 explode()函数和 implode()函数来实现，下面分别进行详细讲解。

1. 使用 explode()函数将字符串转换成数组

为了把字符串转换为数组，需要使用 explode()函数，语法格式如下：

```
array explode(string separator,string string [,int limit])
```

该函数返回由字符串组成的数组，每个数组元素都是指定字符串 string 的一个子串，它们都被作为分隔符的字符串 separator 分隔开来。如果设置了 limit 参数，则返回的数组包含最多 limit 个元素，而最后那个元素将包含 string 的剩余部分；如果分隔符为空字符串("")，explode()函数将返回 false；如果分隔符所包含的值在 string 中找不到，那么 explode()函数将返回包含 string 单个元素的数组；如果参数 limit 是负数，则返回除了最后的 limit 个元素外的所有元素。例如：

```
$animalString = "pig,bear,chicken,duck,bull";
$animalArray = explode(",", $animalString);
```

运行这段代码，$animalArray 数组将包含 5 个字符串元素，它们分别为"pig""bear"

"chicken""duck"和"bull"。

如果在 explode()中设置了第三个参数，则可以限制所返回数组的元素个数。此时，数组的最后一个元素将会包含字符串的全部其余内容，代码如下：

```
$animalString = "pig,bear,chicken,duck,bull";
$animalArray = explode(",",$animalString, 3);
```

$animalArray 数组的 3 个元素分别是"pig""bear"和"chicken,duck,bull"。

如果把第三个参数设置为一个负值，则表示不需要转换的字符串个数。例如，如果在前面的例子中使用 - 3，则最后得到的数组将包含"pig"和"bear"两个元素(忽略了其余 3 部分内容，即"chicken""duck"和"bull")。

当需要从一个文件中读取一行由逗号或跳格符分隔的数据，并将其转换到一个数组中时，explode()函数就可以大显身手。

2. 使用 implode()函数将数组转换成一个字符串

如果要把数组元素合并成一个长字符串，则可以使用 implode()函数，语法格式如下：

```
string implode(string glue,array pieces)
```

其中，参数 glue 是字符串类型，是指要传入的分隔符；参数 piexes 是数组类型，是指被传入的要合并元素的数组变量名称。例如，下面这段代码用来将$fruitArray 数组中的元素合并为一个用逗号分隔的字符串，即$fruitString：

```
$animalArray = array("pig", "bear", "chicken", "duck", "bull");
$animalString = implode(",", $animalArray);
echo $fruitString; //输出 "pig,bear,chicken,duck,bull"
```

4.5.5 把数组转换为变量列表

最后，本章将介绍另一个数组处理工具，即 list()函数，其功能是把数组的各个元素的值分散到各个变量中。list()函数的语法格式如下：

```
array list( mixed $var1 [, mixed $... ] )
```

list()函数可以通过单次操作就为一组变量赋值。例如：

```
$myBook = array("John Landy's book", "John Landy", 2018);
$title = $myBook[0];
$author = $myBook[1];
$pubYear = $myBook[2];
echo $title . "<br/>";          //输出 "John Landy's book"
echo $author . "<br/>";         //输出 "John Landy"
echo $pubYear . "<br/>";        //输出 "2018"
```

这段代码确实可以把数组元素分解到各个变量中，但是比较烦琐，使用 list()就会变得简单多了，例如：

```
$myBook = array("John Landy's book", "John Landy", 2018);
list($title, $author, $pubYear) = $myBook;
echo $title."<br/>"; //输出 "John Landy's book"
echo $author."<br/>";        //输出 "John Landy"
echo $pubYear."<br/>";   //输出 "2018"
```

注意，list()只适用于索引数组，而且它总是假定元素是从 0 开始且连续索引的(因此第一个元素的索引为 0，第二个元素的索引为 1，依此类推)。

list()的一个典型应用是与 each()一起使用。例如，使用 list()函数遍历数组，代码如下：

```
$myBook = array("John Landy's book", "John Landy", 2018);
while (list( $key, $value) = each($myBook)) {
    echo "<dt>$key:</dt>";
```

```
    echo "<dd>$value</dd>";
  }
```

4.6　本章小结

　　本章介绍了数组的使用。数组是一种特殊的变量，可以存储多个值。数组也是实际开发中使用最多的数据结构。

　　本章首先介绍了数组的基本概念，读者知道了什么是索引数组，什么是关联数组。然后介绍了如何在 PHP 脚本中创建数组，如何用方括号方法和 array_slice()访问数组的元素。本章还介绍了另一个非常有用的函数，即 print_r()，调试时，常用它输出数组的全部元素。

　　接着介绍了每个 PHP 数组都有一个内部指针，可以通过这个指针引用数组的元素。此外还介绍了如何用指针访问数组的每一个元素，如何用 current()、key()、next()、prev()、end()和 reset()函数访问数组，如何用循环结构 foreach 遍历数组。

　　当数组相互嵌套并生成多维数组时，数组的强大功能才表现出来。因此，本章接着介绍了如何创建嵌套数组，如何用循环结构访问嵌套数组。

　　最后讨论了 PHP 中的几个功能强大的数组处理函数，这些函数主要用于排序数组、在不同的位置增删数组元素、合并数组、进行数组和字符串的相互转换等。这些函数如下：

- 排序函数：包括 sort()、asort()、ksort()和 array_multisort()等函数。
- 添加和删除元素的函数：包括 array_unshift()、array_shift()、array_push()、 array_pop()和 array_splice()等函数。
- 合并数组的函数：通过 array_merge()函数可以把多个数组合并成一个数组。
- 进行数组和字符串互相转换的函数：使用 explode()和 implode()函数可以在数组与字符串之间进行转换。
- 将数组元素变为普通变量的函数：使用 list()函数可以把数组的元素存储到各个普通变量中。

4.7　思考和练习

1. 假设有两个数组，它们保存了从一个数据库中读取的著作和作者信息。

```
$authors = array( "Landy", "Tom", "Michelle", "Fen", "Milton", "Orwell" );
$books = array(
  array(
    "title" => "The Hobbit",
    "authorId" => 2,
    "pubYear" => 1937
  ),
  array(
    "title" => "The Grapes of Wrath",
    "authorId" => 0,
    "pubYear" => 1939
  ),
  array(
    "title" => "A Tale of Two Cities",
```

```
        "authorId" => 3,
        "pubYear" => 1859
    ),
    array(
        "title" => "Paradise Lost",
        "authorId" => 4,
        "pubYear" => 1667
    ),
);
```

分析这段代码，发现$books 数组并没有包含作者姓名字符串，而是包含一个数值索引(authorId)，它指向$author 数组中相应的元素。编写一个脚本程序，在$books 数组所嵌套的每个关联数组中增加"authorName"元素，用它保存来自$authors 数组的作者姓名字符串。最后，在网页上输出$books 数组的内容。

2. 假设读者需要创建一个挖地雷游戏。创建一个数组，用来存储 20*20 的栅格，并把 10 个地雷随机放在小格子中。然后用星号(*)表示地雷，用句点(.)表示空格子(提示：可以使用 rand(0,19)返回一个介于 0 和 19 之间的随机数)。

第 5 章

正则表达式

正则表达式是对字符串操作的一种逻辑公式，就是用事先定义好的一些特定字符以及这些特定字符的组合，组成一个"规则字符串"，这个"规则字符串"用来表达对字符串的一种过滤逻辑。例如，定义一个固定电话的正则表达式出来，就可以应用到程序中判断用户输入的固定电话是否符合规则；定义一个电子邮箱的正则表达式出来，就可以应用到程序中判断用户输入的电子邮箱是否符合规则，等等。

本章将介绍正则表达式的基本概念、模式匹配、组成正则表达式的一些常用通配符，以及常用的正则表达式函数等。通过本章的学习，读者能够掌握名为 PCRE 的 PHP 正则表达式或者与 Perl 相兼容的正则表达式。PHP 的老版本支持另一类名为 POSIX 扩展的正则表达式，它包括 ereg()、ereg_replace()和 split()等函数，在本章中不作过多体现。

本章的学习目标：
● 了解正则表达式的概念。
● 掌握 PHP 中模式匹配的使用方法。
● 熟悉正则表达式的语法细节。
● 掌握在整个字符串数组中进行搜索。
● 掌握使用正则表达式进行文本替换。

5.1 什么是正则表达式

5.1.1 正则表达式的概念

正则表达式描述了一种字符串匹配的模式，可以用来检查一个字符串是否含有某种子串、将匹配的子串替换或者从某个字符串中取出符合某个条件的子串等。对于用户来说，可能以前接触过 DOS，如果想要匹配当前文件夹下所有的文本文件，可以输入"dir *.txt"命令，按 Enter 键后所有以".txt"为扩展名的文件都被列出来。这里的"*.txt"即可理解成一个简单的正则表达式。

正则表达式是由普通字符(例如字符 a 到 z)以及特殊字符(称为元字符)组成的文字模式。

正则表达式可作为一个模板，将某个字符模式与所搜索的字符串进行匹配。

在学习正则表达式之前，先来介绍一下正则表达式中几个容易混淆的术语。

- grep：最初是 ED 编辑器中的一条命令，用来显示文件中特定的内容，后来成为一个独立的工具。
- egrep：grep 虽然不断地更新升级，但仍然无法跟上技术的进步。为此，贝尔实验室推出了 egrep，意思是"扩展的 grep"，这大大增强了正则表达式的能力。
- POSIX(Portable Operating System Interface of UNIX，可移植操作系统接口)：在 grep 发展的同时，其他一些开发人员也按照自己的喜好开发出了具有独特风格的版本。但问题也随之而来，有的程序支持某个元字符，而有的程序则不支持。因此就有了 POSIX，这是一系列标准，确保了操作系统之间的可移植性。但 POSIX 和 SQL 一样，没有成为最终的标准，而只能作为参考。
- Perl：1987 年，Perl 语言发布，在随后的 7 年时间里，Perl 经历了从 Perl 1 到现在的 Perl 5，最终 Perl 成为 POSIX 之后的另一个标准。
- PCRE：Perl 的成功，让其他开发人员在某种程度上要兼容 Perl，包括 C/C++、Java、Python 等都有自己的正则表达式。1997 年，Philip Hazel 开发了 PCRE 库，这是兼容 Perl 正则表达式的一套正则引擎，其他开发人员可以将 PCRE 整合到自己的语言中，为用户提供丰富的正则功能。

5.1.2　正则表达式的使用场景

在实际的 Web 网站开发中，最常用到正则表达式的是：上传文件类型的判断、电子邮箱的判断、电话号码的判断、文本的搜索与替换，等等。

在最简单的情况下，正则表达式就是传递给 strstr()函数的一个搜索文本串。正则表达式需要放在两个分隔符之间(通常是斜杠)。例如，下面这个简单的正则表达式表示在目标字符串中搜索"world"这个单词：

```
/world/
```

这个例子的现实意义不大。但是当需要插入一些具有特殊意义的字符时，正则表达式就显得非常有用。例如，如果在正则表达式的最前面插入一个脱字符(^)，则表示"紧跟其后的字符串必须出现在目标字符串中的起始位置"，例如：

```
/^world/
```

这个表达式将会匹配字符串"world"，但是不会匹配"hello,world"，因为"world"没有出现在这个字符串的起始位置。

如下示例说明了正则表达式可以实现哪些类型的搜索：

- 搜索单词"train"但不搜索"training"。
- 至少包含一位数字且后面必须跟 A、B 或 C 中的一个字母。
- "hello"后面跟 5 到 10 个字符，再后面是单词 world。
- 一位或两位数字，紧随其后是"st""nd""rd"或"th"，再后面是一个空格，最后是 3 个字母(这经常用来识别字符串中的日期)。

可以看出，strstr()函数只能匹配固定的字符串，而正则表达式包含一系列规则，利用这些规则可以创建出相当复杂的匹配模式。

5.2　正则表达式的语法规则

一个完整的正则表达式由两部分构成：元字符和文本字符。元字符就是具有特殊含义的字符，比如前面提到的星号(*)和问号(?)。文本字符就是普通的文本，比如字母和数字等。PCRE 风格的正则表达式一般都放置在定界符"/"的中间，比如"/\s+action=\"(?!http:)(.*?)\"\s/""/(?<=<(\w{1})>).*(?=<\/\1>)/"。为了便于理解，除个别实例外，本节中的表达式不给出定界符"/"。

5.2.1　行定位符(^和$)

行定位符用来描述子串的边界。"^"表示行的开始；"$"表示行的结尾，比如：

```
^tm
```

这个表达式表示要匹配子串的开始位置是行头，比如：tm equal Tomorrow Moon 就可以匹配，而 Tomorrow Moon equal tm 就不可以匹配。但是如果使用：

```
tm$
```

则后者可以匹配，而前者不可以。如果想要匹配的子串可以出现在字符串中的任意部分，那么可以直接写成：

```
tm
```

这样两者就都能够匹配了。

5.2.2　单词定界符(\b、\B)

继续上面的实例，使用 tm 可以匹配在字符串中出现的任何位置，那么类似 html、utmost 中的 tm 也会被查找出来。但现在需要匹配的是单词 tm，而不是单词的一部分。这时可以使用单词定界符\b，表示要查找的子串为一个完整的单词，比如：

```
\btm\b
```

还有大写的\B，意思和\b 相反。它匹配的子串不能是一个完整的单词，而是其他单词或子串的一部分，比如：

```
\Btm\B
```

5.2.3　字符类([])

正则表达式是区分大小写的，如果要忽略大小写，可使用方括号表达式"[]"。只要匹配的字符在方括号内，即可表示匹配成功。但要注意，一个方括号只能匹配一个字符。例如，要匹配的子串 tm 不区分大小写，表达式应该写成如下格式：

```
[Tt][Mm]
```

这样即可匹配子串 tm 的所有写法。POSIX 和 PCRE 都使用一些预定义字符类，但表示方法略有不同。POSIX 风格的预定义字符类如表 5-1 所示。

表 5-1　POSIX 风格的预定义字符类

预定义字符类	说　　明
[[:digit:]]	任何数字
[[:alnum:]]	任何字母和数字

(续表)

预定义字符类	说　明
[[:alpha:]]	任何字母
[[:blank:]]	任何空白字符
[[:xdigit:]]	任何十六进制的数字，相当于[0-9a-fA-F]
[[:punct:]]	任何标点符号
[[:print:]]	所有的可打印字符，包括空白字符
[[:space:]]	空白字符(空格、换行符、换页符、回车符、水平制表符)
[[:graph:]]	所有的可打印字符(不包括空白符)
[[:upper:]]	所有大写字母
[[:lower:]]	所有小写字母
[[:cntrl:]]	所有控制字符

而 PCRE 的预定义字符类使用反斜线来表示，反斜线的用法在后面章节中介绍。

5.2.4　选择字符(|)

选择字符表示或的意思，比如 Aa|aA，表示 Aa 或 aA 的意思。注意"[]"与"|"的区别在于，"[]"只能匹配单个字符，而"|"可以匹配任意长度的字符串。在使用"[]"的时候，往往配合连字符"-"一起使用，比如[a-d]代表 a 或 b 或 c 或 d，又如：

```
T|tM|m
```

该表达式的意思是以字母 T 或 t 开头，后面跟一个字母 M 或 m。

5.2.5　连字符(-)

变量的命名规则是只能以字母和下画线开头。但这样一来，如果要使用正则表达式来匹配变量名的第一个字符，则要写成如下形式：

```
[a,b,c,d...A,B,C,D...]
```

这无疑是很麻烦的。正则表达式提供了连字符"-"来解决这个问题。连字符可以标识字符的范围，如上例可以写成如下形式：

```
[a-zA-Z]
```

5.2.6　排除字符([^])

正则表达式提供了"^"来表示排除不符合的字符，^一般放在[]中，比如[^1-5]，该字符不是 1 到 5 之间的数字，又如：

```
[^a-zA-Z]
```

该表达式匹配的就是不以字母和下画线开头的变量名。

5.2.7　限定符(?*+{n,m})

限定符主要用来限定每个字符串出现的次数。经常使用 Google 的用户可能会发现，在搜索结果页的下方，Google 中间字母 o 的个数会随着搜索页的改变而改变。那么匹配该子串的正则表达式该如何实现呢？

对于这类重复出现的字母或子串，可以使用限定符来实现匹配。限定符如表 5-2 所示。

表 5-2　限定符的说明和举例

限 定 符	说　　明
*	匹配前面的子表达式零次或多次。例如，zo* 能匹配 "z" 以及 "zoo"。* 等价于{0,}
+	匹配前面的子表达式一次或多次。例如，'zo+' 能匹配 "zo" 以及 "zoo"，但不能匹配 "z"。+ 等价于{1,}
?	匹配前面的子表达式零次或一次。例如，"do(es)?" 可以匹配 "do" 或 "does" 中的"do"。?等价于{0,1}
{n}	n 是一个非负整数。匹配确定的 n 次。例如，'o{2}' 不能匹配 "Bob" 中的 'o'，但是能匹配 "food" 中的两个 o
{n,}	n 是一个非负整数。至少匹配 n 次。例如,'o{2,}' 不能匹配 "Bob" 中的 'o',但能匹配 "foooood" 中所有的 o。'o{1,}' 等价于 'o+'。'o{0,}' 则等价于 'o*'
{n,m}	m 和 n 均为非负整数，其中 n <= m。最少匹配 n 次，且最多匹配 m 次。例如，"o{1,3}" 将匹配 "fooooood" 中的前三个 o。'o{0,1}' 等价于 'o?'。请注意在逗号和两个数之间不能有空格

从表 5-2 中可以发现，表 5-2 中的内容实际上已经对字符串进行了匹配，只是还不完善。通过观察发现，当 Google 搜索结果只有一页时，不显示 Google 标志，只有当大于或等于 2 时，才显示 Google 标志。说明字母 o 最少为两个，最多为 20 个，那么正则表达式为：

```
go{2,20}gle
```

5.2.8　点字符(.)

如果遇到这样的搜索：查找出若干个以 s 开头和 t 结尾的单词，该怎么做呢？

在正则表达式中，可以通过点字符(.)来实现这样的匹配。点字符可以匹配出换行符之外的任意一个字符。注意，是除了换行符之外的任意一个字符。例如，要匹配以 s 开头和 t 结尾并且中间包含一个字母的单词，格式如下：

```
^s.t$
```

匹配的单词包括 sat、set、sit 等。又如，想要匹配一个单词，它的第一个字母为 r，第 3 个字母为 s，最后一个字母为 t。能匹配该单词的正则表达式为：

```
^r.s.*t$
```

5.2.9　转义字符(\)

正则表达式中的转义字符(\)和 PHP 中的大同小异，都用于将特殊字符(如 "." "?" "\" 等)变为普通字符。举一个 IP 地址的实例，用正则表达式匹配诸如 127.0.0.1 这样格式的 IP 地址。如果直接使用点字符，格式为：

```
[0-9]{1,3}(.[0-9]{1,3}){3}
```

这显然不对，因为"."可以匹配任意一个字符。这时，不仅 127.0.0.1 这样的IP，连 127101011 这样的子串也会被匹配出来。所以在使用"."时，需要使用转义字符(\)。修改后正则表达式的格式为：

```
[0-9]{1,3}(\.[0-9]{1,3}){3}
```

注意：小括号在正则表达式中也算是元字符。

5.2.10 反斜线(\)

前面已经介绍过，表达式中的反斜杠有多重意义，如转义、指定预定义的字符集、定义断言、显示不打印的字符。例如，反斜线可以用来将一些不可打印的字符显示出来，如表 5-3 所示。

表 5-3　可用反斜线显示的不可打印字符

字　符	说　明
\a	警报，即 ASCII 中的<BEL>字符(0x07)
\b	退格，即 ASCII 中的<BS>字符(0x08)。注意，在 PHP 中只有在中括号([])里使用才表示退格
\e	Escape，即 ASCII 中的<ESC>字符(0x1B)
\cx	匹配由 x 指明的控制字符。例如，\cM 匹配一个 Control-M 或回车符。x 的值的范围必须为 A-Z 或 a-z。否则，将 c 视为一个原义的'c'字符
\f	匹配一个换页符，等价于\x0c 和\cL
\n	匹配一个换行符，等价于\x0a 和\cJ
\r	匹配一个回车符，等价于\x0d 和\cM
\t	匹配一个制表符，等价于\x09 和\cI
\v	匹配一个垂直制表符，等价于\x0b 和\cK
\xhh	十六进制代码
\ddd	八进制代码

另外，反斜线还可以指定预定义字符，如表 5-4 所示。

表 5-4　可用反斜线指定的预定义字符

预定义字符	说　明
\d	任意一个十进制数字，相当于 0~9
\D	任意一个非十进制数字
\s	匹配任何空白字符，包括空格、制表符、换页符等，等价于[\f\n\r\t\v]
\S	匹配任何非空白字符，等价于[^ \f\n\r\t\v]
\w	任意一个单词字符，相当于[a-zA-Z0-9]
\W	任意一个非单词字符

反斜线还有一种功能，就是定义断言，如表 5-5 所示。

表 5-5　用反斜线定义断言

限　定　符	说　明
\b	单词定界符，在一个单词的边界之内进行匹配
\B	在一个单词的边界之外进行匹配

(续表)

限　定　符	说　　明
\A	匹配字符串的起始位置
\Z	匹配字符串的末尾位置或字符串末尾的换行符之前的位置
\z	只匹配字符串的末尾，而不考虑任何换行符
\G	从偏移字符的起始位置开始进行匹配，这个偏移位置与传递给 preg_match()函数的偏移位置相同

5.2.11　圆括号字符(())

使用()是为了提取匹配的字符串。表达式中有几个()就有几个相应的匹配字符串。

在正则表达式中，圆括号的作用主要有：

- 改变限定符(如|、* 、^)的作用范围。例如(my|your)baby，如果没有()，|将匹配的要么是 my，要么是 yourbaby，有了圆括号，匹配的就是 mybaby 或 yourbaby。
- 进行分组，便于反向引用。例如(\.[0-9]{1,3}){3}，就是对分组(\.[0-9]{1,3}进行重复操作。后面要学到的反向引用和分组有着直接的关系。

5.2.12　反向引用

反向引用，就是依靠子表达式的"记忆"功能，匹配连续出现的子串或字母。如果有连续两个 it，首先将单词 it 作为分组，然后在后面加上"\1"即可。格式为：

```
(it)\1
```

这就是反向引用最简单的格式。如果要匹配的子串不固定，就将括号内的子串写成一个正则表达式。如果使用了多个分组，那么可以用"\1""\2"来表示每个分组(顺序从左到右)，例如：

```
([a-z])([A-Z])\1\2
```

除了可以使用数字来表示分组外，还可以自行指定分组名称。语法格式如下：

```
(?P<subname>…)
```

如果想要反向引用该分组，使用如下格式：

```
(?P=subname)
```

下面重写一下表达式([a-z])([A-Z])\1\2。对这两个分组分别命名，并反向引用它们，正则表达式如下：

```
(?P<fir>[a-z])(?P<sec>[A-Z])(?P=fir)(?P=sec)
```

5.3　PHP 中的模式匹配

在 PHP 中，最重要的模式匹配函数是 preg_match()。该函数的语法格式如下：

```
int preg_match( string $pattern , string $subject [, array &$matches [, int $flags = 0 [, int $offset = 0 ]]] )
```

这个函数要求提供以下参数：

- 需要搜索的正则表达式$pattern(用字符串表示，以后将其简称为模式串)。
- 在其中进行搜索的字符串$subject(以后将其简称为搜索串或目标串)。
- 数组$matches，用来存储所有匹配的文本(匹配的文本存储在它的第一个元素中)。

- 整数$flags，用来指定匹配操作的标志。当前只支持一个标志：PREG_OFFSET_CAPTURE。如果把这个常量传递给这个参数，则可以要求 preg_match()返回数组中任何匹配的文本及位置(如果需要把第 5 个参数传递给这个函数，并且要取消这个功能，只需要把它设置为 0 即可)。
- 整数$offset，表示在搜索串中开始搜索的位置(即偏移位置，第一个字符的位置为 0，第二个字符的位置为 1，依此类推)。如果设置了这个参数的值，preg_match()函数将会从这个指定的位置而不是从第一个字符开始进行搜索。

如果找不到匹配串，则 preg_match()返回 0；如果找到匹配串，则返回 1(preg_match()只能找到第一个匹配串，如果要搜索全部的匹配串，则需要使用本章后面将要介绍的 preg_match_all()函数)。

例如，如果要在"Hello,world!"字符串中搜索单词"world"，代码如下：

```
echo preg_match( "/world/", "Hello, world!" ); //输出"1"
```

如果要规定所匹配的单词"world"只能出现在字符串的开始处，代码如下：

```
echo preg_match( "/^world/", "Hello, world!" ); //输出"0"
```

如果需要访问匹配的文本，则需要给第三个参数传递一个数组变量：

```
echo preg_match( "/world/", "Hello, world!", $match ) . "<br />"; //输出"1"
echo $match[0] . "<br />"; //输出"world"
```

如果需要知道匹配串的位置，则要将 PREG_OFFSET_CAPTURE 作为第 4 个参数传递给该函数。这将使第三个参数的数组中嵌套一个数组，该数组的第一个元素是匹配的文本，第二个元素是匹配的位置，代码如下：

```
echo preg_match( "/world/", "Hello, world!",$match, PREG_OFFSET_CAPTURE ); //输出"1"
echo $match[0][0]; //输出"world"
echo $match[0][1]; //输出"7"
```

最后，如果需要从目标串的某个特定位置开始搜索，则需要把这个位置传递给这个函数的第 5 个参数，代码如下：

```
echo preg_match( "/world/", "Hello, world!", $match, 0, 8 ); //输出"0"
```

现在读者已经对 PHP 的正则表达式匹配函数的作用有了一定的认识，接下来将开始学习如何设计正则表达式。

5.4 正则表达式的使用

了解了正则表达式的语法规则后，下面将要介绍正则表达式的几条有用的规则。

5.4.1 匹配字面字符

最简单的正则表达式模式是字符串字面值。在这种情况下，只需要在目标串中找到与模式串完全一样的字符串即可，不需要附加其他匹配规则。正则表达式会把单词"hello"看成一个字面字符串。同样，许多其他字符，如数字、空格、单引号、双引号以及%、&、@、#等符号也会被正则表达式引擎看成字面字符。但是，有些字符在正则表达式中具有特殊的意义，它们是：

```
. \ + * ? [ ^ ] $ ( ) { } = ! < > | :
```

如果想在正则表达式中插入上述某个字符，则需要使用转义字符来表示，即在它的前面加上一个反斜线(\)，例如：

```
echo preg_match( "/love\?/", "What time is love?" ); //输出"1"
```

提示：由于反斜线本身也是一个特殊字符，因此，如果想在正则表达式中插入一个反斜线符号，则要用两个反斜线来表示(\\)。

此外，如果想在表达式中使用用来表示正则表达式的分隔符，也需要将其用转义字符表示：

```
echo preg_match("/http\:\/\//", "http://www.example.com" ); //输出"1"
```

尽管反斜线经常用做正则表达式的分隔符，但是实际上任何符号都可以当作分隔符使用(前提是，在表达式的首尾必须使用同一个符号)。当表达式中包含很多反斜线时，这一点非常有用。例如，使用其他分隔符，如|(竖线)，可以避免在正则表达式中用转义符表示反斜线：

```
echo preg_match( "|http\://|", "http://www.example.com" ); //输出"1"
```

虽然在某些上下文中，某个特殊的字符有时会在文本中被看成字符常量，但最好还是用转义字符表示它们。

PHP 提供了 preg_quote()函数，它接收一个字符串作为参数，返回这个字符串的正则表达式形式，该形式已经用转义字符表示其中的特殊字符。例如：

```
echo preg_quote( "$3.99" ); //输出"\$3\.99"
```

如果也想用转义字符表示分隔符，则要把它传递给 preg_quote()函数的第二个参数，例如：

```
echo preg_quote( "http://", "/" ); //输出"http\:\/\/"
```

当需要在运行时把字符串插入到正则表达式中时，preg_quote()函数就特别有用，因为无法预知这个字符串中有哪些特殊字符需要用转义字符表示。在正则表达式中，可以使用上一节列出的所有转义字符。

5.4.2　用字符类匹配字符类型

与其搜索一个字面字符，不如搜索某一类或类型的字符。例如，假如只关心一个数字，或者只关心 A、B 或 C 三个字母中的一个，则可以用方括号表示一组字符，表示只在搜索串中搜索这一组字符中的任意一个。例如，下面的表达式将匹配"a""b""c""1""2"或"3"中的任意一个字符：

```
echo preg_match( "/[abc123]/", "b" ); //输出"1"
```

用连字符(-)可以定义字符范围。下面这个例子和前一个例子匹配的是同一个字符集：

```
echo preg_match( "/[a-c1-3]/", "b" ); //输出"1"
```

因此，用下面的正则表达式可以匹配任意一个字母或数字：

```
echo preg_match( "/[a-zA-Z0-9]/", "H" ); //输出"1"
```

为了排除一个字符类，即匹配不在这个字符集中的一个字符，则需要在字符列表的最前面加上一个脱字符(^)：

```
echo preg_match( "/[abc]/", "e" ) . "<br />"; //输出"0"
echo preg_match( "/[^abc]/", "e" ) . "<br />"; //输出"1"
```

此外，还可以使用各种缩写字符类，它们由一个反斜线和一个字母组成，如前面的表 5-4 所示。因此，为了匹配目标串中任意位置的一个数字，可以使用下面任意一种形式：

```
/[0-9]/
/\d/
```

如果要匹配任意一个字符，则要使用句点(.)，例如：

```
echo preg_match( "/He.../", "Hello" ); //输出"1"
```

5.4.3　多次匹配同一字符

如果想在一行中多次匹配同一个字符(或字符类)，则要用到限定符。限定符放在字符或字符类之后，表示这个字符或字符类在目标串中出现的次数。例如，用下面的表达式可以匹配一个至少包含一个数字的字符串：

```
/\d+/
```

假如想在字符串中搜索 mmm/dd/yy 或 mmm/dd/yyyy 格式的日期(例如，jul/15/06 或 jul/15/2006)，这个模式表示 3 个字母，后跟一个反斜线，再跟一个或两个数字，再跟一个反斜线，再跟 2 到 4 个数字。相应的正则表达式为：

```
echo preg_match( "/[a-z]{3}\/\d{1,2}\/\d{2,4}/", "jul/15/2006" );//输出"1"
```

5.4.4　贪婪匹配法和非贪婪匹配法

当用限定符多次匹配同一个字符时，默认使用的是贪婪匹配法。贪婪匹配法又称最大匹配法，是指匹配尽可能多的字符。分析下面的语句：

```
preg_match( "/P.*r/", "Peter Piper", $matches );
echo $matches[0]; //输出"Peter Piper"
```

这个正则表达式的意思是"匹配字母 P 与字母 r 之间有零个或多个任意字符的字符串"，由于默认使用的是贪婪匹配法，因此根据其性质，正则表达式引擎将会匹配第一个 P 与最后一个 r 之间尽可能多的字符，换言之，将会匹配整个字符串。

可以把限定符改为非贪婪限定符，从而使它匹配尽可能少的字符。要使限定符成为非贪婪限定符，只需要在限定符后加上一个问号(?)即可。例如，如果要匹配最少的数字位数，可以用下面的正则表达式：

```
/\d+?/
```

用非贪婪限定符改写前面的例子，将得到如下结果：

```
preg_match( "/P.*?r/", "Peter Piper", $matches );
echo $matches[0]; //输出"Peter"
```

这里，正则表达式将会匹配第一次出现的字母 P，并在后面跟尽可能少的字符("ete")，最后是第一次出现的字母"r"。

5.4.5　用子模式分组模式

通过把正则表达式的一部分规则放置在括号中，可以把这些规则组织成一个子模式。这样做的一个主要优点在于可以用限定符(如*和?)匹配整个子模式若干次，例如：

```
echo preg_match("/(row,? )+your boat/","row, row, row your boat"); //输出"1"
```

这个正则表达式中的子模式是"(row,?)"，表示在字符'r' 'o'和'w'的后面紧跟零个或一个逗号，再跟一个空格符。这个子模式的后面是一个+限定符，表示这个子模式至少匹配一次，其结果是匹配了目标串中的"row，row，row"内容，而表达式中的其余字符匹配了目标串中的"your boat"这部分内容。最终结果是匹配了整个字符串。

使用子模式的副作用是，可以从传递给 preg_match()函数的匹配数组中读取各个子模式匹配串。数组的第一个元素与通常的一样，保存了整个匹配串，之后的每个元素保存了每个匹配的子模式，例如：

```
preg_match("/(\d+\/\d+\/\d+) (\d+\:\d+.+)/","7/18/2004 9:34AM", $matches );
echo $matches[0]"<br />"; //输出"7/18/2004 9:34AM"
```

```
echo $matches[1]"<br />"; //输出"7/18/2004"
echo $matches[2]"<br />"; //输出"9:34AM"
```

5.4.6　引用前面的子模式匹配串

可以读取与子模式匹配的文本，并把它用在表达式的其他地方。这就是前面介绍的反向引用。为了在表达式的后面插入子模式的匹配文本，需要用反斜线加一个子模式编号。例如，如果要插入与第 1 个子模式相匹配的文本，则要使用\1，而第 2 个子模式的文本则要使用\2。例如：

```
$myPets = "favoritePet=Lucky, Rover=dog, Lucky=cat";
preg_match( '/favoritePet\=(\w+).*\1=(\w+)/', $myPets, $matches );
//以下输出"My favorite pet is a cat called Lucky."
echo "My favorite pet is a " . $matches[2] . " called " . $matches[1] . ".";
```

在这段代码中有一个字符串，它描述了某个人的宠物。从这个字符串可知，此人最喜爱的宠物是 Lucky，他一共有两个宠物：小狗 Rover 和小猫 Lucky。通过使用一个带反向引用的正则表达式，可以推断出他喜欢的宠物是一只小猫。

下面分析这个正则表达式的作用。正则表达式引擎首先查找字符串"favoritePet="后紧跟着的包含一个或多个单词(本例匹配的文本是 Lucky)的字符串：

```
/favoritePet\=(\w+)
```

接着，这个表达式查找零个或多个任意类型的字符，后面紧跟第一个子模式所匹配的文本(即 Lucky)，之后紧跟一个等号，再之后紧跟一个或多个单词(本例是 cat)：

```
.*\1\=(\w+)
```

最后，代码输出两个子模式匹配的结果("Lucky"和"cat")。

此处需要注意，这个表达式字符串使用的是单引号，而不是通常的双引号。假如使用的是双引号，则需要在\1 的前面再加一个反斜线(因为在双引号中，PHP 总是把\1 当作 ASCII 码为 1 的字符)：

```
preg_match( "/favoritePet\=(\w+).*\\1\=(\w+)/", $myPets, $matches );
```

像这样的转义字符问题，即使对于训练有素的程序员也会出错，因此务必重视。

5.4.7　匹配多个模式

在正则表达式中，用｜(竖线)符号可以把多个模式(包括子模式)组合起来，组成多个选择模式。它有点类似于 ‖(或)运算符。只要由｜组合而成的模式中有任何一个模式匹配，整个模式也匹配。下面的模式可以判断目标字符串中是否包含星期三的缩写单词：

```
$day = "wed";
echo preg_match( "/mon|tue|wed|thu|fri|sat|sun/", $day ); //输出"1"
```

在子模式中也可以使用这种方法。用子模式的方法改写前面的日期判断例子，如下所示：

```
echo preg_match( "/(jan|feb|mar|apr|may|jun|jul|aug|sep|oct|nov|dec)" .
"\/\d{1,2}\/\d{2,4}/", "jul/15/2006" ); //输出"1"
```

5.5　用 preg_match_all()函数实现多次匹配

preg_match()函数只能够在目标串中找到第一个匹配串，但有时希望在一个目标串中找出所有的匹配串。例如，可能想从一封电子邮件中读取全部的电话号码。这种情况需要使用preg_match_all()函数，语法格式如下：

```
int preg_match_all( string $pattern, string $subject [, array &$matches
                    [, int $flags = PREG_PATTERN_ORDER [, int $offset = 0 ]]] )
```

参数包括：正则表达式$pattern；要在其中进行搜索的字符串(或目标串)$subject；保存匹配结果的数组$matches；匹配操作的标志$flags；开始搜索的偏移位置$offset。preg_match_all()函数将会返回字符串匹配的总次数。示例如下：

```
$text = "Call Mary on 499 012 3456, John on 876 543 2101, or Karen:777 111 2345";
echo preg_match_all( "/\b\d{3} \d{3} \d{4}\b/", $text, $matches ); //输出"3"
```

preg_match_all()函数将全部匹配串存储在第三个参数传入的数组中。匹配结果被作为一个嵌套数组存储在这个数组的第一个元素中(索引为0)：

```
$scores = "John: 143 points, Anna: 175 points, and Nicole: 119 points";
preg_match_all( "/\w+\:\s\d+ points/", $scores, $matches );
echo $matches[0][0] . "<br />"; //输出"John: 143 points"
echo $matches[0][1] . "<br />"; //输出"Anna: 175 points"
echo $matches[0][2] . "<br />"; //输出"Nicole: 119 points"
```

如果正则表达式包含子模式，则这些子模式的匹配结果也会被存储在这个数组的后续元素中，例如：

```
$scores = "John: 143 points, Anna: 175 points, and Nicole: 119 points";
preg_match_all( "/(\w+)\:\s(\d+) points/", $scores, $matches );
echo $matches[0][0] . "<br />"; //输出"John: 143 points"
echo $matches[0][1] . "<br />"; //输出"Anna: 175 points"
echo $matches[0][2] . "<br />"; //输出"Nicole: 119 points"
echo $matches[1][0] . " scored " . $matches[2][0] . "<br />";   //输出"John scored 143"
echo $matches[1][1] . " scored " . $matches[2][1] . "<br />";   //输出"Anna scored 175"
echo $matches[1][2] . " scored " . $matches[2][2] . "<br />";   //输出"Nicole scored 119"
```

从这个例子可以看出，索引号为1的元素是一个嵌套数组，它包含第一个子模式的全部匹配结果(玩家的名字)，索引号为2的元素则保存了第二个子模式的全部匹配结果(得分)。对于正则表达式中的每个子模式，该数组都会创建一个元素来保存相应的匹配串。

也可以交换索引号，使得第一个索引号表示匹配的个数，第二个索引号表示子模式的个数，这时需要把 PREG_SET_ORDER 传递给这个函数的第四个参数：

```
$scores = "John: 143 points, Anna: 175 points, and Nicole: 119 points";
preg_match_all("/(\w+)\:\s(\d+) points/", $scores, $matches, PREG_SET_ORDER);
echo $matches[0][0] . "<br />"; //输出"John: 143 points"
echo $matches[1][0] . "<br />"; //输出"Anna: 175 points"
echo $matches[2][0] . "<br />"; //输出"Nicole: 119 points"
echo $matches[0][1] . " scored " . $matches[0][2] . "<br />";   //输出 John scored 143
echo $matches[1][1] . " scored " . $matches[1][2] . "<br />";   //输出 Anna scored 175
echo $matches[2][1] . " scored " . $matches[2][2] . "<br />";   //输出 Nicole scored 119
```

注意，现在数组元素的嵌套顺序已经被倒转过来，匹配数组的每个顶层元素都是一个嵌套的数组，其中索引号为0的顶层元素包含整个匹配结果，而索引号为1和2的元素则保存子模式的匹配结果。

与 preg_match() 函数一样，也可以把 PREG_OFFSET_CAPTURE 标志传递给preg_match_all()函数，表示保存每个匹配结果的位置(包括子模式匹配结果的位置)。这样每个匹配将会返回一个包含两个元素的数组。其中的第一个元素是匹配的文本，第二个元素是匹配的位置。最终的结果是，这个匹配数组包含三层嵌套结构：首先是子模式数(0 表示全模式)，然后是匹配数，最后是匹配文本和偏移位置。例如：

```
$scores = "John: 143 points, Anna: 175 points, and Nicole: 119 points";
preg_match_all( "/(\w+)\:\s(\d+) points/", $scores, $matches,PREG_OFFSET_CAPTURE );
//以下代码将输出：
// John: 143 points (position: 0)
```

```
// Anna: 175 points (position: 18)
// Nicole: 119 points (position: 40)
echo $matches[0][0][0] . " (position: " . $matches[0][0][1] . ") <br /> ";
echo $matches[0][1][0] . " (position: " . $matches[0][1][1] . ") <br /> ";
echo $matches[0][2][0] . " (position: " . $matches[0][2][1] . ") <br /> ";
```

可以组合使用 PREG_SET_ORDER 和 PREG_OFFSET_CAPTURE 两个标志，例如：

```
preg_match_all( "/(\w+)\:\s(\d+) points/", $scores, $matches,
PREG_SET_ORDER| PREG_OFFSET_CAPTURE );
```

在本例中，匹配数组的第一层将保存匹配数，第二层将保存子模式数，第三层将保存匹配的文本和偏移位置。

【例 5-1】搜索一个网页中的全部超链接。

这里用 preg_match_all()函数和正则表达式读取并显示一个 HTML 网页中的全部超链接。

```
……
  <body>
    <h1>在网页中查找 URL 链接</h1>
<?php
  displayForm();
  if (isset($_POST["submitted"])) {
    processForm();
  }
  function displayForm() {
?>
    <h2>请输入待查找页面的 URL:</h2>
    <form action="" method="post" style="width:30em;">
      <div>
        <input type="hidden" name="submitted" value="1" />
        <label for="url">URL:</label>
        <input type="text" name="url" id="url" value="" />
        <label> </label>
        <input type="submit" name="submitButton" value="查找 URL"/>
      </div>
    </form>
<?php
  }
  function processForm() {
    $url = $_POST["url"];
    if ( !preg_match('|^http(s)?\://|', $url)) $url = "http://$url";
    $html = file_get_contents($url);
    preg_match_all("/<a\s*href=[\"'](.+?)['\"].*?>/i", $html, $matches);
    echo '<div style="clear: both;"> </div>';
    echo "<h2>查找到链接  " . htmlspecialchars($url)."</h2>";
    echo "<ul>";
    for ( $i=0; $i<count($matches[1]); $i++) {
        echo "<li>".htmlspecialchars($matches[1][$i])."</li>";
    }
    echo "</ul>";
  }
?>
  </body>
```

将程序保存为 find_links.php，然后浏览器中运行，在出现的表单中，输入百度搜索引擎的 URL 地址，并单击【查找 URL】按钮，程序开始查找该页面中的超链接地址，然后列出全部超链接的 URL 地址，如图 5-1 所示。

图 5-1   程序运行结果

脚本首先显示了页面标题"在网页中查找 URL 链接",然后调用 displayForm()函数显示了一个简单的表单,要求输入一个需要扫描的 URL 地址。如果表单已经提交,则调用 processForm()函数处理表单:

```
displayForm();
if ( isset( $_POST["submitted"] ) ) {
    processForm();
}
```

displayForm()函数显示了一个 HTML 表单,它可以把数据发回给 find_links.php 脚本。这个表单只包含两个控件:一个是 url 字段,允许用户输入一个需要扫描的 URL 地址;另一个是【查找 URL】按钮,用来提交表单。

processForm()首先对输入的 URL 地址进行简单的验证,如果它的开头部分不是 http://或 https://,则默认是 http://,并把它当作一个 URL 地址。注意这里是如何用一个正则表达式判断一个 URL 地址是否以 http://或 https://开头的。这个表达式是用竖线(│)而不是通常的斜线作为正则表达式的分隔符的,这就省去了在表达式中用转义字符表示双斜线的麻烦,代码如下:

```
if ( !preg_match( '|^http(s)?\://|', $url ) ) $url = "http://$url";
```

如果 URL 地址被验证为有效,则把它传递给内部函数 file_get_contents(),该函数会请求这个 URL,并返回位于该 URL 地址的页面内容,就如同读取一个文件的内容那样。这是读取一个网页的 HTML 源代码的最快和最方便的方法。

这个函数最重要的部分是对 preg_match_all()函数的调用,它用正则表达式读取了这个页面中全部链接的 URL 地址,代码如下:

```
preg_match_all( "/ < a\s*href=['\"](.+?)['\"].*? > /i", $html, $matches );
```

这个正则表达式的匹配含义如下:

● 匹配一个开尖括号(<)和字母 a,其后紧跟零个或多个空白符。
● 匹配"href="字符串,并且其后紧跟一个单引号或双引号(在 HTML 中既可以使用单引号,也可以使用双引号)。
● 匹配单引号或双引号之后的至少一个字符。问号表示匹配采用的是非贪婪方法(否则可能会匹配页面中直到最后一个单引号或双引号为止的文本)。为了捕捉最后得到的 URL 地址,需要把这个模式放在一对圆括号中。

- 匹配零个或多个字符，最后是一个闭尖括号。这可以保证匹配整个<a>标签中的内容。

这里同样使用了非贪婪方法，否则会匹配到页面中最后一个闭尖括号为止的全部内容。

注意闭分隔符后面的字母 i，它是一个模式修饰符，表示这个匹配是对大小写不敏感的。有关模式修饰符的详细情况，请参考本章后面的"用模式修饰符改变匹配方式"一节。

现在已读取了全部链接的 URL 地址，接下来只需要用无序列表显示这些地址即可。注意，为了保证安全及兼容性，需要调用 htmlspecialchars()函数，用转义字符表示输出结果中的标签字符。代码如下：

```
echo '<div style="clear: both;"> </div>';
echo "<h2>查找到链接" . htmlspecialchars($url).":</h2>";
echo "<ul>";
for ( $i = 0; $i < count( $matches[1] ); $i++ ) {
    echo "<li>" . htmlspecialchars( $matches[1][$i] ) . "</li>";
}
echo "</ul>";
```

5.6　用 preg_grep()函数搜索数组

preg_match()和 preg_match_all()函数可以搜索文本中的单个字符串，但如果想搜索整个字符串数组，则要用 preg_grep()，其语法格式如下：

```
array preg_grep(string $pattern , array $input [, int $flags = 0])
```

该函数有 3 个参数：正则表达式$pattern、字符串数组$input 和标志符$flags(可选)。该函数将会返回一个数组，其中保存正则表达式的全部匹配串，并且以匹配串在原数组中的索引号为键。例如：

```
<?php
$text = array(
    "Unlike income taxes",
    "they do not destroy the incentive to work",
    "whereas research suggests that a single person",
    "who inherits an amount above $150000 is four times more likely to leave the labour force than one who
inherits less than $25000."
);
$results = preg_grep("/\bthe\b/", $text);
echo "<pre>";
print_r($results);
echo "</pre>";
```

这段代码在$text 字符串数组中搜索单词 the，输出结果如下：

```
Array
(
    [1] => they do not destroy the incentive to work
    [3] => who inherits an amount above $150000 is four times more likely to leave the labour force than one
who inherits less than $25000.
)
```

如果想得到所有与这个模式不匹配的元素，则需要把 PREG_GREP_INVERT 标志传递给 preg_grep()的第三个参数，代码如下：

```
$results = preg_grep("/\bthe\b/", $text,PREG_GREP_INVERT);
```

再次运行程序，输出结果如下：

```
Array
(
```

```
            [0] => Unlike income taxes
            [2] => whereas research suggests that a single person
    )
```

preg_grep()并没有提供很多详细的信息，如实际匹配的文本、匹配的次数等，但是它可以很快地把一个大型字符串数组减少为几个匹配的字符串。

5.7　文本替换

str_replace()可以用来替换简单的常量字符串。若要替换比较复杂的文本模式，则需要使用字符串替换函数 preg_replace()和 preg_replace_callback()来实现。

5.7.1　用 preg_replace()替换文本

preg_replace()函数的用法与 preg_match()函数非常类似，它也是在目标串中搜索模式串，然后用另一个文本替换匹配串。其语法格式如下：

```
mixed preg_replace( mixed $pattern , mixed $replacement , mixed $subject [, int $limit = -1 [, int &$count ]] )
```

preg_replace()函数将返回替换之后的目标串。该函数有三个必填参数：正则表达式 $pattern(用字符串表示)；替换匹配串的替换文本$replacement；在其中进行搜索的目标字符串 $subjec。另外还有两个可选参数：$limit 用来限制在目标串中模式被替换的次数；$count 参数用来保存替换次数。

下面的示例在一个字符串中搜索一个美元符号，在美元符号之后依次紧跟几个数字、一个小数点和两位数字，然后用"[CENSORED]"字符串替换匹配文本：

```
$text = "The price is $89.50.";
echo preg_replace( "/\\$\d+\.\d{2}/", "[CENSORED]", $text ); //输出"The price is [CENSORED]."
```

前面曾提到过的向后引用，在替换字符时也可以使用——只需要插入一个$符号，再跟一个引用数字即可，例如：

```
$text = "Author: Steinbeck, John";
echo preg_replace( "/(\w+), (\w+)/", "$2 $1", $text );    //输出"Author: John Steinbeck"
```

如果要把整个匹配的文本插入到替换字符串中，则要使用$0(美元符号后跟一个 0)，例如：

```
$text = "Mouse mat: $3.99";
echo preg_replace( "/\\$\d+\.\d{2}/", "Only $0", $text ); //输出"Mouse mat: Only $3.99"
```

还可以像 preg_grep()函数一样，把一个字符串数组传递给 preg_replace()函数。这样，preg_replace()将会返回一个字符串数组，其中保存了替换后的字符串。例如：

```
$text = array(
    "Mouse mat: $1.99",
    "Keyboard cover: $2.99",
    "Screen protector: $3.99"
);
$newText = preg_replace( "/\\$\d+\.\d{2}/", "sale only $0", $text );
echo "<pre>";
print_r( $newText );
echo "</pre>";
```

执行代码，输出结果如下：

```
Array
(
    [0] => Mouse mat: sale only $1.99
    [1] => Keyboard cover: sale only $2.99
```

```
    [2] => Screen protector: sale only $3.99
)
```

还可以把一个包含多个正则表达式字符串的数组传递给 preg_replace()，此时，这个函数将会对每个表达式进行匹配和文本替换，例如：

```
$text = "The wholesale price is $89.50. The product will be released on Jan 16, 2010.";
$patterns = array(
    "/\\$\d+\.\d{2}/",
    "/\w{3} \d{1,2}, \d{4}/"
);
echo preg_replace($patterns, "[CENSORED]", $text);
```

执行代码，输出结果如下：

```
The wholesale price is [CENSORED]. The product will be released on [CENSORED].
```

如果把一个包含多个替换字符串的数组传递给这个函数，则表达式数组的每个元素的匹配文本都将会被替换为替换字符串数组中相应的字符串，例如：

```
$text = "The price is $89.50.The product will be released on Jan 16, 2018.";
$patterns = array("/\\$\d+\.\d{2}/","/\w{3} \d{1,2}, \d{4}/");
$replacements = array("[PRICE CENSORED]", "[DATE CENSORED]");
echo preg_replace($patterns, $replacements, $text);
```

执行代码，输出结果如下：

```
The price is [PRICE CENSORED].The product will be released on [DATE CENSORED].
```

如果替换数组的元素个数少于表达式数组的元素个数，则在替换数组中找不到对应元素的表达式匹配文本将会用一个空字符串替换，例如：

```
$text = "The price is $89.50.The product will be released on Jan 16, 2010.";
$patterns = array("/\\$\d+\.\d{2}/","/\w{3} \d{1,2}, \d{4}/");
$replacements = array("[PRICE CENSORED]");
echo preg_replace($patterns, $replacements, $text);
```

执行代码，输出结果如下：

```
The price is [PRICE CENSORED].The product will be released on .
```

preg_replace()还支持两个可选参数。第一个参数$limit 是一个整数，用来限制在目标串中模式被替换的次数，例如：

```
echo preg_replace( "/\d+\%(,| )*/", "", "14%, 59%, 71%, 83%", 2 );   //输出"71%, 83%"
```

在这里，正则表达式用一个空字符串替换一个百分比数字(后面可能会跟一个逗号和若干空格)。由于把$limit 参数设置为 2，因此将只会执行两次替换。下面将用"percent"字符串替换"%"字符，并且只要求替换 4 次，最后显示替换次数：

```
preg_replace( "/\%/", " percent", "14%, 59%, 71%, 83%", -1, $count );
echo $count; //输出"4"
```

$count 变量保存了替换次数，因此，如果把一个包含 10 个字符串的数组传递给这个函数，但是只替换 5 次，则$count 的值为 5。

5.7.2 用 preg_replace_callback()替换文本

preg_replace_callback()函数允许用回调函数执行替换操作。该函数的用法与 preg_replace()非常相似，需要的参数也基本相同，只是传递给 preg_replace_callback()函数的第二个参数不是一个替换字符串，而是一个回调函数名。其语法格式如下：

```
mixed preg_replace_callback( mixed $pattern , callable $callback , mixed $subject [, int $limit = -1 [, int
&$count ]] )
```

用户自定义的回调函数需要接收一个保存了匹配串的数组作为参数，数组的第一个元素(索引为 0)保存了全部匹配文本，其他元素保存了子模式的匹配串。回调函数返回的字符串在之后将被作为替换文本。

例如，假设有大量的销售合同，其中包含了在线商店中各种商品的价格。现在想把所有商品的价格都增加 1 美元,可以利用 preg_replace_callback()函数和一个回调函数给商品加价。代码如下:

```
$text = "Our high-quality mouse mat is just $3.99,while our keyboard covers sell for $4.99 and our screen
protectors for only $5.99.";
function add ($matches) {
    return "$".($matches[1]+1);
}
echo preg_replace_callback( "/\\$(\d+\.\d{2})/", "add", $text);
```

add()回调函数接收匹配数组的第二个元素,这个元素保存了正则表达式中子模式的匹配结果(即去掉美元符号的价格),然后给它加上了 1, 并在这个新值的前面又加上了一个美元符号,最后把这个结果返回给 preg_replace_callback()函数作为它的替换文本,从而得到如下结果:

```
Our high-quality mouse mat is just $4.99,while our keyboard covers sell for $5.99 and our screen protectors for
only $6.99.
```

5.8 本章小结

本章向读者介绍了正则表达式。正则表达式描述了一种字符串匹配的模式,可以用来检查一个字符串是否含有某种子串、将匹配的子串替换或者从某个字符串中取出符合某个条件的子串等。主要内容包括:正则表达式的概念及使用场景;正则表达式中常用的元标记和语法规则;PHP 中的模式匹配;正则表达式的使用;使用正则表达式进行多次匹配;使用正则表达式进行字符串替换。

此外,本章还介绍了 PHP 的众多正则表达式函数,包括:根据正则表达式匹配字符串的 preg_match()和 preg_match_all()函数;用转义字符表示表达式中特殊字符的 preg_quote()函数;可以匹配字符串数组的 preg_grep()函数;用于文本替换的 preg_replace()和 preg_replace_callback()函数。

通过本章的学习,读者应能编写正则表达式以解决一些常见的模式匹配问题。

5.9 思考和练习

1. 编写一个正则表达式,用它读取 Web URL 地址(假如提供了子域,则不包括 www 部分)中的域名。其中 URL 地址的协议部分是可选的。例如,如果把这个正则表达式应用于以下 URL 地址,应该得到 example.com 域名:

- http://www.example.com/
- http://www.example.com/hello/there.html
- http://example.com/hello/there.html

2. 扩展本章前面介绍的 find_links.php 脚本的功能,使它不仅可以显示每个链接的 URL 地址,同时也可以显示链接文本(即处于<a>与</a>标签之间的文本)。

第 6 章

PHP 与 Web 页面的交互

　　PHP 与 Web 页面的交互是学习 PHP 语言编程的基础，它解决的是运行在浏览器中的网页如何与服务器端 PHP 程序进行交互的问题，即用户怎么向服务器请求信息，又如何将填写好的数据发送到服务器端，服务器端的 PHP 程序又是如何接收浏览器端用户发送过来的信息等，只有解决了这些问题，才能实现动态网站的开发。

　　数据采集是网站的一项基本功能。很多时候，当用户需要与网站进行数据交互时，一般通过填写网页中的表单来实现。HTML 提供了许多表单元素来方便网站从用户信息中采集数据。网站表单的概念类似于人们去银行开户所填写的单据。

　　用户填写表单数据之后，通过某种交互方式，将数据提交给服务器端的 PHP 程序进行处理。PHP 提供了两种交互方式：一种是 POST 方式，另一种是 GET 方式。其中，前者多用于向服务器写入数据，例如，提交表单数据或上传文件，向服务器提交的数据通过函数体传到服务器端；后者多用于请求数据，向服务器传递参数时附于 URL 之后。

　　除此之外，在 PHP 和 Web 页面交互的过程中，可以对 URL 进行编码/解码，还可以对 Web 服务器端的一些信息进行采集，以及对上传文件进行预设，等等。

　　本章将详细讲解 PHP 与 Web 页面交互的相关知识，为以后开发动态网站做好铺垫。

　　本章的学习目标：
- 了解表单及表单元素。
- 熟悉在 Web 页面中插入表单的过程。
- 了解通过 POST 和 GET 两种方式向服务器端提交表单数据。
- 掌握 PHP 程序如何接收客户端通过 POST 和 GET 方式传递过来的参数值。
- 掌握如何在网页中插入 PHP 脚本。
- 掌握通过 PHP 获取不同表单元素传递过来的值。
- 掌握向 URL 传递参数编码和解码技术。
- 掌握 Web 服务器端信息的采集方法。
- 掌握文件上传的方法，以及为了上传文件应对 php.ini 文件进行的设置。

6.1 表单

Web 表单的功能是让浏览者和网站有一个互动的平台。Web 表单主要用来在网页中发送数据到服务器，例如，提交注册信息时需要使用表单。用户填写信息后进行提交操作，便是将表单的内容从客户端浏览器传送到服务器端，经过服务器上的 PHP 程序处理后，再将用户所需要的信息传递回客户端浏览器。通过获得用户信息，使 PHP 与 Web 表单实现了交互。

6.1.1 创建表单

使用<form>标记，并在其中插入相关的表单元素，即可创建一个表单。表单结构如下：

```
<form name="form_name" method="method" action="url" enctype="value" target="target_win">
    ……
    </form>
```

<form>标记的属性如表 6-1 所示。

表 6-1　<form>标记的属性

<form>标记的属性	说　　明
name	表单的名称
method	设置表单的提交方式：GET 或 POST 方式
action	指向处理表单页面的 URL(相对位置或绝对位置)
enctype	设置表单内容的编码方式
target	设置返回信息的显示方式，一共有 4 种取值：_blank 将返回信息显示在新的窗口中；_parent 将返回信息显示在父级窗口中；_self 将返回信息显示在当前窗口中；_top 将返回信息显示在顶级窗口中

说明：GET 方式是将表单内容附加在 RUL 地址后面发送；POST 方式是将表单中的信息作为数据块发送给服务器上的处理程序，在浏览器的地址栏中不显示提交的信息。method 属性默认为 GET 方式。

6.1.2 表单元素

表单由表单元素组成。常用的表单元素有以下几种标记：输入域标记<input>、选择域标记<select>和<option>、文字域标记<textarea>等。

1. 输入域标记<input>

输入域标记<input>是表单中最常用的标记之一。常用的输入域标记有文本框、按钮、单选按钮、复选框等。语法格式如下：

```
<form>
<input name="file_name" type="type_name">
</form>
```

参数 name 是指输入域的名称；参数 type 是指输入域的类型。在<input…type="">标记中一共提供了 10 种类型的输入域，用户选择使用的类型由 type 属性决定。type 属性的取值及举例如表 6-2 所示。

表 6-2　type 属性的取值及举例

值	举　例	说　明
text	`<input name="user" type="text" value="纯净水" size="12" maxlength="1000"`	name 为文本框的名称，value 是文本框的默认值，size 指文本框的宽度(以字符为单位)，maxlength 指文本框的最大输入字符数
password	`<input name="pwd" type="password" value="123456" size="12" maxlength="12">`	密码域，用户在文本框中输入的字符将被替换显示为*，以起到保密作用
file	`<input name="file" type="file" enctype="multipart/form-data" size="6" maxlength="200">`	文件域，当上传文件时，可用来打开一个模式窗口以选择文件。然后将文件通过表单上传到服务器
image	`<input name="imageField" type="image" src="images/banner.gif" width="100" height="100" border="0">`	图像域是指可以用在提交按钮位置的图片，这幅图片具有按钮的功能
radio	`<input name="sex" type="radio" value="1" checked>男` `<input name="sex" type="radio" value="0" >女`	单选按钮，用于设置一组选项，用户只能选择一项。checked 属性用来设置单选按钮默认被选中

checkbox	`<input name="favor" type="checkbox" value="1" checked>篮球`
	`<input name="favor" type="checkbox" value="1" >羽毛球`
	`<input name="favor" type="checkbox" value="1" >乒乓球`
		复选框，允许用户选择多个选项。checked 属性用来设置复选框默认被选中。例如，收集个人信息时，要求在个人爱好的选项中进行多项选择等

submit	`<input type="submit" name="Submit" value="提交">`	将表单的内容提交到服务器
reset	`<input type="reset" name="Submit" value="重置">`	清除与重置表单内容，用于清除表单中所有文本框的内容，并使选择菜单项恢复到初始值
button	`<input type="button" name="Submit" value="按钮">`	按钮可以激发提交表单的动作，可以在用户需要修改表单时，将表单恢复到初始状态，还可以依照程序的需要发挥其他作用。普通按钮一般是配合 JavaScript 脚本进行表单处理的
hidden	`<input type="hidden" name="bookid">`	隐藏域，用于在表单中以隐含方式提交变量的值。隐藏域在页面中对于用户是不可见的，添加隐藏域的目的在于通过隐藏的方式收集或发送信息。浏览者单击"发送"按钮发送表单时，隐藏域的信息也被一起发送到 action 指定的处理页

2. 选择域标记<select>和<option>

通过选择域标记<select>和<option>可以建立列表或菜单。菜单的使用是为了节省空间，正常状态下只能看到菜单的一个选项，单击右侧的下三角按钮，打开菜单后才能看到全部的菜单。列表可以显示一定数量的选项，如果超出这个数量，会自动出现滚动条，浏览者可以通过拖动滚动条来查看各个选项。

选择域标记的语法格式如下：

```
<select name="name" size="value" multiple>
<option value="value" selected>选项 1</option>
<option value="value">选项 2</option>
<option value="value">选项 3</option>
……
</select>
```

参数 name 表示选择域的名称；参数 size 表示列表的行数；参数 value 表示菜单选项的值；参数 multiple 表示以菜单方式显示数据，默认以列表方式显示数据。

选择域标记<select>和<option>的显示方式及示例如表 6-3 所示。

表 6-3　选择域标记<select>和<option>的显示方式及举例

值	举　例	说　明
列表方式	**<select** name="spec" id="spec">　**<option** value="0" sleected>网络编程**</option>**　**<option** value="1" sleected>办公自动化**</option>**　**<option** value="2" sleected>网页设计**</option>**　**<option** value="3" sleected>网页前端**</option>**　**</select>**	下拉列表框，通过选择域标记<select>和<option>建立一个列表，列表可以显示一定数量的选项，如果超出这个数量，会自动出现滚动条，浏览者可以通过拖动滚动条来查看各个选项。selected 属性用来设置菜单默认被选中
菜单方式	**<select** name="spec" id="spec" **multiple>**　**<option** value="0" sleected>网络编程**</option>**　**<option** value="1" sleected>办公自动化**</option>**　**<option** value="2" sleected>网页设计**</option>**　**<option** value="3" sleected>网页前端**</option>**　**</select>**	mutiple 属性用在菜单列表标记<select>中，指定用户可以使用 Shift 和 Ctrl 键进行多选

说明：在 Web 程序开发过程中，也可以通过循环语句动态地添加菜单项。

3. 文字域标记<textarea>

文字域标记<textarea>用来建立多行的文字域，可以在其中输入更多的文本。其语法格式如下：

```
<textarea name="name" rows=value cols=value value="value" wrap="value">
……
</textarea>
```

参数 name 表示文字域的名称；参数 rows 表示文字域的行数；参数 cols 表示文字域的列数(这里的 rows 和 cols 以字节为单位)；参数 value 表示文字域的默认值；参数 wrap 用于设定显示和输出时的换行方式，值为 off 表示不自动换行，值为 hard 表示自动硬回车换行，换行标记一同被发送到服务器，输出时也会换行，值为 soft 表示自动软回车换行，换行标记不会发送到服务器，输出时仍然为一列。文字域标记<textarea>的值及说明如表 6-4 所示。

表 6-4　文字域标记<textarea>的值及说明

值	举　例	说　明
textarea	**<textarea** name="remark" cols="20" rows="4" id="remark">请输入您的建议：**</textarea>**	文本域，也称多行文本框，用于多行文本的编辑；wrap 属性默认为自动换行

【例 6-1】 通过 wrap 属性指定换行方式。

```
……
<body>
<form name="form1" method="post" action="wrap.php">
<textarea name="a" cols="20" rows="3" wrap="soft">
我使用的是软回车！我输出后不换行！
</textarea>
<textarea name="b" cols="20" rows="3" wrap="hard">
我使用的是硬回车！我输出后自动换行！
</textarea>
<input type="submit" name="Submit" value="提交">
</form>
<?php
  echo nl2br($_POST['a'])."<br>";
  echo nl2br($_POST['b']);
?>
</body>
```

将程序保存为 wrap.php，在浏览器中运行，单击"提交"按钮，结果如图 6-1 所示。HTML 标记在获取多行编辑框中的字符串时，并不会显示换行标记。程序中使用 nl2br() 函数将换行符 "\n" 替换成 "<br>" 换行标识，并应用 echo 语句进行输出。

图 6-1　不同的换行效果

6.2　将表单保存为 HTML 文件

【例 6-1】 把 HTML 代码和 PHP 代码都放在一个文件中。在实际项目中，由于前后端工作由不同的人承担，因此，一般将表单放到单独的 HTML 文件中，然后将业务逻辑代码放到单独的 PHP 文件中，接下来用特定的方法将 HTML 表单中的元素值提交到 PHP 文件以进行处理，处理完毕后，再将处理结果返回给用户。下面首先来看一个单独的 HTML 表单——用户注册页面。

【例 6-2】 用户注册页面。

```
……
<body>
<form name="form1" method="post" action="register.php" enctype="multipart/form-data">
  <table width="405" border="0" cellpadding="1" cellspacing="1" bordercolor="#FFFFFF" bgcolor="#999999">
      <tr bgcolor="#FFCC33">
            <td width="103" height="25" align="right">用户名：</td>
            <td width="144" height="25"><input name="user_name" type="text" id="user" size="20"
maxlength="100"/></td>
      </tr>
      <tr bgcolor="#FFCC33">
```

```
                <td width="103" height="25" align="right">密码：</td>
                <td width="144" height="25"><input name="password" type="text" id="user" size="20"
maxlength="100"/></td>
        </tr>
        <tr bgcolor="#FFCC33">
                <td width="103" height="25" align="right">确认密码：</td>
                <td width="144" height="25"><input name="cfm_password" type="text" id="user" size="20"
maxlength="100"/></td>
        </tr>
        <tr bgcolor="#FFCC33">
                <td width="103" height="25" align="right">性别：</td>
                <td width="144" height="25">
                        <input name="sex" type="radio" value="男" checked>男</input>
                        <input name="sex" type="radio" value="女">女</input>
                </td>
        </tr>
        <tr bgcolor="#FFCC33">
                <td width="103" height="25" align="right">学历：</td>
                <td width="144" height="25">
                        <select name="select" size="1">
                                <option value="专科">专科</option>
                                <option value="本科">本科</option>
                                <option value="硕士">硕士</option>
                                <option value="博士">博士</option>
                        </select>
                </td>
        </tr>
        <tr bgcolor="#FFCC33">
                <td width="103" height="25" align="right">爱好：</td>
                <td width="144" height="25">
                        <input name="fond[]" type="checkbox" id="fond[]" value="音乐">音乐</input>
                        <input name="fond[]" type="checkbox" id="fond[]" value="其他">其他</input>
                </td>
        </tr>
        <tr bgcolor="#FFCC33">
                <td width="103" height="25" align="right">上传头像：</td>
                <td width="144" height="25">
                        <input name="img" type="file" id="img" size="20" maxlength="100"/>
                </td>
        </tr>
        <tr bgcolor="#FFCC33">
                <td width="103" height="25" align="right">备注信息：</td>
                <td width="144" height="25">
                        <textarea name="description" id="description" cols="28" rows="4">
                        </textarea>
                </td>
        </tr>
        <tr bgcolor="#FFCC33">
                <td colspan="2" height="25" align="center">
                        <input type="submit" name="submit" value="提交" />
                        <input type="reset" name="submit2" value="重置" />
                </td>
        </tr>
    </table>
  </form>
  </body>
```

将程序保存为 register.html，在浏览器中执行该文件，效果如图 6-2 所示。

图 6-2　程序运行效果

6.3　获取表单数据的两种方法

获取表单数据是表单应用中最基本的操作。表单数据的传递方式有两种：POST 和 GET。通过<form>表单的 method 属性来指定，在【例 6-2】的表单中如下指定：

```
<form name="form1" method="post" action="register.php" enctype="multipart/form-data">
```

如果通过 GET 方式传递表单数据，可以写成 method="GET"。本节就来详细介绍如何用 POST 和 GET 方式提交表单数据。

6.3.1　通过 POST 方式提交表单

通过 POST 方式提交表单时，只需要将<form>表单中的 method 属性设置成 POST 即可。POST 提交方式不依赖于 URL，表单的参数值不会显示在地址栏中。POST 方式可以没有限制地传递数据到服务器，所有提交的信息在后台传输，用户在浏览器地址栏中无法查看到正在传输的参数，因此安全性比较高。另外，使用 POST 还可以提交大容量数据。总体上来说，POST 方式适合用来发送对安全性要求比较高的数据(比如密码)或者大容量的数据到服务器端。

在【例 6-2】中，通过 form 元素的 method 属性指定表单的提交方式为 POST，并通过 action 属性指定 register.php 文件来处理表单提交过来的数据。

6.3.2　通过 GET 方式提交表单

GET 是表单数据的默认提交方式，即 form 元素的 method 属性的默认值。使用 GET 方式提交的表单数据被附加到 URL 后，并作为 URL 的一部分发送到服务器端。因此，用户可以从地址栏中看到传输的表单数据，形如：

```
URL?param_name1=value1&param_name2=value2……
```

其中，URL 是表单响应地址，即处理表单数据的 PHP 文件的 URL 地址；param_name1 为表单元素的名称，value1 是表单元素的值；表单元素之间用&分隔，传递的每个元素值对的格式都是 param_name=value。

需要注意的是，若要使用 GET 方式提交表单，传递的参数内容大小应限制在 1MB 内为宜。如果发送的数据量太大，数据会被截断，从而导致意外或失败的处理结果。

以 GET 方式提交表单数据的代码如下：

```
<form name="form1" method="get" action="register.php" enctype="multipart/form-data">
```

可以看出，使用 GET 方式提交表单数据时，由于参数显示在地址栏中，因此容易暴露参数。如果实际项目中传递的参数是非保密性的，采用 GET 方式提交表单数据是可以的。如果要传递的参数涉及保密性，或者要提交的数据量过大，GET 提交方式则不合适，应改用 POST 方式提交表单数据。

6.4 PHP 参数传递的常用方法

当 HTML 页面中的表单参数通过 POST 或 GET 方式提交到服务器端的 PHP 代码后，PHP 代码应该通过合适的方式来获取表单、URL 和 SESSION 变量的值。

6.4.1 通过$_POST[]接收表单数据

如果提交表单数据时，使用的是 POST 方式，可以在 PHP 程序中通过$_POST[]预定义变量接收表单数据，格式如下：

```
$_POST['name']
```

例如，【例 6-2】中用户名文本框的代码行如下：

```
<tr bgcolor="#FFCC33">
  <td width="103" height="25" align="right">用户名: </td>
  <td width="144" height="25"><input name="user_name" type="text" id="user" size="20" maxlength="100"/></td>
  </tr>
```

如果是通过 POST 方式提交表单数据，action 属性指定的 PHP 处理文件为 register.php，那么在该 PHP 文件中接收表单中的用户名时，代码如下：

```
$_POST['user_name']
```

实际项目中，一般接收参数的时候，会做一些通常处理，代码如下：

```
$user_name = $_POST['user_name'] ? trim($_POST['user_name'])   : '';
```

以上代码使用了一个三目运算符，判断$_POST['user_name']的参数值是否存在。如果存在，则接收参数值，使用 trim()方法截取字符串两端的空格符，然后赋值给$user_name 变量保存起来；如果不存在，则$user_name 变量的值为空。这样，通过变量接收传递过来的参数值，就可以用 PHP 代码根据业务需求来处理参数值。

6.4.2 通过$_GET[]接收表单数据

当提交表单时，如果使用的是 GET 提交方式，则在 action 指定的 PHP 文件中接收参数时，格式如下：

```
$_GET['name']
```

这样就可以接收到表单中名为 name 的元素的值了。

例如，若【例 6-2】中的用户名文本框采用 GET 方式提交，则接收时代码如下：

```
$_GET['user_name']
```

实际项目中，也需要做适当的处理，和 POST 方式类似，代码如下：

```
$user_name = $_GET['user_name'] ? trim($_GET['user_name']): '';
```

注意：PHP 可以应用$_POST[]或$_GET[]全局变量来获取表单元素的值。但值得注意的是，获取的表单元素名称区别字母大小写。如果在编写程序时疏忽了字母大小写，那么有可能会获取不到表单元素的值，甚至弹出错误提示信息。

6.5　在网页中嵌入 PHP 脚本

在混合了 PHP 和 HTML 代码的文件中，PHP 语言的使用方法有两种：一种是直接在 HTML 标记中添加<?php…?>这样的 PHP 标记，在标记中间写入 PHP 业务逻辑处理代码；另一种是对表单元素的 value 属性进行赋值。

6.5.1　在 HTML 标记中添加 PHP 脚本

在混合页面中，可以随时添加 PHP 脚本标记<?php…?>，标记之间的所有文本都被解释成 PHP，标记之外的任何文本都被当成 HTML 语言解析。

例如，在制作网页时，很多时候在<body>中，将网页布局分为头部(top.html)、左侧栏(left.html)、右侧栏(right.html)、中间主体区域(main.html)、底部版权区域(bottom.html)等。一般都是将这些区域分别存放为单独的 HTML 模板文件，这时候可以用 PHP 语言将这些不同的区域拼成一个页面，代码如下：

```php
<?php
    include("top.html");
    include("left.html");
    include("main.html");
    include("right.html");
    include("bottom.html");
?>
```

6.5.2　对表单元素的 value 属性进行赋值

在混合页面中，PHP 的另一种用法是对表单元素的 value 属性进行赋值，以获取表单元素的默认值。例如，对表单元素的隐藏域进行赋值，只需要将所赋的值添加到 value 属性后即可，代码如下：

```php
<?php
 $user_name="Landy";   //对变量$user_name 赋值
?>
 用户名：<input type="text" name="user_name" value="<?php echo $user_name; ?>" >
```

以上代码首先为$user_name 赋予一个初始值，然后将变量$user_name 的值赋给 input 元素。在实际开发过程中，可以用这种方式给 HTML 元素传送参数值，使用最多的是给隐藏域传递一些无须显示的参数值。

6.6　在 PHP 中获取表单数据

经过前面的介绍，我们已经知道如何创建一个 HTML 表单，如何向服务器端的 PHP 文件传递参数值，如何在 PHP 文件中接收 POST 和 GET 方式传递过来的参数值，以及如何在网页中直接嵌入 PHP 脚本。本节详细介绍针对一些常用的 HTML 元素，在 PHP 代码中如何进行接收。

6.6.1　获取基本表单元素的值

HTML 基本表单元素包括文本框、密码域、隐藏域、按钮、文本域，下面来看看在 PHP 代码中怎么接收这些元素的值。

获取表单数据，实际上就是获取不同表单元素的数据。<form>标签中的 name 是所有表单元素都具备的属性，即这个表单元素的名称，在使用时需要使用 name 属性获取相应的 value 属性值。所以，添加的所有控件必须定义对应的 name 属性值。另外，控件在命名上尽可能不要重复，以免获取的数据出错。

在实际开发中，获取文本框、密码域、隐藏域、按钮、文本域的值，方法是一样的，都是使用 name 属性获取相应的属性值。这里以获取文本框中的数据信息为例，讲解获取表单数据的方法。请读者举一反三，自动完成其他控件的值的获取。

例如，【例 6-2】的表单中有用户名、密码、确认密码、备注信息等文本框和文本域元素，代码如下：

```html
<form name="form1" method="post" action="register.php" enctype="multipart/form-data">
    <table width="405" border="0" cellpadding="1" cellspacing="1" bordercolor="#FFFFFF" bgcolor="#999999">
        <tr bgcolor="#FFCC33">
            <td width="103" height="25" align="right">用户名：</td>
            <td width="144" height="25"><input name="user_name" type="text" id="user" size="20" maxlength="100"/></td>
        <tr bgcolor="#FFCC33">
            <td width="103" height="25" align="right">密码：</td>
            <td width="144" height="25"><input name="password" type="password" id="user" size="20" maxlength="100"/></td>
        </tr>
        <tr bgcolor="#FFCC33">
            <td width="103" height="25" align="right">确认密码：</td>
            <td width="144" height="25"><input name="cfm_password" type="password" id="user" size="20" maxlength="100"/></td>
        </tr>
        ……
        <tr bgcolor="#FFCC33">
            <td width="103" height="25" align="right">备注信息：</td>
            <td width="144" height="25">
                <textarea name="description" id="description" cols="28" rows="4">
                </textarea>
            </td>
        </tr>
        <tr bgcolor="#FFCC33">
            <td colspan="2" height="25" align="center">
                <input type="submit" name="submit" value="提交" />
                <input type="reset" name="submit2" value="重置" />
            </td>
        </tr>
    </table>
</form>
```

在 register.php 文件中，可以使用下面的代码接收这几个元素的值：

```php
<?php
    echo "请确认表单信息：<br>";
    echo "用户名：".trim($_POST['user_name'])."<br>";
    echo "密　码：".trim($_POST['password'])."<br>";
    echo "密　码：".trim($_POST['cfm_password'])."<br>";
    echo "备　注：".trim($_POST['description'])."<br>";
?>
```

运行程序，在表单中输入信息，如图 6-3 所示。输入完毕后，单机【提交】按钮，将调用 action 属性指向的 register.php 文件进行参数的接收和显示，如图 6-4 所示。在这里需要注意，我们只是演示文本框和文本域中信息的接收，其他选项将在下面逐一介绍。

图 6-3　输入表单信息

图 6-4　接收并显示表单信息

6.6.2　获取单选按钮的值

radio 元素，即单选按钮元素，一般是成组出现的，具有相同的 name 值和不同的 value 值。在一组单选按钮中，只能选中其中的一个选项。例如，【例 6-2】中的性别字段，表单代码如下：

```html
<form name="form1" method="post" action="register.php" enctype="multipart/form-data">
<table width="405" border="0" cellpadding="1" cellspacing="1" bordercolor="#FFFFFF" bgcolor="#999999">
    ……
    <tr bgcolor="#FFCC33">
        <td width="103" height="25" align="right">性别：</td>
        <td width="144" height="25">
            <input name="sex" type="radio" value="男" checked>男</input>
            <input name="sex" type="radio" value="女">女</input>
        </td>
    </tr>
    ……
    <tr bgcolor="#FFCC33">
        <td colspan="2" height="25" align="center">
            <input type="submit" name="submit" value="提交" />
            <input type="reset" name="submit2" value="重置" />
        </td>
    </tr>
</table>
</form>
```

在 register.php 文件中，使用下面的代码接收性别字段：

```php
<?php
    echo "请确认表单信息：<br>";
```

```
        echo "性别: ".trim($_POST['sex'])."<br>";
    ?>
```

运行程序,在表单上选中【性别】组的单选按钮【女】,单击【提交】按钮,显示结果如下:

请确认表单信息:
性别: 女

6.6.3　获取复选框的值

复选框能够实现多项选择功能,如考卷上的多项选择题。在开发考试类网站时,针对多项选择题,开发人员需要考虑可以同时选中多项的功能,这时候就可以使用复选框(checkbox)来实现。复选框一般允许多个选项同时被选中。为了方便传值,复选框的名字可以是数组形式。例如,【例 6-2】所示表单中的【爱好】选项:

```
<tr bgcolor="#FFCC33">
        <td width="103" height="25" align="right">爱好: </td>
        <td width="144" height="25">
            <input name="fond[]" type="checkbox" id="fond[]" value="音乐">音乐</input>
            <input name="fond[]" type="checkbox" id="fond[]" value="其他">其他</input>
        </td>
    </tr>
```

在 register.php 文件中,使用下面的代码接收参数值:

```
    echo "请确认表单信息: <br>";
    if($_POST['fond']!=null){
        echo "您的爱好是: ";
        for($i=0;$i<count($_POST['fond']);$i++){
            echo $_POST['fond'][$i]."  ";
        }

    }
```

以上代码使用$_POST 全局变量获取复选框的值,最后通过 echo 语句进行输出,输出结果如下:

请确认表单信息:
您的爱好是: 音乐　其他

6.6.4　获取下拉列表框/菜单列表框的值

列表框包括下拉列表框和菜单列表框两种形式,它们的语法都一样。在进行网页设计时,下拉列表框和菜单列表框的应用非常广泛。可以通过下拉列表框和菜单列表框实现对条件的选择。

获取下拉列表框的值的方法非常简单,与获取文本框的值类似,方法为: 在表单中定义下拉列表框的 name 属性值;在对应的 PHP 文件中通过$_POST 全局变量进行获取。

例如,【例 6-2】所示注册表单中的【学历】字段:

```
<tr bgcolor="#FFCC33">
        <td width="103" height="25" align="right">学历: </td>
        <td width="144" height="25">
            <select name="select" size="1" >
                <option value="专科">专科</option>
                <option value="本科">本科</option>
                <option value="硕士">硕士</option>
                <option value="博士">博士</option>
            </select>
        </td>
    </tr>
```

以上代码中,在<select>标记中设置 size 属性,其值为 1,表示下拉列表框;如果该值大于 1，则表示为列表框，以指定的大小确定所显示列表中的元素个数。如果列表中的元素个数大于 size 属性的值，则自动添加垂直滚动条。

在 register.php 文件中，可以通过$_POST[]全局变量获取下拉列表框的值，使用 echo 语句进行输出，代码如下：

```
echo "请确认表单信息：<br>";
if($_POST['select']!=''){
    echo "您的学历是：".$_POST['select'];
}
```

运行代码，在【学历】下拉列表框中选择【硕士】，然后单击【提交】按钮，运行结果如下：

```
请确认表单信息：
您的学历是：硕士
```

当<select>标记中有 multiple 属性时，代码如下：

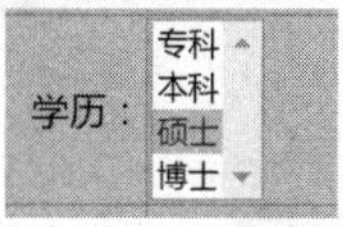

```
<tr bgcolor="#FFCC33">
    <td width="103" height="25" align="right">学历：</td>
    <td width="144" height="25">
        <select name="select[]" multiple>
            <option value="专科" selected>专科</option>
            <option value="本科">本科</option>
            <option value="硕士">硕士</option>
            <option value="博士">博士</option>
        </select>
    </td>
</tr>
```

此时显示为菜单列表框，如图 6-5 所示。

这时候可以进行多项选择，提交参数后，在 PHP 中接收参数值时和前面的【爱好】复选框一样，需要以循环方式逐个接收选中的多个选项，代码如下：

图 6-5　菜单列表框

```
if($_POST['select']!=null){
    echo "您的学历是：";
    /for($i=0;$i<count($_POST['select']);$i++){
        echo $_POST['select'][$i]."  ";
    }

}
```

程序的运行结果是输出所有选中的选项。当然，这个例子不是很好，在现实中，用户只需要提供最高学历就行。

注意：在<select>标记中设置 multiple 属性，因此，size 属性的值应与<option>标记的总数对应。

6.6.5　获取文件域的值

文件域的作用是实现文件或图片的上传。文件域有一个特有的属性 accept，用于指定上传文件的类型。如果需要限制上传文件的类型，可以通过设置该属性来完成。

例如，【例 6-2】所示表单中的【上传头像】，代码如下：

```
<tr bgcolor="#FFCC33">
    <td width="103" height="25" align="right">上传头像：</td>
    <td width="144" height="25">
        <input name="img" type="file" id="img" size="20" maxlength="100"/>
```

```
        </td>
    </tr>
```

如果表单中有需要上传的文件，则需要设置<form>表单元素的 enctype 属性为 multiple/form-data。在后面讲解文件上传的时候，再详细讲解，这里只是介绍一下如何输出上传文件的信息。

单击【提交】按钮后，文件上传到服务器端，PHP 在临时文件夹中创建了一个被上传文件的临时副本，这个副本在脚本执行结束后消失。因此，我们需要在脚本结束之前将该临时副本拷贝到别的存储位置。

在 PHP 代码中可以获取临时副本文件的一些属性，这些属性可通过$_FILES 变量来获取，代码如下：

```
echo "请确认表单信息：<br>";
echo "上传的文件信息：<br>";
echo "文件名：".$_FILES['img']['name']."<br>";
echo "文件类型：".$_FILES['img']['type']."<br>";
echo "文件大小：".($_FILES['img']['size']/1024)."KB<br>";
echo "临时文件名：".$_FILES['img']['tmp_name']."<br>"
```

运行程序，在表单中单击【浏览文件】按钮，选择一张图片，单击【提交】按钮，运行结果如下：

```
请确认表单信息：
上传的文件信息：
文件名：微信图片_20180218142909.jpg
文件类型：image/jpeg
文件大小：2796.5390625KB
临时文件名：C:\wamp64\tmp\php4483.tmp
```

6.7 对 URL 传递的参数进行编码和解码

URL 编码是浏览器用来打包表单输入数据的一种格式，是对用地址栏传递参数进行的一种编码规则，本节介绍如何对传递的参数进行编码和解码。

6.7.1 对 URL 传递的参数进行编码

使用 URL 传递参数数据，即通过 GET 方式提交参数时，就是在地址栏中的 URL 地址后面附加上参数。URL 对这些参数进行处理。使用 URL 传递参数时，格式如下：

```
http://url?name1=value1&name2=value2......
```

其中，name 和 value 对就是要传递的参数。前面提到过，使用这种方式会暴露传递的参数，导致信息传输不安全。因此，本节针对该问题讲述一种 URL 编码方式，对 URL 传递的参数进行编码。

URL 编码也就是对传递的参数进行格式化打包，如果在参数中带有空格，则用 URL 传递参数时就会发生错误；而对 URL 进行编码后，空格转换成%20，这样错误就不会发生了。对中文进行编码也一样，最主要的一点就是对传递的参数起到隐藏作用。

在 PHP 中对查询字符串进行 URL 编码，可以通过 urlencode()函数实现，该函数的使用格式如下：

```
string urlencode(string str)
```

urlencode()函数用来对字符串 str 进行 URL 编码。

【例 6-3】对 URL 进行编码。

```
……
<body>
<a href="urlencode.php?id=<?php echo urlencode("PHP+MySQL 基础教程");?>">PHP+MySQL 基础教程
</a>
</body>
```

运行以上程序，网页中将出现链接"PHP+MySQL 基础教程"字样，单击该链接，注意观察地址栏中 URL 的变化，如图 6-6 所示，URL 中的 id 参数值"PHP+MySQL 基础教程"经过编码后变成了：

"PHP%2BMySQL%E5%9F%BA%E7%A1%80%E6%95%99%E7%A8%8B"

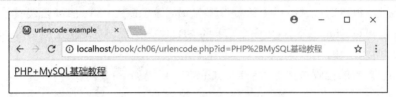

图 6-6　对 URL 编码之后的结果

这里需要说明的是，对于服务器而言，编码前后的字符串并没有区别，服务器能够自动识别，这里主要是为了讲解 URL 编码的使用方法。在实际应用中，对于一些非保密性的参数，不需要进行编码。

6.7.2　对 URL 传递的参数进行解码

前面提到过，URL 传递的参数直接使用 \$_GET 方法即可获取。而对于进行过 URL 加密的参数字符串，则需要通过 urldecode()函数对获取到的字符串进行解码。该函数的使用格式如下：

```
string urldecode(string str)
```

urldecode()函数可对 URL 编码后的 str 字符串进行解码。

上一节应用 urlencode()函数实现了对字符串"PHP+MySQL 基础教程"的编码，将编码后的字符串传给变量 id。下面使用 urldecode()函数对获取到的变量 id 进行解码，将解码后的结果输出。

【例 6-4】使用 urldecode()函数进行解码并输出。

```
……
<body>
<a href="urlencode.php?id=<?php echo urlencode("PHP+MySQL 基础教程");?>">PHP+MySQL 基础教程
</a>
<?php
  echo "<br>您提交的参数值是：".urldecode($_GET['id']);
?>
</body>
```

以上代码中，通过加粗显示的语句对提交的 id 参数值进行解码并输出，结果如图 6-7 所示。

图 6-7　解码后的内容

6.8 Web 服务器端的其他数据采集方法

6.8.1 预定义变量$_REQUEST

在 PHP 代码中，除了可以使用$_POST 和$_GET 全局变量接收来自表单提交的参数外，还可以使用$_REQUEST 变量来接收，使用方法和$_POST、$_GET 相同，只要直接改成 $_REQUEST 就行。

当表单通过 POST 或 GET 方式提交参数时，$_REQUEST 都可以接收。除此之外，$_REQUEST 还可以 Cookie 参数(后面章节再介绍)。也就是说，$_REQUEST 是$_POST、$_GET 和$_COOKIE 功能之和。

将【例 6-4】中的接收方式改成$_REQUEST，代码如下：

```php
<?php
  echo "<br>您提交的参数值是：".urldecode($_REQUEST['id']);
?>
```

由于$_REQUEST 可以同时接收以多种提交方式提交的数据，因此难免发生参数名称冲突。比如，某个通过 POST 方式提交的参数和某个 Cookie 变量同名。这时候通过$_REQUEST 变量接收这个同名变量，到底是接收哪一个参数呢？可以通过配置 php.ini 文件来指定 $_REQUEST 接收的参数类型的优先级，方法为，打开 php.ini，找到 request_order：

```
; This directive determines which super global data (G,P,C,E & S) should
; be registered into the super global array REQUEST. If so, it also determines
; the order in which that data is registered. The values for this directive are
; specified in the same manner as the variables_order directive, EXCEPT one.
; Leaving this value empty will cause PHP to use the value set in the
; variables_order directive. It does not mean it will leave the super globals
; array REQUEST empty.
; Default Value: None
; Development Value: "GP"
; Production Value: "GP"
; http://php.net/request-order
request_order = "GP"
```

这条指令确定哪些超全局数据该被注册到超全局数组 REQUEST 中，这些超全局数据包括 G(GET)、P(POST)、C(Cookie)、E(ENV)、S(Server)。这条指令同样指定了这些数据的注册顺序，换句话说，GP 和 PG 是不一样的。注册的顺序是从左至右，即右侧的值会覆盖左侧的值。比如，当设置为 GPC 时，Cookie> POST > GET，依次覆盖。如果这一项被设置为空，PHP 将会使用指令 variables_order 的值来指定。

6.8.2 预定义变量$_SERVER

$_SERVER 是一个包含诸如头信息、路径以及脚本位置等信息的数组。这个数组中的项由 Web 服务器创建，所包括的元素如表 6-5 所示。

表 6-5　$_SERVER 变量数组

常 量 名	说 明
$_SERVER['HTTP_HOST']	请求头信息中的 Host 内容，获取当前域名
$_SERVER["SERVER_NAME"]	输出配置文件 httpd.conf 中的 ServerName，一般情况下与 HTTP_HOST 值相同。但如果服务器端口不是默认的 80 端口，或者协议规范不是 HTTP/1.1，HTTP_HOST 会包含这些信息，而 SERVER_NAME 不一定包含
$_SERVER["HTTP_USER_AGENT"]	获取用户相关信息，包括用户浏览器、操作系统等信息
$_SERVER['HTTP_ACCEPT']	当前请求的 ACCEPT 头部信息
$_SERVER["HTTP_ACCEPT_LANGUAGE"]	这个值由浏览器发送，表明用户默认的语言设置，后面的 q 值表示用户对该语言的喜好程度
$_SERVER["HTTP_ACCEPT_ENCODING"]	大部分的现代浏览器都支持 gzip 压缩，并且会把这一信息报告给服务器。这时服务器就会把压缩过的 HTML 发送给浏览器
$_SERVER["HTTP_COOKIE"]	浏览器的 Cookie 信息
$_SERVER["HTTP_CONNECTION"]	当前请求的连接情况
$_SERVER["HTTP_UPGRADE_INSECURE_REQUESTS"]	表示浏览器可读懂服务器发过来的请求
$_SERVER["HTTP_CACHE_CONTROL"]	表示浏览器是否会缓存这个页面信息
$_SERVER["PATH"]	当前脚本所在文件系统
$_SERVER["SystemRoot"]	当前服务器的操作系统
$_SERVER["COMSPEC"]	指向 cmd.exe 的路径
$_SERVER["PATHEXT"]	环境变量设置
$_SERVER["WINDIR"]	脚本指向的系统目录
$_SERVER["SERVER_SIGNATURE"]	包含服务器版本和虚拟主机名的字符串
$_SERVER["SERVER_SOFTWARE"]	服务器软件配置信息
$_SERVER["SERVER_ADDR"]	当前运行脚本的服务器的 IP 地址
$_SERVER["SERVER_PORT"]	服务器端口
$_SERVER["REMOTE_ADDR"]	浏览网页的用户 IP 地址
$_SERVER["DOCUMENT_ROOT"]	当前运行脚本所在的根目录
$_SERVER["REQUEST_SCHEME"]	服务器通信协议，是 HTTP 或 HTTPS
$_SERVER["CONTEXT_PREFIX"]	前缀
$_SERVER["CONTEXT_DOCUMENT_ROOT"]	当前脚本所在的文档根目录
$_SERVER["SERVER_ADMIN"]	服务器管理员信息
$_SERVER["SCRIPT_FILENAME"]	当前执行脚本的绝对路径
$_SERVER ["REMOTE_PORT"]	用户连接到服务器时所使用的端口
$_SERVER["GATEWAY_INTERFACE"]	服务器使用的 CGI 规范的版本
$_SERVER["SERVER_PROTOCOL"]	请求页面时通信协议的名称和版本

(续表)

常 量 名	说 明
$_SERVER["REQUEST_METHOD"]	请求提交数据的方式
$_SERVER["QUERY_STRING"]	服务器请求时？后面的参数
$_SERVER["REQUEST_URI"]	当前脚本路径，根目录之后的目录
$_SERVER["SCRIPT_NAME"]	当前脚本的路径，这在页面需要指向自己时非常有用
$_SERVER["PHP_SELF"]	当前正在执行脚本的文件名
$_SERVER["REQUEST_TIME"]	得到请求开始时的时间戳

下面通过一个获取服务器 IP 地址的示例来介绍$_SERVER 变量的使用。

【例 6-5】获取服务器 IP 地址。

```php
<?php
    if('/'==DIRECTORY_SEPARATOR){
        $server_ip=$_SERVER['SERVER_ADDR'];
    }else{
        $server_ip=@gethostbyname($_SERVER['SERVER_NAME']);
    }
    echo $server_ip;
?>
```

运行以上程序，获取服务器 IP 地址，效果如图 6-8 所示。

localhost/book/ch06/server.php

127.0.0.1

图 6-8　程序运行效果

6.9　文件上传

在实际项目中，文件上传是一项经常使用的功能，本节特别介绍文件上传功能。首先介绍的是在上传文件的时候，需要对 php.ini 文件中的有关文件上传功能的选项进行配置；然后介绍如何使用文件上传函数接收客户端提交到服务器端的文件；最后介绍多文件上传功能。

6.9.1　配置 php.ini 以实现 PHP 文件上传功能

用文本工具(如 EditPlus)打开 php.ini 配置文件，查找 File Uploads，在这个区域有以下关键选项：

- file_uploads = On：是否允许 HTTP 文件上传。默认值为 On，表示允许 HTTP 文件上传，此选项不能设置为 Off。
- upload_tmp_dir ：文件上传的临时存放目录。如果没有指定，PHP 会使用系统默认的临时目录。该选项默认为空，此选项在手动配置 PHP 运行环境时，也容易遗忘，如果不配置这个选项，文件上传功能就无法实现，必须给这个选项赋值，比如

upload_tmp_dir = "d:/fileuploadtmp"，代表在 D 盘下有一个 fileuploadtmp 目录，并且赋给这个目录的读写权限。

- upload_max_filesize：上传文件的最大尺寸。这个选项默认值为 2M，即文件上传的大小为 2MB，如果想上传一个 50MB 的文件，必须设定 upload_max_filesize = 50M。但是仅设置 upload_max_filesize = 50M 还是无法实现大文件的上传功能，还必须修改 php.ini 文件中的 post_max_size 选项。

- post_max_size：指定通过表单以 POST 方式传给 PHP 的所能接收的最大值，包括表单里的所有值。默认为 8M。如果 POST 数据超出限制，那么$_POST 和$_FILES 将会为空。要上传大文件，必须设定该选项的值大于 upload_max_filesize 选项的值，假如设置了 upload_max_filesize = 50M，这里可以设置为 100M。另外如果启用了内存限制，那么该值应当小于 memory_limit 选项的值。

- memory_limit：这个选项用来设置单个 PHP 脚本所能申请到的最大内存空间。这有助于防止写得不好的脚本消耗光服务器上的可用内存。如果不需要作任何内存上的限制，可将其设为 -1。

- max_execution_time：每个 PHP 页面运行的最大时间值(单位为秒)，默认 30 秒。当上传一个较大的文件时，例如 50MB 的文件，很可能要几分钟才能上传完，但 PHP 默认页面最久执行时间为 30 秒，超过 30 秒，该脚本就停止执行，这就导致出现无法打开网页的情况。因此，可以把值设置得较大些，如 max_execution_time = 600。如果设置为 0，则表示无时间限制。

- max_input_time：每个 PHP 脚本解析请求数据所用的时间(单位为秒)，默认 60 秒。当上传大文件时，可以将这个值设置较大些。如果设置为 0，则表示无时间限制。

下面通过实例来介绍如何配置 php.ini 文件中的文件上传选项。这里假设要上传一个 50MB 的大文件。

【例 6-6】用 php.ini 配置上传文件功能。

```
file_uploads = On
upload_tmp_dir = "d:/fileuploadtmp"
upload_max_filesize = 50M
post_max_size = 100M
max_execution_time = 600
max_input_time = 600
memory_limit = 128M
```

需要注意的是，配置 php.ini 时须保持 memory_limit>post_max_size>upload_max_filesize。

6.9.2　文件上传函数

1. 创建文件上传表单元素

要上传文件，首先需要在表单中创建一个文件域，如【例 6-2】中的上传头像，代码如下：

```
<tr bgcolor="#FFCC33">
    <td width="103" height="25" align="right">上传头像：</td>
    <td width="144" height="25">
        <input name="img" type="file" id="img" size="20" maxlength="100"/>
    </td>
</tr>
```

<input>标签的 type="file" 属性规定应该把输入作为文件来处理。举例来说，当在浏览

器中预览时，会看到输入框的旁边有浏览按钮。单击这个按钮，会弹出一个文件对话框，可以从该对话框中选择本地计算机中需要上传的文件。

<form>标签的 enctype 属性规定了在提交表单时要使用哪种内容类型。在表单需要二进制数据时，比如文件内容，需要设置属性为"multipart/form-data"。

2. 编写 PHP 上传脚本

register.php 文件中提供了以下接收文件的代码：

```
if ($_FILES["img"]["error"] > 0)
{
  echo "Error: " . $_FILES["img"]["error"] . "<br>";
}else{
  echo "Upload: " . $_FILES["img"]["name"] . "<br>";
  echo "Type: " . $_FILES["img"]["type"] . "<br>";
  echo "Size: " . ($_FILES["img"]["size"]/1024)." Kb<br>";
  echo "Stored in: " . $_FILES["img"]["tmp_name"];
}
```

通过使用 PHP 的全局数组 $_FILES，可以从客户计算机向远程服务器上传文件。

第一个参数是表单的文件域元素 img，第二个参数可以是文件的一些常用属性，主要如下：

- $_FILES["img"]["name"]：代表被上传文件的名称。
- $_FILES["img"]["type"]：代表被上传文件的类型。
- $_FILES["img"]["size"]：代表被上传文件的大小，以字节计。
- $_FILES["img"]["tmp_name"]：代表存储在服务器上的文件的临时副本的名称。
- $_FILES["img"]["error"]：代表由于文件上传导致的错误代码。

3. 保存被上传的文件

文件上传后，会在服务器的 PHP 临时文件夹中创建一个被上传文件的临时副本。这个临时副本会在脚本结束时消失。要保存被上传的文件，需要把它拷贝到其他的位置：

```
<?php
if ((($_FILES["img"]["type"] == "image/gif")
|| ($_FILES["img"]["type"] == "image/jpeg")
|| ($_FILES["img"]["type"] == "image/pjpeg"))
&& ($_FILES["img"]["size"] < 20000))
  {
  if ($_FILES["img"]["error"] > 0)
    {
    echo "错误: " . $_FILES["file"]["error"] . "<br />";
    }
  else
    {
    echo "文件名: " . $_FILES["img"]["name"] . "<br />";
    echo "文件类型: " . $_FILES["img"]["type"] . "<br />";
    echo "文件大小: " . ($_FILES["img"]["size"] / 1024) . " Kb<br />";
    echo "临时文件名: " . $_FILES["img"]["tmp_name"] . "<br />";

    if (file_exists("upload/" . $_FILES["img"]["name"]))
      {
      echo $_FILES["img"]["name"] . "文件已存在. ";
      }
    else
      {
```

```
        move_uploaded_file($_FILES["img"]["tmp_name"],
        "upload/" . $_FILES["img"]["name"]);
        echo "保存至: " . "upload/" . $_FILES["img"]["name"];
            }
        }
    }
    else
        {
        echo "无效文件";
        }
    ?>
```

上面的脚本检测是否已存在此文件，如果存在，则把文件拷贝到指定的文件夹中。以上例子把文件保存到了名为 upload 的新文件夹中。

6.9.3　多文件上传

多文件上传分 3 种情况：一种是一个表单内有多个单独命名的文件域，另一种是一个表单内有相同名称的多个文件域，还有一种是前两种的混合。

1. 多个单文件上传

一个表单内有多个单独命名的文件域，表单代码如下：

```
<form action="upload2.php" method="post" enctype="multipart/form-data">
        请选择您要上传的文件：<input type="file" name="myFile1"/><br/>
        请选择您要上传的文件：<input type="file" name="myFile2"/><br/>
        请选择您要上传的文件：<input type="file" name="myFile3"/><br/>
        请选择您要上传的文件：<input type="file" name="myFile4"/><br/>
        <input type="submit" value="上传文件"/>
</form>
```

可见，这种情况下 file 控件的 name 属性各不相同。在接收文件的时候，可以逐个接收。接收每个文件的方法和上传单文件的接收方法相同。

2. 多文件上传

一个表单内有多个相同名称的文件域，表单代码如下：

```
<form action=" upload3.php" method="post" enctype="multipart/form-data">
        请选择您要上传的文件：<input type="file" name="myFile[]"/><br/>
        请选择您要上传的文件：<input type="file" name="myFile[]"/><br/>
        请选择您要上传的文件：<input type="file" name="myFile[]"/><br/>
        请选择您要上传的文件：<input type="file" name="myFile[]"/><br/>
        <input type="submit" value="上传文件"/>
</form>
```

可见，这种情况下 file 控件的 name 属性都相同。在接收文件的时候，可以遍历进行接收，代码如下：

```
foreach($_FILES as $file) {
if(is_array($file['name'])) {
            foreach($file['name'] as $key=>$val) {
                $files[$i]['name'] = $file['name'][$key];
                $files[$i]['type'] = $file['type'][$key];
                $files[$i]['tmp_name'] = $file['tmp_name'][$key];
                $files[$i]['error'] = $file['error'][$key];
                $files[$i]['size'] = $file['size'][$key];
                $i++;
            }
    }
```

3. 混合方式上传

一个表单内既有多个不同名称的文件域，也有多个相同名称的文件域，表单代码如下：

```
<form action="doAction5.php" method="post" enctype="multipart/form-data">
    请选择您要上传的文件：<input type="file" name="myFile1"/><br/>
    请选择您要上传的文件：<input type="file" name="myFile2"/><br/>
    请选择您要上传的文件：<input type="file" name="myFile[]"/><br/>
    请选择您要上传的文件：<input type="file" name="myFile[]"/><br/>
    请选择您要上传的文件：<input type="file" name="myFile[]" multiple="multiple"/><br/>
<input type="submit" value="上传文件"/>
```

当把多个不同名称的文件域提交到服务器后，可以按单个文件一一接收；如果是用数组方式命名，则使用遍历方式接收。

6.10 本章小结

本章主要介绍了创建表单及表单元素、提交和获取表单数据、URL 编码和解码、文件上传等内容。通过本章的学习，读者应能够掌握如何实现网页和服务器端程序如何传递数据，从而实现页面和服务器端 PHP 程序的交互，这就意味着读者已经具备开发动态网页的基本能力。

6.11 思考和练习

1. 尝试创建一个表单，在表单中添加各个常用的元素，并对表单元素命名。

2. 开发一个简单的搜索引擎页面，并获取输入的关键字。

3. 开发一个页面，对以 GET 方式传递的参数进行编码，然后对编码的字符串进行解码并输出。

4. 开发一个用户注册页面，并输出用户的注册信息。

第 7 章

日期和时间、HTTP

在 Web 应用程序开发中，频繁用到日期和时间。比如，每个用户的登录时间、用户修改数据的时间、用户访问网站的时间，等等。因此，有必要熟练掌握日期和时间的处理技能。

另外，前面已经介绍了客户端如何将表单数据发送到服务器端，服务器端程序又是如何接收数据，了解这些简单的交互远远不能满足复杂网站的开发需要，还需要掌握页面和服务器端程序的交互原理，了解客户端通过什么形式将表单数据传送到服务器端 PHP 程序，而服务器端处理完毕后又是通过什么形式将处理结果通知浏览器的。这就是 HTTP 通信的内容。

通过本章的学习，大家应能熟练处理 Web 应用开发中所遇到的日期和时间问题，以及知道 HTTP 级别的交互原理。

本章的学习目标：

- 掌握日期和时间的处理，包括时间戳的定义、当前日期和时间的获取、创建时间戳、转换时间戳、格式化日期字符串、检查日期值、毫秒的使用、DataTime 类的使用。
- HTTP 请求与响应的知识：包括 HTTP 请求的过程、HTTP 响应的方式、修改 HTTP 响应方式等。

7.1 日期和时间的处理

实际开发中经常要用到日期和时间。例如，可能需要记录页面的访问时间，需要记录用户操作的时间，需要处理用户在表单中输入的日期(如生日)，或者需要把来自 MySQL 数据库的一个日期字段格式化以便于阅读，然后输出到网页上，等等。虽然日期和时间似乎非常简单，很容易处理，但是事实上，在计算机中处理日期和时间还是需要技巧的。闰年、时区以及每个月的天数的可变性等问题都会给日期的存储、读取、比较和加减带来困难。

为此，PHP 提供了几个与日期和时间有关的函数。

7.1.1 时间戳

大多数计算机都是以 Unix 时间戳(简称时间戳)格式保存日期和时间的。时间戳是一个整数，表示自 1970 年 1 月 1 日午夜(UTC 时间)至今间隔时间的秒数。例如，格林尼治标准时间为"2007 年 2 月 14 日 16 时 48 分 12 秒"，用 UNIX 时间戳表示为 1171471692，因为从 1970 年 1 月 1 日午夜到 2007 年 2 月 14 日 16:48:12 之间是 1171471692 秒。

提示：UTC 是世界标准时间(Universal Time Coordinated)的英文缩写符，与格林尼治标准时间等效。

事实上，时间戳是一种非常有用的日期和时间表示方法。第一，因为时间戳是一个整数，所以在计算机中很容易进行存储。第二，由于日期和时间用整数表示，因此很容易对它们进行各种运算。例如，假设要给时间戳加上一天，只需要加上一天的秒数(即 86400 秒)即可。不管这个时间戳代表的是年终还是月底的日期，都只需要加上 86400 秒即可。

在 PHP 中，大多数日期和时间函数都使用时间戳格式，即使没有显式地加以说明，也内置了规则。

7.1.2　获取当前日期和时间

任何计算机都有一个内置的时钟来记录当前的日期和时间。用 PHP 的 time()函数可以读取这个时钟的值，这个函数将会返回当前日期和时间的时间戳：

```
echo time();    // 输出类似"1229509316"的时间戳
```

虽然单独的一个 time()函数并不显得特别有用，但是它经常与其他 PHP 函数一起使用，从而可以显示当前时间，或者把某个日期和时间与当前日期和时间进行比较。

提示：在使用 PHP 的日期函数时，如果得到"使用系统当前的时区设置不安全"这样的错误消息，则需要配置 PHP 的时区。其中，通过 PHP 代码设置时区的方法如下：

```
date_default_timezone_set('PRC');    //设置默认时区为北京时间
```

7.1.3　创建时间戳

虽然 time()函数可用来获取当前时间，但是也经常需要处理其他日期和时间。通过使用 PHP 提供的众多函数，可以创建时间戳来保存日期和时间。最常用到的 3 个函数分别是 mktime()、gmmktime()和 strtotime()。

1. 根据日期和时间值生成时间戳

mktime()函数可以根据多达 6 个的时间/日期参数返回一个时间戳，语法格式如下：

```
int mktime([ int $hour = date("H") [, int $minute = date("i") [, int $second = date("s") [, int $month = date("n")
[, int $day = date("j") [, int $year = date("Y") [, int $is_dst = -1 ]]]]]]] )
```

其中参数说明如下：

- $hour：时(0~23)
- $minute：分(0~59)
- $second：秒(0~59)
- $month：月(1~12)
- $day：日(1~31)
- $year：年(1901~2038)

例如，下面这条语句可以显示 2018 年 1 月 1 日下午 1:30:00 的时间戳：

```
echo mktime( 13, 30, 00, 1, 1, 2018 );
```

mktime()函数的参数可以省略，如果省略了某个参数，则相应的值会采用当前的时间或日期进行设置。例如，假如当前的日期为 2018 年 1 月 1 日，则下面这条语句可以得到 2008 年 1 月 1 日上午 10 时整的时间戳：

```
echo mktime( 10, 0, 0 );
```

提示：如果省略了全部参数，mktime()函数就会像 time()函数那样返回当前日期和时间，PHP 会输出警告信息，告诉用户应该使用 time()函数替代。

此外，如果给它传递的参数超出了允许的范围，则 mktime()函数会自动进行调整。因此，当把 3 月 32 日传递给它时，它会返回一个代表 4 月 1 日的时间戳。

2. 从 GMT 日期和时间值生成时间戳

mktime()会假定传递给它的日期和时间是计算机当前时区的日期和时间——它会把传入的这个时区的时间转换为 UTC 时间，从而可以返回一个时间戳。但是，有时需要直接保存 GMT 时区的日期和时间。例如，许多 HTTP header 和其他 TCP/IP 协议都要用到 GMT 时区的日期和时间。

要想根据 GMT 日期和时间生成一个时间戳，需要用到 gmmktime()函数。该函数的语法格式如下：

```
int gmmktime([ int $hour [, int $minute [, int $second [, int $month [, int $day [, int $year [, int $is_dst ]]]]]]] )
```

这个函数的用法与 mktime()相同，只是它的参数必须是 GMT 格式。例如，假如有一台计算机在美国的印第安纳波利斯时区运行了一个 PHP 程序，这个时区比 GMT 时区晚 5 个小时，则执行下面的代码后：

```
$localTime = mktime( 14, 32, 12, 1, 6, 2018 );
$gmTime = gmmktime( 14, 32, 12, 1, 6, 2018 );
```

$localTime 变量的值是 2018 年 1 月 6 日下午 7 时 32 分 12 秒(GMT 或 UTC 标准时间)的时间戳(即印第安纳波利斯时区当天下午的 2 时 32 分 12 秒)，而$gmTime 变量的值是 2018 年 1 月 6 日下午 2 时 32 分 12 秒(GMT/UTC 标准时区)的时间戳。由此可见，并没有进行时区换算。

提示：mktime()和其他与日期有关的函数所使用的时区是由 php.ini 文件中的 date.timezone 指令确定的。也可以在 PHP 程序中用 date_default_timezone_ set()函数改变时区。

3. 从日期和时间字符串生成时间戳

如果能够用单个数值表示日期和时间的值，那么 mktime()函数的使用就更方便了。但是 PHP 程序接收到的经常是日期和时间的字符串表示。例如，当脚本处理电子邮件时，可能需要处理日期信息，而电子邮件的日期通常表示为以下格式：

```
Date: Mon, 22 Dec 2008 02:30:17 +0000
```

Web 服务器的日志总是使用以下格式：

```
15/Dec/2008:20:33:30 +1100
```

但是，脚本可能会接收到用户输入的以下日期信息：

```
15th September 2006 3:12pm
```

虽然可以用 PHP 功能强大的字符串函数和正则表达式把这样的字符串分解成日期和时间的各个部分，然后把它们传递给 mktime()函数，但是会很麻烦。因此，PHP 提供了一个有用的 strtotime()函数，它可以处理这些麻烦的事情。该函数的语法格式如下：

```
int strtotime( string $time [, int $now = time() ] )
```

strtotime()函数需要输入一个日期和时间字符串作为参数，之后它就会把这个字符串转换为一个时间戳：

```
$timestamp = strtotime( "15th September 2017 3:12pm" );
```

它可以接收任意类型的日期和时间格式作为参数。表 7-1 中列出了一些有效的可以传递给 strtotime()函数的日期和时间格式。

表 7-1   可以传递给 strtotime()函数的日期和时间格式

日期和时间字符串	意　　义
6/18/17 3:12:28pm	2017 年 6 月 18 日下午 3 时 12 分 28 秒
15th Feb 18 9:30am	2018 年 2 月 15 日上午 9 时 30 分
February 15th 2018,9:30am	2018 上 2 月 15 日上午 9 时 30 分
tomorrow 1:30pm	当前日期的第二天下午 1 时 30 分
Today	当前日期的午夜
Yesterday	当前日期的前一天的午夜
last Thursday	当前日期的前一个星期四的午夜
+2 days	当前日期的后天
–1 year	一年前的当前时间
+3 weeks 4 days 2 hours	3 星期、4 天、2 小时之后的当前时间
3 days	3 天以后的当前时间
4 days ago	4 天以前的当前时间
3 hours 15 minutes	当前时间加上 3 小时 15 分钟

与 mktime()函数一样，默认情况下，传递给 strtotime()函数的字符串表示的是计算机当前时区的日期和时间，然后根据实际情况转换为标准时间。但是，也可以指定另一个不同的时区，方法是加上相对于标准时区的时差，即在字符串的末尾加上或减去一个四位的数值。前两位表示时，后两位表示分，例如：

```
$t = strtotime( "February 15th 2004, 9:30am +0000" );      //GMT
$t = strtotime( "February 15th 2004, 9:30am +0100" );      //早于 GMT 一小时
$t = strtotime( "February 15th 2004, 9:30am -0500" );      //印度时间
$t = strtotime( "February 15th 2004, 9:30am +1000" );      //悉尼时间(非 DST)
$t = strtotime( "February 15th 2004, 9:30am +1100" );      //悉尼时间(DST)
```

strtotime()函数会根据当前日期计算字符串的相对日期，例如，假如想根据另外一个日期计算相对日期，则需要给 strtotime()函数传递另外一个参数，这个参数必须使用时间戳格式，例如：

```
$localTime = strtotime("tomorrow 1:30pm", 0 );//January 2nd 1970, 1:30:00 pm
```

7.1.4   转换时间戳

前面的内容介绍了如何从日期和时间以及日期和时间的字符串得到时间戳，同样，也可以把时间戳转换为相应的日期和时间格式的字符串，这主要通过 getdate()函数来实现：

```
array getdate ([ int $timestamp = time() ] )
```

getdate()函数接收一个时间戳作为参数，然后返回一个关联数组，其中保存了相应的日期和时间的各个部分的值。这个数组包含的键如表 7-2 所示。

表 7-2　getdate()函数返回的数组元素

数 组 的 键	说　　明	取 值 范 围
seconds	秒	0 ~ 59
minutes	分	0 ~ 59
hours	时(24 小时格式)	0 ~ 23
mday	一个月的某一天	1 ~ 31
wday	一个星期中的某一天(数值)	0 (星期天) ~ 6 (星期六)
mon	月(数值)	1 ~ 12
year	年(通常取四位数)	1970 ~ 2038
yday	一年中的某一天	0 ~ 365
weekday	一星期中的某一天(字符串)	星期天 ~ 星期六
month	月(字符串)	1 月 ~ 12 月
0(zero)	通常是时间戳	– 2147483648 ~ 2147483647

此外，如果调用 getdate()函数时没有给它传递一个时间戳，则它会返回当前日期和时间的各部分的值。例如：

```
$Birthday = strtotime( "October 9, 1990" );
$d = getdate($Birthday);
echo "苏菲的生日是". $d["mday"] . " " . $d["month"] . ", " .$d["year"] . "<br />"; //显示"苏菲的生日是 9
                                                                              //October, 1990"

$t = getDate();
echo "当前时间是".$t["hours"].":". $t["minutes"] . "<br />"; //输出"当前时间是 15:15"
```

如果只想从时间戳中读取日期或时间，可以使用 idate()函数。该函数的语法格式如下：

```
int idate( string $format [, int $timestamp ] )
```

它需要两个参数：一个格式串$format 和一个可选的时间戳$timestamp(如果省略时间戳，则使用当前日期和时间)。这些单字符的格式串用来表示返回的日期和时间的各个部分，具体如表 7-3 所示。

表 7-3　idate()函数的格式串

格 式 串	说　　明
B	Swatch 互联网时间，它是一种与时区无关的时间表示法
d	一个月的某一天
h	小时(12 小时格式)
H	小时(24 小时格式)
i	分
I	如采用夏令时，为 1，否则为 0
L	闰年为 1，否则为 0
M	月(1 ~ 12)
s	秒
t	一个月的天数(28、29、30 或 31)
U	时间戳

（续表）

格　式　串	说　明
w	一星期的某一天(用数值表示，0 表示星期天)
W	一年的第几个星期(从 1 开始)
y	年(两位数字)
Y	年(四位数字)
z	一年中的某一天(用数值表示，0 表示 1 月 1 日)
Z	该计算机时区与 UTC 时区之间的时差(单位是秒)

可以看出，用 idate()函数可以从一个日期参数中读取所有有用的信息，示例如下：

```
$d = strtotime( "February 18, 2018 7:49am" );
echo idate( "Y", $d );
echo (idate( "L", $d ) ? "是" : "不是")."闰年.<br />";        //2018 不是闰年
echo "该年 2 月份有" . idate( "t", $d ) . " 天.<br />";       //该年 2 月份有 28 天
```

7.1.5　格式化日期字符串

虽然计算机使用的是时间戳，但是在许多情况下，需要把时间戳转换为日期的字符串格式。常见的情况是在网页上显示一个日期，或者把一个日期传递给另一个应用程序，该应用程序需要接收某个特定格式的日期字符串。

date()函数可以把一个时间戳转换为一个日期字符串。语法格式如下：

```
string date( string $format [, int $timestamp ] )
```

它的用法与 idate()一样，也需要两个参数：格式串$format 和时间戳$timestamp(如果忽略时间戳，则把当前日期和时间转换为字符串)。它们之间的主要差别在于，date()函数的格式串可以包含多个格式字符，因此可以返回日期和时间的很多部分。此外，date()函数还额外增加了几个格式字符，它们在 idate()函数中不能使用。

表 7-4 列出了在 date()函数中可以使用的与日期有关的格式字符。

表 7-4　date()函数中使用的日期格式字符

格　式　字　符	说　明
j	日(没有前导零)
d	日(用两位数表示，如有必要，前面要加上前导零)
D	星期几(用 3 个字母表示，如"Mon")
l (小写的 L)	星期几的完整单词(如"Monday")
w	星期几的数字表示(0 表示星期天，6 表示星期六)
N	星期几的 ISO-8601 数字表示(1 表示星期一，7 表示星期天)
S	英文中的表示方法，在日的后面加上序数(如"st""nd""rd"或"th")，通常与 j 格式字符一起使用
z	一年中的某一日(0 表示 1 月 1 日)
W	一年中的第几周(使用两位的 ISO-8601 格式，如有必要，前面要加上前导零，每周从星期一开始，第一周是 01)

(续表)

格 式 字 符	说　　明
M	用三个字母表示月(如"Jan")
F	月的全称表示(如"January")
n	月的数字表示(1~12)
m	月的两位数表示，如有必要，前面要加上前导零(01~12)
t	一个月的天数(28、29、30 或 31)
y	年的两位数表示
Y	年的四位数表示
o(小写的 O)	年的 ISO-8601 表示。通常等同于 Y 格式，如果所在的周数属于前一年或后一年，则用这一年表示。例如，2000 年 1 月 1 日的 ISO-8601 年号为 1999 而不是 2000
L	闰年为 1，否则为 0

date()函数还允许使用表 7-5 中所示的时间格式字符。

表 7-5　date()函数可以使用的时间格式字符

格 式 字 符	说　　明
g	时(12 小时格式)，没有前导零(1~12)
h	时(12 小时格式)，有前导零(01~12)
G	时(24 小时格式)，没有前导零(1~24)
H	时(24 小时格式)，有前导零(01~24)
i	分，有前导零(00~59)
s	秒，有前导零(00~59)
u	毫秒(总为零，因为在编写本书的时候，date()只能够接收整数时间戳)
B	Swatch 互联网时间，它是一种与时区无关的时间表示法
a	"am"或"pm"，取决于小时值
A	"AM"或"PM"，取决于小时值
e	当前时区的完整标识符(如 UTC 或"America/Indiana/Indianapolis")
T	当前时区的缩写名称，如"UTC"或"EST"，尽量不要使用缩写名称，因为在世界各地，有许多时区会使用同一个缩写名称
O	与 GMT 的时差，使用 hhmm 格式。例如，"America/Indiana/Indianapolis"比 GMT 晚 5 个小时，因此时差为－0500
P	同 O，但是在时与分之间有冒号(例如，05:00)
Z	与 GMT 的时差，用秒表示，例如，"America/Indiana/Indianapolis"相对 GMT 的时差为－18000，因为－5×60×60＝－18000
I	如果当前的时区使用夏令时，为 1，否则为 0

注意，时区的格式字符只用于脚本的时区，因为时间戳总是采用 UTC 时区。通常脚本的时区是由 php.ini 文件中的 date.timezone 指令设置的，如有必要，也可以调用 PHP 的

date_default_timezone_set()函数来改变脚本使用的时区。

除了上述单独使用的日期格式字符和时间格式字符外，date()还给提供了 3 个格式字符，它们可以同时返回日期和时间，如表 7-6 所示。

表 7-6   date()提供的 3 个格式字符

格 式 字 符	说 明
c	ISO-8601 日期格式的日期和时间，例如，2006-03-28T19:42:00+11:00 表示的是在比 GMT 早 11 小时的时区中的 2006 年 3 月 28 日下午 7 时 42 分
r	RFC 2822 日期格式的日期和时间。例如，"Tue, 28 Mar 2006 19:42:00 +1100"表示的是在比 GMT 早 11 小时的时区中的 2006 年 3 月 28 日下午 7 时 42 分。RFC 2822 日期经常在 Web 和电子邮件等互联网协议中使用
U	传递给 date()的时间戳，如果没有给它传递时间戳，则使用当前时间的时间戳

例如，可以把一种日期和时间格式转换成如下所示的容易理解的字符串：

```
$d = strtotime( "March 28, 2018 9:42am" );
echo date( "\T\h\e jS \o\\f F, Y, \a\\t g:i A", $d ); //输出"Th 28th of March, 2018, at 9:42 AM"
```

提示：在格式串中使用非格式字符时需要用反斜线进行转义，有些特殊的字符，如\f 表示换页符，\t 表示跳格符，需要在前面再加一个反斜线。

date()可以把提供的时间戳转换为服务器的时区，如果想要保留 UTC 时区，需要使用 gmdate()函数。示例如下：

```
date_default_timezone_set( "America/Indiana/Indianapolis" );
$d = strtotime("March 28, 2018 9:42am");
echo date("F j, Y g:i A", $d)."<br/>";          //输出"March 28, 2018 9:42 AM"
echo gmdate("F j, Y g:i A", $d)."<br/>";         //输出"March 28, 2018 2:42 PM"
```

7.1.6   检查日期值

在脚本中，经常需要处理用户输入的日期。例如，一个 Web 表单包含 3 个选择菜单，允许用户输入自己生日的年、月和日。但是在这种情况下，无法阻止用户输入一个并不存在的日期，如 2009 年 2 月 31 日。显然，最好能对输入的日期进行检查，从而确保用户输入合法的日期。

checkdate()函数可以用于检验日期是否有效，语法格式如下：

```
bool checkdate( int $month , int $day , int $year )
```

该函数需要接收月(1~12)、日(1~31)和年 3 个参数，如果这个日期是有效的，则返回 true，否则返回 false。示例如下：

```
echo checkdate( 2, 31, 2018) . "<br />";  //输出"" (false)
echo checkdate( 2, 28, 2018 ) . "<br />";  //输出"1" (true)
```

在把用户输入的日期传递给其他函数(如 mktime())转换为时间戳之前，最好先用 checkdate()对它进行检查。

7.1.7   毫秒的使用

本章到现在为止介绍的日期和时间函数使用的都是整型时间戳，即用整数秒表示的时间戳。在大多数情况下它能够满足用户的需要。如果需要更加精确地表示时间，则要使用 PHP 的 microtime()函数。该函数的语法格式如下：

```
mixed microtime([ bool $get_as_float ] )
```

这个函数与 time()函数一样，会返回一个表示当前时间的时间戳。但是它还会返回一个毫秒值，这样就可以更加精确地确定当前时间。例如：

```
echo microtime();   //输出示例：0.56893900 1523288774
```

可以看到，microtime()返回的字符串包含两个数，它们由空格分隔。第一个数表示毫秒部分，即千分之几秒；第二个数表示秒的整数部分，即标准的整数时间戳。因此，前面这个例子的输出结果表示的是 1970 年 1 月 1 日午夜(标准时间)之后的 1523288774.568939 秒。

也可以用 microtime()返回一个用浮点数表示秒数的字符串。需要把它的参数设置为 true：

```
echo microtime( true ); //输出如 1523288883.3586
```

注意，用 echo()函数只能够输出小数点后两位的秒数。为了输出更加精确的浮点数值，需要使用 printf()函数，例如：

```
printf( "%0.6f", microtime( true ) );//输出示例：1523288920.585210
```

用到毫秒的一种常见情况是测试代码的运行时间，以确定哪里引起速度瓶颈。在某个操作的前后分别使用 microtime()函数，然后把两次得到的值相减，就可以得到这个操作所需要的时间。

【例 7-1】计算脚本的执行时间。

```
……
  <body>

    <h1>脚本执行时间</h1>
<?php
//开始计时
$startTime = microtime(true);
//执行操作
for ($i=0; $i < 10; $i++) {
echo "<p>Hello, world!</p>";
}
//结束计时
$endTime = microtime(true);
$elapsedTime = $endTime - $startTime;
printf("<p>操作耗费时间为%0.6f 秒.</p>", $elapsedTime);
?>
  </body>
```

将以上程序保存为 exe_time.php，然后在浏览器中运行，输出结果如图 7-1 所示。

图 7-1　程序运行结果

7.1.8 DataTime

DataTime 类和 date()、strtotime()、gmdate()等函数有相同的作用，都是用来处理日期和时间的，但 DateTime 类更直观、方便。DateTime 类的声明如下：

```
DateTime implements DateTimeInterface {
/* Constants */
const string ATOM = "Y-m-d\TH:i:sP" ;
const string COOKIE = "l, d-M-Y H:i:s T" ;
const string ISO8601 = "Y-m-d\TH:i:sO" ;
const string RFC822 = "D, d M y H:i:s O" ;
const string RFC850 = "l, d-M-y H:i:s T" ;
const string RFC1036 = "D, d M y H:i:s O" ;
const string RFC1123 = "D, d M Y H:i:s O" ;
const string RFC2822 = "D, d M Y H:i:s O" ;
const string RFC3339 = "Y-m-d\TH:i:sP" ;
const string RFC3339_EXTENDED = "Y-m-d\TH:i:s.vP" ;
const string RSS = "D, d M Y H:i:s O" ;
const string W3C = "Y-m-d\TH:i:sP" ;
/* Methods */
public __construct([ string $time = "now" [, DateTimeZone $timezone = NULL ]] )
public DateTime add( DateInterval $interval )
public static DateTime createFromFormat( string $format , string $time [, DateTimeZone $timezone ] )
public static array getLastErrors( void )
public DateTime modify( string $modify )
public static DateTime __set_state( array $array )
public DateTime setDate( int $year , int $month , int $day )
public DateTime setISODate( int $year , int $week [, int $day = 1 ] )
public DateTime setTime( int $hour , int $minute [, int $second = 0 [, int $microseconds = 0 ]] )
public DateTime setTimestamp( int $unixtimestamp )
public DateTime setTimezone( DateTimeZone $timezone )
public DateTime sub( DateInterval $interval )
public DateInterval diff( DateTimeInterface $datetime2 [, bool $absolute = FALSE ] )
public string format( string $format )
public int getOffset( void )
public int getTimestamp( void )
public DateTimeZone getTimezone( void )
public __wakeup( void )
}
```

下面介绍 DateTime 类的用法。

1. 获取当前系统时间并打印

通过 DataTime 类，可以获取计算机当前系统的时间，并进行格式处理、输出，代码如下：

```
$date = new DateTime();
echo $date->format('Y-m-d H:i:s');   //输出当前系统时间字符串，如 2018-04-10 05:48:15
```

以上代码首先创建了一个 DateTime 对象，然后赋予$date，然后调用$date 对象的 format()方法，以指定的格式"Y-m-d H:i:s'"转换获取到的日期和时间为指定的格式，然后输出。

2. 输出给定的时间

通过 DataTime 类，可以根据给定的时间进行输出，代码如下：

```
$datetime = new \DateTime('2015-06-13');
print_r($datetime); //输出 DateTime Object ( [date] => 2016-06-13 00:00:00.000000 [timezone_type] => 3
                //[timezone] => UTC )
```

从输出可以看出，print_r()将输出 date(日期时间)、timezone_type(时区类型)和 timezone(时区)三类信息。

3. 根据给定的时间格式化为所需的时间格式

DateTime 类可以根据给定的时间，格式化为所需要的任意格式，例如：

```
$datetime = \DateTime::createFromFormat('Ymd', '20180315');
print_r($datetime->format('Y-m-d'));     //输出 2018-03-15
```

4. 输出时间戳或将时间戳转换为指定格式的日期和时间

DateTime 类可以完全实现 time()和 strtotime()等函数的功能，例如，可以输出 Unix 时间戳格式，代码如下：

```
//方法 1(PHP 5.2):
$datetime = new \DateTime();
echo $datetime->format('U');exit;
//方法 2(PHP 5.3 以上版本)推荐
$datetime = new \DateTime();
echo $datetime->getTimestamp();exit;   //输出 1523340626
```

其中，如果是 1990 年以前的时间戳，方法 1 会返回负数，方法 2 则会返回 false。

另外，DateTime 还可以根据给定的时间戳格式化为指定格式的时间，示例如下：

```
$datetime = new \DateTime();
$datetime->setTimestamp(1565783744);
echo $datetime->format('Y-m-d H:i:s');   //输出 2019-08-14 11:55:44
```

5. 比较两个日期

DateTime 对象还可以用于日期的比较和计算等。例如，下面的代码创建了一个 DateTime 对象，它表示洛杉矶时区的 2018 年 2 月 13 日这个日期，然后从这个日期减去 3 个月，最后显示结果：

```
$dtz = new DateTimeZone( "America/Los_Angeles" );
$dt = new DateTime( "13-Feb-2018", $dtz );
$dt->modify( "-3 months" );
echo $dt->format( DateTime::RFC2822 );   //输出"Mon, 13 Nov 2017 00:00:00 -0800"
```

这段代码首先创建一个 DateTimeZone 对象来表示洛杉矶时区，然后新建一个 DateTime 对象来表示该时区中的 2018 年 2 月 13 日午夜。接着调用 DateTime 对象的 modify()方法。这个方法需要接收一个表示日期和时间修正值的字符串作为参数，格式与传递给 strtotime()函数的参数格式一样，之后，该方法会根据这个字符串调整日期和时间。

最后，这个脚本调用 DateTime 对象的 format()方法，返回一个日期字符串。format()与前面的 date()接收同样格式的字符串。在本例中，用一个类常量，即 DateTime::RFC2822 将这个日期格式化成 RFC2822 格式，即 "D, d M Y H:i:s O" 格式。需要注意，出现在日期字符串中的时区比 GMT 晚 8 个小时，它就是洛杉矶时区的时间。

6. 使用时间间隔

DateInterval()构造函数的参数是一个表示时间间隔约定的字符串，这个时间间隔约定以字母 P 开头，后面跟着一个整数，最后是一个周期标识符，用于限定前面的整数。有效的周期标识符如下：Y(年)M(月)D(日)W(周)H(时)M(分)S(秒)。间隔约定中既可以有时间，也可以有日期。如果有时间，需要在日期和时间之间加上字母 T，例如，间隔约定 P2D 表示间隔两天，间隔约定 P2DT5H2M 表示间隔两天五小时两分钟：

```
$datetime = new \DateTime();
$interval = new \DateInterval('P2DT5H');
//或者使用 createFromDateString()方法
//$interval = \DateInterval::createFromDateString('1 month');
```

```
//修改 DateTime 实例
$datetime->add($interval);
echo $datetime->format('Y-m-d H:i:s');    //当前日期为 2018-04-10，输出 2018-04-12 11:32:40
```

7.2 HTTP 的使用

Web 服务器和浏览器是通过超文本传输协议(Hypertext Transfer Protocol，HTPP)进行通信的。HTTP 是一组协议，规定了如何向 Web 服务器发送请求，以及如何从 Web 服务器读取数据。

大多数时候不需要深入理解 HTTP 的工作过程，但是，理解 HTTP 的传输过程，就可以利用 PHP 程序对 HTTP 的传输过程进行更高级的控制。例如，如果对 HTTP 响应头的工作原理有所了解，就可以用 PHP 程序创建个性化的响应头，从而允许在脚本中显示一张图片，或把浏览器重定向到另一个新的页面等。

7.2.1 HTTP 请求

每当浏览器需要显示存储在服务器上的网页或其他资源(如图像文件)时，浏览器首先要连接到服务器(默认是通过 80 端口，即 HTTP 端口)，然后把各种信息发送给服务器，这些信息就是所谓的请求消息。一个完整的浏览器请求示例如下：

```
GET /about/index.php HTTP/1.1
Host: www.example.com
Accept: text/html, application/xml
Accept-Charset: ISO-8859-1,utf-8
Accept-Encoding: gzip,deflate
Accept-Language: en-gb,en
Cookie: name=fred
Referer: www.example.com
User-Agent: Mozilla/5.0 (Macintosh; U; Intel Mac OS X 10.5; en-GB;
rv:1.9.0.5) Gecko/2008120121 Firefox/3.0.5
```

请求消息由若干部分组成，下面按顺序列出了这些部分：

- 请求行：它告诉 Web 服务器，浏览器要读取哪个资源(URL)。
- HTTP 头列表：这几行文本是可选的，浏览器可以通过这些头把一些附加信息传递给服务器，如 Cookie 和浏览器可以接收的字符集。
- 空行：它是请求行和请求头之后所必需的。
- 可选消息体：其中可能包含通过 POST 方法传递的数据。

提示：消息中每一行的末尾都必须有回车符和换行符。

请求行是 HTTP 请求中最重要的部分，因为它会告诉服务器，浏览器需要哪些资源。下面是一个典型的请求行：

```
GET /about/index.php HTTP/1.1
```

这个请求行由三部分组成：请求方法(本例是 GET)、请求读取的 URL 地址(/about/index.php)和 HTTP 协议的版本。其他请求方法包括 POST(可以传递大量的数据)和 HEAD(类似于 GET 方法，但是要求服务器只返回响应头，而不需要返回实际内容)。

许多 HTTP 请求头可以从浏览器传递给服务器。表 7-7 中列出了一些常见的请求头。

表 7-7 常见的 HTTP 请求头

头	说 明	示 例
Accept	浏览器可以接收的从服务器返回内容的 MIME 类型列表	Accept:text/html,application/xml
Accept-Charset	浏览器可以接收的从服务器返回内容的字符集列表	Accept-Charset:ISO-8859-1,utf-8
Accept-Encoding	浏览器可以接收的从服务器返回内容的编码方法列表	Accept-Encoding:gzip,deflate
Accept - Language	浏览器可以接收的从服务器返回内容的语言列表	Accept-Language:en-gb,en
Cookie	服务器之前发送的一个 HTTP Cookie	Cookie: name=fred
HOST	这是唯一的强制头,只用在 HTTP/1.1 请求中。由于大多数 Web 服务器应用程序在单台计算机上可以同时服务多个 Web 站点,因此,浏览器需要发送一个 HOST 头,以告诉服务器向哪个 Web 站点请求资源	Host: www.example.com
Referer	当用户单击链接浏览另一个网页时,大多数浏览器会在 Referer 头中发送包含这个链接的页面的 URL 地址	Referer: www.example.com
User-Agent	关于浏览器的信息,如类型和版本	User-Agent: Mozilla/5.0 (Macintosh; U; Intel Mac OS X 10.5; en-GB; rv:1.9.0.5) Gecko/2008120121 Firefox/3.0.5

7.2.2 HTTP 响应

当 Web 服务器接收到一个来自浏览器的 HTTP 请求后,它会回发一个 HTTP 响应。一般这个 HTTP 响应中会包含浏览器所请求的内容,以及关于这些内容的其他一些信息,但是它也可能会返回错误信息(例如,在服务器上找不到要求的内容)。

下面是服务器针对某个浏览器请求 HTML 页面时发出的响应:

```
HTTP/1.x 200 OK
Date: Mon, 05 Jan 2009 10:19:52 GMT
Server: Apache/2.0.59 (Unix) PHP/5.2.5 DAV/2
X-Powered-By: PHP/5.2.5
Content-Length: 395
Keep-Alive: timeout=15, max=96
Connection: Keep-Alive
Content-Type: text/html

<!DOCTYPE html PUBLIC "-//W3C//DTD XHTML 1.0 Strict//EN"
    "http://www.w3.org/TR/xhtml1/DTD/xhtml1-strict.dtd">
<html xmlns="http://www.w3.org/1999/xhtml" xml:lang="en" lang="en">
  <head>
    <title>About Us</title>
    <link rel="stylesheet" type="text/css" href="common.css" />
  </head>
```

```
    <body>
        <h1>About Us</h1>
        <p>We specialize in widgets for all occasions.</p>
    </body>
</html>
```

与请求一样，响应通常最多由四部分组成：

- 状态行：它告诉 Web 浏览器请求的状态。
- HTTP 头列表：这些可选的 HTTP 头中包含有关响应的其他一些附加信息，如返回内容的类型和长度。
- 空行：请求行和任何的 HTTP 头之后都必须有一个空行。
- 一个可选的消息头：通常这个消息头中包含返回的内容，如网页标记或编码的图像数据。

HTTP 状态行由一个状态码和一个对应的原因短语(reason phrase，表示状态码的英文文本)组成。常见的状态码如表 7-8 所示。

表 7-8　常见的状态码

状 态 码	原 因 短 语	说　明
200	OK	浏览器的请求已成功处理，后面紧跟请求的内容(假如有请求内容)
301	Moved Permanently	请求的资源在另一个 URL 地址中。新的 URL 地址将出现在后面的 Location 头中。浏览器以后应该使用这个新的 URL 地址
302	Found	请求的资源临时存放在另一个 URL 地址中。新的 URL 地址将出现在后面的 Location 头中。浏览器在以后的请求中应该继续使用这个原有的 URL 地址
400	Bad Request	浏览器发送的请求无效(如语法错误)
403	Forbidden	浏览器正试图访问它无权访问的资源(例如，受口令保护的文件)
404	Not Found	找不到浏览器请求的资源
500	Internal Server Error	在服务器处理这个请求时遇到了问题

许多响应头与其对应的请求头都存在相似之处，有的甚至完全相同。表 7-9 中列出了 Web 服务器发送的一些比较常见的响应头。

表 7-9　HTTP 常见的响应头

响 应 头	说　明	举　例
Date	响应的日期和时间	Date: Mon,05 Jan 2009 10:07:20 GMT
Content-Length	紧随之后的内容的长度(以字节为单位)	Content-Length: 8704
Content-Type	紧随之后的内容的 MIME 内容类型	Content-Type: text/html
Location	可以取代请求的 URL 地址的 URL 地址。通常与状态码 301 和 302 一起使用，把新的 URL 地址发送给浏览器	Location: http://www.example.com/newpage.php
Server	提供有关 Web 服务器的信息，如类型和版本	Server: Apache/1.3.34 (Debian)PHP/5.2.0-8+ etch13 mod_perl/1.29
Set-Cookie	请求将一个 HTTP Cookie 存储在此浏览器中	Set-Cookie: name=Fred;expires=Mon, 05-Jan-2009 10:22:21 GMT; path=/;domain=.example.com

需要说明的是，响应的第一行是状态行，紧随其后的是各个响应头，再之后是空行，最

后是请求的内容。

当浏览器接收到一个网页时，它通常会向服务器发送另外的请求，请求该页面所引用的其余资源，如本例中的样式表文件 common.css，或者嵌入到页面中的图像文件。因此，当一个用户浏览网页时，会启动多个 HTTP 请求和响应。

7.2.3 修改 HTTP 响应方式

由于 PHP 引擎与 Web 服务器之间可以进行交互，因此，在 PHP 程序中可以控制服务器向浏览器发送的 HTTP 响应。这是非常有用的。

为了让一台 Web 服务器发送一个定制的 HTTP 头作为服务器响应的一部分，可以使用 header()函数。这个函数接收需要输出的 header 行作为参数，然后把它插入到响应头中：

```
header( "Server: Never you mind" );
```

默认情况下，header()函数会替换同名的 HTTP 头字段。在前面这个例子中，假如响应消息已经包含一个 Server 头，则这个头的内容就会被 header()函数的参数内容所替换。但是，有些 HTTP 头字段在响应消息中出现多次，因此，如果想把同一个头字段插入多次，则要把 false 传递给 header()的第二个参数：

```
header( "Set-Cookie: name=Fred; expires=Mon, 05-Jan-2009 10:22:21 GMT;
path=/; domain=.example.com");
header( "Set-Cookie: age=33; expires=Mon, 05-Jan-2009 10:22:21 GMT; path=/;
domain=.example.com", false );
```

虽然用这种方法也可以设置 Cookie，但是用 PHP 的 setcookie()函数更简单。有关 Cookie 的内容将在后面章节中进行介绍。

一般而言，当把一个头行传递给 header()函数时，PHP 会把它原封不动地插入到响应消息中，但是需要注意两种特殊情况：

- 假如头行的行首内容是 HTTP/，PHP 会认为想设置状态行，而不是添加或替换某一头行。利用这个特性可以设置自己的 HTTP 状态行：

```
header( "HTTP/1.1 404 Not Found" );
```

- 假如传递给它的是一个 Location 头字符串，PHP 除自动发送"302 Found"状态行外，还会发送 Location 头：

```
header( "Location: http://www.example.com/login.php" );
```

- 利用这个特性，可以很容易地实现页面的重定向。如果想发送另外一个状态行，只需要在此说明这个状态行就行：

```
header( "HTTP/1.1 301 Moved Permanently" );
header( "Location: http://www.example.com/newpage.php" );
```

当 PHP 程序需要发送非 HTML 网页时，header()函数就非常有用。例如，假如在 Web 服务器上有一个 report.pdf 文件，想把它发送给客户端浏览器，则要使用以下代码：

```
<?php
header( "Content-Type: application/pdf" );
readfile( "report.pdf" );
?>
```

第一行告诉 Web 服务器，需要的是一个 PDF 文档，而不是一个普通的网页。第二行从服务器的硬盘上读取这个 PDF 文件，并把它的内容输出到 Web 浏览器，由后者保存或显示这个 PDF 文件。

通常由浏览器决定是把这个文件显示在浏览器中，还是把它保存在用户的硬盘上。可以

利用 Content-Disposition: Attachment 头指示浏览器保存而不是显示这个文件，同时还可以为
这个要保存的文件指定文件名：

```php
<?php
header( "Content-Type: application/pdf" );
header( 'Content-Disposition: attachment; filename="Latest Report.pdf"' );
readfile( "report.pdf" );
?>
```

顺便指出，必须确保在调用 header()之前没有向浏览器发送过任何内容，这包括在<?php
标记之前没有发送 HTML 标记，甚至空行。这是因为，一旦 PHP 收到向浏览器发送一些内
容的请求，就会先发送 HTTP 头(因为在响应开始的时候需要发送头消息)。因此，当 header()
函数运行时，响应内容早已发送出去，此时再发送头已经太迟了(假如不这样做，则无法发送
头消息，而且 PHP 会产生 "Cannot modify header information headers already sent" 警告消息)。

7.3　本章小结

本章介绍了 Web 应用开发中使用最多的两个技能：日期和时间的处理以及 HTTP 请求与
响应控制。首先介绍的是日期和时间的知识，每个项目的开发都离不开日期和时间的处理，
诸如会员的注册时间、系统用户每一次操作的时间等；然后深入讲解了 HTTP 请求技术，探
索了从浏览器发送 HTTP 请求到服务器端，以及服务器端又通过 HTTP 响应返回处理结果给
浏览器，在这些交互过程中双方传输了什么信息，才能让双方相互识别到对方的信息。

7.4　思考和练习

1. 编写一个 PHP 函数，它接收一个四位数的年和一个月(1~12)，然后返回这个月的工作
日的天数(周六和周日除外)。用这个函数计算 1997 年 3 月的工作日的天数，并输出结果。
2. 简述 HTTP 请求与响应的过程，以及常用状态码及其含义。

第 8 章

Cookie 和 Session

由于 HTTP Web 协议是无状态协议，因此对于事务处理没有记忆能力。缺少状态意味着如果后续处理需要前面的信息，就必须重传，这样可能导致每次连接传送的数据量增大。通过客户端和服务器进行动态交互的 Web 应用程序出现之后，HTTP 无状态的特性严重阻碍了这些应用程序的实现，毕竟交互是需要承前启后的，比如简单的购物车程序需要知道用户到底在之前选择了哪些商品。于是，两种用于保持 HTTP 连接状态的技术就应运而生了，一个是 Cookie，而另一个是 Session。其中，Cookie 将数据存储在客户端，并显示永久的数据存储。Session 将数据存储在服务器端，保证数据在程序的单次访问中持续有效。本章主要介绍 Cookie 和 Session 的使用方法和应用技巧。

本章的学习目标：
- 了解 Cookie 的基本概念和作用。
- 掌握如何创建、读取和删除 Cookie。
- 了解 Cookie 的生命周期。
- 了解 Session 的基本概念和作用。
- 掌握启动 Session、注册 Session、使用 Session、删除 Session 的方法。
- 掌握 Session 和 Cookie 的区别。
- 掌握 Session 的高级应用。

8.1 管理 Cookie

Cookie 是在 HTTP 协议下，通过服务器或脚本语言可以维护客户端浏览器上信息的一种方式。Cookie 的使用很普遍，许多提供个人服务的网站都是利用 Cookie 来区别不同用户，以显示与用户相应的内容，如 Web 接口的免费 e-mail 网站，就需要用到 Cookie。有效使用 Cookie 可以轻松完成很多复杂任务。本节对 Cookie 的相关知识进行介绍。

8.1.1 了解 Cookie

首先简单介绍 Cookie 是什么以及 Cookie 能做什么。希望读者通过本节的学习，对 Cookie

有一个明确的认识。

1. 什么是 Cookie

Cookie 是一种在客户端浏览器中存储数据并以此跟踪和识别用户的机制。简单地说，Cookie 是 Web 服务器暂时存储在用户硬盘上的一个文本文件，并随后被 Web 浏览器读取。当用户再次访问该网站时，网站通过读取 Cookie 文件记录这位访客的特定信息，如上次访问的位置、花费的时间、用户名和密码等，从而迅速做出响应。例如，在页面中不需要输入用户的 ID 和密码即可直接登录网站等。

Cookie 文本文件的命令格式如下：

```
用户名@网站地址[数字].txt
```

举个例子，如果用户的系统盘为 C 盘，操作系统为 Windows，当使用 IE 浏览器访问网站时，Web 服务器会自动以上述命令格式生成相应的 Cookie 文本文件，并存储在用户硬盘的指定位置，图 8-1 所示为 Windows 10 系统中 IE 浏览器的 Cookie 存放位置。

图 8-1　Cookie 文件的存储路径

注意：在 Cookie 文件夹下，每个 Cookie 文件都是一个简单而又普通的文本文件，而不是程序。Cookie 文件中的内容大多都经过了加密处理，因此，表面看来只是一些字母和数字的组合，而只有服务器端的 CGI 处理程序才知道它们真正的含义。

2. Cookie 的功能

Web 服务器可以通过 Cookie 包含的信息来筛选或维护这些信息，以判断在 HTTP 传输中的状态。Cookie 常用于以下 3 个方面：

- 记录访客的某些信息，例如可以利用 Cookie 记录用户访问网页的次数，或者记录访客曾经输入过的信息。另外，某些网站可以使用 Cookie 自动记录访客上次登录的用户名。
- 在页面之间传递变量。浏览器并不会保存当前页面上的任何变量信息，当页面被关闭时，页面上所有变量的信息将随之消失。如果用户声明了一个变量 id=8，要把这个变量传递到另一个页面，可以把变量 id 以 Cookie 形式保存下来，然后在下一页通过读取 Cookie 来获取该变量的值。
- 将查看的网页存储在 Cookie 临时文件夹中，可以提高以后浏览的速度。

注意：一般不要用 Cookie 保存数据集或其他大量数据。并非所有的浏览器都支持 Cookie，并且数据信息是以明文的形式保存在客户端计算机中的，因此最好不要保存敏感的、未加密的数据，否则会影响网络的安全性。

8.1.2　创建 Cookie

在 PHP 中通过 setcookie()函数创建 Cookie。在创建 Cookie 之前必须了解的是，Cookie 是 HTTP 头标的组成部分，而头标必须在页面其他内容之前发送，因此头标必须最先输出。在 setcookie()函数前输出 HTML 标记、echo 语句，甚至空行都会导致程序出错。

语法格式如下：

```
bool setcookie(string name[,string value[,int expire[,string path[,string domain[,int secure]]]]])
```

setcookie()函数的参数说明如表 8-1 所示。

表 8-1　setcookie()函数的参数说明

参　　数	说　　明	举　　例
name	Cookie 变量的名称	可以通过$_COOKIE["cookie_name"]调用变量名为 cookie_name 的 Cookie
value	Cookie 变量的值，该值保存在客户端，不能用来保存敏感数据	可以通过$_COOKIE["values "]获取名为 values 的值
expire	Cookie 的时效，expire 是标准的 Unix 时间标记，可以用 time()或 mktime()函数获取，单位为秒	如果不设置 Cookie 的时效，那么 Cookie 将永远有效，除非手动将其删除
path	Cookie 在服务器端的有效路径	如果设置该参数为"/"，则它在整个 domain 内有效；如果设置为"/11"，则它在 domain 下的/11 目录及子目录内有效。默认是当前目录
domain	Cookie 的有效域名	如果要使 Cookie 在 mrbccd.com 域名下的所有子域内都有效，应该设置为 mrbccd.com
secure	指明 Cookie 是否仅通过安全的 HTTPS，值为 0 或 1	如果值为 1，则 Cookie 只在 HTTPS 连接上有效；如果为默认值 0，则 Cookie 在 HTTP 和 HTTPS 连接上均有效

【例 8-1】使用 setcookie()函数创建 Cookie。

```
setcookie("cookie_test1",'www.baidu.com');
//设置 Cookie 的有效时间为 60 秒
setcookie("cookie_test1",'www.baidu.com',time()+60);
//设置有效时间为 3600 秒(1 小时)、有效目录为 cookie_fold、有效域名为 baidu.com 及其所有子域名
setcookie("cookie_test1",$value,time()+3600,"/cookie_fold/",".baidu.com",1);
```

运行以上程序，在 Cookie 文件夹下会自动生成一个 Cookie 文件，名为 administrator@1[1].txt，Cookie 的有效时间为 3600 秒，在 Cookie 失效后，自动删除 Cookie 文件。

8.1.3　读取 Cookie

在 PHP 中可以直接通过超级全局数组$_COOKIE[]来读取浏览器端的 Cookie 值。

【例 8-2】使用 print_r()函数读取 Cookie 变量。

```php
<?php
if(!isset($_COOKIE['visit_time'])){
  setcookie('visit_time',date('y-m-d H:i:s'));
  echo "欢迎首次访问网站";
}else{
  setcookie('visit_time',date('y-m-d H:i:s'),time()+60);
  echo "上次访问时间为: ".$_COOKIE['visit_time'];
  echo "<br>";
}
  echo "您本次访问网站时间为:".date("y-m-d H:i:s");
?>
```

以上程序首先使用 isset() 函数检测 Cookie 文件是否存在。如果不存在，则使用 setcookie() 函数创建一个 Cookie，并输出相应的字符串；如果 Cookie 文件存在，则使用 setcookie() 函数设置 Cookie 文件的有效时间，并输出用户上次访问网站的时间。最后在页面上输出本次访问网站的当前时间。

第一次运行这个程序时，由于并没有检测到名为 visit_time 的 Cookie，因此在页面上显示"欢迎首次访问网站您本次访问网站时间为：18-03-08 05:07:11"，如图 8-2 所示；如果用户在失效时间内按 F5 键刷新页面，页面将显示上次访问的时间和本次访问网站的时间，如图 8-3 所示。

图 8-2　首次访问网站的输出信息　　　　图 8-3　再次访问网站的输出信息

需要注意的是，如果没有设置 Cookie 的失效时间，在关闭浏览器的时候会自动删除 Cookie 数据；如果为 Cookie 设置了失效时间，浏览器会记录 Cookie，即使用户重启计算机，只要 Cookie 没过有效时间，再次访问网站时，依然会获得上次保存的 Cookie 数据。

8.1.4　删除 Cookie

Cookie 被创建之后，如果没有设置 Cookie 的失效时间，在关闭浏览器的时候会自动删除 Cookie 文件。这里介绍几种删除 Cookie 的方法。

1. 使用 setcookie() 函数删除 Cookie

删除 Cookie 和创建 Cookie 的方法类似，删除 Cookie 也使用 setcookie() 函数。为了删除 Cookie，只需要将 setcookie() 函数的第二个参数设置为空值，将第 3 个参数(Cookie 的失效时间)设置为小于系统的当前时间即可。

例如，将名为 visit_time 的 Cookie 的失效时间设置为当前时间减 1，代码如下：

```
setcookie("visit_time","",time()-1);
```

代码中，time() 函数返回以秒表示的当前时间戳，把当前时间减 1 秒就会得到过去的时间，从而删除 Cookie。

注意：把 Cookie 的失效时间设置为 0，也可以直接删除 Cookie。

2. 在浏览器中手动删除 Cookie

使用 Cookie 时，会自动生成一个文本文件，存储在 IE 浏览器的 Cookies 临时文件夹中，在浏览器中删除 Cookie 文件是一种非常便捷的方法。具体操作步骤如下：

启动浏览器，选择【工具】|【Internet 选项】命令，打开【Internet 选项】对话框，如图 8-4 所示。在【常规】选项卡中单击【删除】按钮，弹出【删除浏览历史记录】对话框，选中【Cookie 和网站数据】复选框，单击【删除】按钮，即可成功删除全部 Cookie 文件。

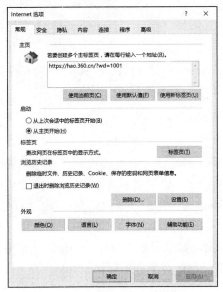

图 8-4　【Internet 选项】对话框

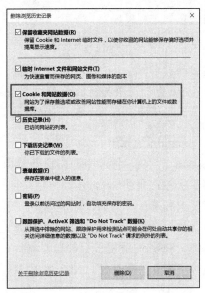

图 8-5　选中删除 Cookie 的选项

8.1.5　Cookie 的生命周期

如果不为 Cookie 设置失效时间，则表示它的生命周期就是浏览器会话时间范围，只要关闭浏览器，Cookie 就会自动消失。这种 Cookie 被称为会话 Cookie，一般不保存在磁盘上，而是保存在内存中。

如果设置了失效时间，那么浏览器会把 Cookie 保存在磁盘上，两次打开 IE 浏览器时依然有效，直到超出有效时间。

虽然 Cookie 可以长期保存在客户端浏览器中，但也不是一成不变的。因为浏览器最多允许存储 300 个 Cookie 文件，而且每个 Cookie 文件支持的最大容量为 4KB；每个域名最多支持 20 个 Cookie，如果达到限制，浏览器会自动随机删除 Cookie 文件。

8.2　管理 Session

由于 Cookie 是存储在客户端浏览器中的，有长度的限制，并以文件的形式存在，显而易见是不安全的，另外，Cookie 也不能跨站访问。基于此，提供了会话(Session)技术。所谓"会话"，就是访客从访问网站开始到离开网站的时间范围。

Session 中的数据在 PHP 脚本中以变量的形式创建。创建的 Session 变量，其生命周期默认为 20 分钟，这些 Session 变量可以被跨页的请求引用。另外，Session 变量存储在服务器端，相对安全，并且不像 Cookie 那样有长度限制。

8.2.1　了解 Session

1. Session 的概念

Session 的本意是指有始有终的一系列动作/消息，如打电话时从拿起电话拨号到挂断电话，这一系列过程可以称为一个 Session。

2. Session 的工作原理

当启动一个 Session 时，会生成随机且唯一的 session_id，也就是 Session 的文件名，此时 session_id 存储在服务器的内存中。当关闭页面时，session_id 会自动注销，重新登录此页面，会再次生成随机且唯一的 session_id。

3. Session 的作用

Session 在 Web 技术中非常重要。由于网页是一种无状态的连接程序，因此无法得知用户的浏览状态。通过 Session 则可记录用户的有关信息，以供用户再次以此身份对 Web 服务器提交要求和确认。例如，在网站中，通过 Session 记录用户登录的信息，以及用户所购买的商品，如果没有 Session，那么用户每进入一个页面都需要登录一次用户名和密码。

另外，Session 适用于存储信息量比较少的情况。如果用户需要存储的信息量相对较少，并且内容不需要长期存储，那么使用 Session 把信息存储到服务器端比较合适。

8.2.2 创建 Session

在 PHP 中使用 Session 变量，除了必须启动以外，还要经过一个注册的过程。注册和读取 Session 变量，都要通过访问$_SESSION 数组完成。从 PHP 4.1.0 开始，$_SESSION 如同$_POST、$_GET 和 $_COOKIE 等一样成为超级全局数组，但必须在调用 session_start()函数开启 Session 之后才能使用。与 $HTTP_SESSION_VARS 不同，$_SESSION 总是具有全局的范围，因此不要对$_SESSION 使用 global 关键字。$_SESSION 关联数组中的键名具有和 PHP 中普通变量名相同的命名规则。

Session 变量被创建后，全部保存在数组$_SESSION 中。通过数组$_SESSIO 创建 Session 变量很容易，只需要直接给该数组添加一个元素就好了。

1. 启动 Session

启动 PHP Session 的方式有两种：一种是使用 session_start()函数，另一种是使用 session_register()函数为 Session 创建一个变量来隐含地启动 Session。

session_start()函数在页面的开始位置调用，然后 Session 变量被登录到$_SESSION 全局变量中。

(1) 通过 session_start()函数启动 Session

```
bool session_start(void);
```

切记，这个函数的调用位置一定是页面的第一行。

(2) 通过 session_register()函数创建 Session

session_register()函数用来为 Session 创建一个变量来隐式地启动 Session，但要求设置 php.ini 文件的选项，即将 register_globals 指令设置为 on，然后重新启动 Apache 服务器即可。

当使用 session_register()函数时，不需要调用 session_start()函数，PHP 会在创建变量之后隐式地调用 session_start()函数。

2. 注册 Session

创建 Session 变量之后，Session 变量将全部保存在数组$_SESSION 中，通过数组$_SESSION

创建 Session 变量很容易，直接给该数组添加一个元素即可。例如，启动 Session，创建一个 Session 变量并赋空值，代码如下：

```php
<?php
session_start();
$_SESSION['user_name']=null;
?>
```

执行脚本以后，Session 变量就会被保存在服务器端的某个文件夹中。通过 php.ini 文件，在 session.save_path 属性指定的目录下，为访问用户单独创建一个文件，用来保存已经注册的 Session 变量。例如，某个保存 Session 变量的文件名采用类似"sess_09403850rf7sk39s67"的形式，文件名中包含了 Session ID，所以每个访问用户在服务器上都有自己的 Session 变量保存文件，而且这个文件可以直接使用文本编辑器打开。该文件的内容结构如下所示：

```
变量名 | 类型：长度：值 //每个变量都使用相同的结构来保存
```

下面举一个简单的例子：

```php
<?php
//启动 Session
  session_start();
//注册 Session 变量，赋值为用户名称
  $_SESSION['usermane'] = "sky";
//注册 Session 变量，赋值为用户 id
  $_SESSION['uid'] = 1;
?>
```

在上面的实例中注册了两个 Session 变量，如果在服务器上找到为用户保存 Session 变量的文件，打开后可以看到如下内容：

```
username | s:6: "sky"; uid | i:1:"1"; // 保存注册的两个 Session 变量的内容
```

3. 使用 Session

首先需要判断 Session 变量是否有 Session ID 存在，如果不存在，就创建一个，并且使其能够通过全局数组$_SESSION 进行访问；如果已经存在，将这个已创建的 Session 变量载入供用户使用。

例如，判断存储用户名的 Session 变量是否为空，如果不为空，将 Session 变量赋给$name，代码如下：

```php
if(!empty($_SESSION['user_name'])){
  $name=$_SESSION['user_name'];
}
```

8.2.3　设置 Session 的有效时间

大多数网站都对用户登录的失效时间进行了规定，比如，保存一个星期、一个月等，这时可以通过 Cookie 设置登录的失效时间。Session 的失效时间设置主要有以下两种情形。

1. 客户端没有禁止 Cookie

(1) 使用 session_set_cookie_params()设置 Session 的失效时间，此函数将 Session 和 Cookie 结合起来以设置失效时间。要让 Session 在 1 分钟后失效，代码如下：

```php
<?php
$time=1*60;
session_set_cookie_params($time);
session_start();
$_SESSION['user_name']='admin';
```

```
    ?>
```

session_set_cookie_params()函数必须在 session_start()函数之前调用。

注意：不建议使用 session_set_cookie_params()函数，该函数在一些浏览器中会出现问题，所以一般手动设置失效时间。

(2) 使用 setcookie()函数可对 Session 设置失效时间。例如，让 Session 在 1 分钟后失效，代码如下：

```php
<?php
    session_start();
    setcookie(session_name(),session_id(),time()+60,"/");
    $_SESSION['user_name']='admin';
    ?>
```

在 setcookie()函数中，session_name 是 Session 的名称，session_id 是判断客户端用户的标识，因为 session_id 是随机产生的唯一名称，所以 Session 是相对安全的。Session 的失效时间和 Cookie 的失效时间一样，最后一个参数为可选参数，是放置 Session 的路径。

2. 客户端禁止 Cookie

当客户端禁用 Cookie 时，Session 在页面间传递会失效，可以将客户端禁止 Cookie 想象成一家大型连锁超市，如果在其中一家超市办理了会员卡，但是超市之间并没有联网，那么会员卡就只能在办理会员卡的那家超市使用。解决这个问题有以下 4 种方法：

(1) 在登录之前提醒用户必须打开 Cookie。许多论坛都采用这种办法。

(2) 设置 php.ini 文件中的 session.use_trans_sid=1，或者编译时打开-enable-trans-sid 选项，让 PHP 自动跨页传递 session_id。

(3) 通过 GET 方法，隐藏表单传递 session_id。

(4) 使用文件或数据库存储 session_id，在页面之间传递时手动调用。

在上面的几种方法中，对第 2 种方法不作详细介绍，因为用户不能修改服务器上的 php.ini 文件；第 3 种方法不可以使用 Cookie 设置失效时间，但是登录情况没有变化；第 4 种方法是最为重要的一种，在实际项目开发中，如果发现 Session 文件使服务器速度变慢，就可以使用。

这里介绍一下第 3 种方法，使用 GET 方法传输，接收页面头部的代码：

```php
<?php
    $session_name = session_name();          // 取得 Session 名称
    $session_id = $_GET["$session_name"];    // 取得 Session_id, GET 方式
    session_id($session_id);                 // 关键步骤
    session_start();
    $_SESSION['admin'] = 'soft';
    ?>
```

说明：请求一个页面之后会产生一个 session_id，如果这时禁止了 Cookie，就无法传递 session_id，在请求下一个页面时将会重新产生一个 session_id，这就造成 Session 在页面间传递失效。

8.2.4 通过 Session 对用户操作权限进行判断

在大多数网站开发过程中，需要划分管理员和普通用户对操作网站的权限。下面通过具体的代码实例进行全面的讲解。可以综合前面学过的知识，让自己的代码和思路有一定

的提升。

首先通过用户登录页面提交的用户信息来验证用户操作网站的权限。

【例 8-3】通过 Session 对用户操作权限进行判断。

(1) 设计一个登录页面，添加一个表单 form1，应用 POST 方法进行传参，action 指向的数据处理页为 default.php，添加一个用户名文本框并命名为 user，添加一个密码域文本框并命名为 pwd，通过 submit 按钮进行提交跳转，主要的代码如下所示：

```
……
  <script type="text/javascript">
function check(form){
if(form.uesr.value == ""){
alert("请输入用户名");
        }
  if(form.pwd.value == ""){
alert("请输入密码");
        }
  form.submit();
      }
  </script>
</head>
<body>
<form name="form1" method="post" action="default.php">
  <table width="520" height="390" border="0" cellpadding="0" cellspacing="0">
    <tr>
      <td valign="top">
        <table width="520" border="0" cellspacing="0" cellpadding="0">
          <tr>
            <td height="24" align="right">用户名：</td>
            <td height="24" align="left">
              <input name="user" type="text" id="user" size="20">
            </td>
          </tr>
          <tr>
            <td height="24" align="right">密　码：</td>
            <td height="24" align="left">
              <input name="pwd" type="password" id="pwd" size="20">
            </td>
          </tr>
          <tr align="center">
            <td height="24" colspan="2">
              <input name="submit" type="submit" value="提交" onclick="return check(form);">
              <input type="reset" name="reset" value="重置">
            </td>
          </tr>
          <tr>
            <td height="76">
              <span>超级用户: admin  密　码：111 </span>
              <br><br>
              <span>普通用户: tom  密　码：000 </span>
            </td>
          </tr>
        </table>
      </td>
    </tr>
  </table>
</form>
</body>
```

(2) 在【提交】按钮的单击事件下，调用自定义函数 check() 来验证表单元素是否为空。函数 check() 的代码如下：

```
<script type="text/javascript">
    function check(form){
        if(form.uesr.value == ""){
            alert("请输入用户名");
        }
        if(form.pwd.value == ""){
            alert("请输入密码");
        }
        form.submit();
    }
</script>
```

(3) 提交表单元素到数据处理页 default.php。首先使用 session_start() 函数初始化 Session 变量，再使用 POST 方法接收表单元素的值，将获取的用户名和密码分别赋值给 Session 变量，代码如下所示：

```
<?php
session_start();
$_SESSION['user']=$_POST['user'];
$_SESSION['pwd']=$_POST['pwd'];
?>
```

(4) 为防止其他用户非法登录系统，使用 if 条件语句对 Session 变量的值进行判断，这里继续使用了 JavaScript 的知识，代码如下：

```
if($_SESSION['user']==""){
    echo '<script type="text/javascript">alert("请使用正确途径登录"); history.back();</script>';
}
```

(5) 在数据处理页面 default.php 中添加如下导航栏代码，判断当前用户级别，看看已登录的用户是管理员还是普通用户，然后有区别地输出显示：

```
<table align="center" cellpadding="0" cellspacing="0">
<tr align="center" valign="middle">
<td style="width: 140px; color: red;">当前用户：
    <!-- 输出当前登录用户级别-->
    <?php
    if($_SESSION['user']=="admin"&&$_SESSION['pwd']=="111"){
        echo "管理员";
    }else{
        echo "普通用户";
    }
    ?>
</td>
<td width="70"><a href="default.php">首页</a><td>
<td width="70">|<a href="default.php">文章</a><td>
<td width="70">|<a href="default.php">相册</a><td>
<td width="100">|<a href="default.php">修改密码</a><td>
<?php
    if($_SESSION['user']=="admin"&& $_SESSION['pwd']=="111") {      //如果当前用户是管理员
    //如果当前用户是管理员，则输出"用户管理"
    echo    '<td width="100">|<a href="default.php">用户管理</a><td>';
    }
?>
<td width="100">|<a href="safe.php">注销用户</a><td>
</tr>
</table>
```

(6) 在 default.php 页面添加"注销用户"超链接 safe.php，页面代码如下：

```
<?php
```

```
        session_start();                    //初始化 Session
        unset($_SESSION['user']);           //删除 Session 变量 user
        unset($_SESSION['pwd']);            //删除 Session 变量 pwd
        session_destroy();                  //删除当前所有 Session 变量
        header("location:index.php");       //跳转到用户登录页面
    ?>
```

（7）运行代码，在用户登录页面上输入用户名和密码，以超级用户的身份登录网站，运行效果如图 8-6 所示。以普通用户身份登录网站的运行效果如图 8-7 所示。

图 8-6　以超级用户身份登录网站

图 8-7　以普通用户身份登录网站

8.2.5　删除和销毁 Session

使用完一个 Session 变量后，可以将其删除；完成一个会话以后，也可以将其销毁。如果用户想退出 Web 系统，就需要为其提供注销功能，把用户的所有信息在服务器上销毁。删除会话的情况有删除单个会话、删除多个会话和结束当前会话有 3 种。

1．删除单个会话

删除单个会话即删除单个 Session 变量，同数组的操作一样，直接注销$_SESSION 数组的某个元素即可。例如，对于$_SESSION['user']变量，可以使用 unset()函数，代码如下：

```
    unset( $_SESSION['user']);
```

需要注意的是，使用 unset()函数时，$_SESSION 数组中的元素不能省略，即不可以一次注销整个数组，这样会禁止整个会话的功能，例如 unset($_SESSION)函数会将全局变量$_SESSION 销毁，而且没有办法恢复，用户也不能再注册$_SESSION 变量。

2．删除多个会话

如果想把某个用户在会话中注册的所有变量都删除，也就是删除多个会话或一次注销所有的 Session 变量，可以通过将一个空的数组赋值给$_SESSION 来实现，代码如下：

```
    $_SESSION=array();
```

3．结束当前会话

如果整个会话已经结束，首先应该注销所有的 Session 变量，然后使用 session_destroy()函数清除当前的会话，并清空会话中的所有资源，彻底销毁会话，代码如下：

```
    session_destroy();
```

相对于 session_start()函数(创建 Session 文件)，session_destroy()函数用来关闭会话的运作(删除 Session 文件)。如果成功，则返回 true，失败则返回 false。但该函数不会释放和当前会话相关的变量，也不会删除保存在客户端 Cookie 中的 Session ID。

PHP 默认的 Session 是基于 Cookie 的，Session ID 被服务器存储在客户端 Cookie 中，所以在注销 Session 时也需要清除 Cookie 中保存的 Session ID，这就必须借助 setcookie()函数来完成。在 Cookie 中，保存 Session ID 的 Cookie 标识名称就是 Session 的名称，这个名称在 php.ini 中，是通过 session.name 属性指定的值。在 PHP 脚本中，可以通过 session_name()函数获取 Session 的名称。删除保存在客户端 Cookie 中的 Session ID。

前面的讲解可以总结出 Session 的删除和注销过程需要好几个步骤。下面将通过一个实例，提供完整的代码，运行脚本后就可以关闭 Session，并销毁与本次会话有关的所有资源。

【例 8-4】Session 的生命周期。

```php
<?php
//开启 Session
session_start();
// 删除所有 Session 变量
$_SESSION = array();
//判断 Cookie 中是否保存 Session ID
if(isset($_COOKIE[session_name()])){
    setcookie(session_name(),'',time()-3600, '/');
}
//彻底销毁 Session
session_destroy();
?>
```

在以上程序中，使用$_SESSION=array()清空$_SESSION 数组的同时，也将这个用户在服务器端对应的 Session 文件内容清空；而使用 session_destroy()函数时，则是将这个用户在服务器端对应的 Session 文件删除。

8.2.6　Session 和 Cookie 的区别

HTTP 是无状态的协议，客户每次读取 Web 页面时，服务器都打开新的会话，而且服务器也不会自动维护客户的上下文信息。Session 就是一种保存上下文信息的机制，针对每一个用户，Session 的内容在服务器端，通过 Session ID 来区分不同的客户。Session 是以 Cookie 或 URL 重写为基础的，默认用 Cookie 来实现，系统会创建名为 JSESSIONID 的输出 Cookie，称为 Session Cookie，以区分 Persistent Cookie。注意 Session Cookie 存储于浏览器内存中，并不是写到磁盘上；我们通常是看不见 JSESSIONID 的，但是当我们禁用浏览器的 Cookie 后，Web 服务器会采用 URL 重写的方式传递 Session ID，我们就可以在浏览器中看到 session_id=HJHADKSFHKAJSHFJ 之类的字符串；针对某一次会话而言，会话结束，Session Cookie 也就消失了。

Session 与 Cookie 的主要区别如下：

(1) Session 保存在服务器上，客户端不知道其中的信息；Cookie 保存在客户端，服务器可以知道其中的信息。

(2) Session 中保存的是对象，Cookie 中保存的是字符串。

(3) Session 不能区分路径，同一个用户在访问网站期间，所有的 Session 在任何一个地方都可以访问到；而 Cookie 中如果设置了路径参数，那么同一个网站中不同路径下的 Cookie 是不能互相访问的。

(4) Session 需要借助 Cookie 才能正常工作，如果客户端完全禁止 Cookie，Session 将失效。

8.2.7　Session 和 Cookie 的应用

1. 实现自动登录

当用户在某个网站注册后，就会收到一个唯一的用户 ID。客户后来重新连接时，这个用户 ID 会自动返回，服务器对它进行检查，确定它是否为注册用户且选择了自动登录，从而使用户不必给出明确的用户名和密码，就可以访问服务器上的资源。

2. 会话跟踪

通常 Session Cookie 是不能跨窗口使用的，当新打开一个浏览器窗口，进入相同的页面时，系统会赋予新的 Session ID，这样信息共享的目的就无法实现了，此时可以先把 Session ID 保存在 Persistent Cookie 中，然后在新窗口中读出来，即可得到上一个窗口的 Session ID，这样通过结合 Session Cookie 和 Persistent Cookie 就实现了跨窗口的会话跟踪。

8.3　Session 的高级应用

8.3.1　Session 临时文件

在服务器上，如果将所有用户的 Session 都保存到临时目录中，会降低服务器的安全性和效率，打开服务器存储的站点会非常慢。在 Windows 上，PHP 默认的 Session 服务器端文件存放在 C:\WINDOWS\Temp 下，如果并发访问量很大或者 Session 建立太多，该目录下就会存在大量类似 sess_xxxxxx 的 Session 文件。同一目录下文件过多会导致性能下降，并且可能导致受到攻击，最终出现文件系统错误。针对这样的情况，PHP 本身提供了比较好的解决办法。在 PHP 中，使用函数 session_save_path()可以解决这个问题。

使用 PHP 函数 session_save_path()存储 Session 临时文件，可以缓解因临时文件的存储导致服务器效率降低和站点打开缓慢的问题，示例代码如下所示：

```php
<?php
$path = './tmp/';              //设置 Session 存储路径
session_save_path($path);
session_start();
$_SESSION['user_name'] = true;
?>
```

在以上代码中，需要注意的是，session_save_path()函数应在 session_start()函数之前调用。

8.3.2　Session 缓存

Session 缓存是将网页中的内容临时存储到客户端的"Temporary Internet Files"文件夹下，并且可以设置缓存时间。第一次浏览网页后，页面的部分内容在规定的时间内就被临时存储在客户端的临时文件夹中，这样在下次访问这个页面的时候，就可以直接读取缓存中的内容，从而提高网站的浏览效率。

Session 缓存的作用如下：

(1) 减少访问数据库的频率。应用程序从缓存中读取持久化对象的速度显然快于从数据库中检索数据的速度。

(2) 当缓存中的持久化对象之间存在循环关联关系时，Session 会保证访问对象图时不出现死循环，以及由死循环引发的 JVM 堆栈溢出。

(3) 保证数据库中的相关记录与缓存中的记录同步。Session 在清理缓存的时，会自动进行脏数据检查(dirty-check)，如果发现 Session 缓存中的对象与数据库中的相应记录不一致，则会按最新的对象属性更新数据库。

Session 缓存使用的是 session_cache_limiter()函数，语法格式如下：

```
session_cache_limiter(cache_limiter)
```

参数 cache_limiter 为 public 或 private。同时 Session 缓存不是在服务器端而是在客户端缓存，在服务器上没有显示。

缓存时间的设置，使用的是 session_cache_expire()函数，语法格式如下：

```
session_cache_expire(new_cache_expire);
```

参数 cache_expire 是 Session 缓存的时间，单位为分钟。

注意： 这两个 Session 缓存函数必须在 session_start()函数之前调用，否则会出错。

下面通过实例了解 Session 缓存页面的过程，实现代码如下：

```php
<?php
session_cache_limiter('private');
$cache_limit = session_cache_limiter();      //开启客户端缓存
session_cache_expire(30);
$cache_expire = session_cache_expire();      //设定客户端缓存时间
session_start();
?>
```

8.3.3 Session 自动回收

一般情况下，可以通过页面上提供的"退出"按钮，销毁本次会话。但是，在用户没有单击"退出"按钮而是直接关闭浏览器，或者断网，或者断电并直接关闭计算机的情况下，在服务器端保存的 Session 文件是不会被删除的。虽然关闭了浏览器，下次需要分配新的 Session ID 重新登录，但这只是因为在 php.ini 中设置了 session.cookie_lifetime = 0，以设定 Session ID 在客户端 Cookie 中的有效期限，同时以秒为单位指定发送到浏览器的 Cookie 的生命周期。值为 0 表示"直到关闭浏览器"，默认为 0。

当系统赋予 Session 有效期限后，不管浏览器是否开启，Session ID 都会自动消失。客户端的 Session ID 消失，但服务器端保存的 Session 文件并没有被删除。所以没有被 Session ID 引用的服务器端 Session 文件，就成为"垃圾"。为了防止这些垃圾 Session 文件对系统造成过大的负荷(因为 Session 并不像 Cookie 那样半永久性存在)，对于永远也用不上的 Session 文件(垃圾文件)，系统有自动清理的机制。

服务器端保存的 Session 文件就是普通的文本文件，所以都会有文件的修改时间。"垃圾回收程序"启动后，就是根据 Session 文件的修改时间，将过期的 Session 文件全部删除。

那么，"垃圾回收程序"是什么样的启动机制呢？

"垃圾回收程序"是在调用 session_start()函数时启动的。而一个网站有多个脚本，每个脚本又都要使用 session_start()函数开启会话，又会有很多个用户同时访问，这就很有可能使得 session_start()函数在 1 秒内被调用 N 次，而如果每次都启动"垃圾回收程序"，就很不合理了。即使最少控制在 15 分钟以上启动一次"垃圾回收程序"，一天也要清理 100 多次，这样太频繁了。

通过在 php.ini 文件中修改 session.gc_probability 和 session.gc_pisor 两个选项，可以设置启动垃圾回收程序的概率。系统会根据 session.gc_probability/session.gc_pisor 公式计算概率，例如选项 session.gc_probability=1，选项 session.gc_pisor=100，这样概率就变成了 1/100，也就是 session_start()函数被调用 100 次才会启动一次"垃圾回收程序"，所以对会话页面访问越频繁，启动的概率就越来越小。一般的建议是调用 1000~5000 次才会启动一次：1/(1000~5000)。

8.3.4 php.ini 中的 Session 配置

1. session.save_path 选项

手动配置 PHP 运行环境时，最容易遗忘的一项是服务器端 Session 文件的存储目录配置工作，打开 php.ini 文件，搜索 Session，找到 session.save_path，默认值为/tmp，代表 Session 文件保存在 c:/tmp 目录下，默认 tmp 目录并没有创建，可以在 c 盘下创建 tmp 目录，或者创建其他目录，比如 leapsoulcn，再修改 session.save_path 的值：

```
session.save_path = ' /leapsoulcn ';
```

可以使用 N;[MODE;]/path 这样的模式定义该路径，N 是一个整数，表示使用 N 层深度的子目录，而不是将所有数据文件保存在一个目录下。

需要注意的是：

(1) 一般为了保证服务器的安全,最好设置session.save_path 的值为外网无法访问的目录。另外，如果是在 Linux 服务器下进行 Session 配置，务必同时配置此目录为可读写权限，否则在执行 Session 操作时会报错。

(2) 在使用 Session 变量时，为了保证服务器的安全，最好将 register_globals 设置为 off，以保证全局变量不混淆。在使用 session_register()注册 session 变量时，可以通过系统全局变量$_SESSION 来访问。比如，假设注册了 leapsoulcn 变量，可以通过$_SESSION['leapsoulcn'] 来访问此变量。

设置完成后，保存 php.ini，重启 Apache 服务器，即可使用 Session 功能。

2. 其他 Session 配置说明

php.ini 中其他比较重要的 Session 配置选项如下：

(1) session.save_handler

```
session.save_handler = "files "
```

默认以文件方式存取 Session 数据，如果想要使用自定义的处理器来存取 Session 数据，比如数据库，可以用 user。

(2) session.use_cookies

```
session.use_cookies =1
```

是否使用 Cookie 在客户端保存 Session ID，默认采用 Cookie。

(3) session.use_only_cookies

```
session.use_only_cookies = 0
```

是否仅使用 Cookie 在客户端保存 Session ID，这个选项可以使管理员禁止用户通过 URL 来传递 id，默认为 0。如果禁用，那么当客户端禁用 Cookie 时，将使 Session 无法工作。

(4) session.name

session.name = "PHPSESSID "

当成 Cookie 名称使用的 Session 标识名。

(5) session.auto_start

session.auto_start = 0

是否自动启动 Session，默认不启动，在使用 Session 功能时，每个 PHP 脚本头部都需要通过 session_start()函数来启动 Session。如果启动了这个选项，则在每个脚本头部都会自动启动 Session，不需要每个脚本头部都以 session_start()函数启动 Session，推荐关闭这个选项，采用默认值。

(6) session.cookie_lifetime

session.cookie_lifetime = 0

传递 Session ID 的 Cookie 有效期(秒)，0 表示仅在浏览器打开期间有效。

(7) session.gc_probability 和 session.gc_divisor

session.gc_probability = 1
session.gc_divisor = 100

定义在每次初始化会话时，启动垃圾回收程序的概率。计算公式如下：session.gc_probability/session.gc_divisor。比如 1/100，表示有 1%的概率启动垃圾回收程序，对会话页面访问越频繁，概率就应当越小。建议值为 1/(1000~5000)。

session.gc_maxlifetime = 1440

设定保存的 Session 文件的生存期，超出此参数设定的秒数后，保存的数据将被视为"垃圾"并由垃圾回收程序清理。判断标准是最后访问数据的时间(对于 FAT 文件系统是最后刷新数据的时间)。如果多个脚本共享同一个 session.save_path 目录但 session.gc_maxlifetime 不同，将以所有 session.gc_maxlifetime 指令中的最小值为准。

如果在 session.save_path 选项中设定使用子目录来存储 Session 数据文件，垃圾回收程序不会自动启动，必须使用自定义的 shell 脚本、cron 项或者其他办法来执行垃圾收集。例如，设置 session.gc_maxlifetime=1440(24 分钟)：

cd /path/to/sessions; find -cmin +24 | xargs rm

8.4 本章小结

本章介绍了 Web 开发过程中经常用到的两项数据缓存技术——Cookie 和 Session，主要用于存储浏览器和服务器交互过程中的少量数据，例如，用户的 Session ID、用户身份信息等。

Cookie 是一种在客户端浏览器存储数据并以此跟踪和识别用户的机制。简单地说，Cookie 是 Web 服务器暂时存储在用户磁盘上的一个文本文件，随后被 Web 浏览器读取。当用户再次访问网站时，网站通过读取 Cookie 文件记录这位访客的特定信息，如上次访问的位置、花费的时间、用户名和密码等，从而迅速做出响应。例如，在页面中不需要输入用户的 ID 和密码即可直接登录网站等。本章主要介绍了 Cookie 的基本概念，Cookie 对象的创建、读取和删除操作，并深入介绍了 Cookie 的生命周期。

Session 则是会话的意思，主要用来存储会话信息。当用户访问网站时，将会启动一个会话，生成随机且唯一的 session_id，也就是 Session 的文件名，此时 session_id 存储在服务器的内存中。当关闭页面时，session_id 会自动注销，重新登录此页面，会再次生成随机且唯一的 session_id。使用 PHP 的 Session 技术，可以很方便地统计网站在线人数；观察用户什么时候访问网站，什么时候离开网站；由于 Session 技术存储在服务器端，相对安全，因此还可以用于身份验证等。

　　本章最后介绍了有关 Session 技术的一些高级应用，包括 Session 临时文件、Session 缓存、Session 自动回收以及 php.ini 文件中对于 Session 技术的一些重要配置。

8.5　思考和练习

1. 编写程序，同时使用 Session 和 Cookie 来保存用户的登录信息。
2. 编写程序，使用 Session 变量统计网站在线人数。

第 9 章

数据库编程

MySQL 是一个小型关系数据库管理系统，与其他大型关系数据库管理系统(如 Oracle、DB2、SQL Server 等)相比，MySQL 规模小、功能有限，但是它体积小、速度快、成本低，而且它提供的功能能够满足稍微复杂的应用需求，这些特性使得 MySQL 成为世界上最受欢迎的开源数据库。MySQL 支持在多种平台下工作，在 Windows 平台下可以使用二进制的安装包或免安装版的软件包进行安装，二进制的安装包提供了图形化的安装向导，免安装版的软件包直接解压即可使用。本书以目前主流版本的 MySQL 为基础，介绍 MySQL 数据库的一些基本操作。

本章的学习目标：
- 了解关系数据库的基本概念以及 MySQL 数据库的基础知识。
- 掌握启动、连接、断开和停止 MySQL 数据库的方法，以及针对 MySQL 的 Path 变量配置。
- 掌握 MySQL 数据库的操作，包括创建、查看、删除、选择数据库。
- 掌握 MySQL 数据表的操作，包括创建数据表、查看表结构、修改表结构、重命名数据表、删除数据表等。
- 掌握数据记录的操作，包括添加、查询、修改和删除数据记录等。
- 掌握 MySQL 数据库的备份和还原方法。

9.1 MySQL 简介

MySQL 是一个关系数据库管理系统，由瑞典 MySQL AB 公司开发，目前属于 Oracle 旗下产品。
MySQL 所使用的 SQL 语言是用于访问数据库的最常用标准化语言。MySQL 软件采用双授权政策，分为社区版和商业版。由于体积小、速度快、总体拥有成本低，尤其是开放源代码这一特点，一般中小型网站的开发都选择 MySQL 作为网站数据库。由于 MySQL 社区版的性能卓越，搭配 PHP 和 Apache 可组成良好的开发环境。

9.1.1 客户端/服务器(Client/Server)软件

客户端/服务器结构，简称 C/S 结构，是一种网络架构，通常这种网络架构下的软件分为客户端(Client)和服务器(Server)。

　　服务器是整个应用系统资源的存储和管理中心，多个客户端则各自处理相应的功能，共同实现完整的应用。在客户端/服务器结构中，客户端用户的请求被传送到数据库服务器，数据库服务器进行处理后，将结果返回给用户，从而减少了网络数据传输量。

　　用户使用应用程序时，首先启动客户端，通过有关命令告知服务器进行连接以完成各种操作，而服务器则按照请示提供相应的服务。每一个客户端软件的实例都可以向服务器或应用程序服务器发出请求。

　　这种系统的特点是，客户端和服务器程序不在同一台计算机上运行，这些客户端和服务器程序通常归属于不同的计算机。

　　C/S 架构通过不同的途径被应用于很多不同类型的应用程序，比如，现在人们最熟悉的网页，当顾客想要在当当网上买书的时候，计算机和 Web 浏览器就被当成客户端，同时，组成当当网的计算机、数据库和应用程序就被当成服务器。当顾客的 Web 浏览器向当当网请求搜寻数据库相关的图书时，当当网服务器从当当网的数据库中找出所有该类别图书的信息，综合成网页，发送给顾客的 Web 浏览器。服务器一般使用高性能计算机，并配合使用不同类型的数据库，比如 Oracle、Sybase 或 MySQL 等；客户端需要安装专门的软件，比如 Web 浏览器。

9.1.2　数据库常见术语

1. 数据库的基本概念

　　数据库(Database)是按照数据结构来组织、存储和管理数据的仓库，每个数据库都有一个或多个不同的 API 用于创建、访问、管理、搜索和复制所保存的数据。也可以将数据存储在文件中，但是在文件中读写数据速度相对较慢。所以，现在使用关系数据库管理系统(RDBMS)来存储和管理大量数据。所谓"关系数据库"，是指建立在关系模型基础上的数据库，借助集合代数等数学概念和方法来处理数据库中的数据。

　　RDBMS 的特点：
- 数据以表格的形式出现。
- 每行为各种记录的名称。
- 每列为记录名称所对应的数据域。
- 许多的行和列组成一张数据表。
- 若干个数据表组成数据库。

2. 关系数据库术语

在开始学习 MySQL 数据库前，先简单介绍一下 RDBMS 的一些常用术语。
- 数据库：数据库是一些关联表的集合。
- 数据表：数据表是数据的矩阵。数据库中的表看起来像简单的电子表格。
- 列：一列(数据元素)包含相同的数据，例如邮政编码。
- 行：一行(元组或记录)是一组相关的数据，例如一条用户订阅的数据。
- 冗余：冗余降低了性能，但提高了数据的安全性。
- 主键：主键是唯一的。一个数据表中只能包含一个主键。可以使用主键来查询数据。
- 外键：外键用于关联两张数据表。

- 复合键：复合键(组合键)将多个列作为索引键，一般用于复合索引。
- 索引：使用索引可快速访问数据表中的特定信息。索引是对数据表中一列或多列的值进行排序的一种结构，类似于书籍的目录。
- 参照完整性：参照完整性要求关系中不允许引用不存在的实体。参照完整性是关系模型必须满足的完整性约束条件，目的是保证数据的一致性。

9.2　MySQL 的启动与连接

在第 1 章已经介绍了在 Linux 和 Windows 上如何安装 MySQL 数据库。安装完毕后，在使用 MySQL 数据库之前，首先要启动 MySQL 服务，然后连接 MySQL 数据库，才能对数据库进行操作。当不再使用数据库时，需要断开和 MySQL 数据库的连接，以免浪费系统资源。

9.2.1　启动 MySQL 服务

1. 通过命令行启动

在 Linux 系统上安装 MySQL 之后，可以通过以下命令启动 MySQL 服务：

```
service mysqld start
```

在 Windows 系统上，如果使用的是 WAMP 集成环境，启动 WAMP 时，会同时启动 Apache 和 MySQL 服务。如果需要单独启动 MySQL，可在【开始】菜单的【运行】对话框中输入 cmd，按 Enter 键，打开命令提示符窗口，输入并执行以下命令：

```
net   start mysql
```

在成功安装 MySQL 后，一些基础表会被初始化。因此，在 MySQL 服务启动后，可以通过简单的测试来验证 MySQL 是否工作正常。例如，在命令提示符窗口中使用 mysqladmin 命令检查 MySQL 的版本，命令如下：

```
mysqladmin --version
```

执行命令，将输出类似以下内容的结果：

```
mysqladmin   Ver 8.42 Distrib 5.9.14, for Win64 on x86_64
```

如果以上命令执行后未输出任何信息，就说明 MySQL 未安装成功或未启动成功。

2. 通过图形化方式启动

图形化启动方式主要针对 Windows 系统而言。安装 WAMP 集成环境成功后，已经将 MySQL 注册为 Windows 服务，用户可以通过以下方法查看已安装的 MySQL 服务，以及启动和停止 MySQL 服务：

(1) 单击【开始】菜单，在弹出的菜单中选择【运行】命令，打开【运行】对话框。

(2) 在显示的文本框中输入 services.msc，如图 9-1 所示。单击【确定】按钮，打开 Windows 的【服务】窗口，在其中可以看到 MySQL 的服务名，如图 9-2 所示，此时状态是"已启动"。

(3) 可以通过单击【停止此服务】、【暂停此服务】、【重启动此服务】来停止、暂停或重启 MySQL 服务。

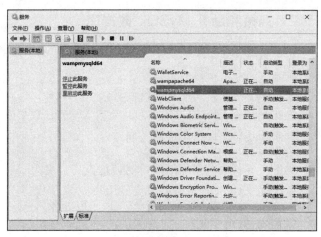

图 9-1 【运行】对话框　　　　　　图 9-2 WAMP 安装成功后的 MySQL 服务

（4）MySQL 服务默认不会随计算机重启，关机后，再次开机，MySQL 服务默认处于未启动状态，这样每次开关机都需要重启 MySQL 服务，非常不方便。因此有必要将 MySQL 服务设置为随计算机启动，操作方法如下：右击 MySQL 服务名称，从弹出的快捷菜单中选择【属性】命令，如图 9-3 所示，打开【属性】对话框。在【常规】选项卡中，将【启动类型】设置为【自动】即可，如图 9-4 所示。

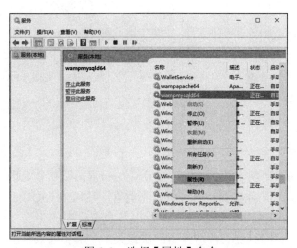

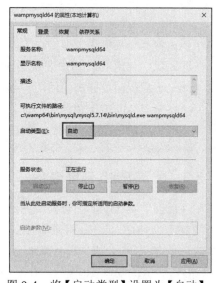

图 9-3 选择【属性】命令　　　　　　图 9-4 将【启动类型】设置为【自动】

需要注意的是，如果已安装 MySQL 软件，可是【服务】窗口中并没有 MySQL 服务，那么需要先将安装好的 MySQL 注册为系统服务。操作方法为，打开命令提示符窗口，切换到 MySQL 安装目录的 bin 目录下，执行如下命令：

```
mysqld --install MySQL
```

执行后，Windows 的【服务】窗口中会立即出现一个名为 MySQL 的服务选项。如果要卸载 MySQL 服务，可以执行以下命令：

```
mysqld --remove MySQL
```

这样，即可从【服务】窗口中卸载 MySQL 服务。

9.2.2　连接和断开 MySQL 数据库

在对数据库进行操作之前，必须先成功连接 MySQL 数据库；操作完毕后，记得断开 MySQL 连接是一个良好的习惯。

连接 MySQL 数据库有两种方式：一种是通过在命令提示符窗口中输入命令来连接；另一种是在 PHP 程序中通过代码方式连接 MySQL 数据库。

首先打开命令提示符窗口，输入以下命令：

```
mysql -u root -p
```

其中，-u 代表数据库的用户名，这里用户名为 root，-p 指的是数据库密码。按回车键，执行命令行，MySQL 将会要求连接用户提供密码：

```
Enter password:
```

输入 MySQL 数据库的正确密码，按回车键执行，若连接成功，则输出以下信息：

```
Welcome to the MySQL monitor.Commands end with ; or \g.
Your MySQL connection id is 5
Server version: 5.9.14 MySQL Community Server (GPL)

Copyright (c) 2000, 2015, Oracle and/or its affiliates. All rights reserved.

Oracle is a registered trademark of Oracle Corporation and/or its
affiliates. Other names may be trademarks of their respective
owners.

Type 'help;' or '\h' for help. Type '\c' to clear the current input statement.
```

另外，系统将出现"mysql>"字样的 MySQL 命令提示符，此时表示已经可以输入 MySQL 提供的内置命令来操作数据库。

刚才我们使用 root 用户登录到 MySQL 数据库，当然，也可以使用其他 MySQL 用户登录。如果用户权限足够，任何用户都可以在 MySQL 的命令提示符窗口中进行 SQL 操作。

当结束对 MySQL 数据库的操作时，需要退出 MySQL 命令提示符窗口，可以使用 exit 命令，如下所示：

```
mysql> exit
```

9.2.3　配置 Path 环境变量

在前面连接 MySQL 数据库的时候，如果出现未找到 MySQL 命令的错误提示，则是因为没有把 MySQL 的 bin 目录添加到系统的 Path 环境变量中，所以不能直接使用 MySQL 命令。这里介绍一下，安装 MySQL 后，如何手动将 MySQL 添加到 Path 环境变量中。

(1) 以 Windows 10 为例，在桌面上右击【此电脑】，从弹出的快捷菜单中选择【属性】命令，如图 9-5 所示。

(2) 打开【系统】对话框，在左侧列表中选择【高级系统设置】命令，如图 9-6 所示。

(3) 打开【系统属性】对话框，如图 9-7 所示。单击【环境变量】按钮，打开【环境变量】对话框，如图 9-8 所示。

(4) 找到 Path 选项，双击打开【编辑系统变量】对话框，在【变量值】的末尾添加半角分号(;)，然后将 MySQL 安装目录下 bin 目录的路径添加到分号的后边，如图 9-9 所示。

单击【确定】按钮，这样就可以直接在命令提示符窗口中使用 MySQL 提供的命令直接操作数据库了。

图 9-5　选择【属性】命令

图 9-6　选择【高级系统设置】命令

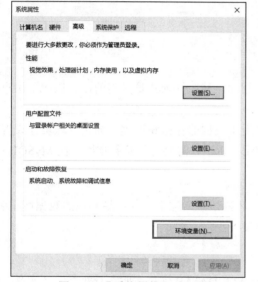

图 9-7　【系统属性】对话框

图 9-8　【环境变量】对话框

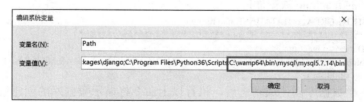

图 9-9　添加 MySQL 的 bin 目录的路径到 Path 环境变量中

注意：默认情况下，安装 MySQL 的时候，会默认将 MySQL 的 bin 目录的路径添加到 Path 环境变量中。

9.3　操作 MySQL 数据库

MySQL 安装好以后，首先需要创建数据库，这是使用 MySQL 各种功能的前提。本节将详细介绍数据库的基本操作，主要内容包括创建数据库、查看数据库、选择数据库、删除数据库。

9.3.1 创建和查看数据库

MySQL 安装完成以后，将会在 data 目录下自动创建几个必需的数据库，可以使用 SHOW DATABASES 语句查看当前所有存在的数据库，如下所示：

```
mysql> SHOW DATABASES;
+--------------------+
| Database           |
+--------------------+
| information_schema |
| boe                |
| empirecms          |
| jb                 |
| museum             |
| mysql              |
| pe301              |
| performance_schema |
| sys                |
+--------------------+
9 rows in set (0.01 sec)
```

可以看到，在数据库列表中包含了 9 个数据库，其中 mysql 是必需的，它描述了用户访问权限，用户经常利用它做测试工作。

创建数据库是在系统磁盘上划分一块区域用于数据的存储和管理，如果管理员在设置权限的时候为用户创建了数据库，则可以直接使用；否则，需要先创建数据库。在 MySQL 中，创建数据库的 SQL 语法格式如下：

```
CREATE DATABASE database_name;
```

其中，database_name 为要创建的数据库的名称，该名称不能与已经存在的数据库重名。

例如，创建名为 machine 的数据库，命令如下：

```
CREATE DATABASE machine;
```

执行命令后，将会创建 machine 数据库。

数据库创建好之后，可以使用 SHOW CREATE DATABASE 声明查看数据库的定义。例如，查看创建好的 machine 数据库的定义，输入以下语句：

```
mysql> SHOW CREATE DATABASE machine\G
*************************** 1. row ***************************
       Database: machine
Create Database: CREATE DATABASE `machine` /*!40100 DEFAULT CHARACTER SET utf8 */
1 row in set (0.00 sec)
```

可以看到，当数据库创建成功之后，执行以上命令将显示数据库的创建信息。

再次使用 SHOW DATABASES 语句查看服务器上存在的 MySQL 数据库，命令如下：

```
mysql> SHOW DATABASES;
+--------------------+
| Database           |
+--------------------+
| information_schema |
| boe                |
| empirecms          |
| jb                 |
| machine            |
| museum             |
| mysql              |
```

```
| pe301                  |
| performance_schema     |
| sys                    |
+--------------------+
10 rows in set (0.00 sec)
```

可以看到，数据库列表中包含了刚刚创建的 machine 数据库和其他已经存在的数据库。

9.3.2　删除数据库

删除数据库是将已经存在的数据库从磁盘空间中清除，清除之后，数据库中的所有数据也将一同被删除。删除数据库的语句和创建数据库的语句相似，在 MySQL 中删除数据库的基本语法格式为：

```
DROP DATABASE database_name;
```

其中，database_name 为要删除的数据库的名称，如果指定的数据库不存在，将会出错。

例如，要删除数据库列表中的 pe301 数据库，输入以下语句：

```
mysql> DROP DATABASE pe301;
Query OK, 41 rows affected (0.10 sec)
```

语句执行完毕之后，数据库 pe301 将被删除，再次使用 SHOW CREATE DATABASE 声明查看 pe301 数据库的定义，运行结果如下：

```
mysql> SHOW CREATE DATABASE pe301\G;
ERROR 1049 (42000): Unknown database 'pe301'
ERROR:
No query specified
```

执行结果给出错误信息"Unknown database 'pe301'"，说明数据库 pe301 已不存在，删除成功。

注意：使用 DROP DATABASE 命令时需要非常谨慎，MySQL 不会给出任何提醒或确认信息。

9.3.3　选择数据库

创建数据库之后，在对数据库进行操作之前，首先得选择数据库，语法格式如下：

```
USE DATABASE;
```

比如，要使用 machine 数据库，输入以下命令：

```
mysql> USE machine;
Database changed
```

9.3.4　综合实例——数据库的创建和删除

前面介绍了数据库的基本操作，包括数据库的创建、查看数据库、删除数据库和使用数据库。本节通过一个实例，全面回顾一下数据库的基本操作。

【例 9-1】数据库的基本操作，包括：

(1) 登录数据库服务器。

(2) 创建数据库 test 和 book。

(3) 选择当前数据库为 test，并查看 test 数据库的信息。

(4) 删除数据库 test。

首先打开 Windows 命令行，输入登录用户名和密码如下：

```
C:\Users\Landy>mysql -h localhost -u root –p
Enter password: ******
```

如果登录成功，输出以下信息：

```
Welcome to the MySQL monitor.    Commands end with ; or \g.
Your MySQL connection id is 6
Server version: 5.9.14 MySQL Community Server (GPL)
Copyright (c) 2000, 2015, Oracle and/or its affiliates. All rights reserved.
Oracle is a registered trademark of Oracle Corporation and/or its
affiliates. Other names may be trademarks of their respective
owners.
Type 'help;' or '\h' for help. Type '\c' to clear the current input statement.
mysql>
```

出现 MySQL 命令提示符表示已登录成功，可以输入 SQL 语句进行操作了。

创建数据库 test 和 book，命令行如下：

```
mysql> CREATE DATABASE test;
Query OK, 1 row affected (0.00 sec)

mysql> CREATE DATABASE book;
Query OK, 1 row affected (0.00 sec)
```

提示信息"Query OK"表明语句执行成功。可以使用 SHOW DATABASES 语句查看所有数据库，执行过程如下：

```
mysql> SHOW DATABASES;
+--------------------+
| Database           |
+--------------------+
| information_schema |
| boe                |
| book               |
| empirecms          |
| jb                 |
| machine            |
| museum             |
| mysql              |
| performance_schema |
| sys                |
| test               |
+--------------------+
11 rows in set (0.00 sec)
```

可以看到刚才创建成功的 test 和 book 数据库。下面选择当前数据库为 test，查看数据库 test 的信息，执行语句如下：

```
mysql> USE test;
Database changed
mysql> SHOW CREATE DATABASE test\G
*************************** 1. row ***************************
       Database: test
Create Database: CREATE DATABASE `test` /*!40100 DEFAULT CHARACTER SET latin1 */
1 row in set (0.00 sec)
```

Database 值表示当前数据库名称；Create Database 值表示创建数据库 test 的语句。下面删除 test 数据库，执行如下语句：

```
mysql> DROP DATABASE test;
Query OK, 0 rows affected (0.00 sec)
```

语句执行成功后，将数据库 test 从系统中删除。执行 SHOW DATABASES 语句：

```
mysql> SHOW DATABASES;
+--------------------+
| Database           |
```

```
+--------------------+
| information_schema |
| boe                |
| book               |
| empirecms          |
| jb                 |
| machine            |
| museum             |
| mysql              |
| performance_schema |
| sys                |
+--------------------+
10 rows in set (0.00 sec)
```

可以看到，test 数据库已从数据库列表中删除。

　　技巧：MySQL 提供了多个不同的存储引擎，包括处理事务安全表的引擎和处理非事务安全表的引擎。在 MySQL 中，不需要在整个服务器中使用同一种存储引擎，针对具体的要求，可以对每一个表使用不同的存储引擎。MySQL 5.7 支持的存储引擎有 InnoDB、MyISAM、Memory、Merge、Archive、Federated、CSV、BLACKHOLE 等，可以使用 SHOW ENGINES 语句查看系统所支持引擎的类型，执行如下语句：

```
mysql> SHOW ENGINES \G
*************************** 1. row ***************************
      Engine: InnoDB
     Support: YES
     Comment: Supports transactions, row-level locking, and foreign keys
Transactions: YES
          XA: YES
  Savepoints: YES
*************************** 2. row ***************************
      Engine: MRG_MYISAM
     Support: YES
     Comment: Collection of identical MyISAM tables
Transactions: NO
          XA: NO
  Savepoints: NO
*************************** 3. row ***************************
      Engine: MEMORY
     Support: YES
     Comment: Hash based, stored in memory, useful for temporary tables
Transactions: NO
          XA: NO
  Savepoints: NO
*************************** 4. row ***************************
      Engine: BLACKHOLE
     Support: YES
     Comment: /dev/null storage engine (anything you write to it disappears)
Transactions: NO
          XA: NO
  Savepoints: NO
*************************** 5. row ***************************
      Engine: MyISAM
     Support: DEFAULT
     Comment: MyISAM storage engine
Transactions: NO
          XA: NO
  Savepoints: NO
*************************** 6. row ***************************
```

```
         Engine: CSV
        Support: YES
        Comment: CSV storage engine
   Transactions: NO
             XA: NO
     Savepoints: NO
*************************** 9. row ***************************
         Engine: ARCHIVE
        Support: YES
        Comment: Archive storage engine
   Transactions: NO
             XA: NO
     Savepoints: NO
*************************** 8. row ***************************
         Engine: PERFORMANCE_SCHEMA
        Support: YES
        Comment: Performance Schema
   Transactions: NO
             XA: NO
     Savepoints: NO
*************************** 9. row ***************************
         Engine: FEDERATED
        Support: NO
        Comment: Federated MySQL storage engine
   Transactions: NULL
             XA: NULL
     Savepoints: NULL
9 rows in set (0.00 sec)
```

Support 列的值表示某种引擎是否能使用：YES 表示可以使用，NO 表示不能使用，DEFAULT 表示该引擎为当前默认存储引擎。

9.4 操作数据表

在数据库中，数据表是数据库中最重要、最基本的操作对象，是数据存储的基本单位。数据表被定义为列的集合，数据在表中是按照行和列的格式来存储的。每一行代表唯一一条记录，每一列代表记录中的一个域。本节将详细介绍数据表的基本操作，主要内容包括：创建数据表、查看数据表结构、修改数据表、删除数据表。

9.4.1 创建数据表

在创建完数据库之后，接下来的工作就是创建数据表。所谓创建数据库，指的是在已经创建好的数据库中建立新表。

数据表属于数据库，在创建数据表之前，应该使用语句"USE <数据库名>"指定操作是在哪个数据库中进行的。如果没有选择数据库，会抛出"No database selected"错误。

创建数据表的语句为 CREATE TABLE，语句规则如下：

```
CREATE [TEMPORARY] TABLE [IF NOT EXISTS] <数据表名>
(
   字段 1,
   字段 2,
   ……
)[table_options][select_statement];
```

使用 CREATE TABLE 创建数据表时，必须指定以下信息：

(1) 要创建的数据表的名称，不区分大小写，不能使用 SQL 语言中的关键字，如 DROP、ALTER、INSERT 等。

(2) 数据表中每一列(字段)的名称和数据类型，如果创建多个列，要用逗号隔开。

(3) TEMPORARY 指的是如果使用该关键字，表示创建一个临时表。

(4) IF NOT EXISTS 关键字用于避免数据表不存在时 MySQL 报告错误。

(5) table_options 为数据表的一些特性参数。

(6) select_statement 为 SELECT 语句描述部分，用它可以快速创建数据表。

下面介绍创建列(又称字段)时，每一列定义的具体格式。创建列的语法格式如下：

```
col_name type [NOT NULL|NULL] [DEFAULT default_value] [AUTO_INCREMENT]
    [PRIMARY KEY] [reference_definition]
```

字段定义的参数说明如表 9-1 所示。

表 9-1　字段定义的参数说明

参　　数	说　　明
col_name	字段名
type	字段类型
NOT NULL | NULL	指出该列是否允许空值，系统一般默认允许空值，所以当不允许空值时，必须使用 NOT NULL
DEFAULT default_value	表示默认值
AUTO_INCREMENT	表示是否是自动编号，每个表只能有一个 AUTO_INCREMENT 列，并且必须被索引
PRIMARY KEY	表示是否为主键。一个表只能有一个 PRIMARY KEY。如果表中没有 PRIMARY KEY，而某些应用程序需要 PRIMARY KEY，MySQL 将返回第一个没有任何 NULL 列的 UNIQUE 键，作为 PRIMARY KEY
reference_definition	为字段添加注释

【例 9-2】在数据库 book 中创建用户表 users，结构如表 9-2 所示。

表 9-2　users 表结构

字 段 名 称	数 据 类 型	说　　明
user_id	INT(11)	用户编号
user_name	VARCHAR(25)	用户名
password	VARCHAR(255)	账号密码
email	VARCHAR(255)	电子邮箱
content	VARCHAR(255)	备注

前面已经创建了数据库 book，因此，在这里首先选择数据库 book，命令行如下：

```
mysql> USE book;
Database changed
```

创建 users 表，SQL 语句如下：

```
mysql> CREATE TABLE users(user_id INT(11),user_name VARCHAR(25),password VARCHAR(255),content
VARCHAR(255));
Query OK, 0 rows affected (0.01 sec)
```

语句执行后，创建了一个名为 users 的数据表。

成功创建数据表后，可以使用 SHOW TABLES 语句查看数据表是否创建成功，SQL 语句如下：

```
mysql> SHOW TABLES;
+----------------+
| Tables_in_book |
+----------------+
| users          |
+----------------+
1 row in set (0.00 sec)
```

可以看到，book 数据库中有了数据表 users，数据表创建成功。

9.4.2　查看表结构

对于创建成功的数据表，可以使用 SHOW COLUMNS 或 DESCRIBE 语句查看指定数据表的结构。下面分别对这两个语句进行介绍。

1. SHOW COLUMNS 语句

SHOW COLUMNS 语句的语法格式如下：

```
SHOW [FULL] COLUMNS FROM  数据表名 [FROM  数据库名];
```

或

```
SHOW [FULL] COLUMNS FROM  数据表名.数据库名;
```

例如，使用 SHOW COLUMNS 语句查看数据表 users 的表结构，语句如下：

```
mysql> SHOW COLUMNS FROM users;
+-----------+--------------+------+-----+---------+-------+
| Field     | Type         | Null | Key | Default | Extra |
+-----------+--------------+------+-----+---------+-------+
| user_id   | int(11)      | YES  |     | NULL    |       |
| user_name | varchar(25)  | YES  |     | NULL    |       |
| password  | varchar(255) | YES  |     | NULL    |       |
| content   | varchar(255) | YES  |     | NULL    |       |
+-----------+--------------+------+-----+---------+-------+
4 rows in set (0.00 sec)
```

2. DESCRIBE 语句

DESCRIBE 语句的语法格式如下：

```
DESCRIBE  数据表名;
```

其中，DESCRIBE 可以简写成 DESC。在查看表结构时，也可以只列出某一列的信息。其语法格式如下：

```
DESC  数据表名 列名;
```

例如，使用 DESCRIBE 语句的简写形式查看数据表 users 中的用户名列 user_name 的信息，语句如下：

```
mysql> DESC users user_name;
+-----------+-------------+------+-----+---------+-------+
| Field     | Type        | Null | Key | Default | Extra |
+-----------+-------------+------+-----+---------+-------+
| user_name | varchar(25) | YES  |     | NULL    |       |
+-----------+-------------+------+-----+---------+-------+
1 row in set (0.00 sec)
```

9.4.3　修改表结构

使用 ALTER TABLE 语句修改表结构。修改表结构指增加或删除字段、修改字段名或字段类型、设置或取消主键及外键、设置或取消索引以及修改表的注释等。语法格式如下：

```
ALTER[IGNORE] TABLE 数据表名 ALTER_SPEC[,ALTER_SPEC]...;
```

当指定 IGNORE 时，如果出现重复关键的行，则只执行一行，其他重复的行被删除。

ALTER_SPEC 子句定义要修改的内容，语法格式如下：

```
alter_specification:
    ADD [column] create_definition [FIRST | AFTER column_name]      //添加新字段
  | ADD INDEX [index_name](index_col_name,…)                        //添加索引字段
  | ADD PRIMARY KEY (index_col_name,…)                              //添加主键名称
  | ADD UNIQUE [index_name] (index_col_name,…)                      //添加唯一索引
  | ALTER [COLUMN] col_name {SET DEFAULT literal | DROP DEFAULT}    //修改字段名称
  | CHANGE [COLUMN] old_col_name create_definition                 //修改字段类型
  | MODIFY [COLUMN] create_definition                              //修改子句定义字段
  | DROP [COLUMN] col_name                                         //删除字段名称
  | DROP PRIMARY KEY                                               //删除主键名称
  | DROP INDEX index_name                                          //删除索引名称
  | RENAME [as] new_tbl_name                                       //更改表名
  | table_options
```

ALTER TABLE 语句允许指定多个 ALTER_SPEC 子句，子句间使用逗号分隔，每个子句表示对表的一个修改。例如，添加新的字段 tel，类型为 varchar(50)，不为 null，将字段 content 的类型由 varchar(255)改为 varchar(200)，输入如下代码：

```
alter table users add tel varchar(50) not null,modify content varchar(200);
```

运行结果如下：

```
mysql> alter table users add tel varchar(50) not null,modify content varchar(200);
Query OK, 0 rows affected (0.02 sec)
Records: 0   Duplicates: 0   Warnings: 0
```

这里给出了修改 content 字段类型后的结果，读者可以通过语句 show users 查看整个表的结构，以确认 tel 字段是否添加成功。

注意：通过 alter 修改表列的前提是必须将表中的数据全部删除，然后才可以修改。

9.4.4　重命名数据表

使用 RENAME TABLE 语句重命名数据表，语法格式如下：

```
RENAME TABLE 数据表名 1 TO 数据表名 2;
```

在使用该语句修改数据表名时，可以同时修改若干个表名，多个表名之间用英文逗号","分隔即可。例如，对数据表 users 重命名，更改为 employees，语句如下：

```
mysql> RENAME TABLE users TO employees;
Query OK, 0 rows affected (0.01 sec)
```

9.4.5　删除数据表

删除数据表的操作很简单，同删除数据库的操作类似，使用 DROP TABLE 语句即可实现。语法格式如下：

```
DROP TABLE 数据表名;
```

例如，删除数据表 goods，语句如下：

```
mysql> DROP TABLE goods;
Query OK, 0 rows affected (0.00 sec)
```

需要注意的是，删除数据表的操作应该谨慎使用，一旦删除数据表，表中的数据将全部清除，没有备份的话将无法恢复。

在删除数据表的过程中，删除不存在的表将会产生错误，在删除语句加入 IF EXISTS 关键字就不会出错了。语法格式如下：

```
DROP TABLE IF EXISTS  数据表名;
```

9.5 数据记录的更新操作

要在数据表中插入、浏览、修改和删除记录，可以在 MySQL 命令行中使用 SQL 语句完成，下面介绍如何在 MySQL 命令行中执行基本的 SQL 语句。

9.5.1 添加数据记录

建立数据表后，需要向数据表中添加数据记录。数据记录就是数据表存储的内容。添加数据记录的语法格式如下：

```
INSERT INTO  数据表名(column_name,column_name2,…) VALUES(value1,value2,…)
```

在 MySQL 中，一次可以同时插入多行记录，各行记录的值清单在 VALUES 关键字之后以逗号","分隔，而标准的 SQL 语句一次只能插入一行记录。例如，向 employees 表中插入一行数据记录，语句如下：

```
mysql> INSERT INTO employees (user_name,password,tel,content) VALUES('landy','123456','15110299432',
'content infomation');
Query OK, 1 row affected (0.00 sec)
```

9.5.2 查询数据记录

要从数据库中把数据查询出来，就要用到数据查询语句 SELECT。SELECT 语句是最常用的查询语句，使用方式有些复杂，但功能强大。SELECT 语句的语法格式如下：

```
SELECT selection_list          //要查询的内容，比如要查找哪些字段
FROM  数据表名                 //指定从哪个数据表中查询
WHERE primary_constraint       //查询时需要满足的条件，行必须满足的条件
GROUP BY grouping_columns      //对结果进行分组
ORDER BY sorting_columns       //对结果进行排序
HAVING secondary_constraint    //查询时满足的第二个条件
LIMIT count                    //限定输出的查询结果
```

下面介绍几种常见的查询情形。

1. 使用 SELECT 语句查询一个数据表

使用 SELECT 语句时，首先确定所要查询的列。*代表所有的列。例如，查询 employees 数据表中的所有数据，查询语句如下：

```
mysql> SELECT * FROM employees;
+---------+-----------+----------+------------------+-------------+
| user_id | user_name | password | content          | tel         |
+---------+-----------+----------+------------------+-------------+
|    NULL | landy     | 123456   | content infomation | 15110299432 |
+---------+-----------+----------+------------------+-------------+
1 row in set (0.00 sec)
```

可以看到，执行查询语句 SELECT * FROM employees;后，MySQL 将输出该表中的所有

数据记录。这是查询表中所有列的操作，还可以针对表中的一列或多列进行查询。

2. 查询表中的一列或多列

针对表中的多列进行查询，只要在 SELECT 后面指定要查询的列名即可，多列之间用"，"分隔。例如，查询 employees 表中的 user_id、user_name、password 和 tel 列，并指定查询条件——用户 tel 为 15110299432，执行如下语句：

```
mysql> SELECT user_id,user_name,password,tel FROM employees WHERE tel=15110299432;
+---------+-----------+----------+-------------+
| user_id | user_name | password | tel         |
+---------+-----------+----------+-------------+
|    NULL | landy     | 123456   | 15110299432 |
+---------+-----------+----------+-------------+
```

3. 多表查询

针对多个数据表进行查询，关键在于 WHERE 子句中查询条件的设置，要查找的字段名最好用"表名.字段名"的形式表示，这样可以防止因表之间字段重名而无法获知字段属于哪个表的情况发生，在 WHERE 子句中多个表之间形成的联动关系应按如下形式书写：

```
表1.字段=表2.字段 and 其他查询条件
```

多表查询的 SQL 语句格式如下：

```
SELECT 字段名 FROM 表1,表2……WHERE 表1.字段=表2.字段 AND 其他查询条件
```

例如，查询 student 表和 scores 表，查询条件是 student 表的 user_id 等于 scores 表的 user_id，并且 student 的 user_id 等于 001，则代码如下：

```
SELECT * FROM student,scores WHERE student.user_id=scores.user_id AND student.user_id=001;
```

9.5.3 修改数据记录

修改数据记录可以使用 UPDATE 语句实现，该语句的语法格式如下：

```
UPDATE 数据表名 SET column_name = new_value1,column_name2=new_value2,…,[WHERE condition];
```

其中，SET 子句指出要修改的列和它们的给定值，WHERE 子句是可选的，如果给出，将指定记录中的哪些行应该被更新，否则，所有的记录将被更新。例如，下面将数据表 employees 中的用户名 landy 的管理员密码修改为 admin123，执行以下语句：

```
mysql> UPDATE employees SET password ='admin123' WHERE user_name='admin123';
Query OK, 0 rows affected (0.00 sec)
Rows matched: 0    Changed: 0    Warnings: 0;
```

需要注意的是，更新时一定要保证 WHERE 子句的正确性，一旦 WHERE 子句出错，将会改变所有的数据，破坏整个数据表的数据。

9.5.4 删除数据记录

在数据库中，有些数据在失去意义或出现错误时就需要将它们删除，此时可以使用 DELETE 语句，该语句的语法格式如下：

```
DELETE FROM 数据表名 WHERE condition
```

该语句在执行过程中，如果没有指定 WHERE 条件，将删除所有的记录；如果指定了 WHERE 条件，将删除满足条件的数据记录。

例如，删除 employees 表中用户名为 landy 的记录信息，执行以下语句：

```
mysql> DELETE FROM employees WHERE user_name='landy';
Query OK, 1 row affected (0.00 sec)
```

在实际应用中，执行删除操作时，执行删除的条件一般应该为数据的 id，而不是具体某个字段值，这样可以避免一些不必要的错误发生。

9.6 MySQL 数据库的备份与还原

前面对 MySQL 数据库、数据表的各种操作进行了详细讲解，下面介绍如何对 MySQL 数据库中的数据进行备份和恢复。

9.6.1 使用 MYSQLDUMP 命令备份数据库

在命令行模式下完成对数据库的备份，使用的是 MYSQLDUMP 命令。通过该命令可以将数据库以文本文件的形式存储到指定的文件夹下。

要在命令行模式下操作 MySQL 数据库，必须对计算机的环境变量进行设置。在桌面上右击【此电脑】，在弹出的快捷菜单中选择【属性】命令，在弹出的【属性】对话框中选择【高级】选项卡。然后单击【环境变量】按钮，在环境变量的列表框中找到变量 Path 并选中，单击【编辑】按钮，在变量 Path 的变量值文本框中添加 MySQL 的 bin 目录的路径，然后单击【确定】按钮即可。

由于本书使用集成化安装包来配置 PHP 开发环境，因此不再需要进行上述设置，因为集成化安装包已经自行配置完成。

通过 MYSQLDUMP 命令备份整个数据库的操作步骤如下：

(1) 选择【开始】|【运行】命令。

(2) 在【运行】对话框的文本框中输入 cmd 命令，单击【确定】按钮，进入命令行提示符窗口。

(3) 在命令行提示符窗口中输入 "mysqldump -u root -p book>C:\book.txt"，然后按 Enter 键即可，输出如下：

```
C:\Windows\system32>mysqldump –u root -p book>C:\book.txt
Enter password: ******
```

其中，-u root 中的 root 是用户名，-p 是 root 用户的登录密码，book 是数据库名，C:\book.txt 是数据库备份的存储位置。最后可以查看一下，在这个文件夹是否存在备份的数据库文件。

9.6.2 使用 mysql 命令还原数据库

既然可以对数据库进行备份，那么一定能够对数据库进行还原操作。执行数据库还原操作使用的是 mysql 命令，语法格式如下：

```
C:\Windows\system32>mysql -u root -p book<C:\book.txt
Enter password: ******
```

其中，-u 后的 root 是用户名，book 代表的是用户数据库名(或表名)，"<"后面的"C:\book.txt" 是存储数据库备份文件的文件夹，在这里需要恢复该文件。

最后，可以查看一下数据库是否还原成功。

9.7　本章小结

　　本章主要介绍了 MySQL 数据库的基本操作，包括创建、查看、删除数据库；创建、修改、重命名、删除数据表；插入、浏览、修改、删除记录以及数据库的备份和还原，这些是程序开发人员必须掌握的技能。如果用户不习惯在命令提示符下管理数据库，可以使用 MySQL 数据库的图形化管理工具 phpMyAdmin，它使读者能够在可视化的图形工具中轻松操作和管理数据库。另外，本章还分别介绍了启动、连接、断开和停止 MySQL 数据库的方法，要求熟练掌握。

9.8　思考和练习

　　1. 建立 school 数据库，其中包括 4 个数据表：学生表(Student)、课程表(Course)、成绩表(Score)以及教师信息表(Teacher)。可自行定义数据表。

　　2. 在 school 数据库的基础上，将本章的所有数据库操作练习一遍。

第 10 章

用 PHP 操作 MySQL 数据库

PHP 是一种简单的、面向对象的、解释型的、健壮的、安全的、性能非常高的、独立于架构的、可移植的、动态的脚本语言，MySQL 由于免费、跨平台、使用方便、访问效率高等优点而获得了广泛应用。PHP 和 MySQL 是目前 Web 开发的黄金组合，那么 PHP 如何操作 MySQL 数据库呢？本章就来介绍这一内容。

本章的学习目标：
- 了解 PHP 访问 MySQL 数据库的一般步骤。
- 掌握 PHP 连接 MySQL 数据库的方法。
- 掌握选择 MySQL 数据库的方法。
- 掌握 PHP 执行 SQL 语句的方法。
- 应用多种方法获取结果集，例如 mysql_fetch_array()、mysql_fetch_object()、mysql_fetch_row()等。
- 掌握使用 mysql_num_rows()获取查询结果集中的记录行数。
- 掌握释放资源和关闭数据库连接的方法。
- 能够熟练应用 PHP 提供的所有数据库功能函数来开发动态网页，能够对数据库中的数据记录执行增删改查等操作。

10.1 PHP 访问 MySQL 数据库的基本步骤

MySQL 是一款广受欢迎的数据库，因为是开源的半商用软件，所以市场占有率高，备受 PHP 开发者的青睐，一直是 PHP 的最佳拍档。同时，PHP 也具有强大的数据库支持能力，本节主要讲解 PHP 访问 MySQL 数据库的基本步骤。

PHP 访问 MySQL 数据库的一般步骤如图 10-1 所示。

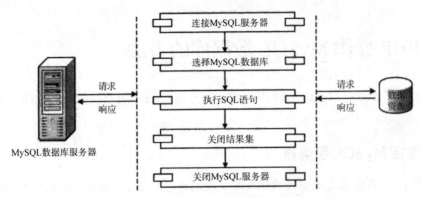

图 10-1　PHP 访问 MySQL 数据库的一般步骤

从图 10-1 中可以看出，PHP 访问 MySQL 数据库的一般步骤为：连接 MySQL 服务器、选择 MySQL 数据库、执行 SQL 语句、关闭结果集、关闭 MySQL 服务器。

(1) 连接 MySQL 服务器：使用 mysql_connect()函数建立与 MySQL 服务器的连接。

(2) 选择 MySQL 数据库：使用 mysql_select_db()函数选择 MySQL 数据库服务器上的数据库，并与数据库建立连接。

(3) 执行 SQL 语句：在选择的数据库中使用 mysql_query()函数执行 SQL 语句。对数据的操作方式主要包括 5 种，分别如下：

● 查询数据：使用 select 语句实现数据的查询功能。

● 显示数据：使用 select 语句显示数据的查询结果。

● 插入数据：使用 insert into 语句向数据库中插入数据。

● 更新数据：使用 update 语句更新数据库中的记录。

● 删除数据：使用 delete 语句删除数据库中的记录。

(4) 关闭结果集：数据库操作完成后，需要关闭结果集，以释放系统资源。语法如下：

```
mysql_free_result($result);
```

技巧：如果在多个网页中都要频繁进行数据库访问，则可以建立和 MySQL 数据库服务器的持续连接来提高效率。因为每次和 MySQL 数据库服务器的连接需要较长时间和较大资源开销，所以持续的连接相对来说更有效。建立持续连接的方法就是在连接数据库时，调用函数 mysql_pconnect()代替 mysql_connect()函数。建立的持续连接在程序结束后，不需要调用 mysql_close()来关闭与 MySQL 数据库服务器的连接。程序下次在执行 mysql_pconnect()函数时，系统自动直接返回已经建立的持续连接的 ID 号，而不用再去连接数据库。

(5) 关闭 MySQL 服务器

每使用一次 mysql_connect()或 mysql_query()函数，都会消耗系统资源。在少量用户访问 Web 网站时问题还不大，但如果用户连接超过一定数量，就会造成系统性能的下降，甚至死机。为了避免各种现象的发生，在完成对数据库的操作后，应使用 mysql_close()函数关闭与 MySQL 服务器的连接，以节省系统资源。语法格式如下：

```
mysql_close($Link);
```

注意：PHP 中与数据库的连接是非持久连接，系统会自动回收。一般不用关闭。但如果一次性返回的结果集比较大，或网站访问量比较高，最好使用 mysql_close()函数手动进行释放。

10.2 PHP 操作 MySQL 数据库的方法

PHP 提供了大量的 MySQL 数据库函数，以方便对 MySQL 数据库进行操作，使 Web 程序的开发更加简单、灵活。

10.2.1 连接 MySQL 服务器

实际项目中，PHP 总是要借助数据库来实现动态网站效果。所以，在 PHP 程序中经常需要通过代码方式操作数据库。在操作数据库之前，首先要连接 MySQL 服务器。PHP 提供了 mysql_connect()和 mysqli_connect()函数来连接数据库。这两个函数实现的功能相同，区别仅在于前者属于面向过程方式，后者属于面向对象方式。

1. mysql_connect()函数

mysql_connect()函数的语法格式如下：

```
mysql_connect(servername,username,password);
```

其中，各参数作用如下：

- servername：要连接的服务器，默认是"localhost:3306"。
- username：登录 MySQL 服务器的用户名。
- password：登录 MySQL 服务器的密码。

【例 10-1】建立与本地 MySQL 服务器的连接。

```
<?php
    $conn = mysql_connect("localhost","root","123456")or die("连接失败，可能服务器没有启动，或用户名和密码错误！".mysql_error());
    if($conn){
        echo "数据源连接成功";
    }
?>
```

在上面的代码中，使用 mysql_connect()函数连接 MySQL 数据库服务器。从这个函数可以看到，可以指定非本机的机器名作为数据库服务器，这为数据的异地存放和数据库的安全隔离提供了保障。

外界用户往往具有 WWW 服务器的直接访问权限，如果数据库系统直接放置在 WWW 服务器上，就会给 MySQL 数据库带来安全隐患。如果为数据库系统安装防火墙，那么 PHP 可以通过局域网访问数据库，而局域网内部的计算机对外部是不可见的，这样就保证了数据库不受外来攻击。

为了方便查询因为连接问题而出现的错误，最好加上由 die()函数进行的错误屏蔽处理机制。本例使用 mysql_error()函数提取 MySQL 函数的错误文本，如果没有出错，则返回空字符串。当浏览器显示"Warning:mysql_connect…"字样时，证明是数据库连接错误，这样就能迅速地发现错误位置，及时改正。

在 IE 浏览器中输入网址，按 Enter 键，运行结果如图 10-2 所示。如果 MySQL 服务器处于关闭状态，程序将会输出类似"Can't connect to MySQL server on localhost…"的信息。

图 10-2　创建和 MySQL 数据库的连接

技巧：可以在 mysql_connect()函数的前面添加符号@，用于屏蔽这个函数的出错信息提示。如果 mysql_connect()函数调用出错，将执行 or 后面的语句。die()函数表示在向用户输出引号中的内容后，程序终止执行。这样做是为了在数据库连接出错时，让用户看到的不是一堆莫名其妙的专业名词，而是定制的出错信息。但在调试时不要屏蔽出错信息，以避免出错后难以找到问题。

2. mysqli_connect()函数

mysqli_connect()函数的功能也是打开到 MySQL 服务器的连接，语法格式如下：

```
mysqli_connect(host,username,password,dbname,port,socket);
```

其中，host 为主机名或 IP 地址；username 为 MySQL 用户名；password 为 MySQL 密码；dbname 为所使用的数据库；port 为连接到 MySQL 服务器的端口号；socket 为要使用的已命名管道。

例如，以下代码实现与【例 10-1】相同的功能：

```php
<?php
$con=mysqli_connect("localhost","root","123456","book");
// 检查连接
if (!$con)
{
    die("连接错误: " . mysqli_connect_error());
}
?>
```

注意：凡是以 mysql_开头的函数都有相应的 mysqli 面向对象版，例如稍后介绍的 mysql_fetch_array()、mysql_fetch_object ()、mysql_fetch_row ()、mysql_fetch_rows()等。本书介绍以 mysql_开头的函数，请读者自行尝试以 mysqli_开头的函数。

10.2.2　选择 MySQL 数据库

在连接到 MySQL 数据库服务器之后，接下来使用 mysql_select_db()函数选择 MySQL 数据库。语法格式如下：

```
mysql_select_db(string 数据库名[,resource link_identifier]);
```

或

```
mysql_query("use 数据库名"[,resource link_identifier]);
```

其中，"数据库名"参数指的是传入 MySQL 服务器的数据库名称，link_identifier 参数指的是 MySQL 服务器的连接标识符，如例【10-1】中的$conn。如果没有指定连接标识符，则使用上一个打开的连接。如果没有打开的连接，本函数将通过无参数调用 mysql_connect()函数来尝试打开一个数据库并使用。其后的每个 mysql_query()函数调用都会作用于活动数据库。

【例 10-2】连接数据库 book。

```php
<?php
    $conn = mysql_connect("localhost","root","123456")or die("连接失败，可能服务器没有启动，或用户名和
密码错误！".mysql_error());                                //连接 MySQL 服务器
    $db_selected = mysql_select_db("book",$conn);  //选择数据库 book
    if($db_selected){
            echo "数据库选择成功";
    }
?>
```

以上代码中，选择数据库的语句：

```php
    $db_selected = mysql_select_db("book",$conn);
```

也可以用以下语句代替：

```php
    $db_selected = mysql_query("use book",$conn);
```

mysql_query()是查询指令的专用函数，所有的
SQL 语句都通过它执行，并返回结果集。

在浏览器中运行程序，结果如图 10-3 所示。

图 10-3　选择 MySQL 数据库

10.2.3　执行 SQL 语句

要对数据库中的表进行操作，通常使用 mysql_query()函数执行 SQL 语句。mysql_query()
是执行 SQL 语句的专用函数，所有的 SQL 语句都通过它执行，并返回结果集。其语法格式
如下：

```
mysql_query(string query[,resource link_identifier])
```

其中，query 参数是必需的，指的是需要执行的 SQL 查询语句。link_identifier 参数是 SQL
连接标识符，如果没有指定，则使用上一个打开的连接。

注意：在 mysql_query()函数中执行的 SQL 语句不应以分号 ";" 结尾。

需要执行的 SQL 语句一般包括 SELECT、INSERT、DELETE、UPDATE 等操作指令。
其中，如果 mysql_query()函数执行的是 SELECT 语句，成功则返回查询后的结果集，失败则
返回 false；如果执行的是 INSERT、DELETE、UPDATE 语句，成功则返回 TRUE，失败则返
回 FALSE。

注意：mysql_query()函数自动对记录集进行读取和缓存。若需要运行非缓存查询，则应
使用 mysql_unbuffered_query()函数。

【例 10-3】以 book 数据库中的 employees 数据表为例，编写以下功能语句：添加一条用
户名为 test 的数据记录，然后修改其电话为 13681564846，接着查询 employees 数据表中的所
有数据记录，最后删除 test 数据记录。核心程序语句如下：

```php
$result = mysql_query("insert into employees(user_name,password) values('test','test')",$conn);
$result = mysql_query("update employees set tel='13681564846' where user_name='test'",$conn);
$result = mysql_query("select *from employees",$conn);
$result = mysql_query("delete from employees where user_name='test'",$conn);
```

以上代码创建了 SQL 语句，赋予变量$result。PHP 提供了一些函数来处理查询得到的结
果$result，如 mysql_fetch_array()函数、mysql_fetch_object()函数和 mysql_fetch_row()函数等。
为了便于读者理解这几个函数的具体应用以及各函数之间的区别，下面以查询用户信息为例
进行分析。

10.2.4　mysql_fetch_array()函数

前面讲解了使用 mysql_query()函数执行 SQL 语句。下面介绍使用 mysql_fetch_array()函数从数组结果集中获取信息。mysql_fetch_array()函数的语法格式如下：

```
array mysql_fetch_array(resource result[,int result_type])
```

其中，result 是执行 mysql_query()函数之后返回的结果，如【例 10-3】中的$result；而 result_type 是要传入的 MYSQL_ASSOC(关联索引)、MYSQL_NUM(数字索引)、MYSQL_BOTH (同时包含关联索引和数字索引的数组)3 种索引类型，默认值是 MYSQL_BOTH。

注意：array mysql_fetch_array()函数返回的字段名区分大小写。

【例 10-4】查询 employees 表里的所有用户信息。

首先，应该使用 mysql_query()函数执行 SQL 语句，查询用户信息；然后使用 mysql_fetch_array()函数获取查询结果；最后使用 echo 语句输出数组结果集$users[]中的图书信息。

具体实现步骤如下：

(1) 创建 index.php 页面，在页面中添加一个表单、一个文本框和一个提交按钮，关键代码如下：

```
<form action="" method="post">
<tr>
<td width="605" height="51" bgcolor="#CC99FF">
        <div align="center">
        请输入用户名：
        <input name="user_name" type="text" size="20"/>
        <input type="submit" name="submit" value="查询">
        </div>
</td>
</tr>
</form>
```

(2) 连接到 MySQL 数据库服务器，选择数据库 book，设置 MySQL 数据库的编码格式为 gb2312，程序代码如下：

```
<?php
$con = mysql_connect("localhost", "root", "123456");
if (!$con){
    die('Could not connect: ' . mysql_error());
}
$db_selected = mysql_select_db("book",$con);
mysql_query("set names gb2312");
?>
```

(3) 使用 if 条件语句判断用户是否单击了"查询"按钮，是则使用 POST 方法接收传递过来的用户名信息，使用 mysql_query()函数执行 SQL 查询语句，该查询语句主要用来实现用户信息的模糊查询，查询结果被赋予变量$sql。然后，使用 mysql_fetch_array()函数从数组结果集中获取信息。

```
<?php
$con = mysql_connect("localhost", "root", "123456");
if (!$con){
    die('Could not connect: ' . mysql_error());
}
$db_selected = mysql_select_db("book",$con);
mysql_query("set names gb2312");
```

```
//判断按钮 submit 的值是否为查询
if($_POST['submit']=='查询'){
//获取文本框的值
    $user_name = trim($_POST['user_name']);
    //执行模糊查询
    $sql = "SELECT * FROM employees WHERE user_name LIKE '%$user_name%'";
    //执行查询语句
    $result = mysql_query($sql,$con);
}
mysql_close($con);
?>
```

注意：可以使用通配符%来实现零个或任意多个字符的模糊查询。

（4）使用 if 条件语句对结果变量$result 进行判断，如果值为假，则使用 echo 语句输出提示信息，提示用户信息不存在，代码如下：

```
//如果检索的信息不存在，则输出相应的提示信息
if($result==false){
    echo "<div align='center'>对不起，您检索的用户信息不存在！</div>";
    exit;
}
```

（5）使用 for 循环语句以表格形式输出数组结果集$result[]中的用户信息。以字段名称为索引，使用 echo 语句输出数组$result[]中的数据，代码如下：

```
//输出
echo "table border='1' align='center'>";
echo "<tr><td>用户编号</td><td>用 户 名</td><td>联系电话</td></tr>";
$rownums = mysql_num_rows($result);
for($i=0;$i<$rownums;$i++)
{
    $info = mysql_fetch_array($result);
    echo "<tr align='center' bgcolor='#ffffff'>";
    echo "<td>".$info['user_id']."</td>";
    echo "<td>".$info['user_name']."</td>";
    echo "<td>".$info['tel']."</td>";
    echo "</tr>";
}
echo "</table>";
```

运行以上程序，默认情况下，输出 employees 表中的全部用户信息，如图 10-4 所示。如果在文本框中输入需要检索的用户名，单击"查询"按钮，即可按条件检索指定用户的信息，并输出到浏览器，运行结果如图 10-5 所示。

图 10-4　在文本框中输入查询关键字

图 10-5　使用 mysql_fetch_array()函数从数组
结果集中获取用户信息

10.2.5　mysql_fetch_object()函数

使用 mysql_fetch_object()函数同样可以获取查询结果集中的数据。mysql_fetch_object()
函数从结果集中获取一行作为对象。下面通过同一个示例的不同实现方法来了解这两个函数
在使用上的区别。首先来了解一下 mysql_fetch_object()函数，语法格式如下：

```
object mysql_fetch_object(resource result)
```

该函数和 mysql_fetch_array()函数类似，只不过前者返回的是对象而不是数组，该函数只
能通过字段名来访问数组。使用下面的格式获取结果集中行的元素值。

```
$row->col_name        //col_name 为列名，$row 代表结果集
```

例如，如果从某数据表中检索 id 和 name 值，可以用$row->id 和$row->name 访问行中的
元素值。

【例 10-5】通过 mysql_fetch_object()函数获取查询结果集中的数据记录，然后输出各字段所
对应的用户信息。

具体实现步骤如下：

(1) 创建项目、添加表单、连接 MySQL 服务器以及选择数据库，方法与【例 10-4】
相同。

(2) 使用 mysql_fetch_object()函数获取查询结果集中的数据，返回值为一个对象，代
码如下：

```
$info = mysql_fetch_object($result);
```

(3) 使用 for 循环语句以"结果集->列名"的方式输出结果集中的用户信息，代码如下：

```
//输出
echo "<table border='1' align='center'>";
echo "<tr><td>用户编号</td><td>用 户 名</td><td>联系电话</td></tr>";
$rownums = mysql_num_rows($result);
for($i=0;$i<$rownums;$i++)
{
        $info = mysql_fetch_object($result);
        echo "<tr align='center' bgcolor='#ffffff'>";
        echo "<td>".$info->user_id."</td>";
        echo "<td>".$info->user_name."</td>";
        echo "<td>".$info->tel."</td>";
        echo "</tr>";
}
echo "</table>";
```

本例的运行结果和【例 10-4】相同。

10.2.6　mysql_fetch_row()函数

前面分别介绍了使用 mysql_fetch_array()函数和 mysql_fetch_object()函数逐行获取结果
集中的记录。这里介绍一下 mysql_fetch_row()函数，该函数用于逐行获取结果集中的每条记
录，其语法格式如下：

```
array mysql_fetch_row(resource result)
```

该函数从与指定的结果标识关联的结果集中获取一行数据并作为数组返回，将此行赋予
数组变量$row，每个结果的列存储在一个数组元素中，下标从 0 开始，即以$row[0]的形式访
问第一个数组元素(只有一个元素时也是如此)，依次调用 mysql_fetch_row()函数将返回结果
集中的下一行，直到没有更多行时返回 false。

【例 10-6】通过 mysql_fetch_row()函数实现与【例 10-4】相同的功能。通过该函数逐行获取结果集中的每条记录，然后输出各字段对应的用户信息。

(1) 创建项目、添加表单、连接 MySQL 服务器以及选择数据库，方法与【例 10-4】相同。

(2) 使用 mysql_fetch_row()函数逐行获取结果集中的记录，程序代码如下：

```
$info = mysql_fetch_row($result);
```

(3) 判断结果集中是否有数据，如果没有，则提示所查询的用户信息不存在；否则循环输出结果集中的所有用户信息。代码如下：

```
//如果检索的信息不存在，则输出相应的提示信息
if($result==false){
        echo "<div align='center'>对不起，您检索的用户信息不存在！</div>";
        exit;
}
//输出
echo "<table border='1' align='center'>";
echo "<tr><td>用户编号</td><td>用 户 名</td><td>联系电话</td></tr>";
$rownums = mysql_num_rows($result);
for($i=0;$i<$rownums;$i++)
{
        $info = mysql_fetch_row($result);
        echo "<tr align='center' bgcolor='#ffffff'>";
        echo "<td>".$info[0]."</td>";
        echo "<td>".$info[1]."</td>";
        echo "<td>".$info[4]."</td>";
        echo "</tr>";
}
echo "</table>";
```

本例的运行结果和【例 10-4】相同。

10.2.7　mysql_num_rows()函数

mysql_num_rows()函数用于获取查询结果集中的记录数，主要是 select 语句查询到的结果集中行的数目，其语法格式如下：

```
int mysql_num_rows(resource result)
```

需要注意的是，使用 mysql_unbuffered_query()函数查询到的数据结果，无法使用mysql_num_rows()函数获取查询结果集中的记录数。

【例 10-7】查询用户信息时，统计结果集中的记录数。

具体实现步骤如下：

(1) 在【例 10-6】的基础上获取查询结果集中的记录数。

(2) 在<body>标记内的任意位置使用 echo 语句输出由 mysql_num_rows()函数获取的 SQL 查询语句结果集中的行数，代码如下：

```
echo "<tr>总记录数：$rownums</tr>";
```

运行程序，默认输出所有的用户信息，并自动汇总成记录的条数，如图 10-6 所示。在文本框中输入需要检索的用户名，如 admin，单击"查询"按钮，即可按条件检索指定的用户信息，并自动汇总检索到的记录条数，如图 10-7 所示。

图 10-6　默认输出数据表中的所有用户信息　　图 10-7　获取到的结果集中的记录数

技巧：如果要获取 insert、update、delete 语句影响到的数据行数，则必须使用 mysql_affected_rows()函数来实现。

10.2.8　释放资源

mysql_free_result()函数用于释放资源，如果成功，则返回 true，否则返回 false。其语法格式为：

```
mysql_free_result(data)
```

其中，data 参数为要释放的结果标识符。结果标识符是 mysql_query()函数返回的结果集。

注意：mysql_free_result()函数仅需要在考虑到返回很大的结果集时会占用多少内存时调用。在脚本结束后，所有关联的内存都会被自动释放。

【**例 10-8**】释放资源示例。

```php
<?php
$con = mysql_connect("localhost", "root", "12345");
if (!$con)
  {
    die('Could not connect: ' . mysql_error());
  }
$db_selected = mysql_select_db("book ",$con);
$sql = "SELECT * from employees";
$result = mysql_query($sql,$con);
print_r(mysql_fetch_row($result));
// 释放内存
mysql_free_result($result);
$sql = "SELECT * from employees";
$result = mysql_query($sql,$con);
print_r(mysql_fetch_row($result));
mysql_close($con);
?>
```

以上程序中，有两次查询。在第一次查询时，将 mysql_query()查询返回的结果集存储到 $result 中，然后通过语句 print_r(mysql_fetch_row($result));输出；由于也需要将结果集存放到 $result 中，因此，在第二次查询之前先通过 mysql_free_result($result);将上一次查询返回的结果集释放掉。

10.2.9　关闭连接

在连接数据库时，可以使用 mysql_connect()或 mysqli_connect()函数。与之相对应，在完成一次对服务器的使用的情况下，需要关闭此连接，以免对 MySQL 服务器中的数据进行误操作并对资源进行释放。相应地，关闭连接可以使用 mysql_connect()或 mysqli_connect()函数。服务器连接也是对象型的数据类型。

1. mysql_close()

mysql_close()函数关闭非持久的 MySQL 连接，其语法格式如下：

```
mysql_close(link_identifier)
```

该函数关闭指定的连接标识所关联的到 MySQL 服务器的非持久连接。如果没有指定 link_identifier，则关闭上一个打开的连接。其中，参数 ink_identifier 指的是 MySQL 的连接标识符。如果没有指定，默认使用最后被 mysql_connect()打开的连接。如果没有找到连接，该函数会尝试调用 mysql_connect()建立连接并使用它。如果发生意外，没有找到连接或无法建立连接，系统会发出 E_WARNING 级别的警告信息。

示例如下：

```php
<?php
$con = mysql_connect("localhost","mysql_user","mysql_pwd");
if (!$con)
  {
  die('Could not connect: ' . mysql_error());
  }
// 一些代码...
mysql_close($con);
?>
```

2. mysqli_close ()

mysqli_close()函数也用于关闭先前打开的数据库连接，其语法格式如下：

```
mysqli_close(connection);
```

其中，connection 为要关闭的 MySQL 连接。成功则返回 TRUE，失败则返回 FALSE。例如：

```php
<?php
$con=mysqli_connect("localhost","my_user","my_password","my_db");
// ....一些 PHP 代码...
mysqli_close($con);
?>
```

10.3 PHP 操作数据库

前面已经介绍了如何通过 PHP 连接 MySQL 服务器、选择数据库、执行 SQL 语句，如何从数据库中获取数据，如何释放资源，以及当不需要再访问 MySQL 服务器时如何关闭连接。本节主要通过几个示例来介绍如何综合应用以上知识来实现数据库操作。

10.3.1 PHP 操作数据库

下面以通过 Web 向 book 数据库请求为例，介绍如何使用 PHP 函数处理 MySQL 数据库。具体操作步骤如下：

(1) 创建文件夹 sample1，用于存放本例的程序文件。

(2) 在 sample1 文件夹下建立文件 page.html，关键代码如下：

```
……
<body>
<h2>Finding Users from mysql database.</h2>
<form action="handler.php" method="post">
Fill user's name:
<input name="user_name" type="text" size="20" /><br/>
<input name="submit" type="submit" value="Find"/>
</form>
</body>
```

(3) 在 sample1 文件夹下建立文件 handler.php，关键代码如下：

```
……
<body>
<h2>Users found from mysql database.</h2>
<?php
  $user_name = $_POST['user_name'];
  if(empty($user_name)){
       echo "ERROR:There is no data passed.";
       exit;
  }
  if(!get_magic_quotes_gpc()){
       $user_name = addslashes($user_name);
  }
  @$db = mysqli_connect('localhost','root','123456','book');
  if(mysqli_connect_error()){
       echo "Error:could not connect to mysql database.";
       exit;
  }
  $q = "SELECT * FROM employees WHERE user_name='".$user_name."'";
  $result = mysqli_query($db,$q);
  $rownum = mysqli_num_rows($result);
  for($i=0;$i<$rownum;$i++){
       $row = mysqli_fetch_assoc($result);
       echo "user_id:".$row['user_id']."<br/>";
       echo "user_name:".$row['user_name']."<br/>";
       echo "tel:".$row['tel']."<br/>";
  }
  mysqli_free_result($result);
  mysqli_close($db);
?>
</body>
```

(4) 运行 page.html，结果如图 10-8 所示。

(5) 在输入框中输入用户名 landy，单击 Find 按钮，页面跳转到 handler.php，并且返回查找结果，如图 10-9 所示。

图 10-8　page.html 页面

图 10-9　handler.php 显示查找到的结果

10.3.2　动态添加用户信息

在前面的示例中，程序通过 form 关键字查询了特定用户名和用户信息，下面将使用其他

SQL 语句实现通过 PHP 动态添加数据记录。

下面的示例仍然以 book 数据库的 employees 数据表为例,添加新的用户信息。具体操作步骤如下:

(1) 创建文件夹 sample2,用于存放本例的程序文件。

(2) 在 sample2 文件夹下建立文件 page.html,关键代码如下:

```
......
<body>
<h2>Adding Users into mysql database.</h2>
<form action="handler.php" method="post">
Fill user's name:
<input name="user_name" type="text" size="20" /><br/>
Fill password:
<input name="password" type="password" size="20" /><br/>
confirm password:
<input name="confirm_password" type="password" size="20" /><br/>
Fill tel number:
<input name="tel" type="text" size="20" /><br/>
Fill content:
<input name="content" type="text" size="20" /><br/>
<input name="submit" type="submit" value="Find"/>
</form>
</body>
```

(3) 在 sample2 文件夹下建立文件 handler.php,关键代码如下:

```
......
<body>
<h2>insert user into mysql database.</h2>
<?php
 if(empty($_POST['user_name'])){
      echo "ERROR:There is no user's name.";
      exit;
 }
 if(empty($_POST['password'])){
      echo "ERROR:There is no password.";
      exit;
 }
 if(empty($_POST['confirm_password'])){
      echo "ERROR:Please confirm the password.";
      exit;
 }
 if(strcmp($_POST['password'],$_POST['confirm_password'])!=0){
      echo "ERROR:two password is not equal.";
      exit;
 }
 //接收页面提交过来的值
 $user_name = trim($_POST['user_name']);
 $password   =  trim($_POST['password']);
 $content    = @$_POST['content']   ? trim($_POST['content']) : '';
 $tel        = @$_POST['tel']           ? trim($_POST['tel'])      : '';
 //连接数据库
 @$db = mysqli_connect('localhost','root','123456','book');
 if(mysqli_connect_error()){
     echo "Error:could not connect to mysql database.";
     exit;
 }
 //插入一条数据记录
 $q = "INSERT INTO employees(user_name,password,content,tel) VALUES('$user_name','$password','$content','$tel')";
 if(!mysqli_query($db,$q)){
```

```
            echo "no new user has been added to database.";
        }else{
            echo "New user has been added to database.";
        }
    mysqli_close($db);
?>
</body>
```

(4) 运行 page.html, 结果如图 10-10 所示。

(5) 在页面中输入用户名、密码、确认密码、联系电话、备注等信息, 单击 submit 按钮, 页面跳转到 handler.php, 并且返回提交结果, 如图 10-11 所示。

图 10-10　page.html 页面

图 10-11　handler.php 显示了添加结果

注意: 在实现真实项目的注册功能时, 往往还需要验证用户所输入的用户名是否已存在, 如果存在则拒绝插入; 设置密码复杂度规则; 验证手机号是否符合要求等。

10.3.3　查询数据信息

在前面的示例中, 程序通过 form 关键字查询了特定用户名和用户信息, 下面将使用其他 SQL 语句实现通过 PHP 查询数据记录。

下面的示例仍然以 book 数据库的 employees 数据表为例, 添加新的用户信息。具体操作步骤如下:

(1) 创建文件夹 sample3, 用于存放本例的程序文件。

(2) 在 sample3 文件夹下建立文件 page.html, 关键代码如下:

```
……
<body>
<h2>Finding Users from mysql database.</h2>
<form action="handler.php" method="post">
input keyword:
<input name="keyword" type="text" size="20" /><br/>
<input name="submit" type="submit" value="submit"/>
</form>
</body>
```

(3) 在 sample3 文件夹下建立文件 handler.php, 关键代码如下:

```
……
<body>
<?php
header("Content-type: text/html; charset=utf-8");
    //判断关键字参数 keyword 输入是否为空
    if(empty($_POST['keyword'])){
        echo "ERROR:There is no keyword.";
        exit;
```

```
        }
        //接收输入的关键字
        $keyword = trim($_POST['keyword']);
        //连接数据库
        @$db = mysqli_connect('localhost','root','123456','book');
        if(mysqli_connect_error()){
              echo "Error:could not connect to mysql database.";
              exit;
        }
        //查询
        $q = "SELECT * FROM employees WHERE(user_name LIKE '%$keyword%' OR content LIKE
'%$keyword%' OR tel LIKE '%$keyword%')";
        $result = mysqli_query($db,$q);
        $rownums = mysqli_num_rows($result);
        //输出
        echo "<table border='1'>";
        echo "<tr><td>用户 ID</td><td>用户名</td><td>电话</td></tr>";
        for($i=0;$i<$rownums;$i++){
              $row = mysqli_fetch_assoc($result);
              echo "<tr>";
              echo "<td>".$row['user_id']."</td>";
              echo "<td>".$row['user_name']."</td>";
              echo "<td>".$row['tel']."</td>";
              echo "</tr>";
        }
        echo "</table>";
        if($rownums<1){
              echo "not found this user in database.";
        }
        mysqli_free_result($result);
        mysqli_close($db);
        ?>
    </body>
```

（4）运行 page.html，结果如图 10-12 所示。

（5）在页面中输入用户名、密码、确认密码、联系电话、备注等信息，单击 submit 按钮，页面跳转到 handler.php，并且返回提交结果，如图 10-13 所示。

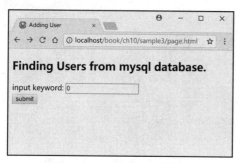

图 10-12　page.html 页面

图 10-13　handler.php 显示了提交结果

10.3.4　修改数据

在前面的示例中，程序通过 form 关键字查询了特定用户名和用户信息，下面将使用其他 SQL 语句实现通过 PHP 编辑已存在的数据记录。

下面的示例仍然以 book 数据库的 employees 数据表为例，修改用户的密码。具体操作步骤如下：

(1) 创建文件夹 sample4，用于存放本例的程序文件。

(2) 在 sample4 文件夹下建立文件 page.html，关键代码如下：

```
……
<body>
<h2>Finding Users from mysql database.</h2>
<form action="handler.php" method="post">
please input your username:
<input name="user_name" type="text" size="20" /><br/>
<input name="submit" type="submit" value="submit"/>
</form>
</body>
```

(3) 在 sample4 文件夹下建立文件 handler.php，关键代码如下：

```php
……
<body>
<?php
//判断用户名参数 user_name 输入是否为空
if(empty($_POST['user_name'])){
        echo "ERROR:please input user's name.";
        exit;
}
//接收输入的关键字
$user_name = trim($_POST['user_name']);

//连接数据库
@$db = mysqli_connect('localhost','root','123456','book');
if(mysqli_connect_error()){
        echo "Error:could not connect to mysql database.";
        exit;
}
//查询
$q = "SELECT * FROM employees WHERE user_name='$user_name'";
$result = mysqli_query($db,$q);
$rownums = mysqli_num_rows($result);
//如果没有该用户，提醒一下
if($rownums<1){
        echo "not found this user in database.";
        exit;
}
//输出
for($i=0;$i<$rownums;$i++){
        $row = mysqli_fetch_assoc($result);
        echo "<form action='next.php' method='POST'/>";
        echo "<input name='user_id' type='hidden' value='".$row['user_id']."'/>";
        echo "username: <input name='user_name' disabled='disabled' type='text' value='".$row['user_name']."'/><br/>";
        echo "old password：<input name='old_password' type='password' size='20'/><br/>";
        echo "new password：<input name='new_password' type='password' size='20'/><br/>";
        echo "confirm password：<input name='confirm_password' type='password' size='20'/><br/>";
        echo "<input name='submit' type='submit' value='submit'/>";
echo "</form>";
}

mysqli_free_result($result);
mysqli_close($db);
?>
</body>
```

(4) 创建文件 next.php，处理用户变更的密码，代码如下：

```php
<?php
//判断用户编号 user_id 输入是否为空
if(empty($_POST['user_id'])){
    echo "ERROR:please input user_id.";
    exit;
}
//判断原密码 old_password 输入是否为空
if(empty($_POST['old_password'])){
    echo "ERROR:please input old_password.";
    exit;
}
//判断新密码 new_password 输入是否为空
if(empty($_POST['new_password'])){
    echo "ERROR:please input new_password.";
    exit;
}
//判断确认密码 confirm_password 输入是否为空
if(empty($_POST['confirm_password'])){
    echo "ERROR:please input confirm_password.";
    exit;
}
//接收输入的关键字
$user_id          = trim($_POST['user_id']);
$old_password = trim($_POST['old_password']);
$new_password = trim($_POST['new_password']);
$confirm_password = trim($_POST['confirm_password']);
//比较两次输入的密码是否一致
if(strcmp($new_password,$confirm_password)!=0){
    echo "ERROR:two password doesn't equal.";
    exit;
}
//连接数据库
@$db = mysqli_connect('localhost','root','123456','book');
if(mysqli_connect_error()){
    echo "Error:could not connect to mysql database.";
    exit;
}
//查询
$q = "UPDATE employees SET password='$new_password' WHERE user_id='$user_id'";
$result = mysqli_query($db,$q);
if($result){
    echo "update success.";
    exit;
}else{
    echo "update fail.";
    exit;
}
mysqli_free_result($result);
mysqli_close($db);
?>
```

运行 page.html，效果如图 10-14 所示。在文本框中输入需要重置密码的用户名，单击 submit 按钮。

页面将用户输入的用户名传递到 handler 页面，该页面的 PHP 程序将查找该用户是否存在，如果存在，输出用户名，并显示 old password、

图 10-14　page 页的运行效果

new password 和 confirm password 三个文本框，供用户输入原密码、新密码和确认密码，然后单击 submit 按钮。若密码修改成功，则提示 update success；若失败，则提示 update fail，如图 10-15 所示。

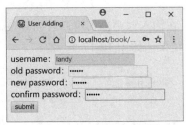 

图 10-15 修改密码

注意：在实际项目中，修改用户密码是一项既非常实用也经常会用到的功能。在传输用户密码的过程中，一般需要先进行 md5 加密，然后再传输，以及需要对原密码进行验证。

10.3.5 删除数据

与上面的示例类似，本节主要介绍如何使用 PHP 函数删除数据表中的数据记录。具体操作步骤如下：

(1) 创建文件夹 sample5，用于存放本例的程序文件。

(2) 在 sample5 文件夹下建立文件 page.html，关键代码如下：

```
……
<body>
<h2>Delete Users from mysql database.</h2>
<form action="handler.php" method="post">
delete user:
<input name="user_name" type="text" size="20" /><br/>
<input name="submit" type="submit" value="Delete"/>
</form>
</body>
```

(3) 在 sample5 文件夹下建立文件 handler.php，关键代码如下：

```
……
<body>
<h2>Users deleted from mysql database.</h2>
<?php
$user_name = $_POST['user_name'];
if(empty($user_name)){
    echo "ERROR:There is no data passed.";
    exit;
}
if(!get_magic_quotes_gpc()){
    $user_name = addslashes($user_name);
}
@$db = mysqli_connect('localhost','root','123456','book');
if(mysqli_connect_error()){
    echo "Error:could not connect to mysql database.";
    exit;
}
$q = "DELETE FROM employees WHERE user_name='".$user_name."'";
$result = mysqli_query($db,$q);
if($result){
    echo "Delete success";
```

```
    }else{
        echo "Delete fail";
    }
    mysqli_close($db);
?>
</body>
```

(4) 运行 page.html，结果如图 10-16 所示。在输入框中输入用户名 new_user，单击 Delete 按钮，页面跳转到 handler.php，并且返回删除结果，如图 10-17 所示。

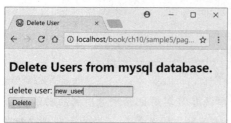
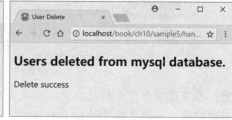

图 10-16　page.html 页面　　　　　图 10-17　handler.php 显示了删除结果

10.4　本章小结

本章首先介绍了如何在 PHP 中连接并使用 MySQL 数据库；然后介绍了选择数据库的操作、执行 SQL 语句，以及如何通过 mysql_fetch_array()、mysql_fetch_object()和 mysql_fetch_row()函数获取数据记录，如何通过 mysql_num_rows()函数获取结果集的行数；之后介绍了在不使用数据库时，如何释放资源，如何关闭数据库连接；最后通过示例，综合使用所介绍的知识，实现了对数据库数据的增删改查操作。

10.5　思考和练习

使用上一章习题中建立的 school 数据库，完成以下练习：

1. 通过 PHP 代码方式连接到 school 数据库。
2. 通过 mysql_fetch_array()函数读取 Student 表并输出。
3. 通过 mysql_fetch_object()函数查看开设了哪些课程。
4. 通过 mysql_fetch_row()函数查看有哪些任课老师。
5. 通过 mysql_fetch_rows()函数查看有多少条考生考试记录。
6. 将 Scores 表中低于 100 分的考试成绩加 5 分(满分不得超过 100 分)。
7. 删除名字为"张三"的学生的考试记录。
8. 关闭数据库连接。

第 11 章

文件操作

　　文件存储在硬盘上的目录中,即使在计算机关机后,文件中的内容也仍然可以保留下来,因此它们是一种永久存储机制。目录是一种特殊的文件,就像在 Windows 操作系统下称为文件夹,用来对其他文件进行分类,因此目录采用层级结构,即目录中还有其他目录或文件。

　　文件可以包含任何类型的数据,此外还可以包含文件自身的一些信息,如文件的创建者、创建时间等。为了方便用户操作文件系统,PHP 提供了专门用来操作文件的功能函数,通过这些函数可以获取文件的信息,也可以打开、读取和写入文件。除此之外,PHP 还提供了专门用于操作目录的功能函数,通过这些函数可以对目录执行增删改查操作,或者对目录进行遍历等。

　　通过本章的学习,读者应能熟练掌握 PHP 提供的用于文件和目录操作的功能函数,并能够对文件执行一些常用的操作。

本章的学习目标:
- 理解文件和目录的概念,知道如何获取文件的更多信息。
- 掌握打开、关闭文件的方法,以及读取文件内容、向文件写入数据等。
- 了解文件权限的基本概念,能够使用 PHP 程序对文件权限进行操作。
- 掌握通过 PHP 程序对文件执行复制、移动和删除的操作。
- 了解目录相关的全部操作,包含读取目录的内容、创建目录、删除目录等。
- 能够熟练运用 PHP 提供的文件和目录相关函数,对文件和目录执行常用操作。

11.1　文件与目录基础

　　硬盘上的任何内容都是以文件的形式进行存储的,而目录则用来对文件分类存放。文件可分为普通文件和特殊文件,前者包括程序文件、数据文件和目录文件等,后者是指帮助跟踪硬盘上的文件夹和文件的特殊文件。PHP 提供了专门的函数来处理任何类型的文件,在实际开发中,最频繁的操作是处理文本文件。

　　提示:在本书中,目录和文件夹这两个词经常互换使用,实质上它们指的是同一个概念。

文件就是存储在硬盘或其他存储介质上的有序的字节序列。目录是一类特殊的文件，保存了位于这个目录中的文件和目录的名字，以及指向它们在存储介质上的存储区域的指针。

Linux 操作系统与 Windows 操作系统之间存在许多差别，特别是路径的表示方式。Linux 操作系统在路径中采用的是斜线分隔符，如下所示：

```
/usr/local/matt/data/data.txt
```

而 Windows 操作系统则使用反斜线分隔符，如下所示：

```
D:\MyDocs\data\data.txt
```

在 Windows 操作系统中，PHP 会自动把前者转换为后者。因此，可以在程序中放心地使用斜线，而不管它们是在 Windows 还是在 Unix 操作系统中运行。但是偶尔也必须使用反斜线。在这种情况下，需要连续使用两个反斜线，因为 PHP 会把反斜线用转义字符表示，例如：

```
"D:\\MyDocs\\data\\data.txt"
```

11.2 获取文件的信息

PHP 提供了专门的函数来获取文件的信息。在打开一个文件之前，首先用 file_exists()函数判断这个文件是否存在，例如：

```
file_exists("/usr/local/chris/myfile.txt")
```

如果文件存在，file_exists()函数返回 true，否则返回 false。还可以用 filesize()函数确定文件的大小，例如：

```
filesize("/usr/local/chris/myfile.txt")
```

该函数将返回这个文件的大小，单位是字节，如果出错，则返回 false。

11.2.1 获取文件的时间属性

除文件的内容外，文件还有自身的一些属性信息，例如，与时间相关的文件属性包括：文件上一次修改的时间、上次访问的时间、文件的权限等。PHP 提供了以下 3 个函数来获取文件的时间属性信息。

- fileatime()：返回文件上次被访问的时间，如果出错，则返回 false。时间以时间戳形式返回。例如：

```
$a=fileatime("log.txt");
echo "访问时间：".date("Y-m-d H:i:s",$a);
```

- filectime()：返回文件上次 inode 被修改的时间，如果出错，则返回 false。时间以时间戳形式返回。例如：

```
$a=filectime("log.txt");
echo "上次 inode 被修改的时间：".date("Y-m-d H:i:s",$a);
```

- filemtime()：返回文件上次被修改的时间，如果出错，则返回 false。时间以时间戳形式返回，可用于 date()。例如：

```
$a=filemtime("log.txt");
echo "修改时间：".date("Y-m-d H:i:s",$a);
```

11.2.2 从路径获取文件名

能够从目录路径中分离出文件名是非常有必要的，basename()函数就是为这个目的而设计的。其语法格式如下：

```
string basename( string $path [, string $suffix ] )
```

该函数接收一个完整的文件路径$path 作为参数，然后返回文件名。例如，将 index.html
赋给$path：

```
$path = "/testweb/index.php";
echo basename($path);              //显示带有文件扩展名的文件名，输出 index.php
echo basename($path,".php");       //显示不带有文件扩展名的文件名，输出 index
```

如果传递给该函数的是目录路径，它将返回最右边的目录名。例如，如下语句将会把 docs
赋给$dir 变量：

```
$dir=basename("/home/james/docs");
```

从根本上说，basename()函数将会返回最右边的斜线之后的字符串。

11.3 打开和关闭文件

要处理一个文件，必须先打开这个文件，可通过 fopen()函数实现；当操作完毕时，需要
使用 fclose()函数关闭文件。

11.3.1 用 fopen()打开文件

用 fopen()函数可以打开一个文件，并返回这个文件的句柄。语法格式如下：

```
resource fopen( string $filename , string $mode [, bool $use_include_path = false [, resource $context ]] )
```

这个函数的第一个参数$filename 是需要打开的文件名，第二个参数$mode 表示文件打开
的方式，即文件打开后如何使用。例如：

```
$handle = fopen( "./data.txt", "r" );
```

fopen()函数的第一个参数可以只是文件名(如本例的"data.txt")，在这种情况下，PHP 会
在当前目录中查找这个文件；也可以是文件的相对路径(如"./data.txt")或绝对路径(如
"/myfiles/data.txt")。

注意：在相对路径表示法中，句点(.)表示当前目录，两个句点(..)表示父目录。例如，./data.txt
表示当前目录中名为 data.txt 的文件，../data.txt 表示当前目录的父目录中名为 data.txt 的文
件。../../../data.txt 则表示要找到 data.txt 文件，需要沿目录树向上移动三级。

用 fopen()函数甚至可以打开远程 Web 或 FTP 服务器上的文件，例如：

```
$handle = fopen( "http://www.example.com/index.html", "r" );
$handle = fopen( "ftp://ftp.example.com/pub/index.txt", "r" );
```

提示：只能对远程文件进行读操作，不能进行写操作。

fopen()函数的第二个参数$mode 表示文件的打开方式，可取的值如表 11-1 所示。

表 11-1　文件的打开方式

值	说　　明
r	打开文件只用于读，文件指针指向文件的开头
r+	打开文件用于读和写，文件指针指向文件的开头
w	打开文件只用于写。如果文件已存在，则其中的全部内容都会被删除；如果文件不存在，则创建这个文件

(续表)

值	说　　明
w+	打开文件用于读和写。如果文件已存在，则其中的全部内容都会被删除；如果文件不存在，则创建这个文件
a	打开文件只用于追加，数据将会被写入到文件的末尾。如果文件不存在，则创建这个文件
a+	打开文件用于读和追加，数据将会被写入到文件的末尾。如果文件不存在，则创建这个文件

提示：文件指针是 PHP 的内部指针，指向文件中下次操作的字符位置。

在第二个参数中还可以添加一个 b 字符，表示把打开的文件当作二进制文件(这是默认设置)。也可以添加一个 t 字符，表示把打开的文件当作文本文件。在后一种情况下，当读写文件时，PHP 会根据操作系统的标准，对行结束符进行转换。例如，以二进制方式打开一个文件，代码如下：

```
$handle = fopen( "data.txt", "rb" );
```

虽然这个标识符对于 Linux 系统无关紧要，因为它把二进制文件和文本文件等同看待，但是，当需要处理 Windows 系统中的文件时，文本方式就非常有用。Windows 系统会把回车符紧跟一个换行符当作行结束符(而在 Linux 系统中只有换行符)。

这意味着，为了方便移植，二进制方式更受欢迎。如果希望应用程序生成的数据文件对于不同平台上的其他应用程序都具有可读性，则必须使用二进制方式，并且必须在代码中使用适合此平台的行结束符(PHP 提供了一个非常有用的常量 PHP_EOF，它保存了适用于此脚本将要运行的平台的行结束符)。

默认情况下，如果传递给 fopen()的文件名不是相对路径或绝对路径(如 data.txt)，则 PHP 只会在当前目录(即脚本所在的目录)中搜索这个文件。但是，如果把 fopen()的第三个可选参数设置为 true，则 PHP 还会在包含路径中搜索这个文件。

如果打开文件时遇到问题，则 fopen()会返回一个 false 值。对文件或目录的操作总是很容易出现错误，因此在操作文件或目录时，允许出错。但是最好在脚本中使用错误判断，这样，错误发生时(可能没有权限访问这个文件，或者文件不存在)，脚本就可以"优雅地"解决出现的错误。例如：

```
if ( !( $handle = fopen( "./data.txt", "r" ) ) ) die( "无法打开文件" );
```

也可以不使用 die()函数退出脚本，而是触发错误或抛出异常。

11.3.2　用 fclose()关闭文件

当文件的读写结束后，需要关闭文件。关闭文件要用到 fclose()函数，语法格式如下：

```
fclose( $handle );
```

该函数只有一个参数，就是所打开文件的句柄。当脚本运行结束时，文件会自动关闭，但是文件操作一结束就关闭打开的文件是一种良好的习惯，这样可以快速地释放资源。

11.4　文件的读写

学习了文件的打开和关闭操作之后，下面讨论如何对文件进行读写操作。本节将介绍一些常用的文件操作函数，这些函数如下：

- fread()：从文件中读取一个字符串。
- fwrite()：把一个字符串写入到文件中。
- fgetc()：从文件中读取一个字符。
- feof()：判断是否到达文件的结尾。
- fgets()：从文件中读取一行内容。
- fgetcsv()：从文件中读取一行用逗号分隔的数据。
- file()：把整个文件的内容读入到一个数组中。
- file_get_contents()：不需要打开文件，把一个文件的全部内容读入到一个字符串中。
- file_set_contents()：不需要打开文件，把一个字符串写入到一个文件中。
- fpassthru()：显示一个已打开文件的全部内容。
- readfile()：不需要打开文件，显示一个文件的全部内容。
- fseek()：在一个打开的文件中，把文件指针移动到某个特定位置。
- ftell()：返回文件指针的当前位置。
- rewind()：把文件指针移动到文件的开始位置。

11.4.1　读写字符串

fread()函数可以从文件中读取一个字符串，其语法格式如下：

```
string fread( resource $handle , int $length )
```

它需要两个参数：一个是文件句柄$handle，另一个是读取的字符个数$length。它可以从打开的文件中读取规定个数的字符，并以字符串形式返回读取的字符。例如：

```
$handle = fopen( "data.txt", "r" );
$data = fread( $handle, 10 );
```

这段代码从 data.txt 文件中读取 10 个字符，并把读取的字符赋给$data 变量。

提示： 对于二进制文件，每个字符的长度为一个字节，因此 10 个字符相当于 10 个字节。但是，这个规律并不适用于 Unicode 文件。在这些文件中，一个字符可能会占用多个字节。

fread()函数执行完毕后，表示文件当前位置的文件指针将会向前移动，移动的距离就是读取的字符个数。因此，在前面这段代码中，文件指针将会移动到离文件头 10 个字符之后的位置。如果重复调用这个 fread()函数，则可以从文件中读取紧邻的 10 个字符。如果文件剩余的字符个数少于要读取的个数，则 fread()只读取并返回文件中剩余的字符。顺便指出，假如一次只想读出一个字符，则可以使用 fgetc()函数，其语法格式如下：

```
string fgetc( resource $handle )
```

fgetc()函数只需要一个参数——文件句柄$handle，并且会返回文件指针所指向的那个字符。如果已到达文件末尾，则返回 false，例如：

```
$one_char = fgetc( $handle );
```

但是，当文件很大时，用 fgetc()函数读取字符的速度就会很慢，而用 fread()函数或者本章后面将要介绍的其他函数一次读取多个字符则比较快。

用 fwrite()函数可以把数据写入文件。该函数的语法格式如下：

```
int fwrite( resource $handle , string $string [, int $length ] )
```

它需要两个参数：文件句柄$handle 和需要写入文件的字符串$string。该函数会把字符串中的内容写入到打开的文件中，并返回写入的字符个数(如果发生错误，则返回 false)，例如：

```
$handle = fopen( "data.txt", "w" );
fwrite( $handle, "ABCxyz" );
```

第一行代码在打开 data.txt 文件用于写入操作时，会删除文件中原有的数据(如果文件不存在，则 PHP 会创建这个文件)，第二行代码把字符串"ABCxyz"写入到文件的开头位置。与 fread()函数一样，文件指针会移动到写入的字符串之后。如果重复执行第二行代码，则 fwrite()会再次添加这 6 个字符，因此文件的内容将是"ABCxyzABCxyz"。

fwrite()函数还有第三个可选参数，它是一个整数，用来限制写入字符的个数。在写入规定个数的字符后，fwrite()函数停止写入。例如，下面的代码将会把"abcdefghij"的前 4 个字符写入到文件中：

```
fwrite( $handle, "abcdefghij", 4 );
```

【例 11-1】一个简单的点击计数器。

点击计数器用来显示一个网页的访问次数，说明这个页面的受欢迎程度。最简单的点击计数器是文本计数器，关键代码如下：

```
......
  <body>
      <h1>一个简单的点击计数器</h1>
<?php
$counterFile = "./count.dat";
if (!file_exists( $counterFile)) {
if (!($handle = fopen( $counterFile, "w"))) {
  die("无法创建文件.");
  } else {
      fwrite($handle, 0);
      fclose($handle);
  }
}
if (!($handle = fopen($counterFile, "r"))) {
   die( "无法读取文件." );
}
$counter = (int)fread($handle, 20);
fclose($handle);
$counter++;
echo "<p>你是第".$counter."个访问者.</p>";
if (!($handle = fopen($counterFile, "w"))){
   die( "无法写入文件." );
}
 fwrite($handle, $counter);
 fclose($handle);
?>
</body>
```

将以上程序保存为 hit_counter.php，然后在浏览器中运行，图 11-1 所示为某一次的测试结果。第一次运行时，会看到"你是第 1 个访问者."，然后按 F5 键，再次刷新并载入这个页面，发现计数器的值变为 2，每次刷新页面，计数器的值都会加 1。

图 11-1　程序运行结果

以上程序中，首先把用来保存点击计数值的文件的文件名赋给了一个变量：

```
$counterFile = "./count.dat";
```

接着判断计数器文件是否存在，如果不存在，则由 fopen()函数创建它，并且把 0 写入这个文件中(即把计数器初始化为 0)，然后关闭它：

```
if (!file_exists( $counterFile)) {
if (!($handle = fopen( $counterFile, "w"))) {
 die("无法创建文件.");
 } else {
       fwrite($handle, 0);
       fclose($handle);
 }
}
```

接着，打开这个计数器文件用于读操作：

```
if (!($handle = fopen($counterFile, "r"))) {
   die( "无法读取文件." );
}
```

现在，用这个文件句柄从打开的文件中读取计数器值。脚本调用 fread()函数，从文件中读取了最多 20 个字节：

```
$counter = (int)fread($handle, 20);
```

由于 fread()函数返回的是一个字符串值，而计数器需要一个整数值，因此要用(int)把字符串强制转换为整数。

接着调用 fclose()关闭文件句柄$handle 表示的文件，释放资源：

```
fclose($handle);
```

关闭了数据文件后，脚本递增计数器，并显示访问者序号：

```
$counter++;
echo "<p>你是第".$counter."个访问者.</p>";
```

接着，脚本把新的计数器值保存到原来的数据文件中。为此，要以写入方式打开这个文件，然后调用 fwrite()函数，把$counter 变量的值写入到文件中，之后用 fclose()再次关闭这个打开的文件：

```
if (!($handle = fopen($counterFile, "w"))){
   die( "无法写入文件." );
}
fwrite($handle, $counter);
fclose($handle);
```

11.4.2　文件末尾的测试

feof()函数用于检测文件指针是否已到达文件末尾，是则返回 true，否则返回 false。语法格式如下：

```
bool feof(resource $handle)
```

该函数只有一个参数，即待测试的文件句柄。注意，只有当脚本试图读取文件中最后一个字符之后的一个或多个字符时，这个函数才会返回 true：

```
// hello_world.txt 包含字符串"Hello, world!"
$handle = fopen( "hello_world.txt", "r" );
$hello = fread( $handle, 13 );
echo $hello . "<br />";              //输出"Hello, world!"
echo feof( $handle ) . "<br />";     //输出"" (false)
$five_more_chars = fread( $handle, 5 );
echo $five_more_chars . "<br />";    //输出 ""
echo feof( $handle ) . "<br />";     //输出 "1" (true)
fclose( $handle );
```

当事先无法知道文件的长度时，经常在 while 循环中把 feof()与 fread()或 fgetc()一起使用，示例如下：

```
$handle = fopen("hello_world.txt", "r");
$text = "";
while(!feof( $handle ) ) {
    $text .= fread($handle, 3);
}
echo $text . "<br />";        // 输出"Hello, world!"
fclose($handle);
```

11.4.3　一次读取一行内容

从一个打开的文件中读取一行文本，需要用到 fgets()函数。这个函数可以读取从当前的文件指针所指向的位置到当前行的末尾之间的内容，并以字符串的形式返回读取的字符(如果遇到问题，如到达文件末尾等，则返回 false)。注意，返回的字符串包括行结束符。该函数的语法格式如下：

```
string fgets( resource $handle [, int $length ] )
```

它需要一个文件句柄作为参数$handle 的值；另外还有第二个可选的参数$length，它是一个整数，用来限制读取字符的个数。

当文件指针移动到字符个数减 1 的位置时，fgets()就会停止(除非先遇到行结束符)。如果需要读取的是一个大型文件，其中可能没有分行，则最好在调用 fgets()函数时使用$length 参数。

下面的程序用 fgets()读取并显示一个包含 3 行内容的文本文件，一次读取一行。当 fgets()返回 false 时(这表示文件指针已到达文件末尾)，脚本退出 while 循环。代码如下：

```
/*
    test.txt 文件的内容如下:
    Failure is like a thief Failure is probably the fortification in your pole.
    It is like a peek your wallet as the thief
*/
$handle = fopen( "test.txt", "r" );
$lineNumber = 1;
while( $line = fgets( $handle ) ) {
    echo $lineNumber++ . ": $line<br /> ";
}
fclose( $handle );
```

以上程序的输出结果如下：

```
1: Failure is like a thief Failure is probably the fortification in your pole.
2: It is like a peek your wallet as the thief
```

11.4.4　读取 CSV 文件

执行数据导入和导出操作的开发人员都知道逗号分隔符(CSV)这种数据格式。在 CSV 文件中，每个数据记录占一行，记录的各字段用逗号分隔。字符串经常用双引号表示，例如：

```
"John","Smith",45
"Anna","Clark",37
"Bill","Murphy",32
```

fgetcsv()函数可用于读取 CSV 文件。该函数可以从打开的 CSV 格式的文件中读取一行内容，并把这一行内容返回给一个数组，其中每个字段值对应一个元素。其语法格式如下：

```
array fgetcsv( resource $handle [, int $length = 0 [, string $delimiter = ',' [, string $enclosure = '"' [, string $escape = '\\' ]]]] )
```

可以看出，调用 fgetcsv()函数时，需要把已打开文件的句柄传递给它。此外，还可以指定以下可选参数：

- 读取的最大字符数：可以省略这个参数，或者把 0 传递给它。此时，PHP 就会读取整行记录，但是指定字符个数会稍微提高函数执行的速度。
- 字段值之间的分隔符：默认的分隔符为逗号(,)，如果要读取的文件是使用跳格分隔符的 TSV 文件，则把这个参数设置为"\t"。
- 字符串表示符：默认的字符串表示符是双引号(")。
- 转义字符表示符：默认值是反斜线(\)。

如果 fgetcsv()在读取一行内容时遇到问题，或者到达文件末尾，则返回 false。下面的示例说明了如何从一个 CSV 格式的文件中读取 3 行数据：

```
/*
people.csv 文件的内容如下:
     "John","Smith",11
     "Anna","Clark",12
     "Bill","Andy",17
*/
$handle = fopen("people.csv", "r");
while($record = fgetcsv( $handle,1000)) {
    echo "姓名: {$record[0]} {$record[1]}, 年龄: {$record[2]}<br />";
}
fclose($handle);
```

这段代码的执行结果是：

```
姓名: John Smith, 年龄: 11
姓名: Anna Clark, 年龄: 12
姓名: Bill Andy, 年龄: 17
```

11.4.5　读取和写入整个文件

PHP 提供了专门的函数来一次读取整个文件的内容，这些函数如下：

- file()：不需要打开一个文件，就可以把整个文件的内容读入到一个数组中。
- file_get_contents()和 file_put_contents()：不需要打开一个文件，就可以读取或写入整个文件的内容。
- fpassthru()：显示一个已打开文件的全部内容。
- readfile()：不需要打开一个文件，就可以显示整个文件的内容。

提示：由于这些函数可以一次把整个文件读入到内存中，因此只适用于相对较小的文件。如果遇到一个 100MB 以上的文件，则最好使用 fread()和 fwrite()分多次读取和处理这个文件。

1. file()函数

file()函数可以读取一个文件的全部内容并将其保存到一个数组中，其中每个元素包含文件中的一行内容。该函数的语法格式如下：

```
array file( string $filename [, int $flags = 0 [, resource $context ]] )
```

该函数只有一个必需的参数，即一个包含文件名的字符串，并且会返回一个数组，其中包含文件的每行内容。例如：

```
$lines = file( "/home/chris/myfile.txt" );
```

数组中会保留每行的换行符。

可以给 file()函数的第二个可选参数指定几个有用的标志，如表 11-2 所示。

表 11-2　file()函数的第二个可选参数

标　志	说　明
FILE_USE_INCLUDE_PATH	在包含路径中搜索文件
FILE_IGNORE_NEW_LINES	删除数组中每行末尾的换行符
FILE_SKIP_EMPTY_LINES	忽略文件中的空行

这些标志也可以用或运算符进行组合。例如，下面这条语句会在包含路径中搜索一个文件，如果找到，则读取整个文件的内容，并且忽略文件中的空行：

```
$lines = file( "myfile.txt", FILE_USE_INCLUDE_PATH | FILE_SKIP_EMPTY_LINES );
```

与 fopen()一样，file()函数也可以用来读取远程主机上的文件，例如：

```
$lines = file( "http://www.example.com/index.html" );
foreach( $lines as $line ) echo $line . "<br />";
```

2. file_get_contents()函数

file_get_contents()函数将文件的内容读入到一个字符串中，语法格式如下：

```
string file_get_contents( string $filename [, bool $use_include_path = false [, resource $context [, int $offset = -1 [, int $maxlen ]]]] )
```

file_get_contents()函数把文件的内容读入到一个字符串中，在参数 offset 指定的位置开始读取长度为 maxlen 的内容。如果失败，file_get_contents()将返回 false，示例如下：

```
$fileContents = file_get_contents( "myfile.txt" );
```

可以把 FILE_USE_INCLUDE_PATH 标志传递给 file_get_contents()的第二个参数。

此外，还可以给这个函数指定偏移和(或)长度参数，表示想从文件的哪个位置开始读取数据。例如，下面这条语句从 myfile.txt 文件的第 17 个字符的位置开始读取 23 个字符：

```
$fileContents = file_get_contents("myfile.txt", null, null, 17, 23);
```

提示：在这条语句中，第一个 null 表示不需要设置 FILE_USE_INCLUDE_PATH 标志，第二个 null 表示不需要设置上下文。

3. file_put_contents()函数

file_put_contents()函数的作用正好与 file_get_contents()相反。该函数可以把字符串写入一个文件，其语法格式如下：

```
int file_put_contents( string $filename , mixed $data [, int $flags = 0 [, resource $context ]] )
```

这个函数会返回写入字符的个数，如果遇到问题，则返回 false。通过把各个标志传递给它的第三个参数，可以控制这个函数的写入方式。例如：

```
$numChars = file_put_contents("myfile.txt", $myString);
```

file_put_contents()支持 file_get_contents()函数使用的标志以及表 11-3 中的两个标志。

表 11-3　标志参数

标　志	说　明
FILE_APPEND	如果文件已经存在，则把字符串添加到文件的末尾，而不是覆盖文件原来的内容
LOCK_EX	在写入之前锁住文件，这可以防止其他进程同时写入这个文件

4. fpassthru()和 readfile()函数

fpassthru()和 readfile()函数可以读取一个文件的内容，并原封不动地把结果直接输出到 Web 浏览器窗口中，fpassthru()函数的语法格式如下：

```
int fpassthru( resource $handle )
```
该函数将给定的文件指针从当前的位置读取到 EOF 并把结果写到输出缓冲区。例如：
```
$numChars = fpassthru( $handle );
```
而 readfile()函数可以直接作用于未打开的文件，其语法格式如下：
```
int readfile( string $filename [, bool $use_include_path = false [, resource $context ]] )
```
该函数读取文件并写入到输出缓冲。例如：
```
$numChars = readfile( "myfile.txt" );
```
可以看出，这两个函数都会返回读取的字符个数。其中，fpassthru()会从当前文件指针指向的位置开始读，因此，如果已经从这个文件中读取了部分内容，fpassthru()将会只读取剩下部分的内容。如果将 readfile()的第二个参数设置为 true，它就会在包含路径中搜索这个文件。顺便指出，readfile()函数经常用来把图像和 PDF 文档等二进制文件传递给 Web 浏览器，供用户浏览或下载。

11.4.6　随机存取文件数据

前面介绍的函数只能顺序处理文件中的数据，即按数据在文件中的存放顺序对它们进行处理。但是在实际开发中，有时希望跳过文件的某些内容。例如，可能希望读取一个文件的内容，从中搜索某个字符串，然后又回到文件的开头，再来搜索另一个字符串。当然，如果用 file_get_contents()等函数读取整个文件的内容，这样做并不难。但是对于特大文件，这种方法不切实际。

幸好，可以在打开的文件中随意移动文件的指针，因此，可以从文件的任意位置开始读写。PHP 提供了以下 3 个函数，可以用来操作文件指针：

- fseek()：把文件指针定位到文件的某个位置。
- rewind()：把文件指针移动到文件的开头。
- ftell()：返回文件指针的当前位置。

fseek()函数需要两个参数：一个是已打开文件的句柄，另一个是使用整数表示的偏移位置。该函数的作用就是将文件指针移动到相对于文件起始位置的偏移位置(如果偏移值为 0，则会把指针移动到文件的第一个字符的位置)。例如，下面这段代码把指针移动到第 8 个字符的位置(即从第 1 个字符向后移动 7 个字符)，并读取这个位置之后的 5 个字符：

```
// hello_world.txt contains the characters "Hello, world!"
$handle = fopen( "hello_world.txt", "r" );
fseek( $handle, 7 );
echo fread( $handle, 5 ); //输出"world"
fclose( $handle );
```

为了说明偏移位置是如何进行计算的，还可以把下列 3 个常量之一传递给 fseek()函数的第三个可选参数：

- SEEK_SET：将文件指针移到文件开头位置加上指定的偏移值的位置(默认设置)。
- SEEK_CUR：将文件指针移到当前位置加上指定的偏移值的位置。
- SEEK_END：将文件指针移到文件末尾加上指定的偏移值的位置(偏移值取负值)。

如果文件指针定位成功，则 fseek()返回 0，否则返回 -1。

提示：fseek()无法通过 HTTP 或 FTP 对远程主机上的文件进行读写。

如果想把文件指针移动到文件的开头位置(这是经常遇到的情况)，一种快捷的方法是使用 rewind()函数。下面两行代码的作用是一样的：

```
fseek( $handle, 0 );
rewind( $handle );
```

ftell()函数接收一个文件句柄，并返回文件指针的当前偏移位置，例如：

```
$offset = ftell( $handle );
```

fpassthru()函数可以从文件指针指向的当前位置开始读取文件的全部内容。假如已经从一个打开的文件中读取了部分内容，而现在想输出它的全部内容，则要先调用 rewind()函数。

11.5　文件的权限

文件的权限用来控制不同用户对文件和目录允许执行的操作。例如，一个用户对一个文件有读和写的权限，而另一个用户只可以读这个文件，其他用户甚至不能读该文件。

一般而言，当编写 PHP 脚本时，不需要考虑文件的权限，因为 PHP 通常会在后台执行正确的操作。例如，当创建一个新文件用来写入数据时，PHP 会自动把这个文件的读和写权限赋给执行此脚本的用户(通常是 Web 服务器的用户)。当创建一个目录时，默认情况下，PHP 会把这个目录的读、写和执行权限赋给全部的用户。这意味着，任何用户都可以在这个目录中创建和删除文件。

本节将主要介绍 chmod()函数的用法。该函数用来改变文件或目录的权限。

11.5.1　改变文件的权限

chmod()函数可以用来改变文件或目录的权限。该函数的语法格式如下：

```
bool chmod( string $filename , int $mode )
```

该函数有两个参数，一个是待修改权限的文件的名称$filename，另一个是新的权限模式$mode。

文件的权限模式通常表示为一个由 3 位数字组成的八进制数。第一个数字决定了文件所有者的权限，第二个数字决定了这个文件的组用户的权限，第三个数字决定了所有用户组(everyone)的权限。每位数字的值表示某个特定类的用户对这个文件的存取权限，具体如表 11-4 所示。

表 11-4　文件的存取模式

值	权　　限
0	不可以读、写和执行这个文件
1	只可以执行这个文件
2	只可以写入这个文件
3	可以写入和执行这个文件
4	只可以读这个文件
5	可以读和执行这个文件
6	可以读写这个文件
7	可以读、写和执行这个文件

例如，如果要把 myfile.txt 文件的权限模式设置为 644，则代码如下：

```
chmod( "myfile.txt", 0644);
```

提示： 644 前面的 0 非常重要，它用来指示 PHP 引擎将这个数理解为一个八进制数。

如果修改成功，函数返回 true，否则返回 false。

为了让大家更好地理解文件的权限模式的概念，下面举几个常用的例子：

```
//文件所有者可以读写文件；其他用户只能读文件
chmod( "myfile.txt", 0644 );
//任何人都可以读写文件
chmod( "myfile.txt", 0666 );
//任何人都可以读和执行文件，但只有文件所有者可以写入内容
chmod( "myfile.txt", 0755 );
//只有文件所有者可以访问
chmod( "myfile.txt", 0600 );
```

文件的权限模式也能应用于目录。要读取一个目录中的文件，用户必须拥有对这个目录的读和执行权限。同样道理，要在这个目录中创建和删除子目录，用户必须拥有这个目录的写入和执行权限。

11.5.2 检查文件权限

要想检查是否可以读取一个文件，需要使用 is_readable()函数，并将需要检查的文件的名称传递给这个函数。语法格式如下：

```
bool is_readable( string $filename )
```

同样，可以用 is_writable()函数判断是否可以写入一个文件，用 is_executable()判断是否允许执行一个文件。语法格式分别如下：

```
bool is_writable( string $filename )
bool is_executable( string $filename )
```

如果指定的操作是允许的，则这些函数都会返回 true，否则返回 false。例如：

```
if ( is_readable( "myfile.txt" ) {
    echo " myfile.txt 文件可读";
}
if ( is_writable( "myfile.txt" ) {
    echo " myfile.txt 文件可写";
}
if ( is_executable( "myfile.txt" ) {
    echo "myfile.txt 文件可执行";
}
```

另外，可以用 fileperms()函数返回一个整数，这个整数就是文件或目录的权限模式。语法格式如下：

```
int fileperms( string $filename )
```

例如，要想获取某个文件的权限模式，代码如下：

```
chmod( "myfile.txt", 0644 );
echo substr( sprintf( "%o", fileperms( "myfile.txt") ),-4); //输出"0644"
```

11.6 文件的复制、重命名和删除

通过 PHP 程序也可以复制、重命名、删除文件，相应的函数分别是 copy()、rename()和 unlink()。

1. copy()函数

copy()函数的语法格式如下:

```
bool copy( string $source , string $dest [, resource $context ] )
```

需要提供两个参数,第一个参数是被复制文件的路径,第二个参数是复制后的文件的路径。该函数将文件从 source 复制到 dest。如果复制成功,则返回 true;如果复制过程中存在问题,则返回 false。下面这条语句把源文件 copyme.txt 复制到同一个文件夹中的目标文件 copied.txt:

```
copy( "./copyme.txt", "./copied.txt" );
```

2. rename()函数

rename()函数用来重命名(或移动)一个文件,其语法格式如下:

```
bool rename( string $oldname , string $newname [, resource $context ] )
```

该函数尝试把 oldname 重命名为 newname。例如,下面的语句把 address.dat 文件改名为 address.backup:

```
rename( "./address.dat", "./address.backup" );
```

把一个文件移动到另一个文件夹中,示例如下:

```
rename( "/home/joe/myfile.txt", "/home/joe/archives/myfile.txt" );
```

3. unlink()函数

unlink()函数可以删除服务器上的文件,其语法格式如下:

```
bool unlink( string $filename [, resource $context ] )
```

要使用这个函数,必须把需要删除的文件的名称传递给它。例如,想要删除当前文件夹中的 trash.txt 文件,代码如下:

```
unlink( "./trash.txt" );
```

如果找不到源文件或目录,则 copy()、rename()和 unlink()都会产生警告错误。因此,必须先确保存在源文件或目录,例如,用 file_exists()进行判断,以避免出现此类错误。

11.7 目录

在 PHP 中,目录的操作方法与文件几乎完全一样。目录也有一组相应的操作函数。其中有些函数使用目录句柄,而另一些函数则需要使用目录名称字符串。目录句柄与文件句柄非常相似,它是一个指向目录的特殊变量,可以用 opendir()函数得到目录句柄:

```
$handle = opendir( "/home/james" );
```

如果打开目录时遇到问题(如目录不存在),则 opendir()会返回 false 而不是目录句柄。正如读者已经猜到的,关闭目录时需要把目录句柄传递给 closedir()函数:

```
closedir( $handle );
```

readdir()函数需要一个已打开目录的句柄,并且会返回目录中下一个文件的文件名:

```
$filename = readdir( $handle );
```

【例 11-2】列出指定目录下的所有子目录和文件。

```
......
  <body>
<?php
$dirPath = "../";
if (!($handle = opendir( $dirPath ))) die("无法打开该目录.");
```

```
?>
    <p><?php echo $dirPath ?>遍历结果:</p>
    <ul>
<?php
  while($file = readdir( $handle)) {
    if($file != "." && $file != "..") echo "<li>$file</li>";
  }
  closedir($handle);
?>
    </ul>
  </body>
```

本例介绍了如何遍历某个目录中的全部文件和子目录。将程序保存为 dir_list.php，然后在浏览器中执行，结果如图 11-2 所示。修改程序中$dirPath 变量的值，将其指向自己的 Web 服务器上的某个实际目录。

图 11-2　目录遍历结果

以上程序首先把需要遍历的目录的路径存储到 $dirPath 变量中。之后，用 opendir()函数得到这个目录的句柄：

```
if (!($handle = opendir( $dirPath))) die("无法打开该目录.");
```

如果目录成功打开，则把目录名显示在页面上，并且用一个 HTML 元素生成一个无序列表(ul)。接着，脚本用 readdir()函数循环访问目录中的每个目录项。只要目录项不是"."或"..", 就把它显示在页面上。当访问完目录项列表时，readdir()函数返回 false，循环结束：

```
while($file = readdir( $handle)) {
  if($file != "." && $file != "..") echo "<li>$file</li>";
}
```

最后，程序调用 closedir()函数来关闭这个目录，然后是列表和页面的闭标签。

可以看出，返回的文件名并没有按某个顺序排列。要对它们进行排序，必须先把目录项读取到一个数组中：

```
$filenames = array();
while( $file = readdir( $handle ) ) $filenames[] = $file;
closedir( $handle );
```

$filenames 数组现在保存了这个目录的全部目录项。可以调用 sort()函数，按升序排列数组元素，然后循环访问这个数组，输出除 "." 和 ".." 外的目录项，代码如下：

```
sort( $filenames );
foreach( $filenames as $file ) {
  if( $file != "." && $file != ".." ) {
    echo "<li>$file</li>";
  }
}
```

11.7.1　其他目录函数

与文件一样，PHP 也为目录操作提供了多个功能函数，主要函数如下：

- rewinddir()：把目录指针移动到目录项列表的开头。
- chdir()：改变当前目录。
- mkdir()：创建一个目录。
- rmdir()：删除一个目录。

- dirname()：返回一个路径中目录部分的字符串。

1. 复位目录指针

rewinddir()函数可以把 PHP 的内部指针移动到一个给定目录的开头。这个函数相当于文件的 rewind()函数。使用 rewinddir()函数时，需要把一个打开的目录句柄传递给它，语法格式如下：

```
void rewinddir( resource $dir_handle )
```

例如：

```
rewinddir( $handle );
```

2. 改变当前目录

chdir()函数可以把当前目录切换到另一个目录，语法格式如下：

```
bool chdir( string $directory )
```

例如：

```
chdir( "/home/matt/myfolder" );
```

如果 PHP 可以切换到指定的目录，则 chdir()返回 true；如果出现错误，如目录找不到等，则返回 false。

当前目录是 PHP 在查找文件时首先要查找的目录。如果指定的路径既不是绝对路径，也不是相对路径，PHP 就在当前目录中查找文件。因此，以下这段代码：

```
chdir( "/home/matt/myfolder" );
$handle = fopen( "myfile.txt" );
```

与下面这条语句打开的是同一个文件 myfile.txt：

```
$handle = fopen( "/home/matt/myfolder/myfile.txt" );
```

当前目录也可以作为相对文件路径的基目录。例如：

```
chdir( "/home/joe/images" );
$handle = fopen( "../myfile.txt" ); // 在/home/joe 下查找 myfile.txt
```

通常情况下，默认当前目录是运行脚本所在的目录。调用getcwd()可以获得当前目录，例如：

```
chdir( "/home/matt/newfolder" );
echo getcwd();    //输出"/home/matt/newfolder"
```

3. 创建目录

要想创建一个目录，需要调用 mkdir()函数，并把想要创建的目录名传递给它，语法格式如下：

```
bool mkdir( string $pathname [, int $mode = 0777 [, bool $recursive = false [, resource $context ]]] )
```

该函数尝试新建一个由$pathname 指定的目录。例如：

```
mkdir( "/home/matt/newfolder" );
```

注意，要使这个函数起作用，它的父目录必须已经存在(本例中"/home/matt"是父目录)。如果目录创建成功，则返回 true，否则返回 false。

也可以在创建目录时给它设置权限，方法是将目录的模式(即权限)传递给它的第二个参数。这与前面的 chmod()函数的用法非常相似。例如，下面的语句创建了一个目录，所有用户对这个目录都拥有读写和执行权限：

```
mkdir( "/home/matt/newfolder", 0777 );
```

4. 删除目录

rmdir()函数可以删除一个目录。要删除的目录必须是一个空目录，而且必须拥有合适的权限才可以删除它。rmdir()函数的语法格式如下：

```
bool rmdir( string $dirname [, resource $context ] )
```

例如：

```
rmdir( "/home/matt/myfolder" );
```

如果 PHP 不能删除这个目录，例如，可能它不是一个空目录，则 rmdir()返回 false，否则返回 true。

5．获取目录路径

dirname()函数可以返回给定路径的目录部分。该函数的语法格式如下：

```
tring dirname( string $path )
```

它的作用与 basename()函数互补，后者返回的是给定路径的文件名部分。例如：

```
$path = "/home/james/docs/index.html";
$directoryPath = dirname( $path );
$filename = basename( $path );
```

执行以上程序后，$directoryPath 变量的值是"/home/james/docs"，$filename 变量的值是"index.html"。

11.7.2　目录对象

PHP 提供了另外一种面向对象的目录操作方法：Directory 类。为了使用这个类，必须先创建一个 Directory 对象。方法是调用 dir()函数，把想要操作的目录名传递给这个函数，如下所示：

```
$dir = dir( "/home/james/docs" );
```

Directory 对象有两个属性：handle 和 path。前者表示目录句柄，后者表示目录的路径：

```
echo $dir->handle . "<br />";        //输出 the directory handle
echo $dir->path . "<br />";          //输出"/home/james/docs"
```

提示：可以在 readdir()、rewinddir()和 closedir()等目录函数中使用目录对象的 handle 句柄。

Directory 对象有 3 个方法：read()、rewind()和 close()。它们的作用分别与 readdir()、rewinddir()和 closedir()这 3 个函数等效。例如，可以用 Directory 对象重写本章前面的 dir_list.php 文件：

```
......
  <body>
<?php
 $dirPath = "/home/matt/images";
 $dir = dir($dirPath);
?>
      <p><?php echo $dirPath?>遍历结果:</p>
      <ul>
<?php
while($file = $dir-> read()) {
   if($file !="." & & $file!="..") echo "<li> $file </li>";
}
$dir->close();
?>
      </ul>
   </body>
```

11.7.3　区分文件和目录

实际开发中，经常需要判断某个文件是一个普通文件还是一个目录。例如，假设要编写一个脚本，访问整个目录树。这种情况下，就需要检测一个文件是否是一个目录，如果是，则要进入这个目录，继续访问这个目录树。同样道理，如果想要输出一个文件夹中的文件，就需要判断文件是否是普通文件。

PHP 提供了以下两个函数来帮助判断某个文件是一个普通文件还是一个目录。

- is_dir()：如果指定的文件表示一个目录，则返回 true。
- is_file()：如果指定的文件表示一个普通文件，则返回 true。

下面的例子判断一个名为 myfile 的文件是一个普通文件还是一个目录：

```php
$filename = "myfile";
if( is_dir( $filename ) ) {
   echo "$filename 是一个目录.";
} elseif( is_file( $filename ) ) {
   echo "$filename 是一个文件.";
} else {
   echo "$filename 既不是目录也不是文件.";
}
```

【例 11-3】遍历一棵目录树。

当需要对未知大小的某组数据执行重复性的操作时，递归是一种非常有用的程序设计方法。遍历访问目录树就是一个很好的例子——目录中除了有文件外，还可能有子目录。如果想创建一个脚本，列出某个特定目录中的所有文件、子目录及子目录中的文件和子目录，就需要编写如下递归函数：

(1) 读取当前目录的目录项。

(2) 如果下一个目录项是一个普通文件，则显示它的文件名。

(3) 如果下一个目录项是一个子目录，则显示它的名字，然后递归调用这个函数，读取这个子目录中的目录项。

可以看出，第(3)步在必要时重复整个过程。递归会一直继续下去，直到所有的子目录都已经被访问为止。示例程序如下：

```php
……
  <body>
<?php
$dirPath = "./";
function traverseDir($dir) {
   echo "<h2>Listing $dir ...</h2>";
   if(!($handle = opendir($dir))) die("无法打开目录$dir.");
$files = array();
while($file = readdir( $handle)) {
   if($file != "." && $file != "..") {
      if(is_dir($dir . "/" . $file)) $file .= "/";
      $files[] = $file;
   }
}
sort( $files );
echo "<ul>";
foreach($files as $file) echo "<li>$file</li>";
echo "</ul>";

foreach($files as $file) {
   if(substr($file, -1) == "/") traverseDir("$dir/" . substr($file,0, -1));
   }
   closedir($handle);
}
```

```
    traverseDir($dirPath);
    ?>
        </body>
```

把这个程序保存为 directory_tree.php，然后在浏览器中运行，运行结果如图 11-3 所示。

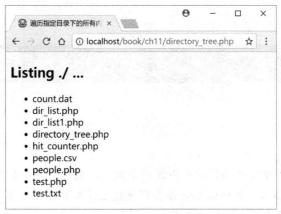

图 11-3　程序运行结果

11.8　本章小结

本章首先介绍了文件和目录的概念，然后介绍了文件自身的一些属性信息的获取；接着介绍了如何判断一个文件是否存在，如果文件存在，如何使用 fopen()函数打开文件，当不需要对文件操作时如何关闭文件；接着重点介绍了文件的读写，文件的权限操作，文件的复制、重命名和删除操作；最后，介绍目录的操作。通过本章的学习，读者应该能比较熟练地对本地计算机或远程计算机上的文件进行操作。

11.9　思考和练习

1. 写一个 PHP 函数，算出两个文件的相对路径。例如$a="/a/b/c/d/e.php";$b="/a/b/12/34/c.php";，b 相对于 a 的相对路径是什么？

2. 当前目录下有一个文件，名为 file1.txt，在文件中写入六行文字，然后将该文本文件的内容拷贝一份到 e 盘根目录下的 file2.txt 中。

3. 用 PHP 实现按文件名搜索文件的远程文件查找器。

4. 用 PHP 实现递归遍历指定目录下的文件并统计文件数量。

5. 用 PHP 实现删除与复制文件夹以及其中的所有文件。

第 12 章

图像技术

PHP 提供了许多图像处理函数，利用这些函数可以创建、打开和处理图像，并且既可以在 Web 浏览器中显示图像，也可以把它保存到硬盘上。本章将介绍这些函数的用法，以及如何用这些函数在自己的网页中创建动态图形。

PHP 中使用的图像函数都基于由 TOM Boutell(www.boutell.com)开发的 GD 库。GD 库的代码与 PHP 安装程序捆绑在一起，并且包含了部分原有代码的扩展内容。利用 PHP 提供的 GD 库，可以绘制直线、椭圆和矩形，填充图像的区域，在图像中创建文本，此外还可以读写 JPEG、PNG、WBMP、XBM 和 GIF 等格式的图像文件，并且利用 GD 库可以在 PHP 脚本中创建和处理非常复杂的图像。

通过本章的学习，读者将能够了解计算机图形技术的一些基础知识，GD 库的配置，创建图像和输出图像，图像的常用处理技术等。

本章的学习目标：

- 了解几个计算机图形基本概念，它们在创建图像之前必须掌握，例如色彩原理、坐标系、图像类型等。
- 掌握 GD 库的使用，包括 GD 库的启用、GD 库可以处理的文件类型。
- 掌握常用的图像处理技术，包括打开图像、给图像添加水印、为图像制作缩略图等。
- 了解在图像中插入文本的方法。

12.1 计算机图形基础

在介绍如何用 PHP 创建和处理图像之前，首先介绍一些与图像相关的基本概念，包括色彩原理和 RGB 颜色模型、坐标系、图像类型等。

12.1.1 色彩原理

计算机通常利用一种称为 RGB 模式的色彩原理模型来创建颜色。RGB 分别代表红色、绿色和蓝色，这 3 种颜色通过不同的比例可以创建出你在显示器上看到的颜色。RGB 是一种加法色彩模式，因为最终的颜色是由不同比例的红色、绿色和蓝色成分组合而成的。

红色、绿色和蓝色各自的成分通常用 0 至 255 之间的一个数值表示，其中，0 表示没有这种颜色成分，255 表示这种颜色达到最大值。纯蓝色的 RGB 值是(0,0,255)——其中红色和绿色成分的值为 0，而蓝色成分的值是最大值 255。因此，标准 RGB 图像可以提供多达 1670 万种颜色。

当红色、绿色、蓝色三种颜色成分都为 0 时，将得到黑色。相反，将所有的值都设为最大值 255，就会产生白色。

本章将使用基于调色板的 8 位图像，它最多允许在图像中使用现有的 1670 万种颜色中的 256 种颜色。大家也可以使用 24 位图像，也就是真彩图像，它允许在图像中使用全部 1670 万种颜色。

12.1.2　坐标系

当大家在图像中添加图形和文本时，需要根据坐标系对其进行定位。有数学背景的同学可能会对以下图形坐标系比较熟悉：通常 x 和 y 坐标轴分别从左下角指向右方和上方，如图 12-1 所示。

但是，在使用 PHP 的图像函数时，x 和 y 坐标轴则是从左上角分别指向右方和下方，如图 12-2 所示。

图 12-1　数学中的直角坐标系　　　图 12-2　PHP 图像处理使用的坐标系

左上角那个像素点的位置是(0,0)，也就是说，对于一幅 300 像素×200 像素的图像，右上角像素点的位置是(299,0)、左下角像素点的位置是(0,199)、右下角像素点的位置是(299,199)、如图 12-3 所示。

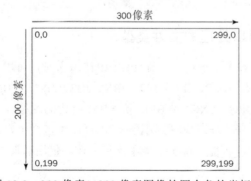

图 12-3　300 像素×200 像素图像的四个角的坐标值

12.1.3　图像类型

计算机处理的图像主要有两种类型：光栅图和矢量图。光栅图(也称为位图)是由像素组成的，例如，一幅宽度和高度为 20 像素×20 像素的彩色图像就是由 400 个独立的像素组成的，而且每一个像素都用它自己的 RGB 颜色值表示。相反，矢量图用数学方程来描述组成图像的各种图形，其中 SVG(Scalable Vector Graphics，可缩放矢量图形)格式就是矢量图的典型示例。矢量图适合那些只包括直线、曲线和颜色块的图形，但是对包含很多细节的照片和图像不太适合。

本章主要使用的是光栅图，这种图像在网络上使用较多。使用 PHP 的 GD 图像函数可以处理 4 种主要格式的光栅图——桌面 Web 浏览器中的 JPEG、PNG 和 GIF 三种图像格式和手机网页浏览器中的 WBMP 图像格式。本章主要用到前 3 种图像格式。

这四种图像都采用了压缩格式，也就是说，用数学算法压缩了描述该图像所需要空间的大小。它们在压缩文件大小和缩短下载时间方面起到关键的作用。

对于不同的图像格式，大家首先需要了解每种图像格式在什么情况下适合使用。虽然都是光栅图，但是它们使用的压缩技术却截然不同，而且在某些特定情况下，某种格式可能会明显好于另外一种。

JPEG 格式使用的是有损压缩，在压缩过程中原始图像的部分数据会丢失。这种格式最适合于照片之类的图像，因为照片中有许多细微的明暗信息，而几乎没有大面积的单色块。当少量的信息丢失不容易被发现时，就可以使用这种格式。

而 PNG 和 GIF 格式的图像使用的是无损压缩，就是在压缩的过程中没有图像数据丢失。尖角和直线(这些在 JPEG 格式图像的压缩过程中都会受损)会真实再现。这两种格式最适合用于那些包含线条和大面积单色块的图像，如漫画和图表。

12.2 使用 GD 库

GD 是用 C++编写而成的图像库，可以处理几种特定的图像类型。由于 PHP 不能用核心的内置函数自动处理图像，因此需要启用 GD 库及其扩展。好在 PHP 的所有主流版本都附带了一个 GD 版本。本书建议使用 PHP 中的 GD 版本，如果由于某种原因没有这个版本，可以到 http://www.libgd. org/releases/下载该库的扩展版本。

12.2.1 GD&PHP 可以处理的文件类型

GD 库本身可以处理许多图像格式。在 PHP 中使用它时，可以看到 GIF、JPG、PNG、SWF、SWC、PSD、TIFF、BMP、IFF、JP2、JPX、JB2、JPC、XBM 和 WBMP 图像文件的信息，还可以创建 GIF、JPG、PNG、WBMP 和 XBM 格式的图像。有了 GD 库的帮助，就可以使用 PHP 绘制正方形、多边形和椭圆等图形，还可以覆盖文本，等等。

根据 GD 版本的不同，可能支持也可能不支持 GIF。使用后面介绍的 gd_info()函数，可以确定是否支持 GIF。

12.2.2 在 PHP 中启用 GD 库

如果使用的是共享的 Web 主机，就有可能已经在 PHP 安装中启用了 GD 库。如果是运行自己的服务器，就需要自行启用它。操作方法如下：

(1) 在 Windows 中，确保 php_gd.dll 文件放在 PHP 安装目录的 ext 文件夹下。例如，如果在 C:\PHP 中安装了 PHP，就需要在 C:\PHP\ext 文件夹中查找。

(2) 之后在 php.ini 文件中找到如下代码：

```
;extension=php_gd2.dll
```

删除前面的分号，以去掉对该行代码的注释。

(3) 保存修改并重动 Apache，从而使修改生效。

(4) 在 Linux 中，启用 GD 库有点几复杂，但也不困难。需要用--with-gd 配置选项重新编译 PHP，从而启用 GD 库。启用了 GD 库后，还需要对其进行测试。可以通过以下示例进行测试。

【例 12-1】测试 GD 库是否安装。

```php
<?php
  echo '<pre>';
  print_r(gd_info());
  echo '</pre>';
?>
```

将以上程序保存为 gdtest.php，然后在 Web 浏览器中运行，结果如图 12-4 所示，说明 GD 库已经安装成功。在 GD 库可以正常工作，并且支持需要的图像类型后，就可以继续下面的内容了。

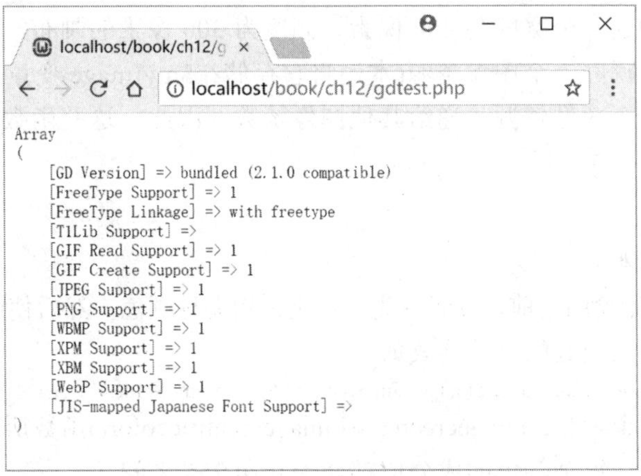

图 12-4　程序运行结果

gd_info()函数很有用，它可以确定 PHP 使用的 GD 版本及其提供的功能。其作用是把 GD 版本的所有信息都放在一个数组中，供用户查看。这不仅可用作测试，以确保 GD 库和 PHP 可以很好地联合使用，还可以确定在 PHP 中使用 GD 函数的功能和限制。

12.3　创建图像

前面介绍了图像的基本概念，现在开始介绍如何使用 PHP 程序创建图像。用 PHP 创建图像的步骤如下：

(1) 创建一个空白画布供 PHP 脚本使用。这是从网络服务器内存中划分出来的，专供图像绘制的区域。

(2) 绘制图像，包括设置颜色、绘制图形和添加文本。

(3) 将绘制后的图像上传到网页浏览器或者保存到硬盘中。

(4) 从网络服务器内存中删除图像。

12.3.1 新建图像

首先创建一个空白画布，用来存储将要创建的图像。为此，调用 imagecreate()函数，其语法格式如下：

```
resource imagecreate( int $x_size , int $y_size )
```

imagecreate()返回一个图像标识符，它代表一幅大小为 x_size 和 y_size 的空白图像。这个函数创建的是一幅 8 位的、基于调色板的图像，图像最多可以使用 256 种颜色。

也可以调用 imagecreatetruecolor()函数，该函数的语法格式如下：

```
resource imagecreatetruecolor( int $width , int $height )
```

imagecreatetruecolor()返回一个图像标识符，它代表一幅大小为 x_size 和 y_size 的图像。这个函数将会创建一幅 24 位的真彩色图像，它可以显示 1670 万种颜色。

由此可见，以上两个函数都需要设置两个参数：将要创建的空白图像的宽和高。例如：

```
$im=imagecreatetruecolor(400,300);          //创建画布，默认背景是黑色
$white=imagecolorallocate($im,255,255,255);  //默认背景是黑色，修改为白色
imagefill($im,0,0,$white);
```

上述语句将会创建一个宽度为 400 像素、高度为 300 像素的画布。

这两个函数都会返回一个图像资源(本例将它存储在$myImage 变量中)，它指向内存中的图像。然后可以把这个图像资源传递给其他图像函数，因此，这些函数就可以知道要处理哪个图像了。

12.3.2 颜色分配

在空白图像上开始绘图之前，读者首先要决定采用哪种颜色，然后使用 imagecolorallocate()函数创建这种颜色。该函数的语法格式如下：

```
int imagecolorallocate( resource $image , int $red , int $green , int $blue )
```

这个函数需要 4 个参数：imagecreate()和 imagecreatruecolor()函数所创建的图像资源以及红、绿、蓝 3 种颜色。每个颜色的成分值都介于 0 和 255 之间。

例如，以下代码创建了一种绿色，并将它存储到变量$myGreen 中：

```
$myGreen = imagecolorallocate( $myImage, 51, 153, 51 );
```

imagecolorallocate()函数可以返回一个颜色标识符，指向新建的颜色。可以在其他绘图函数中使用这个颜色标识符进行绘图。

如果没有空间可以用来分配颜色，会怎样呢？当使用 imagecreate()函数创建的一幅基于调色板的图像已经包含 256 种不同颜色时，就会发生这种情况。这种情况下 imagecolorallocate()函数的返回值就是 false。

提示：用 imagecreatetruecolor()函数创建的真彩色图像可以保存能够创建出来的所有颜色——1600 多万种颜色——因此不受调色板空间的限制。

为了解决这个问题，可以使用 imagecolorresolve()函数，该函数的语法格式如下：

```
int imagecolorresolve( resource $image , int $red , int $green , int $blue )
```

这个函数会返回一个有效的颜色标识符。imagecolorresolve()和 imagecolorallocate()函数的参数相同。但不同的是，imagecolorallocate()函数仅仅设法将需要的颜色分配给图像调色板，而 imagecolorresolve()函数会首先查找目标颜色是否已经位于调色板中。如果存在，那么该函数只返回这个颜色的索引。如果不存在，该函数就设法把需要的颜色添加到调色板中。如果成功，该函数将返回调色板中的颜色标识符；如果失败，该函数将检查调色板中所有已有的颜色，然后返回调色板中与要求的颜色最接近的那个颜色标识符。

开发人员可以为每个需要处理的图像创建无限多种颜色(对于基于调色板的图像最多不能超过调色板限制的 256 种颜色)。分配给基于调色板的图像的第一种颜色将被作为这个图像的背景颜色。imagecreatetruecolor()函数创建的真彩色图像的背景是黑色，可以根据需要改成其他颜色。

12.3.3 输出图像

在内存中保存图像之后，如何输出内存中的图像呢？可以使用下列 3 个函数中的任意一个：

- imagejpeg()函数用来输出 JPEG 格式的图像。语法格式如下：

```
bool imagejpeg( resource $image [, string $filename [, int $quality ]] )
```

- imagegif()函数用来输出 GIF 格式的图像。语法格式如下：

```
bool imagegif( resource $image [, string $filename ] )
```

- imagepng()函数用来输出 PNG 格式的图像。语法格式如下：

```
bool imagegif( resource $image [, string $filename ] )
```

提示：PHP 也可以输出其他格式的图像，但是以上 3 种格式是最常用的。

以上每个函数都需要两个参数：一个参数表示图像的图像资源；另一个参数是可选的，表示图像保存的文件名。例如，下面的例子说明了如何把一个图像保存为 JPEG 文件：

```
imagejpeg( $myImage, "myimage.jpeg" );
```

如果想直接把图像发送给浏览器，可以省略文件名这个参数，或把这个参数设置为 null。读者还需要发送一个合适的 HTTP 头，这样浏览器才能知道如何处理这个图像。例如，要想用 JPEG 格式显示一个图像，则代码如下：

```
header( "Content-type: image/jpeg" );
imagejpeg( $myImage );
```

要想用 GIF 格式显示一个图像，则代码如下：

```
header( "Content-type: image/gif" );
imagegif( $myImage );
```

最后，要想用 PNG 格式显示一个图像，则代码如下：

```
header( "Content-type: image/png" );
imagepng( $myImage );
```

如果图像输出成功，则这 3 个函数的返回值都是 true；如果出现问题，则它们的返回值都是 false。

imagejpeg()函数的第三个参数是可选的，它确定最终图像的压缩级别，或者说压缩质量。压缩质量是一个介于 0 和 100 之间的整数，0 表示最大程度的压缩，100 表示保证最高质量的压缩。默认值一般是 75 左右，通常是文件大小和图像质量之间的折中。以下代码说明，为了维护较高的带宽，可能需要把一个低质量的图像发送给浏览器：

```
        header( "Content-type: image/jpeg" );
        imagejpeg( $myImage, null, 50 );
```

同样，imagepng()函数的第三个参数也表示压缩级别，并且是可选的。PNG 压缩级别的范围介于 0 和 9 之间，0 表示不压缩，9 表示最大程度的压缩。由于 PNG 是无损压缩格式，因此不论压缩水平如何，得到的图像看上去都与原来的图像一样，但是较高的压缩水平通常会生成较小的文件，不过图像的压缩时间可能会比较长。大多数情况下，选择 6 作为 PNG 图像的压缩级别。

图像处理完毕后，为了释放图像占用的内存供其他程序使用，需要从内存中删除图像。调用 imagedestroy()函数，并把需要删除的图像资源传递给它，就可以删除一个图像，语法格式如下：

```
bool imagedestroy( resource $image )
```

例如：

```
imagedestroy( $myImage);
```

如果 imagedestroy()函数删除图像成功，则返回 true，否则返回 false。

12.3.4　在图像上进行绘制

在完成颜色分配之后，就可以在空白画布上绘制图像了。PHP 提供了绘制点、线、矩形、椭圆、弧和多边形的函数。

PHP 中所有绘图函数的参数传递都有固定的模式。第一个参数表示要在其上进行绘制的图像的资源。之后的参数的个数可能会不一样，但总是会按照绘制图形的顺序提供像素的位置 x 和 y。例如，如果只需要绘制一个像素，那么只需要提供一个 x 坐标和一个 y 坐标；但是如果要画一条线，那么需要提供线段起点和终点的 x 及 y 坐标。最后一个参数通常是绘图时所使用的颜色。

1．绘制单个像素

用 imagesetpixel()函数可以给画布上的某个像素着色，语法格式如下：

```
bool imagesetpixel( resource $image , int $x , int $y , int $color )
```

该函数中，第一个参数表示要在其上进行绘制的图像的资源$image，随后的三个参数分别指明像素的 x 坐标和 y 坐标，以及绘图时所使用的颜色$color。例如，下面在画布$myImage 的(120,60)位置绘制了一个颜色为$myBlack 的像素：

```
imagesetpixel( $myImage, 120, 60, $myBlack );
```

这条语句对$myImage 图像的一个像素进行了着色，这个像素位于从左上角向右 120 个像素、向下 60 个像素的位置。该函数把这个像素的颜色设置为$myBlack。图 12-5 表明了这个像素在图像中的位置。

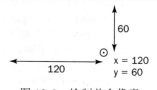

图 12-5　绘制单个像素

2．画线

用 imageline()函数可以在图像中绘制线段。线段有起点和终点，因此要给 imageline()函数传递两组坐标。语法格式如下：

```
bool imageline( resource $image , int $x1 , int $y1 , int $x2 , int $y2 , int $color )
```

例如：

```
imageline($myImage, 10, 10, 100, 100, $myColor);
```

【例 12-2】 绘制一条直线。

```php
<?php
$myImage = imagecreate(200, 100);
$myGray = imagecolorallocate($myImage, 204, 204, 204);
$myBlack = imagecolorallocate($myImage, 0, 0, 0);
imageline($myImage, 15, 35, 120, 60, $myBlack);
header("Content-type: image/png");
imagepng($myImage);
imagedestroy($myImage);
?>
```

将以上程序保存为 line.php，然后在浏览器中执行，输出结果如图
12-6 所示。

图 12-6　绘制直线

提示： 如果是在 Windows 操作系统中运行这个 PHP 脚本，并且出现了
错误信息 "Call to undefined function imagecreate()"（调用一个未定义的函
数 imagecreat()），就需要启动 GD2 扩展程序。为此，需要编辑 php.ini 文
件，并且删除下面一行代码中行首的分号：

```
;extension=php_gd2.dll
```

在完成上述修改之后重启服务器。

这个脚本文件首先用 imagecreate()函数创建一个新的空白图像，并且把图像资源存储到
$myImage 变量中。然后分配了两种颜色——灰色和黑色。因为首先分配了灰色，所以将它作
为图像的背景颜色。

脚本文件接下来调用 imageline()函数画线。第一个参数是图像资源；接下来的两个参数
是这条直线的起点位置——本例中就是从左上角向右 15 个像素、向下 35 个像素；再接下来
的两个参数是这条直线的终点位置——本例中就是向右 120 个像素、向下 60 个像素；最后一
个参数是画线的颜色。

图像画好之后，脚本文件调用 header()和 imagepng()函数，将图像输出到浏览器中。最后
通过调用 imagedestroy()函数将图像从内存中删除。

3．画矩形

画矩形的时候只需要在画布上指定两个点即可：矩形的两个对角点。因此，imagerectangle()
函数的语法与 imageline()函数完全一样。只是对于 imagerectangle()函数来说，提供的两个点
将被作为矩形的两个对角点。

试一试，打开刚才创建的 line.php 文件，将它另存为 rectangle.php。然后将下面一行：

```
imageline( $myImage, 15, 35, 120, 60, $myBlack );
```

替换为：

```
imagerectangle( $myImage, 15, 35, 120, 60, $myBlack );
```

可以看到，在这个例子中使用的参数与刚才画直线的例子中使用的参数完全一样。在浏
览器中执行程序，输出如图 12-7 所示。如果同时调用了上面的 imageline()语句，那么输出的
图像就如图 12-8 所示。

图 12-7　绘制矩形 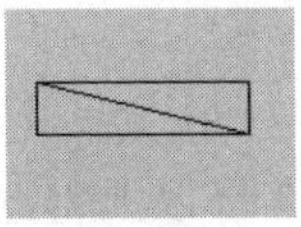　　图 12-8　再绘制斜线

237

4. 画圆和椭圆

在 PHP 中画圆和椭圆需要使用 imageellipse()函数。语法格式如下：

```
bool imageellipse( resource $image , int $cx , int $cy , int $width , int $height , int $color )
```

该函数在指定的坐标上画一个椭圆。它与 imagerectangle()和 imageline()两个函数都不一样，因为它不需要设置图形的边界。相反，描述一个椭圆时需要确定中心位置，然后指定它的高和宽。例如，以下语句绘制了一个椭圆：

```
imageellipse( $myImage, 90, 60, 160, 50, $myBlack );
```

如图 12-9 所示，椭圆的中心在坐标(90,60)的位置。椭圆的宽度是 160 个像素，高度是 50 个像素。如果要画圆，只需要画一个宽高相等的椭圆就可以了(如图 12-10 所示)：

```
imageellipse( $myImage, 90, 60, 70, 70, $myBlack );
```

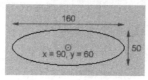

图 12-9　绘制椭圆

图 12-10　绘制圆形

5. 画弧线

弧线是椭圆的一部分，即一个没有闭合的椭圆。画弧线需要调用 imagearc()函数。该函数的语法格式如下：

```
bool imagearc( resource $image , int $cx , int $cy , int $w , int $h , int $s , int $e , int $color )
```

imagearc()以 cx、cy(图像的左上角为(0, 0))为中心在 image 所代表的图像中画一个椭圆弧。w 和 h 分别指定椭圆的宽度和高度，起点和终点以 s 和 e 参数用角度指定。0°位于三点钟位置，以顺时针方向绘画。

画弧线的方法和画椭圆相同，但是需要添加另外两个参数以说明弧线的起点和终点。起点和终点的位置用°来表示(一个完整的椭圆包括 360°)。0°的位置就是椭圆上右边最远端的点——也就是时钟表盘上 3 点钟的位置，如图 12-11 所示，角度前进的方向是顺时针方向。

例如，下面使用 imagearc()函数绘制了部分椭圆图像：

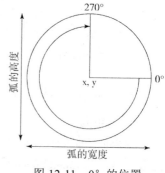

图 12-11　0°的位置

```
imagearc( $myImage, 90, 60, 160, 50, 45, 200, $myBlack );
```

其中，第一个参数$myImage 指定将要在其上添加弧线的图像。接下来的两个参数(90 和 60)指定弧线所在椭圆的圆心位置。宽度和高度这两个参数分别为 160 和 50，它们与之前画椭圆的例子相同。再后面的两个参数才是画弧线所需要的：45 告诉函数这条弧线的起点在 45°的位置(就是表盘上四点半的位置)，终点在 200°的位置。请注意，200°是终点的位置，而不是绕椭圆旋转的度数。图 12-12 所示的是在 45°~200°之间所画的弧线。

图 12-12　45°~200°之间的弧线

6. 画多边形

多边形就是有 3 个或 3 个以上角点的图形。画多边形需要使用 imagepolygon()函数。其语法格式如下：

```
bool imagepolygon( resource $image , array $points , int $num_points , int $color )
```

除了要将图像资源传递给该函数之外，还需要传递一个数组，它定义了多边形的各个角点。此外还要告诉该函数这个多边形的角点个数，最后与其他画图函数一样，要把颜色传递给它。例如：

```
$myPoints = array( 20, 20, 185, 55, 70, 80 );
imagepolygon( $myImage, $myPoints, 3, $myBlack );
```

以上代码首先创建了一个保存多边形角点的数组，将其命名为$myPoints。数组中有 6 个元素，是 3 对(x,y)坐标。这表明这个多边形是一个三角形：(20,20)、(185,55)和(70,80)。然后调用imagepolygon()函数，并将下列参数传递给它：图像资源、角点数组、多边形的角点个数、画图所用的颜色。

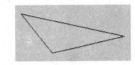

图 12-13　绘制的多边形

执行代码，绘制的多边形如图 12-13 所示。

提示：如果要绘制实心图形，就要用到 imagefilledrectangle()、imagefilledellipse()、imagefilledarc()和 imagefilledpolygon()等函数。

【例 12-3】画一个圆角矩形。

```php
<?php
function roundedRectangle($image, $x1, $y1, $x2, $y2, $curveDepth, $color)
{
  // 绘制四条边
  imageline($image,($x1+$curveDepth),$y1,($x2 - $curveDepth),$y1,$color);
  imageline($image,($x1+$curveDepth),$y2,($x2 - $curveDepth), $y2,$color);
  imageline($image,$x1,($y1+$curveDepth),$x1,($y2 - $curveDepth),$color);
  imageline($image,$x2,($y1+$curveDepth),$x2,($y2 - $curveDepth),$color);
  //绘制四个角
  imagearc($image,($x1 + $curveDepth),($y1 + $curveDepth),(2 *$curveDepth),(2 * $curveDepth), 180, 270, $color);
  imagearc($image,($x2 -$curveDepth),($y1 + $curveDepth),(2 *$curveDepth),(2 * $curveDepth), 270, 360, $color);
  imagearc($image,($x2 - $curveDepth),($y2 - $curveDepth),(2 *$curveDepth),(2 * $curveDepth), 0, 90, $color);
  imagearc($image,($x1 + $curveDepth),($y2 - $curveDepth),(2 *$curveDepth),(2 * $curveDepth), 90, 180, $color);
}
//绘制一个矩形
$myImage = imagecreate(200,100);
$myGray = imagecolorallocate($myImage, 204, 204, 204);
$myBlack = imagecolorallocate( $myImage, 0, 0, 0 );
roundedRectangle($myImage, 20, 10, 180, 90, 20, $myBlack);
header("Content-type: image/png");
imagepng($myImage);
imagedestroy($myImage);
?>
```

将以上程序保存为 r_rectangle.php，然后在浏览器中执行，绘制结果如图 12-14 所示。

该例首先创建一个可以画圆角矩形的函数。之所以把这些代码放在一个函数中，是为了在后面重用时更加方便，从而可以利用它绘制其他不同大小的圆角矩形。这个函数有 7 个参数：

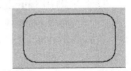

图 12-14　程序运行结果

```
function roundedRectangle( $image, $x1, $y1, $x2, $y2, $curveDepth, $color )
```

第一个参数是图像资源,也就是要在其上画矩形的图像。接下来的两个参数指定矩形的左上角,再下来的两个参数指定矩形的右下角。第六个参数$curveDepth是弧线的起点离矩形每条边的端点的距离,用像素表示。最后一个参数是矩形的颜色。图12-15显示了传递给roundedrectangle()函数的各个参数的意义。

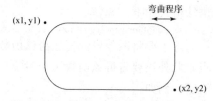

图12-15 传递给roundedrectangle()函数的各个参数

这个函数首先画出矩形的顶边,但并不是从$x1一直画到$x2,因为还要考虑为圆角留出地方。因此要对$x1位置加上$curveDepth值,而对$x2位置减去这个值:

```
imageline( $image,($x1 + $curveDepth), $y1,($x2 - $curveDepth), $y1,$color );
```

这条线是水平的,因此,所有点的y坐标位置都相同。用同样的方法可以画出矩形的底边:

```
imageline( $image,($x1 + $curveDepth), $y2,($x2 - $curveDepth), $y2,$color );
```

接下来是矩形的左右两条垂直边。这两条边的x坐标始终保持不变(左边一条为$x1,右边一条为$x2),只是相应的y值发生变化,从而使得直线的高度与圆弧的角点重合。代码如下:

```
imageline( $image, $x1,($y1 + $curveDepth), $x1,($y2 - $curveDepth),$color );
imageline( $image, $x2,($y1 + $curveDepth), $x2,($y2 - $curveDepth),$color );
```

接下来,函数从左上角开始画4个圆角。为了计算左上角圆弧的中心位置(如图12-16所示),函数给$x1和$y1都加上了$curveDepth值。为了计算椭圆的宽和高,需要计算$curveDepth两倍的值,因为$curveDepth实际上是圆弧的半径。

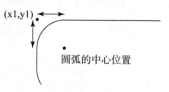

图12-16 圆弧的中心位置

左上角圆弧的起点是180°(时钟表盘上9点钟的位置),始终是270°(时钟表盘上12点钟的位置):

```
imagearc( $image,($x1 + $curveDepth),($y1 + $curveDepth),(2 *$curveDepth),(2 * $curveDepth), 180, 270,
$color );
```

用同样的方法可以画出其他3个圆角,只是在确定每个圆弧的中心位置时,需要根据不同情况,给$x1、$y1、$x2和$y2加上或减去$curveDepth值。

```
imagearc( $image,($x2 - $curveDepth),($y1 + $curveDepth),(2 *$curveDepth),(2 * $curveDepth), 270, 360,
$color );
imagearc( $image,($x2 - $curveDepth),($y2 - $curveDepth),(2 *$curveDepth),(2 * $curveDepth), 0, 90,
$color );
imagearc( $image,($x1 + $curveDepth),($y2 - $curveDepth),(2 *$curveDepth),(2 * $curveDepth), 90, 180,
$color );
```

画圆角矩形函数的代码至此结束,现在就可以用这个脚本文件绘制图像了。

首先创建一张空白画布,并给图像分配两种颜色。分配的第一种颜色(灰色)将作为图像的背景颜色,第二种颜色(黑色)则是矩形的颜色。代码如下:

```
$myImage = imagecreate( 200, 100 );
$myGray = imagecolorallocate( $myImage, 204, 204, 204 );
$myBlack = imagecolorallocate( $myImage, 0, 0, 0 );
```

接下来调用roundedRectangle()函数,并把前面提到的那些参数传递给它:

```
roundedRectangle( $myImage, 20, 10, 180, 90, 20, $myBlack );
```

最后调用header()和imagepng()函数将矩形图像发送给浏览器。完成之后,调用imagedestroy()函数以清除内存:

```
header("Content-type: image/png" );
imagepng( $myImage );
imagedestroy( $myImage );
```

12.4　处理图像

前面介绍了如何用 GD 库中的函数创建图像。GD 库的功能并不局限于绘制这些简单的图像，更重要的是还可以方便地在已有的 JPEG、PNG 或 GIF 图像的基础上创建新图像。本节就介绍一些常用的图像处理操作。

12.4.1　打开图像

从头开始创建新图像需要用到 imagecreate() 或 imagecreatetruecolor() 函数，而在已有图像的基础上创建新图像则要用到 imagecreatefrom…系列函数，其中最常用的是 imagecreatefromjpeg()、imagecreatefromgif() 和 imagecreatefrompng()。

imagecreatefromjpeg() 和 imagecreate() 函数的用法基本相同，不同之处在于后者需要将新图像的宽和高传递给它，而前者只需要传递一个字符串参数，即一个现有图像的文件名。然后，该函数将会返回一个图像资源供用户使用。语法格式如下：

```
resource imagecreatefromjpeg( string $filename )
```

例如：

```
$myImage = imagecreatefromjpeg( "lucky.jpg" );
```

打开程序所在目录中名为 lucky.jpg 的 JPEG 文件，然后将这个图像的内容读入到内存中。图像资源标识符 $myImage 指向内存中的图像数据。通过将这个图像数据输出到浏览器中，就可以测试这个图像文件。

【例 12-4】显示一个 JPEG 图片。

```php
<?php
$myImage = imagecreatefromjpeg("timg.jpg");
header("Content-type: image/jpeg");
imagejpeg($myImage);
imagedestroy($myImage);
?>
```

将以上程序保存为 show_jpg.php，然后在浏览器中执行，结果如图 12-17 所示。本例把一个已经存在的 JPEG 文件读入内存中，然后显示到浏览器中。这里需要注意，一定要确保传递给 imagecreatefromjpeg() 函数的图像文件名和该程序在同一个目录下。

以上程序中，imagecreatefromjpeg() 函数将会创建一个来自于已有图像的新图像资源：

```
$myImage = imagecreatefromjpeg("timg.jpg");
```

然后 PHP 文件给浏览器发送一个 HTML 头，通知浏览器给它发送一个 JPEG 图像数据：

```
header( "Content-type: image/jpeg");
```

最后，将数据传送过去并将内存中的图像清除：

图 12-17　输出的 JPG 图片

```
imagejpeg($myImage);
imagedestroy($myImage);
```

当然，这个程序所完成的工作都可以由普通的 HTML 代码完成，所以大家可能会对使用这种方法的意义产生疑惑。实际上，在把现有的图像发送给浏览器之前，能够打开它并对它进行处理是很有必要的。用 GD 图像函数可以对图像进行如下处理：

- 改变图像大小，生成一个缩略图。
- 降低图像质量，提高加载速度。
- 在图像中添加说明性的文字或标题。
- 为了保护版权，可以把一个图像的一部分作为水印插入到另一个图像中，从而达到保护版权的目的。

12.4.2 添加水印

水印通常用来保护自己的知识产权，比如，在网上发布自己的设计图片等，为了防止他人下载盗用，一般先为设计图片添加水印，然后再发布出去。目前比较普遍的做法是在图像中插入水印。下面将介绍如何通过 PHP 实现这一功能。

首先制作一个用来作为水印的图像，如图 12-18 所示，需要在白色背景上添加黑色的文字，然后将图像保存为 8 位的 PNG 文件。

© MATT DOYLE, 2008

1. 将水印复制到图像中

图 12-18 水印图像

【例 12-5】本例将在一个大图上附上刚才创建的水印图像，然后输出到浏览器中。

```php
<?php
$myImage = imagecreatefromjpeg("timg1.jpg");
$myCopyright = imagecreatefrompng("water.png");

$destWidth = imagesx($myImage);
$destHeight = imagesy($myImage);
$srcWidth = imagesx($myCopyright);
$srcHeight = imagesy($myCopyright);

$destX =($destWidth - $srcWidth)/2;
$destY =($destHeight - $srcHeight)/2;
imagecopy($myImage, $myCopyright, $destX, $destY, 0, 0, $srcWidth,$srcHeight);

header("Content-type: image/jpeg");
imagejpeg($myImage);
imagedestroy($myImage);
imagedestroy($myCopyright);
?>
```

将以上程序保存为 watermark.php，然后打开浏览器，在浏览器中执行该文件，输出结果如图 12-19 所示。

在本例中，首先打开需要插入水印的原始图像：

```php
$myImage = imagecreatefromjpeg( "timg1.jpg" );
```

然后打开水印图像。因为这是一个 PNG 文件，所以要用 imagecreatefrompng()函数打开这个文件：

```php
$myCopyright = imagecreatefrompng( "water.png" );
```

为了把版权标志放置在图像的中央，首先需要知道每个图像的尺寸。imagesx()函数用来返回图像的宽度，imagesy()函数用来返回图像的高度。这两个函数的参数都是需要得到高度或宽度的图像资源。脚本用这种方法得到了原始图像和版权标志图像的宽和高：

图 12-19 输出结果

```
$destWidth = imagesx($myImage);
$destHeight = imagesy($myImage);
$srcWidth = imagesx($myCopyright);
$srcHeight = imagesy($myCopyright);
```

现在需要计算版权图像在原始图像中放置时的左上角位置。为了计算这个位置的 x 坐标，需要用原始图像的宽度减去版权标志图像的宽度，然后除以 2。用同样的方法可以计算出 y 坐标，只是要用图像的高度：

```
$destX =($destWidth - $srcWidth) / 2;
$destY =($destHeight - $srcHeight) / 2;
```

计算出版权图像的插入位置后，就将它作为水印复制到原始图像中。完成这一步需要使用 imagecopy()函数：

```
imagecopy($myImage,$myCopyright,$destX,$destY,0,0,$srcWidth, $srcHeight);
```

imagecopy()函数的语法格式如下：

```
bool imagecopy( resource $dst_im , resource $src_im , int $dst_x , int $dst_y , int $src_x , int $src_y , int $src_w , int $src_h )
```

该函数的作用是将 src_im 图像中坐标从(src_x,src_y)开始、宽度为 src_w、高度为 src_h 的图像的一部分拷贝到 dst_im 图像中坐标为(dst_x,dst_y)的位置。参数含义如下：

- 第一个参数$dst_im 表示需要在其中插入水印的大图片。
- 第二个参数$src_im 表示复制数据块的来源图像——水平图片。
- 第三个参数 src_w 和第四个参数 src_h 表示复制数据块在目标图像中所处位置的 x 和 y 坐标值。它们表示复制数据块在原始图像的左上角位置。
- 接下来的两个参数$src_x 和$src_w 表示复制数据块在原始图像中左上角位置的 x 和 y 坐标值。
- 最后两个参数$src_w 和$src_h 表示复制数据块的宽度和高度。

在本例中，需要复制整个版权图像，因此数据块的左上角为(0,0)，整个版权图像的宽度和高度也就是数据块的宽度和高度。

在插入水印后，输出整个图像，最后不要忘了将这两个图像从内存中清除：

```
header("Content-type: image/jpeg");
imagejpeg($myImage);
imagedestroy($myImage);
imagedestroy($myCopyright);
```

从本例的输出结果可以看出，这样直接添加水印有一个问题：原始图像中的一大块被遮住了。下一节将介绍如何修正这个问题，使得可以看到被水印遮住的图片内容。

2. 透明处理

与其原封不动地复制整个版权图像，不如只复制其中黑色的文本内容。为此，就需要将版权图像的白色区域设置为透明效果。

首先要读取白色在图像中的颜色索引值。这有很多种方法。可以用 imagecolorat()函数读取某个像素的颜色在调色板中的索引值，例如：

```
$white = imagecolorat( $myCopyright, $x, $y );
```

或者使用 imagecolorexact()函数，利用颜色的 RGB 值读取其在调色板中的索引值，代码如下：

```
$white = imagecolorexact( $myCopyright, $red, $green, $blue );
```

第二种方法唯一的缺点在于，如果图像的调色板中不存在这个颜色，函数就不会返回一个有效的颜色索引值。

前面把版权图像保存为 8 位的 PNG 文件。这样可以确保需要处理的是颜色数很少的调色板，并且图像的白色背景自始至终都是同一种颜色。如果把图像保存为拥有数百万种颜色的 JPEG 文件，就会在白色背景上产生许多细微的变化，因此很难把整个白色背景设置为透明效果。把图像保存为包含较少颜色的 PNG 图像就可以避免这个问题。

接着脚本用 imagecolorexact()函数得到白色的索引值。有了这个索引值之后，就可以用 imagecolortransparent()函数把图像中的这种颜色设置为透明效果。该函数的语法格式如下：

```
int imagecolortransparent( resource $image [, int $color ] )
```

该函数需要两个参数：图像资源$image 和需要设置为透明效果的颜色的索引值$color。imagecolortransparent()将 image 图像中的透明色设定为 color。image 是 imagecreatetruecolor() 返回的图像标识符，color 是 imagecolorallocate()返回的颜色标识符。

把下面的代码添加到前面的 watermark.php 脚本文件中的适当位置：

```
$destY =($destHeight - $srcHeight) / 2;
$white = imagecolorexact( $myCopyright, 255, 255, 255 );
imagecolortransparent( $myCopyright, $white );
imagecopy($myImage,$myCopyright,$destX,$destY,0,0,$src width, $srcHeight );
```

在程序中执行程序，输出结果如图 12-20 所示。

3. 不透明处理

图像的不透明度定义了图像的像素透明或不透明的程度。图像可以从透明(完全可以看穿)到不透明(完全看不到图像背后的内容)。在前面介绍的 imagecopy()函数中，版权信息的黑色文本是不透明的，但白色背景是透明的。

如果希望水印不那么显眼，可以使用 imagecopymerge() 函数给复制的图像设置透明度。该函数的语法格式如下：

```
bool imagecopymerge( resource $dst_im , resource $src_im , int $dst_x ,
int $dst_y , int $src_x , int $src_y , int $src_w , int $src_h , int $pct )
```

这个函数和 imagecopy()函数的作用基本一样，只是需要提供第九个参数，它用来控制所复制图像的透明或不透明度。如果函数值是 0，表示复制过来的图像完全透明，在最终的图像中看不到它；而如果这个值为 100，表示复制的图像是完全不透明的——此时这个函数的作用就与 imagecopy()函数完全一样。因此只需要修改 watermark.php 脚本文件中的这一行代码：

图 12-20　透明处理后的水印效果

```
imagecopy($myImage,$myCopyright,$destX,$destY,0,0,$srcWidth,
$srcHeight );
```

将其改为：

```
imagecopymerge($myImage,$myCopyright,$destX,$destY,0,0,$src
Width,　$srcHeight,20);
```

这里把 imagecopy()函数改为 imagecopymerge()函数，并且将不透明度的值设置为 20，这样图片上的水印效果就变得比较淡了。执行程序，结果如图 12-21 所示。

图 12-21　透明化处理效果

12.4.3　制作缩略图

创建图像的缩略图所用的方法类似于生成水印效果所使用的方法，只是复制的方法有所不同——添加水印的时候是把较小的图像复制到较大的图像中，而创建图像的缩略图时则是把较大的图像复制到较小的图像中，即在复制的过程中缩小图像。

【例 12-6】制作缩略图。

```php
<?php
$mainImage = imagecreatefromjpeg("timg1.jpg");
$mainWidth = imagesx($mainImage);
$mainHeight = imagesy($mainImage);
$thumbWidth = intval($mainWidth/4);
$thumbHeight = intval($mainHeight/4);
$myThumbnail = imagecreatetruecolor($thumbWidth, $thumbHeight);
imagecopyresampled($myThumbnail, $mainImage, 0, 0, 0, 0, $thumbWidth,$thumbHeight, $mainWidth, $mainHeight);
header("Content-type: image/jpeg");
imagejpeg($myThumbnail);
imagedestroy($myThumbnail);
imagedestroy($mainImage);
?>
```

将以上脚本保存为 thumbnail.php，然后在浏览器中执行，结果如图 12-22 所示。在这个程序中，首先打开要创建缩略图的图像：

```php
$mainImage = imagecreatefromjpeg( " timg1.jpg" );
```

接下来使用 imagesx()和 imagesy()函数得到原始图像的宽和高。之后将会根据这些值计算新的缩略图的大小：

```php
$mainWidth = imagesx($mainImage);
$mainHeight = imagesy($mainImage);
```

假设缩略图的大小是原始图像的四分之一，将原始图像的宽和高都除以 4，得到缩略图的宽和高，然后将计算结果用 intval()函数精确到整数：

```php
$thumbWidth = intval($mainWidth/4);
$thumbHeight = intval($mainHeight/4);
```

接着创建一个新的空白图像用来保存缩略图。通常是为图片创建缩略图，因此若想得到一个包含很多颜色的图像，就用 imagecreatetruecolor()函数创建一个空白缩略图：

```php
$myThumbnail = imagecreatetruecolor($thumbWidth, $thumbHeight);
```

接着缩小原始图像，并把它复制到新的缩略图中。imagecopyresized()和 imagecopyresampled()两个函数都可以实现上述功能。这两个函数的区别在于 imagecopyresized()的速度稍微快一些，但是它不会对图像进行平滑处理。如果将使用 imagecopyresized()创建的缩略图放大，则可能会产生块状效果。

imagecopyresampled()函数的速度虽然慢一些，但是它会对像素进行插值处理，从而可以消除这种块状效果。imagecopyresized()和imagecopyresampled()两个函数的语法格式分别如下：

图 12-22　缩略图效果

```php
bool imagecopyresized( resource $dst_image , resource $src_image , int $dst_x , int $dst_y , int $src_x , int $src_y , int $dst_w , int $dst_h , int $src_w , int $src_h )
bool imagecopyresampled( resource $dst_image , resource $src_image , int $dst_x , int $dst_y , int $src_x , int $dst_w , int $dst_h , int $src_w , int $src_h )
```

这两个函数都需要 10 个参数，而且各个参数的意义都一样：目标图像；源图像；复制的数据块在目标图像中的左上角位置(x 和 y 坐标)；复制的数据块在原始图像中的左上角位置(x

和 y 坐标);复制的数据块在目标图像中的宽和高;复制的数据块在原始图像中的宽和高。

本例中使用 imagecopyresampled()函数把整个图像数据复制成一个缩略图,并在复制的过程中将图像按比例缩小:

```
imagecopyresam5pled( $myThumbnail, $mainImage, 0, 0, 0, 0, $thumbWidth, $thumbHeight, $mainWidth,
$mainHeight );
```

最后把图像数据发送到浏览器窗口中,然后从内存中清除图像:

```
header( "Content-type: image/jpeg" );
imagejpeg( $myThumbnail );
imagedestroy( $myThumbnail );
imagedestroy( $mainImage );
```

使用 PHP 在图像中插入文本可以方便用户在图像中添加注释或者绘制动态图表。最简单快捷的方法是用 imagestring()函数将文本插入到图像中。利用这个函数可以在图像中的某个指定位置插入一个文本字符串。

12.4.4　添加标准化文本

使用 imagestring()函数可以很方便地在图像中添加文本,因为这个函数可以用一组系统内置的字体给文本设置格式,这就意味着不必考虑在服务器中装载某种字体。语法格式如下:

```
bool imagestring( resource $image , int $font , int $x , int $y , string $s , int $col )
```

imagestring()用颜色 col 将字符串 s 画到 image 所代表图像的(x,y)坐标处(这是字符串左上角坐标,整幅图像的左上角坐标为(0,0)。如果 font 是 1、2、3、4 或 5,则使用内置字体。

如果文本插入成功,则 imagestring()函数的返回值为 true,否则返回 false。

【例 12-7】显示系统字体。

```php
<?php
$textImage = imagecreate(200, 100);
$white = imagecolorallocate($textImage, 255, 255, 255);
$black = imagecolorallocate($textImage, 0, 0, 0);
$yOffset = 0;
for($i = 1; $i <= 5; $i++) {
    imagestring($textImage, $i, 5, $yOffset, "This is system font $i", $black);
    $yOffset += imagefontheight($i);
}
header("Content-type: image/png");
imagepng($textImage);
imagedestroy($textImage);
```

将以上程序保存为 system_fonts.php,然后在 Web 浏览器中执行以上程序,运行结果如图 12-23 所示,逐一显示了 5 种系统字体。

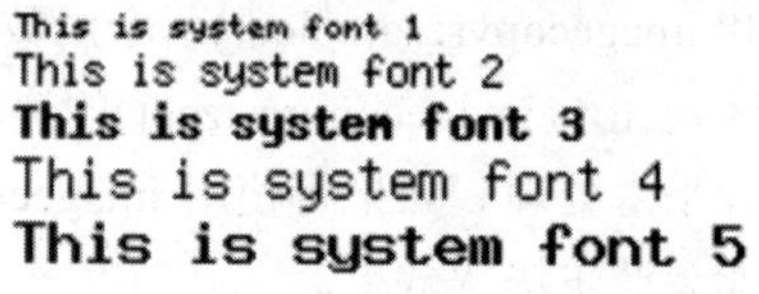

本例首先为文本创建了一个基于调色板的空白图像,然后将白色和黑色两种颜色分配给了这个图像的调色板。因为在这个脚本中首先分配了白色,所以白色将会作为这个文本图像的背景颜色:

This is system font 1
This is system font 2
This is system font 3
This is system font 4
This is system font 5

图 12-23　程序执行结果

```
$textImage = imagecreate(200, 100);
$white = imagecolorallocate($textImage, 255, 255, 255);
$black = imagecolorallocate($textImage, 0, 0, 0);
```

接着定义了一个变量来表示文本字符串在图像中的 y 坐标位置。文本的第一行位于图像的顶部,因此这个变量的值为 0。

```
$yOffset = 0;
```

接下来用一个 for 循环逐一显示系统内置的 5 种字体:

```
    for( $i = 1; $i <= 5; $i++ ) {
```

在这个循环中，文本是用系统中的第i种字体进行显示的，并且将文本定位在距离图像左边界 5 个像素的位置。$yOffset 这个变量确定了文本在图像中的垂直位置。

```
    imagestring( $textImage, $i, 5, $yOffset, "This is system font $i", $black );
```

接下来将 $yOffset 这个变量加上当前字体的高度，表示下一行的垂直位置。用 imagefontheight() 函数可以返回字符在当前字体中的高度，单位是像素。同理，用 imagefontwidth()函数可以得到字符在当前字体中的宽度。

```
    $yOffset += imagefontheight( $i );
```

循环结束后，输出图像并清理内存：

```
    header( "Content-type: image/png" );
    imagepng( $textImage );
    imagedestroy( $textImage );
```

12.4.5　使用 TrueType 字体

系统内置的字体具有等宽特性，因此，在 Web 开发中会经常用到。例如，在绘制图表时，因为使用等宽字体，版面设计和定位都比较容易。但是如果想使文字更加美观，就要用 TrueType 字体。这些字体具有极大的灵活性，不仅可以控制字体的外观，还可以设置字体的大小以及倾斜角度。

PHP 提供了 imagefttext()函数用于绘制 TrueType 文本，它使用的是 FreeType2 字体。该函数的语法格式如下：

```
    array imagefttext( resource $image , float $size , float $angle , int $x , int $y , int $color , string $fontfile ,
string $text [, array $extrainfo ] )
```

该函数的功能为使用 FreeType2 字体将文本写入图像。参数说明如下：

● $image 表示需要添加文本的图像资源。

● $size 表示字体的大小，用点表示。

● $angle 表示文本旋转的角度。0°表示时针指向 3 点时的位置，90°表示时针指向 12 点时的位置，依此类推。如果角度为 0，则产生标准的从左到右的文本。这个角度按照逆时针方向。

● $x 和$y 表示文本起点位置的 x 和 y 坐标。这个起点是文本外包矩形的左下角位置。这与 imagestring()函数有所不同，imagestring()函数中对应的参数表示的是矩形左上角的位置。

● $color 表示文本的颜色索引值。例如，imagecolorallocate()函数的返回值。

● $fontfile 表示字体文件(.ttf)在服务器硬盘中的完整路径。

● $text 表示要绘制的文本字符串。

imagefttext()函数绘制在文本之后将返回一个包含 8 个元素的数组，代表文本外包矩形的 4 个角点的位置，如表 12-1 所示。

表 12-1　imagefttext()函数返回的数组元素

索　　引	说　　明
0	左下角的 x 坐标
1	左下角的 y 坐标
2	右下角的 x 坐标
3	右下角的 y 坐标

(续表)

索　引	说　　明
4	右上角的 x 坐标
5	右上角的 y 坐标
6	左上角的 x 坐标
7	左上角的 y 坐标

这意味着用户可以准确地知道所绘制的文本在图像中占据的区域。如果需要绘制更多的文本和图表，并且它们的位置都相对于这个文本，则知道这个区域是非常有必要的。

【例 12-8】用 TrueType 字体绘制文本。

```php
<?php
$textImage = imagecreate(1024, 768);
$white = imagecolorallocate($textImage, 255, 255, 255);
$black = imagecolorallocate($textImage, 0, 0, 0);
imagefttext($textImage, 16, 0, 10, 50, $black, "verdana.ttf", "Vera, 16 pixels");
header("Content-type: image/png");
imagepng($textImage);
imagedestroy($textImage);
?>
```

本例将使用 imagefttext()函数在图像资源中输出一行文本，字体为 verdana.ttf。需要先到 c:/windows 下的字体目录文件夹中将 verdana.ttf 字体拷贝到程序所在目录中。将以上程序保存为 truetype.php，然后在浏览器中运行，结果如图 12-24 所示。

图 12-24　程序输出结果

在本例中，首先创建了一个空白图像，并给它分配了两种颜色：

```php
$textImage = imagecreate(1024, 768);
$white = imagecolorallocate($textImage, 255, 255, 255);
$black = imagecolorallocate($textImage, 0, 0, 0);
```

然后调用 imagefttext()函数，在图像中绘制字符串：

```php
imagefttext($textImage, 16, 0, 10, 50, $black, "verdana.ttf", "Vera, 16 pixels");
```

最后输出最终图像：

```php
header("Content-type: image/png");
imagepng($textImage);
imagedestroy($textImage);
```

在输出字符串时，还可以生成倾斜的字体，只需要将下面这行内容：

```php
imagefttext($textImage, 16, 0, 10, 50, $black, "verdana.ttf", "Vera, 16 pixels");
```

改为：

```php
imagefttext($textImage, 16, -30, 10, 30, $black, "verdana.ttf", "Vera, 16 pixels");
```

这条语句将表示方向的参数从 0°改为 - 30°。由于旋转的方向采用的是逆时针方向，因此负数就表示将文本向顺时针方向旋转。因为 0°表示时钟上 3 点钟的位置，那么顺时针旋转 30°之后，应该位于 4 点钟的位置，输出效果如图 12-25 所示。

图 12-25　倾斜的字符串

12.5　本章小结

本章首先介绍了计算机图形技术的相关概念，如色彩原理、坐标系、图像类型；接着介绍了 GD 库的作用及其启用；然后介绍了使用 PHP 语言创建图像；最后介绍了如何通过 GD 库对图像进行一些常用的操作。通过本章的学习，读者应能够使用 PHP 和 GD 库绘制常用的图标，或对图像进行一些常用的处理。

12.6　思考和练习

1. 创建一个 PHP 脚本，打开一个图像，并在图像中添加一个像素宽的黑色边框，然后将最终生成的图像输出到浏览器窗口中。

2. 利用 disk_total_space()和 disk_free_space()函数，用图形方法显示 Web 服务器上硬盘的使用情况。

第 13 章

面向对象编程

本章将向读者介绍 PHP 中的面向对象程序设计(OPP)的思想。大家可能已经使用过 Java、C#或 Perl 等编程语言，对 OOP 编程方法熟悉。面向对象程序设计是建立模块化、可重用代码的重要方法。用这种方法可以创建大型的、易于维护的应用程序。PHP 在 5.5 版本之后，主要提倡面向对象编程。本章以理论和实践相结合的方式，使用 PHP 语言来实现面向对象的所有核心理念。比如，创建类和对象，创建和使用属性，创建方法，方法重载，继承与接口的实现，构造函数和析构函数，等等。通过本章的学习，读者应能够使用面向对象的方式来开发 Web 应用。

本章的学习目标：

- 了解面向对象的重要概念，包括类、对象、属性、方法、重载、继承、接口等。
- 掌握创建类和对象的方法，包括创建类、类中的成员，以及实例化类。
- 掌握创建和使用属性的方法，包括声明属性、属性的可见性控制、访问属性、声明静态属性、声明类常量等。
- 掌握类的方法的创建，方法可见性设置，方法的调用，方法的参数和返回值，静态方法，用类型提示检查方法的参数，用封装实现独立性等。
- 掌握使用_get()、_set()和_call()方法重载对象。
- 掌握重载父类的方法，保留父类的功能，用 final 类和方法阻止继承和重载，抽象类和抽象方法的声明，接口的定义和使用。
- 掌握构造函数和析构函数的使用。
- 了解自动加载类文件。
- 了解将对象存储为字符串的方法，即对象的序列化和反序列化。
- 掌握判断一个对象所属的类。

13.1 面向对象编程介绍

面向对象编程思想最早出现在 20 世纪 60 年代。以 Java 为代表的面向对象编程技术，近年来已广泛地应用在大型工业化的软件设计中。面向对象编程技术是计算机编程史上的一个里程碑，它让程序更容易维护、重用、部署等。面向对象类似于盒子操作，程序员不必知道类功能的具体实现过程，只需要知道类提供了哪些可用的方法(操作实体)，然后进行调用即可，这就意味着类是可以多处调用、多处使用的。下面首先对类的重要概念进行简单的介绍。更详细的用法将在后面的内容中结合示例代码进行讲解。

1. 类

类是面向对象编程中最重要的概念，这里的类和我们日常中见到的事物类是一样的。比如地球上有动物类、植物类等物种，动物类中又包含人、猫、狗等，这些就是类的实体对象，从这里就可以看出，所谓的"类"只不过是人们用于方便识别物种的一种方法，它并不具体存在；但是动物类中的人、猫、狗等是真实存在的，可以完成特定的事情；同样，在软件设计中，类也是用于总结、归类代码的一种称呼，它并不能实现具体的功能，但类包含的方法却可以完成具体的功能。

2. 对象

设计好的类在被计算机编译后，便被分配内存区、地址、资源等。系统要使用类，就需要找到相应的内存地址，然后进行编译，但还没有触发相应的功能，处于等待接受任务的状态，被分配到内存中的资源句柄就称为对象；这里可以简单地将类理解为一个真实存在的文件，它存在于硬盘上，而对象是一个存放于内存中的抽象资源，可以随时销毁。通常情况下，类和对象是一一对应的，一个没有实例化(没有生成对象)的类是不能使用它所包含的功能模块的(静态类除外)。

3. 方法

前面所讲的功能模块是类包含的具体功能代码，也就是类的方法。虽然类方法的声明在每种编程语言中会有不一样的声明方式，但通常情况下类的方法就是常见的功能函数；将一个功能函数放到类中，就会成为该类的方法，一个类需要实现哪些功能，通常都需要在类方法中实现，这就是类的封装性。它可以让开发者像使用功能函数一样方便赋参、调用等；还可以作为类的接口对其他方法进行约束、规范等；从这里可以看出，类的主要作用就是归类、合并传统编程中的函数、变量等。

4. 成员变量

类的成员属性也称为成员变量，通常用于接收外部数据或将内部数据返回；所谓的"成员变理"，其实和常见的变量是一样的，它们都有自己的数据类型、赋值方式等。类的成员变量与传统变量在作用上都是一样的，只是类的成员变量只能作用于类中，并且受到类的权限修饰符的限制。类的成员变量在类被实例化后就称为类的成员属性，它们事实上是同一概念。

5. 继承

继承是面向对象编程中最重要的一种思想，面向对象编程思想的核心就是继承。所谓的继承，顾名思义就是"接受旧的，产生新的"，这就意味着新类具备旧类的全部功能；继承丰富了面向对象编程思想，使得程序设计更加便捷、高效。本书重点介绍的 MVC 技术就是基于继承实现的，在此只需要简单理解即可。

13.2 创建类和对象

PHP 提供了封装、拆箱、类保护、接口、抽象层等类似于 Java 的高级功能。PHP 的面向对象设计出色地继承了传统 PHP 的简洁、高效，能够为 Web 开发提供一流的性能与效率。接下来将首先从 PHP 类的设计开始学习。

13.2.1 创建类

class 具有"类""类别"的意思。类是面向对象设计的基础单元。在 PHP 中，使用 class 关键字作为类体的声明，PHP 编译器一旦遇到该关键字，就会按处理面向对象的方式为程序分配相关的资源。下面是一个非常简单的类：

```php
<?php
class technology{
  function PHP(){
        return "php";
  }
  function Jsp(){
        return "jsp";
  }
  function asp(){
        return "asp";
  }
}
$myClass = new technology();
echo "我想学".$myClass->PHP();
?>
```

上述代码的运行结果为"我想学 php"。代码中的 class 关键字是类的声明，然后是类的名称，类名后面的大括号"{}"是类的实体。所有功能代码必须写于类的实体内。在进行类的声明时，需要注意以下内容：

- 类名必须符合标识符命名规范。如果类作为一个单独文件存在，通常类名和文件名同名，建议使用"类名.class.php"的文件命名方式。
- 类体中的 function 关键字是类方法的声明，普通的函数存在于类体中，就称为类方法。PHP 为弱类型语言，对类的数据类型不需要手动声明。PHP 对变量是严格区分大小写的，但对类名、方法名、函数名是不区分大小写的。
- 尽量避免在类方法中输出 HTML，这会在一定程度上破坏类的通用性。

13.2.2 类的成员

类成员的设计决定了类的意义和功能，一个功能完整的 PHP 类体会包含许多类成员。除了前面提到的类方法，常见的 PHP 类成员还包括构造函数、成员变量、类常量、析构函数等。下面分别介绍。

1. 构造函数

构造函数是一种比较特殊的函数，用于类对象初始化时的默认传参。一个比较复杂的功能类，需要实现的功能非常多，程序员在调用类时往往需要处理一大堆默认参数，使用构造函数就可以在实例化时直接以 new 的方式进行赋值。示例代码如下：

```php
<?php
class class1{
  private $name;
  private $action;
  function __construct($_name,$_action){
        $this->name=$_name;
        $this->action=$_action;
  }
  //自定义方法
  function action(){
        echo $this->name.$this->action;
  }
}
class class2{
  public $name;
  public $action;
  //自定义方法
  function action(){
        echo $this->name.$this->action;
  }
}
//有构造函数的类
$class1=new class1("landy","在码代码");
$class1->action();
//没有构造函数的类
$class2 = new class2();
$class2->name="landy";
$class2->action="在码代码";
$class2->action();
?>
```

上述代码中声明了两个类：class1 和 class2。它们的输出结果都是"landy 在码代码"。class1 类使用 __construct 声明了一个构造函数，该构造函数共有两个参数$_name、$_action，并指定两个参数的值，赋给成员变量$name 和$action，以便其他类方法进行调用，这两个参数在该类中的作用就是强制在实例化时进行赋参，否则编译器会报错。

class2 没有使用构造函数，虽然也实现了和 class1 相同的功能，但在实例化时需要进行额外的属性赋值，代码也多了 3 行。由此可见，构造函数可以方便开发人员初始化类。此外，PHP 构造函数除使用 __construct 进行声明外，还可以使用和类同名的方法作为该类的构造函数。

2. 成员变量

成员变量也称为成员属性，由普通的变量加上访问修饰符而构成，成员变量和普通变量一样只用于临时存放数据。例如：

```php
<?php
class myClass{
  public $NowTime;
  public $like;
  public function getTime(){
        //使用成员变量返回数据
        $this->NowTime=date("Y-m-d h:i:s");
  }
  public function MyLike(){
        //输出类成员变量数据
        echo "我喜欢".$this->like;
```

```php
    }
  }
  //实例化类
  $class = new myClass();
  $class->getTime();
  echo $class->NowTime;
  $class->like="PHP";
  $class->MyLike();
  ?>
```

3. 析构函数

析构函数与构造函数的功能正好相反，用于释放资源。PHP 使用__destruct()函数进行析构，例如：

```php
  <?php
  class class1{
    private $name;
    private $action;
    function __construct($_name,$_action){
        $this->name=$_name;
        $this->action=$_action;
    }
    //自定义方法
    function action(){
        echo $this->name.$this->action;
    }
    //释放类变量 name 和 action 的资源
    function __destruct(){
        $this->name;
        $this->action;
    }
  }
  //有构造函数的类
  $class1=new class1("landy","在码代码");
  $class1->action();
  ?>
```

这里使用__destruct()函数清除由构造函数创建的$name、$action 资源，这个过程是自动进行的，不返回任何消息。事实上，析构函数是不必要的，因为 PHP 内置了垃圾回收机制，它能自动清理残留的内存资源。

13.2.3 实例化类

一个类被 new 后就称为实例化类。实例化后的类称为对象，面对新类对象，程序员不需要查看类体的实现过程，只需要知道类的公开接口(成员属性、公开的方法等)就可以完成类的使用。这也意味着，一个封闭的类对开发人员来说是封箱的(像封装在箱子里的物体)，普通的程序员没必要修改封装好的类，这就很好地保证了 PHP 类的通用性和重用性，一个设计优秀的类甚至可以应用到任何 PHP 应用中。下面就来介绍实例化类。

```php
  <?php
  //MyClass.php 文件
  class MyClass{
    function Weather($str){
        return "现在天气为".$str;
    }
  }
  ?>
```

接着创建 index.php 文件，实例化前面创建的 MyClass，代码如下：

```php
<?php
//index.php
require("MyClass.php");
$class=new MyClass();
echo $class->Weather("多云");
?>
```

在 index.php 中只需要包含 MyClass.php 文件，就可以实现面向对象编程。开发人员不必知道类功能的实现过程，只需要调用接口，即可完成对相应功能的调用，如图 13-1 所示。

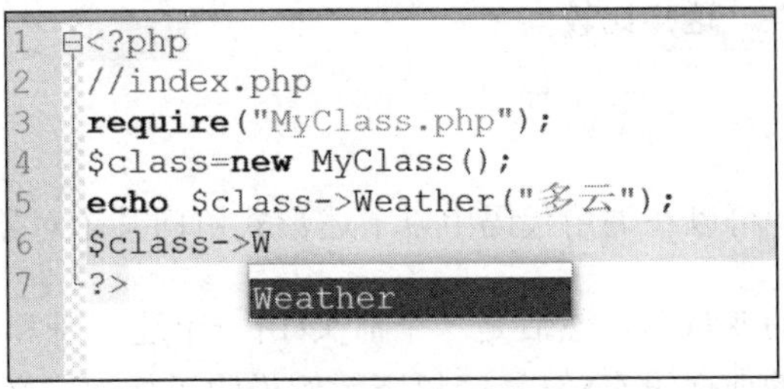

图 13-1　调用类的公开接口

13.3　创建和使用属性

如何给一个类增加属性？类的属性与变量非常相似。例如，对象的属性也可以存储一个值、一个数组，甚至另一个对象。

13.3.1　声明属性

要给一个类添加属性，首先需要写上 public、private 或 protected 关键字，这取决于要给这个属性设置哪种可见性，然后是属性的名字(前面要加上$符号)，例如：

```php
class MyClass {
    public $property1;        // 这是一个公共属性
    private $property2;       // 这是一个私有属性
    protected $property3;     // 这是一个保护属性
}
```

同时，在声明属性时可以给它定义一个初始值，就像给变量设置初始值那样：

```php
class MyClass {
    public $widgetsSold = 123;
}
```

在本例中，每当创建 MyClass 的一个新对象时，这个对象的$widgetsSold 属性将会被设置为默认值 123。

13.3.2　属性的可见性

在上一节中创建类 MyClass 时，使用 public 声明了一个公共属性，使用 private 声明了一个私有属性，使用 protected 声明了一个保护属性。其中，公有的(public)、私有的(private)和保护的(protected)是属性的 3 种可见性。下面介绍一下三者的含义和区别：

● 类的公有属性可以被任何代码访问，不管是在类的内部还是外部。如果一个属性声明为 public，则它的值可以在脚本的任何位置进行访问或修改。

- 类的私有属性只允许类的内部代码对其进行访问。因此，如果把类的一个属性声明为 private，则只有同一个类中的方法才可以访问它的值(如果试图从这个类的外部访问这个私有属性，则 PHP 会输出错误信息)。

- 类的保护属性(protected)有点类似于私有属性，它们都不允许类的外部代码对其进行访问。但是两者之间有微妙的差别：任何从这个类继承的类都可以访问它的保护属性。

一般而言，最好不要把属性定义为公有的，而是定义为私有的。然后可以创建类的方法，并通过方法访问私有属性，这样比较安全。

13.3.3 访问属性

创建了类的属性后，可以在调用代码中以下述形式访问某个对象的属性值：

```
$object-> property;
```

首先写存储此对象的变量名，然后是一个箭头(由一个连字符和一个大于号组成)，最后是属性名(注意，属性名的前面没有$符号)。以下示例说明了如何定义属性，如何给属性赋值，以及如何读取属性的值。

【例 13-1】类属性的定义、赋值和访问。

```
......
    <body>
<?php
class Car {
  public $color;
  public $manufacturer;
}
$beetle = new Car();
$beetle->color = "red";
$beetle->manufacturer = "Volkswagen";
$mustang = new Car();
$mustang->color = "green";
$mustang->manufacturer = "Ford";
echo "<h2>一些属性:</h2>";
echo "<p>Beetle 的颜色为 " . $beetle-> color . ".</p>";
echo "<p>Mustang 的制造厂商为 " . $mustang-> manufacturer . ".</p>";
echo "<h2>The \$beetle 对象:</h2><pre>";
print_r($beetle);
echo "</pre>";
echo "<h2>The \$mustang 对象:</h2><pre>";
print_r($mustang);
echo "</pre>";
?>
</body>
```

将以上程序保存为 property.php，然后在浏览器中执行，输出结果如图 13-1 所示。脚本首先定义了 Car 类，它有两个属性：$color 和$manufacturer。然后创建了一个 Car 对象，并把它赋给了$beetle 变量，然后把$beetle 变量的$color 和$manufacturer 属性分别设置为 red 和 Volkswagen。接着创建了另一个 Car 对象，把它赋给了$mustang，并将它的$color 属性设置为 green，将它的$manufacturer 属性设置为 Ford。

创建两个对象并且给它们的属性设置值之后，脚本输出$beetle 对象的$color 属性值($beetle->color)和$mustang 对象的$manufacturer 属性值($mustang->manufacturer)。最后，脚

本用 print_r()函数输出了这两个对象。注意，print_r()函数显示对象的属性的方式与它输出数组的键和值的方式完全一样。

图 13-1 程序输出结果

13.3.4 静态属性

可以把静态属性看成类的全局变量。访问静态属性时不需要创建类的实例，即不需要定义类的对象。创建静态属性的方法是在属性名的前面加上 static 关键字，例如：

```
class MyClass {
    public static $myProperty;
}
```

为了访问类的静态属性，需要在类名的后面紧跟两个冒号(::)，再跟属性名(前面要$加)，如下所示：

```
MyClass::$myProperty = 123;
```

下面这个例子说明了如何使用 Car 类的静态成员：

```
class Car {
    public $color;
    public $manufacturer;
    static public $numberSold = 123;
}
Car::$numberSold++;
echo Car::$numberSold;    //输出"124"
```

在 Car 这个类中定义了一个静态属性$numberSold，并且把它的初始值设置为 123。然后在类的外部，给这个静态属性增加 1，并且输出它的新值 124。

13.3.5 类常量

定义类常量，要使用关键字 const，例如：

```
class MyClass {
    const MYCONST = 123;
}
```

与静态属性一样，类常量也要用(::)运算符进行访问：

```
echo MyClass::MYCONST;
```

如果需要定义一个固定值，或者需要设置某个类特有的配置选项，可以定义类常量。

13.4 方法

类的功能之所以强大，主要是因为类方法的作用。通俗地说，类方法规定了类实体拥有什么功能。

13.4.1 创建方法

给类添加一个方法时，首先要使用 public、private 或 protected 关键字，然后使用 function 关键字，再加上方法名，方法名的后面是一对圆括号。之后是一对花括号，花括号中是实现方法的代码。例如：

```
class MyClass {
    public function aMethod() {
        // (do stuff here)
    }
}
```

提示：public、private 和 protected 关键字是可选的，默认为 public。

13.4.2 方法的可见性

在本章的前面曾提到属性有三种可见性：公有的(public)、私有的(private)和保护的(protected)。

同样，方法也有三种可见性。所有的方法都可以让同一个类里的其他方法调用。如果把某个方法声明为 public，则类之外的代码可以调用这个方法。但是，如果把一个方法声明为 private，则只有同一个类的其他方法才可以调用这个方法。最后，如果把一个方法声明为 protected，则只有这个类和它的派生类可以调用这个方法。

13.4.3 方法的调用

调用一个对象的方法时，要使用对象名，之后与访问属性一样，是一个箭头，再就是方法名和括号：

```
$object->method();
```

下面的例子将创建一个类和该类的方法，然后定义这个类的一个对象，并且调用这个对象的方法：

```
class MyClass {
    public function hello() {
        echo "Hello, World!";
    }
}
$obj = new MyClass;
$obj->hello(); // 输出"Hello, World!"
```

13.4.4　方法的参数和返回值

与函数一样，方法也有形参，用来接收调用语句传递给它的实参。方法也有返回值。给方法添加参数和返回值的方法与函数相同，即在方法名后面的括号中增加参数名。例如：

```php
public function aMethod( $param1, $param2 ) {
    // 方法体
```

方法可以返回一个值，也可以直接退出方法，这些都要用到 return 语句：

```php
public function aMethod( $param1, $param2 ) {
    // 方法体
    return true;
}
```

13.4.5　在方法中访问对象的属性

虽然用参数和 return 语句可以在调用程序与方法之间传递数据，但是面向对象编程的强大之处在于它的自包含性，这是指对象的方法与对象的属性之间可以建立直接的关系。

在对象的方法中访问同一个对象的属性，需要用到一个特殊的变量名$this。格式如下：

```php
$this->property;
```

例如：

```php
class MyClass {
    public $greeting = "Hello, World!";
    public function hello() {
        echo $this->greeting;
    }
}
$obj = new MyClass;
$obj-> hello(); // 输出"Hello, World!"
```

在这个例子中，先创建了一个名为 MyClass 的类，它只有一个属性$greeting 和一个方法 hello()。在 hello()方法中，用 echo 语句通过$this->greeting 方法访问了对象的$greeting 属性值。定义了 MyClass 类之后，创建它的一个对象$obj，并调用这个对象的 hello()方法，显示$greeting 属性值。

此外，利用$this 可以在一个对象的方法中访问同一个对象的其他方法，代码如下：

```php
class MyClass {
    public function getGreeting() {
        return "Hello, World!";
    }
    public function hello() {
        echo $this->getGreeting();
    }
}
$obj = new MyClass;
$obj->hello(); // 输出"Hello, World!"
```

在这段程序中，hello()方法通过$this->getGreeting()调用了同一个对象的 getGreeting()方法，然后用 echo 语句输出它的返回值。

【例 13-2】汽车模拟器。

本例创建一个汽车类 Car，并根据汽车的功能给汽车类添加了加速、刹车、获取速度值等实用的方法，从而使得该类具有一定的实用价值。示例程序如下：

```php
......
    <body>
    <?php
```

```
    class Car {
        public $color;
        public $manufacturer;
        public $model;
        private $_speed = 0;
        //加速
        public function accelerate() {
            if ($this->_speed>=100) return false;
            $this->_speed += 10;
            return true;
        }
        //刹车
        public function brake() {
            if ($this->_speed <= 0) return false;
            $this->_speed -= 10;
            return true;
        }
        //获取速度值
        public function getSpeed() {
            return $this->_speed;
        }
    }
    $myCar = new Car();
    $myCar->color = "red";
    $myCar->manufacturer = "Volkswagen";
    $myCar->model = "Beetle";
    echo "<p>我开着一辆 $myCar->color $myCar->manufacturer $myCar->model.</
p>";
    echo "<p>加速中...<br />";
    while ($myCar->accelerate()) {
        echo "当前车速: " . $myCar-> getSpeed() . " mph<br />";
    }
    echo "</p><p>超速! 请减速...<br />";
    while ($myCar->brake()) {
        echo "当前车速: " . $myCar->getSpeed() . " mph<br />";
    }
    echo "</p><p>停车!</p>";
    ?>
    </body>
```

将以上程序保存为 car_simulator.php，然后在浏览器中执行，输出结果如图 13-2 所示。

这个例子给 Car 类添加了 3 个方法：accelerate()方法用来为汽车加速；brake() 方法的作用与 accelerate()相反；getSpeed() 方法的作用是返回汽车的当前速度。

然后，这段脚本创建了 Car 类的一个实例，即$myCar 对象，并给它的公有属性赋值，说明汽车的型号(红色的大众版甲壳虫汽车)。接着程序显示这些属性，并且经过几次循环后，把汽车加速到最大速度，然后减速到 0。在加速或减速过程中，用 getSpeed()方法输出当前速度。

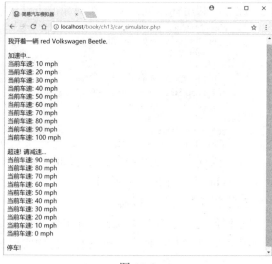

图 13-2

13.4.6　静态方法

类的静态方法的定义与静态成员的定义一样，需要在 function 之前加上 static 关键字：

```
class MyClass {
    public static function staticMethod() {
        // 方法体
    }
}
```

调用静态方法时，要用类名，之后紧跟两个冒号和方法名，如果有必要，还要在括号中加上参数：

```
MyClass::staticMethod();
```

与静态成员一样，当需要增加一个与类有关的而与实际对象无关的功能时，就需要使用静态方法。例如：

```
class Car {
    public static function calcMpg( $miles, $gallons ) {
        return ( $miles / $gallons );
    }
}
echo Car::calcMpg( 168, 6 ); // 输出"28"
```

如果需要在方法中访问同一个类的静态方法、静态属性或类常量，使用的方法与在类外访问使用的方法相同。例如：

```
class MyClass {
    const MYCONST = 100;
    public static $staticVar = 105;
    public function myMethod() {
        echo "MYCONST = " . MyClass::MYCONST . ", ";
        echo "\$staticVar = " . MyClass::$staticVar . "<br />";
    }
}
$obj = new MyClass;
$obj->myMethod(); // 输出"MYCONST = 100, $staticVar = 105"
```

也可以使用 self 关键字(作用与对象中的$this 变量相似)。例如：

```
class Car {
    public static function calcMpg( $miles, $gallons ) {
        return ( $miles / $gallons );
    }
    public static function displayMpg( $miles, $gallons ) {
        echo "This car's MPG is: " . self::calcMpg( $miles, $gallons );
    }
}
echo Car::displayMpg( 168, 6 ); // 输出"This car's MPG is: 28"
```

13.5　用__get()、__set()和__call()重载对象

PHP 允许创建 3 个"魔术般"的方法，利用它们可以截获对属性和方法的访问：

- __get()，每当调用程序试图读取对象的一个不可见属性时，调用__get()方法。
- __set()，每当调用程序试图写入对象的一个不可见属性时，调用__set()方法。
- __call()，每当调用程序试图调用对象的一个不可见方法时，调用__call()方法。

在这里，不可见是指属性或方法对调用程序不可见。通常，是指这个属性或方法在这个

类中不存在，但也可以指这个属性或方法是 private 或 protected，因此类之外的程序不能对其进行访问。

13.5.1 用__get()和__set()方法重载属性访问

为了截获对不可见属性的访问，需要在类中创建一个名为__get()的方法(get()的前面要加两个下画线)。__get()方法有一个参数，表示不可见属性的名称，它返回一个值，并把这个值返回给调用代码。例如：

```
class Car {
  public function __get( $propertyName ) {
    echo "请提供属性值<br />";
    return "blue";
  }
}
$car = new Car;
$x = $car->color;              //输出"请提供属性值"
echo "汽车的颜色为：$x<br />"; //输出"汽车的颜色为：blue"
```

在这个例子中，Car 类没有任何属性，但是它有一个名为__get()的方法。这个方法的作用只是输出请求的属性名的值并且返回"blue"。脚本的其余部分创建了一个 Car 对象，并试图读取并不存在的属性，即$car->color，并把它存储到一个新变量$x 中。这会触发 Car 对象的__get()方法，__get()方法会输出请求的属性名("color")，并返回字符串常量"blue"。然后把这个字符串返回给调用程序，并保存到变量$x 中，这从最后一行代码可以看出。

同样，要截获对一个不可见属性设置值的尝试，需要用__set()方法。__set()方法需要两个参数：属性名和需要设置的属性值。它不需要返回一个值，例如：

```
public function __set( $propertyName, $propertyValue ) {
  // 方法体
}
```

下面的例子说明了如何用__get()和__set()方法把不存在的属性存储到一个私有的数组中。这种方法可以创建一个类，类中的"虚拟"属性的个数几乎不受限制，而且这些虚拟属性可以安全地与这个类的真实属性相隔离。这种方法经常用来创建需要保存任意数据的类。

【例 13-3】__get()和__set()方法的使用。

```
......
  <body>
    <h1>__get()和__set()方法的使用</h1>
<?php
class Car {
  public $manufacturer;
  public $model;
  public $color;
  private $_extraData = array();
  public function __get($propertyName) {
    if ( array_key_exists($propertyName, $this->_extraData)) {
      return $this->_extraData[$propertyName];
    } else {
      return null;
    }
  }
  public function __set($propertyName, $propertyValue) {
    $this->_extraData[$propertyName] = $propertyValue;
  }
}
```

```
$myCar = new Car();
$myCar->manufacturer = "Volkswagen";
$myCar->model = "Beetle";
$myCar->color = "red";
$myCar->engineSize = 1.8;
$myCar->otherColors = array("green", "blue", "purple");
echo "<h2>属性列表:</h2>";
echo "<p>汽车制造厂商是  ".$myCar->manufacturer . ".</p>";
echo "<p>汽车引擎尺寸是  " . $myCar->engineSize . ".</p>";
echo "<p>汽车汽油类型是  " . $myCar->fuelType . ".</p>";
echo "<h2>\$myCar 对象: </h2><pre>";
print_r($myCar);
echo " </pre>";
?>
    </body>
```

将以上程序保存为 get_set.php，然后在浏览器中运行，输出结果如图 13-3 所示。

图 13-3   程序运行结果

本例定义了一个汽车类(Car)，并为该类定义了$manufacturer、$model 和$color 三个公有属性以及一个私有数组属性$_extraData。Car 类的__get()方法用来在$_extraData 数组的键值中寻找请求的属性名，如果找到，就返回它在数组中的相应值。与之对应的是__set()方法，它用来接收请求的属性名和属性值，并且以属性名作为键，以属性值作为值将其存储到$_extraData 数组中。

13.5.2　用__call()重载方法调用

用__get()和__set()方法可以处理不存在属性的读和写，而用__call()方法可以处理对类中不存在方法的调用。需要给这个方法定义两个参数：一个参数是字符串，表示不存在的方法名；另一个参数是一个数组，用来保存调用这个不存在的方法时传入的参数。该方法会把一个值返回给调用程序。例如：

```
public function __call( $methodName, $arguments ) {
    // 方法体
    return $returnVal;
```

如果要创建一个"包裹"类，它本身不包含太多功能，但是它可以把方法的调用转交给外部函数或接口进行处理。这种情况下，__call()方法就非常有用。

【例13-4】创建一个字符串"包裹"类。

```
......
    <body>
<?php
class CleverString {
    private $_theString = "";
    private static $_allowedFunctions = array("strlen", "strtoupper","strpos");
    public function setString($stringVal) {
        $this->_theString = $stringVal;
    }
    public function getString() {
        return $this->_theString;
    }
    public function __call($methodName, $arguments) {
        if (in_array($methodName, CleverString::$_allowedFunctions)) {
            array_unshift($arguments, $this->_theString);
            return call_user_func_array($methodName, $arguments);
        } else {
            die ("<p>'CleverString::$methodName'方法不存在！</p>");
        }
    }
}
$myString = new CleverString;
$myString-> setString("Hello!");
echo "<p>字符串为: ".$myString-> getString()."</p>";
echo "<p>字符串长度为:".$myString-> strlen() . "</p>";
echo "<p>字符串(大写): " . $myString->strtoupper() .
" </p> ";
echo "<p>字母'e'在字符串中的位置: " . $myString->strpos("e") ."</p>";
$myString->madeUpMethod();
?>
    </body>
</html>
```

将这个程序保存为 clever_string.php，然后在浏览器中运行，结果如图 13-4 所示。

CleverString 类有两个作用：既存储了需要处理的字符串，又提供了对 PHP 内部的 3 个字符串函数进行访问的方法。

为了得到更可靠和更易于维护的类，程序将存储的字符串封装成了私有属性$_theString。调用程序可以使用公有的方法 setString()和 getString()来设置和读取这个字符串。

图 13-4　程序输出结果

__call()方法是这个类的最重要部分：

```
public function __call($methodName, $arguments) {
    if (in_array($methodName, CleverString::$_allowedFunctions)) {
        array_unshift($arguments, $this->_theString);
        return call_user_func_array($methodName, $arguments);
```

```
        } else {
            die ("<p>'CleverString::$methodName'方法不存在！</p>");
        }
    }
```

首先，这个方法把需要调用的方法名存储在参数$methodName 中，参数$arguments 是一个数组，用来存储传递给这个方法的参数。

接着，这个方法判断$methodName 的值是否包含在 CleverString::$_allowedFunctions 数组中。$_allowedFunctions 是在类的开头创建的一个静态属性，它包含了可以访问的方法名：

```
    private static $_allowedFunctions =array( "strlen", "strtoupper", "strpos" );
```

当$methodName 成功通过验证后，这个方法就会把对象存储的字符串$this->_theString 移动到$arguements 数组的开始位置：

```
    array_unshift( $arguments, $this->_theString );
```

这是因为大多数内部字符串函数，包括这 3 个函数，都要求将需要处理的字符串作为传递给它们的第一个参数。

最后，__call()方法将调用相应的字符串函数。它是通过 call_user_func_array()调用它们的。call_user_func_array()函数的第一个参数是函数名，第二个参数是一个数组，表示这个函数的参数列表。然后__call()方法将会把这个字符串函数的返回值返回给__call()的调用程序：

```
    return call_user_func_array( $methodName, $arguments );
```

之后，这个程序创建了一个 CleverString 对象，把它的字符串值设置为"Hello!"，然后显示这个已存储的字符串值，并且调用不同的方法处理这个字符串：

```
    $myString = new CleverString;
    $myString-> setString("Hello!");
    echo "<p>字符串为: ".$myString-> getString()."</p>";
    echo "<p>字符串长度为:".$myString-> strlen() . "</p>";
    echo "<p>字符串(大写): " . $myString->strtoupper() .
    " </p>";
    echo "<p>字母'e'在字符串中的位置: " . $myString->strpos("e") ."</p>";
    $myString->madeUpMethod();
```

$myString->strlen()和$myString->strtoupper()不需要参数，因为相应的函数只需要一个参数，即需要处理的字符串，而这个参数也已经通过__call()方法将存储的字符串自动传递给了它。第三条调用语句$myString->strpos("e")需要一个参数，即需要查找的字符串，这个参数将作为第二个参数传递给 PHP 的 strpos()函数。

表 11-1 说明了如何把 CleverString 方法调用映射到实际的 PHP 字符串函数调用。

表 11-1　将 CleverString 方法调用映射到实际的 PHP 字符串函数调用

__call()方法调用	PHP 字符串函数调用
$myString - > strlen()	strlen($this - > _theString)
$myString - > strtoupper()	strtoupper($this - > _theString)
$myString - > strpos("e")	strpos($this - > _theString, "e")

13.5.3　其他重载方法

1. isset()函数

当调用程序对一个不可见属性使用 isset()函数时，就会调用__isset()方法。它有一个参数，表示属性名。若该属性为置位，则返回 true，否则返回 false。例如：

```
class MyClass {
  public function __isset( $propertyName ) {
    return ( substr( $propertyName, 0, 4 ) === "test" ) ? true : false;
  }
}
$testObject = new MyClass;
echo isset( $testObject->banana ) . "<br />";      // 输出"" (false)
echo isset( $testObject->testBanana ) . "<br />";  // 输出"1" (true)
```

2. unset()函数

当用 unset()函数删除一个不可见属性时，就会调用__unset()方法。它没有返回值，但是它会执行必要的操作来删除一个属性。例如：

```
class MyClass {
  public function __unset( $propertyName ) {
    echo "没有'$propertyName'属性<br />";
  }
}
$testObject = new MyClass;
unset( $testObject->banana ); // 输出"没有'banana'属性"
```

3. __callStatic()方法

__callStatic()方法的作用与__call()相似，只是前者针对的是静态不可见方法的调用，例如：

```
class MyClass {
    public static function __callStatic( $methodName, $arguments ) {
echo "使用参数调用静态方法'$methodName':<br />";
foreach ( $arguments as $arg ) {
echo "$arg<br />";
    }
  }
}
MyClass::randomMethod( "apple", "peach", "strawberry" );
```

执行以上程序，输出结果如下：

```
使用参数调用静态方法'randomMethod':
apple
peach
strawberry
```

13.6 继承与接口

利用继承，可以在一个类的基础上(称为父类)创建另一个类(称为子类)。子类继承了父类的全部属性和方法，此外，它还可以添加新的属性和方法。

当需要定义很多类似的类时，利用类的继承特性，只要把它们共同的代码放在父类中，就可以使代码只编写一次，而不需要反复复制。更重要的是，能够处理父类的外部代码同样可以处理子类，条件是只使用父类的属性和方法。

利用继承，可以把父子关系问题分解为若干步骤。首先，创建一个 Shape 父类，它包含这些规则形状共有的属性和方法。然后，根据这个 Shape 类，创建 Circle、Square、Triangle 等子类。这些类继承了 Shape 类的属性和方法。

根据父类创建子类时，要用到 extends 关键字，例如：

```
class Shape {
    //父类体
}
class Circle extends Shape {
    //子类体
}
```

【例 13-5】创建 Shape 父类和 Circle、Square 子类。

```
......
    <body>
<?php
//父类：形状类 Shape
class Shape {
    private $_color = "black";
    private $_filled = false;
    public function getColor() {
        return $this->color;
    }
    public function setColor($color) {
        $this->color = $color;
    }
    public function isFilled() {
        return $this->_filled;
    }
    public function fill() {
        $this->filled = true;
    }
    public function makeHollow() {
        $this->filled = false;
    }
}

//圆类 Circle
class Circle extends Shape {
    private $_radius = 0;
    public function getRadius() {
        return $this->radius;
    }
    public function setRadius($radius) {
        $this->radius = $radius;
    }
    public function getArea() {
        return M_PI * pow($this->radius, 2);
    }
}

//四边形类 Square
class Square extends Shape {
    private $_sideLength = 0;
    public function getSideLength() {
        return $this->sideLength;
    }
    public function setSideLength($length) {
        $this->sideLength = $length;
    }
    public function getArea() {
        return pow($this->sideLength, 2);
    }
}
//测试程序
$myCircle = new Circle;
```

```
$myCircle->setColor("red");
$myCircle->fill();
$myCircle->setRadius(4);
echo "<h2>圆对象</h2>";
echo "<p>圆的半径为".$myCircle->getRadius() . ".</p>";
echo "<p>颜色为: " . $myCircle->getColor()."，是否实心: ".($myCircle->isFilled() ? "filled" : "hollow") .
".</p>";
echo "<p>圆面积为: " . $myCircle->getArea().".</p>";
$mySquare = new Square;
$mySquare->setColor("green");
$mySquare->makeHollow();
$mySquare->setSideLength(3);
echo "<h2>四边形对象</h2>";
echo "<p>四边形的边长为: " . $mySquare->getSideLength() ."</p>";
echo "<p>颜色为: ".$mySquare-> getColor() . "，是否实心: " . ($mySquare->isFilled() ? "filled" : "hollow") .
".</p>";
echo "<p>四边形面积为: ".$mySquare-> getArea() . "</p>";
?>
    </body>
```

将以上程序保存为 inheritance.php，然后在浏览器中执行，结果如图 13-5 所示。

程序首先定义了 Shape 父类。它只包含所有规则类的共有属性和方法。它有两个私有属性，一个是表示形状的颜色的$_color，另一个是表示形状是空心的还是填充的$_filled。另外还提供了公有方法 getColor()和 setColor()，分别用来获取和设置颜色；fill()方法用来填充形状，makeHollow()用来将形状设置为空心的，isFilled()方法用来判断形状的填充状态。

图 13-5　程序运行结果

接着，脚本根据 Shape 父类创建了 Circle 子类。子类会继承父类的全部属性和方法。此外，Circle 类还增加了一个私有属性来表示圆的半径，然后增加了 3 个公有方法，其中两个用来设置和读取圆的半径，分别是 setRadius()和 getRadius()，另一个方法 getArea()用来求圆的面积。

然后，脚本创建了 Square 类，它也是 Shape 的子类。Square 子类增加了一个私有属性来表示正方形的边长$_sideLength，并且提供了设置正方形边长的方法 setSideLength ()、读取正方形边长的方法 getSideLength()和读取正方形面积的方法 setSideLength()。

13.6.1　重载父类的方法

如果想创建这样一个子类：它的方法不同于父类中相应的方法，那么该如何实现呢？例如，我们可能需要创建一个名为 Fruit 的类，它包含 peel()、slice()和 eat()三个方法。这个类适用于大多数水果，但是可能不适用于某些水果，例如，葡萄不需要去皮(peel)和切块(slice)。因此，当把 peel()和 slice()方法应用于葡萄时，希望它能够执行与父类 Fruit 不同的方法。

这时可以利用重载父类方法的方式解决这个问题。只需要在子类中定义一个与父类方法同名的方法即可。这样，当子类的对象调用这个方法时，PHP 引擎就会执行这个子类的方法而不是执行父类的方法。例如：

```
class ParentClass {
  public function someMethod() {
    //方法体
  }
}
class ChildClass extends ParentClass {
  public function someMethod() {
    //这个方法被 ChildClass 类的对象调用
  }
}
$parentObj = new ParentClass;
$parentObj->someMethod(); //调用 ParentClass::someMethod()
$childObj = new ChildClass;
$childObj->someMethod(); //调用 ChildClass::someMethod()
```

可以看出，通过父类的对象调用的是父类的方法，而通过子类的对象调用的则是子类的重载方法。下面的示例满足了本节开头所说的葡萄不需要去皮(peel)和切块(slice)的需求。

【例 13-6】通过重载父类的方法来创建 Fruit 类。

```
......
  <body>
<?php
//父类 Fruit
class Fruit {
  public function peel() {
    echo "<p>我需要削皮...</p>";
  }
  public function slice() {
    echo "<p>我需要切片...</p>";
  }
  public function eat() {
    echo "<p>我们来吃水果. 耶!</p>";
  }
  public function consume() {
    $this->peel();
    $this->slice();
    $this->eat();
  }
}
//子类 Grape
class Grape extends Fruit {
  public function peel() {
    echo "<p>不需要削皮!</p> ";
  }
  public function slice() {
    echo "<p>不需要切片!</p> ";
  }
}
//测试程序
echo "<h2>吃掉一个苹果...</h2>";
$apple = new Fruit;
$apple->consume();
echo "<h2>吃掉一颗葡萄...</h2>";
$grape = new Grape;
$grape->consume();
?>
  </body>
```

将以上程序保存为 fruit.php，然后在浏览器中执行，结果如图 13-6 所示。需要注意的是，程序是如何通过 Grape 对象访问 peel()和 slice()重载方法的，以及是如何通过 Fruit 对象调用父类的 peel()和 slice()方法的。

图 13-6　程序运行结果

13.6.2　保留父类的功能

有时既需要子类重载父类的方法，同时也想使用父类方法中的某些功能。为此，需要在子类的方法中调用父类中被重载的方法。调用父类的某个重载方法时，需要在方法名前加 parent::，语法格式如下：

```
parent::someMethod();
```

还是以前面的 Fruit 和 Grape 类为例，假如要创建一个 Banana 类，它以 Fruit 为父类。一般而言，香蕉的吃法与其他水果相似，但是先要从一串香蕉上掰下一根。因此，要在 Banana 子类中重载父类的 consume()方法，但是要增加掰下香蕉的操作，然后在 Banana 子类的 consume()方法中调用父类的 consume()方法，这样就构成一个完整的吃香蕉的过程：

```
class Banana extends Fruit {
    public function consume() {
        echo "<p>我正在剥香蕉...</p>";
        parent::consume();
    }
}
$banana = new Banana;
$banana->consume();
```

运行以上程序，输出结果如下：

```
我正在剥香蕉..
我需要削皮...
我需要切片...
我们来吃水果. 耶!.
```

13.6.3　用 final 类和方法阻止继承和重载

用 final 关键字可以锁住类或类中的一个方法。例如，下面定义了一个不允许被继承的类(即 final 类)：

```
final class HandsOffThisClass {
    public $someProperty = 123;
    public function someMethod() {
        echo "A method";
```

```
    }
  }
  //下面的代码报错: "Class ChildClass may not inherit from final class (HandsOffThisClass)"
  class ChildClass extends HandsOffThisClass {
  }
```

下面定义了一个不可以被重载的方法(即 final 方法):

```
class ParentClass {
  public $someProperty = 123;
  public final function handsOffThisMethod() {
    echo "A method";
  }
}
//下面的代码报错: "Cannot override final method ParentClass::handsOffThisMethod()"
class ChildClass extends ParentClass {
  public function handsOffThisMethod() {
    echo "Trying to override the method";
  }
}
```

13.6.4　抽象类和抽象方法

为了说明抽象类的用法，再次回到前面的 Shape 类。前面首先创建了一个包含一些基本功能的原型类 Shape，然后通过扩展这个 Shape 类，创建了两个新的子类 Circle 和 Square。

现在，Circle 和 Square 两个类都有一个 getArea()方法，该方法可以计算任何规则形状的面积。基于此，可以创建一个原型类 ShapeInfo，它包含一个名为 ShowInfo()的方法，这个方法用来输出某个形状的颜色和面积:

```
class ShapeInfo {
  private $_shape;
  public function setShape( $shape ) {
    $this->_shape = $shape;
  }
  public function showInfo( ) {
    echo "<p>颜色为：  " . $this->_shape->getColor();
    echo ", 面积为: " . $this->_shape->getArea() ."</p>";
  }
}
```

假设现在要根据这个 Shape 类创建一个子类 Rectangle，代码如下:

```
class Rectangle extends Shape {
  private $_width = 0;
  private $_height = 0;
  public function getWidth() {
    return $this->_width;
  }
  public function getHeight() {
    return $this->_height;
  }
  public function setWidth( $width ) {
    $this->_width = $width;
  }
  public function setHeight( $height ) {
    $this->_height = $height;
  }
}
```

通过一个 Rectangle 对象调用 ShapeInfo 类的 showInfo()方法时，会有什么结果？

```
$myRect = new Rectangle;
```

```
$myRect->setColor( "yellow" );
$myRect->fill();
$myRect->setWidth( 4 );
$myRect->setHeight( 5 );
$info = new ShapeInfo();
$info->setShape( $myRect );
$info->showInfo();
```

执行代码，输出如下错误消息：

```
Call to undefined method Rectangle::getArea()
```

这是因为没有在 Rectangle 类中创建 getArea()方法。这时候可以使用抽象类和抽象方法，把一个父类定义为抽象类，也就是规定它的子类必须包含哪些方法。

声明一个抽象类时，需要使用 abstract 关键字，例如：

```
abstract public function myMethod( $param1, $param2 );
```

可以看出，定义抽象方法时还需要声明它所需要的参数，但是不需要包括实现此方法的任何代码，也不需要定义它的返回值类型。

当一个类有一个或多个方法声明为抽象方法时，就必须把这个类声明为抽象类，例如：

```
abstract class MyClass {
    abstract public function myMethod( $param1, $param2 );
}
```

不可以定义抽象类的实例，即不可以直接创建抽象类的对象：

```
// Generates an error: "Cannot instantiate abstract class MyClass"
$myObj = new MyClass;
```

因此，创建抽象类实际上是创建一个模板，而不是创建一个独立的类。这意味着，必须在子类中实现抽象类中的抽象方法。

在抽象类中既可以定义抽象方法，也可以定义非抽象方法。因此，可以在抽象类中定义所有子类共有的行为，而把抽象方法留给子类来实现。现在回到前面的 Shape 类。通过将 Shape 类定义为抽象类，并且把它的 getArea()方法声明为抽象方法，保证 Shape 类的所有子类都必须实现 getArea()方法：

```
abstract class Shape {
    private $_color = "black";
    private $_filled = false;
    public function getColor() {
        return $this->color;
    }
    public function setColor( $color ) {
        $this->color = $color;
    }
    public function isFilled() {
        return $this->filled;
    }
    public function fill() {
        $this->filled = true;
    }
    public function makeHollow() {
        $this->filled = false;
    }
    abstract public function getArea();
}
```

这样，就可以对任何由 Shape 类派生的子类使用 ShapeInfo 类，但是必须在子类中实现 getArea()方法。

因此，当定义 Rectangle 类，但是没有在其中定义它的 getArea()方法时，就会产生一条错误消息：

```
Class Rectangle contains 1 abstract method and must therefore be declared
abstract or implement the remaining methods (Shape::getArea)
```

这条错误消息可以提醒开发人员给这个类添加 getArea()方法：

```
class Rectangle extends Shape {
  private $_width = 0;
  private $_height = 0;
  public function getWidth() {
    return $this->width;
  }
  public function getHeight() {
    return $this->height;
  }
  public function setWidth( $width ) {
    $this->width = $width;
  }
  public function setHeight( $height ) {
    $this->height = $height;
  }
  public function getArea() {
    return $this->width * $this->height;
  }
}
```

现在，ShapeInfo::showInfo()方法就可以正确处理 Rectangle 对象了：

```
$myRect = new Rectangle;
$myRect->setColor( "yellow" );
$myRect->fill();
$myRect->setWidth( 4 );
$myRect->setHeight( 5 );
$info = new ShapeInfo();
$info->setShape( $myRect );
$info->showInfo(); // 输出"颜色为：yellow,面积为：20."
```

13.6.5　接口

接口的作用与抽象类相似，也可以声明一个类必须实现的一组方法。抽象类与接口的不同之处在于，抽象类与它的子类之间存在父子关系，但是接口不存在这种关系。实际上，一个类通常实现了一个接口(同时，这个类也继承于它的父类)。

接口的创建方法与类相似，差别在于建立类需要使用 class 关键字，而建立接口需要使用 interface 关键字。然后，定义一个方法列表，实现该接口的类必须包含这些方法，如下所示：

```
interface MyInterface {
  public function myMethod1( $param1, $param2 );
  public function myMethod2( $param1, $param2 );
}
```

提示：在接口中不能定义属性，只能声明方法(不可以包含方法的实现代码)。更重要的是，接口中的所有方法都必须是公有的(否则就不成为接口)。

定义了一个接口之后，就可以使某个类用 implement 关键字实现该接口：

```
class MyClass implements MyInterface {
  public function myMethod1( $param1, $param2 ) {
    //方法实现
  }
  public function myMethod2( $param1, $param2 ) {
    //方法实现
```

如果一次要实现多个接口，则接口名之间需要用逗号分隔，如下所示：

```
class MyClass implements MyInterface1, MyInterface2 {
```

【例 13-7】创建和使用接口。

本例创建了 Sellable 接口，以及如何利用这个接口将两个互不相关的类——Television 和 TennisBall——变成两个可以在网上商店中销售的商品。示例代码如下：

```php
......
  <body>
<?php
//接口 Sellable
interface Sellable {
   public function addStock($numItems);
   public function sellItem();
   public function getStockLevel();
}
//电视子类 Television
class Television implements Sellable {
   private $_screenSize;
   private $_stockLevel;
   public function getScreenSize() {
     return $this->screenSize;
   }
   public function setScreenSize($screenSize) {
      $this->screenSize = $screenSize;
   }
   public function addStock($numItems) {
      @$this->stockLevel += $numItems;
   }
   public function sellItem() {
     if ($this->stockLevel > 0) {
        $this->stockLevel--;
        return true;
     } else {
        return false;
     }
   }
   public function getStockLevel() {
      return $this->stockLevel;
   }
}
//网球子类 TennisBall
class TennisBall implements Sellable {
   private $_color;
   private $_ballsLeft;
   public function getColor() {
      return $this->color;
   }
   public function setColor($color) {
      $this->color = $color;
   }
   public function addStock($numItems) {
      @$this->ballsLeft += $numItems;
   }
   public function sellItem() {
     if ($this->ballsLeft > 0) {
        $this->ballsLeft--;
        return true;
```

```
        } else {
            return false;
        }
    }
    public function getStockLevel() {
        return $this->ballsLeft;
    }
}
//StoreManager 类
class StoreManager {
    private $_productList = array();
    public function addProduct(Sellable $product) {
        $this->productList[] = $product;
    }
    public function stockUp() {
        foreach ($this->productList as $product) {
            $product->addStock(100);
        }
    }
}
//测试代码
$tv = new Television;
$tv->setScreenSize(42);
$ball = new TennisBall;
$ball->setColor("黄色");
$manager = new StoreManager();
$manager->addProduct($tv);
$manager->addProduct($ball);
$manager->stockUp();
echo "<p>现在库存有". $tv->getStockLevel() . "台" . $tv->getScreenSize();
echo "英寸的电视机和  " . $ball->getStockLevel() . "个" .$ball->getColor();
echo "网球.</p>";
echo "<p>售出一台电视机...</p>";
$tv->sellItem();
echo "<p>售出两个网球...</p>";
$ball->sellItem();
$ball->sellItem();
echo "<p>现在库存有". $tv->getStockLevel() . "台" . $tv->getScreenSize();
echo "-英寸的电视机和". $ball->getStockLevel() . "个" .$ball->getColor();
echo "网球.</p>";
?>
    </body>
```

将以上程序保存为 interface.php，然后在浏览器中运行，结果如图 13-7 所示。

这个程序创建了一个名为 Sellable 的接口，并在其中声明了 3 个方法：

```
public function addStock( $numItems );
public function sellItem();
public function getStockLevel();
```

然后创建 Television 和 TennisBall 两个类。这两个类都实现了 Sellable 接口。这意味着，这两个类都必须用代码实现在这个接口中声明的 3 个方法：addStock()、sellItem()和 getStockLevel()。

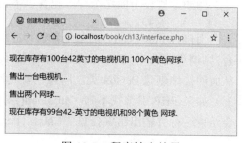

图 13-7　程序输出结果

StoreManager 类用来存储和处理在网上销售的商品。这个类包含一个私有属性 $_productList 数组，它用来保存不同类型的产品。此外，该类还定义了一个名为 addProduct()

的方法，通过它把产品添加到商品列表中；以及一个名为 stockUp()的方法，它用来循环访问商品列表，给每类商品的库存量增加 100。

stockUp()方法通过调用 addStock()方法把商品添加到库存中。之所以要调用这个方法，是因为它要处理的对象实现了 interface 接口。需要注意的是，addProduct()方法使用了类型提示功能，确保传递给它的所有对象都实现了 Sellable 接口：

```php
public function addProduct( Sellable $product ) {
```

13.7　自动加载类文件

如果脚本需要创建一个 Person 对象，则可以通过包含 Person.php 文件定义一个 Person类，然后创建这个类的一个对象：

```php
<?php
require_once( "classes/Person.php" );
$p = new Person();
?>
```

提示：require_once()函数允许把一个 PHP 脚本文件插入到另一个文件中。

这个良好的习惯可以充分利用 PHP 的一个良好特性：类自动加载机制。利用类自动加载机制，可以在脚本中的某个位置创建一个__autoload()函数，这个函数用一个参数表示类名。然后，每当在脚本中的另一个位置试图用一个并不存在的类创建一个新对象时，脚本就会自动调用__autoload()函数，并传入类名。这给__autoload()函数提供了一个机会，搜索并插入这个类文件，从而允许 PHP 引擎继续运行并且创建这个对象。例如，下面的程序定义了一个__autoload()函数：

```php
function __autoload( $className ) {
    $className = str_replace ( "..", "", $className );
    require_once( "classes/$className.php" );
}
```

这个函数首先把一个并不存在的类名存储在$className 参数中，然后过滤这个字符串参数以确保它不包含".."子字符串。最后，脚本调用 PHP 的 require_once()函数，装入 classes文件夹中与这个类同名的文件。这样就创建了这个类，同时也就允许创建这个类的一个对象。

例如，假设上面这个程序包含以下语句：

```php
$p = new Person;
```

当执行 new Person 这条语句时，它会检查脚本中是否已经定义了 Person 这个类。如果没有，则调用前面定义的__autoload()函数。这个函数会加载 classes 文件夹中的 Person.php 文件，从而间接地创建 Person 类，同时也就允许创建一个 Person 对象。

如果 PHP 引擎找不到__autoload()函数，或者__autoload()函数找不到 Person 类，则脚本会结束运行并输出错误信息"Class 'Person' not found"。

13.8　序列化类对象

在 PHP 中创建的对象是以二进制格式存放在内存中的。虽然可以用变量、函数或方法传递对象,但是如果能把对象传递给另外的应用程序,或者可以通过 Web 表单的字段传递对象,则会更加有用。为此,PHP 提供了两个函数:

- serialize():把一个对象,包括它的属性、方法及其他内容转换为字符串。
- unserialize():把由 serialize()生成的字符串转换回一个可用的对象。

示例如下:

```
class Person {
  public $age;
}
$harry = new Person();
$harry-> age = 28;
$harryString = serialize( $harry );
echo "对象序列化为字符串:'$harryString'<br />";
echo "字符串 '$harryString' 转换为对象...<br />";
$obj = unserialize( $harryString );
echo "Harry 的年龄是: $obj->age<br /> ";
```

这段代码创建了一个简单的类(Person),它只有一个属性($age)。然后创建了一个 Person 对象,并把这个对象赋给了$harry 变量,把它的$age 属性设置为 28。然后调用 serialize()函数,把这个对象转换为一个字符串并输出这个字符串。最后,它把这个字符串转换为一个新的对象(保存在$obj 中),并输出它的属性($obj->age)。以上程序的运行结果如下:

```
对象序列化为字符串: 'O:6:"Person":1:{s:3:"age";i:28;}'
字符串'O:6:"Person":1:{s:3:"age";i:28;}'转换为对象...
Harry 的年龄是: 28
```

serialize()和 unserialize()函数不仅可以用于对象,实际上可以应用于任何 PHP 结构,特别适用于对象和数组等比较复杂的结构,因为这些结构很难用其他方法转换为字符串。

更重要的是,当用 serialize()函数对对象进行序列化时,PHP 会调用该对象内部的一个名为__sleep()的方法,可以用这个方法执行对象序列化之前需要进行的操作。同样,当用 unserialize()函数恢复对象时,可以创建一个名为__wakeup()方法。

在序列化对象之前需要清除对象时,需要用到__sleep()方法,其作用相当于对象的析构函数。例如,关闭打开的数据库句柄、文件等。此外,__sleep()还有另一个妙用,PHP 希望__sleep()方法返回一个属性名称的数组来保存序列化后的字符串。示例如下:

```
class User {
  public $username;
  public $password;
  public $loginsToday;
  public function __sleep() {
    return array( "username", "password" );
  }
}
$user = new User;
$user->username = "harry";
$user->password = "monkey";
$user->loginsToday = 3;
echo "初始用户对象:<br />";
print_r( $user );
echo "<br /><br />";
echo "序列化对象...<br /><br /> ";
$userString = serialize( $user );
echo "该用户已序列化为如下字符串:<br />";
echo "$userString<br /><br />";
echo "字符串转换为对象...<br /><br />";
$obj = unserialize( $userString );
```

```
      echo "未序列化对象:<br />";
      print_r( $obj );
      echo "<br />";
```

运行以上程序，输出结果如下：

```
   初始用户对象:
   User Object( [username] => harry [password] => monkey [loginsToday] => 3 )

   序列化对象...

   该用户已序列化为如下字符串:
   O:4:"User":2:{s:8:"username";s:5:"harry";s:8:"password";s:6:"monkey";}

   字符串转换为对象...

   未序列化对象:
   User Object ( [username] => harry [password] => monkey [loginsToday] => )
```

在该例中，不需要保存用户一天内登录的次数，因此，__sleep()方法只返回"username"和"password"两个属性名。注意，序列化后的字符串并没有$loginsToday这个属性。而且当从这个字符串恢复对象时，$loginsToday属性是空值。

如果需要保留对象的全部属性，可以通过 get_object_vars()函数实现，该函数可以获取一个关联数组，这个数组保存了对象的全部属性。然后用 array_keys()函数获得一个保存了全部属性名的数组，之后可以在__sleep()方法中把这个数组返回给调用程序。示例如下：

```
   class User {
      public $username;
      public $password;
      public $loginsToday;
      public function __sleep() {
         // (Clean up; close database handles, etc)
         return array_keys( get_object_vars( $this ) );
      }
   }
```

最后，如下示例演示了__wakeup()方法的用法：

```
   class User {
      public function __wakeup() {
         echo "呀，早餐吃什么?<br />";
      }
   }
   $user = new User;
   $userString = serialize( $user );
   $obj = unserialize( $userString ); // 输出"呀，早餐吃什么?"
```

13.9 判断一个对象所属的类

前面已经介绍了如何在方法和函数中使用类型提示以确保传递正确类型的对象，但是在实际开发中有时希望显式地查看正在处理的某个对象所属的类。例如，需要判断某个数组中的全部对象是否都属于同一个类，或者需要根据它们所属的类进行不同的处理。

要确定一个对象所属的类，可以通过 get_class()函数来实现，示例如下：

```
   class MyClass {
   }
   $obj = new MyClass();
   echo get_class( $obj ); // 输出"MyClass"
```

get_class()常用来确定一个对象所属的类，其中最频繁的用法是判断某个对象是否是某个类的子类对象。例如：

```
class Fruit {
}
class SoftFruit extends Fruit {
}
class HardFruit extends Fruit {
}
function eatSomeFruit( array $fruitToEat ) {
  foreach( $fruitToEat as $itemOfFruit ) {
    if ( get_class( $itemOfFruit ) == "SoftFruit" || get_class( $itemOfFruit )
== "HardFruit" ) {
        echo "吃水果 - 耶!<br />";
    }
  }
}
//测试代码
$banana = new SoftFruit();
$apple = new HardFruit();
eatSomeFruit( array( $banana, $apple ) );
```

在这个例子中，eatSomeFruit()函数表示喜欢吃任何类型的水果，不管是软的还是硬的，因此它真正关心的是对象是否是从 Fruit 类继承而来的，但是 get_class()只会返回一个对象所属的类。因此，eatSomeFruit()必须依靠一条难以使用的 if 语句来判断这个对象是否属于 Fruit 类。

这时候可以使用 instanceof 运算符，用法如下：

```
if( $object instanceof ClassName ) { ...
```

如果$object 对象所属的类是 ClassName，或者如果$object 对象所属的类是从 ClassName 继承而来的，则 instanceof 返回 true，否则返回 false。

13.10　本章小结

本章首先介绍了面向对象中的关键术语，包括类、对象、方法、成员变量、继承。接着介绍了创建类和对象的方法，包括类的创建、类中常用成员(如构造函数、成员变量、析构函数)的定义和使用，以及对类进行实例化，也就是创建对象。然后介绍了类属性的创建和使用，包括属性的声明、属性可见性的介绍、属性的访问、静态属性的定义和使用、类常量的定义等。再接着介绍了方法，主要内容包括方法的创建、方法的可见性、方法的调用、方法的参数和返回值、在方法中访问对象的属性、静态方法的定义和使用、用封装实现类的独立性等内容。接下来介绍使用__get()、__set()和__call()方法重载对象。然后介绍了类中两个重要的概念——继承和接口，内容包括重载父类的方法、如何在继承中保留父类的功能、final 类和 final 方法的意义和使用、抽象类和抽象方法的意义和使用、接口的定义和使用等。最后介绍了如何自动加载类文件、序列化和反序列化对象，以及如何判断一个对象所属的类。

通过本章的学习，读者应能够完全掌握面向对象编程技术，但是关于 PHP 面向对象程序设计还有许多内容需要学习，如反射、静态绑定、对象克隆。为了学习这些高级专题，读者可以阅读专门的相关资料，限于篇幅，本书不再赘述。

13.11 思考和练习

1. 设计一个 Calculator(计算器)类，它可以存储两个数，并且能根据用户的要求对它们进行加、减、乘、除运算。例如：

```
$calc = new Calculator( 3, 4 );
echo $calc->add();              // 输出"7"
echo $calc->multiply();         // 输出"12"
```

2. 创建一个高级的计算器类(类名为 CalcAdvanced)，它扩展(或继承)了上一题中的 Calculator 类。CalcAdvanced 类必须能够存储一或两个值：

```
$ca = new CalcAdvanced( 3 );
$ca = new CalcAdvanced( 3, 4 );
```

CalcAdvanced 类还应该增加以下方法：

- pow()有两个参数，以第一个参数为底，以第二个参数为指数，返回幂。
- sqrt()返回第一个数的平方根。
- exp()返回以 e 为底，以第一个数为指数的值。

第 14 章

PHP 与 JavaScript 和 Ajax

JavaScript 是一种可以嵌入到 HTML 代码中由客户端浏览器运行的脚本语言。在网页中使用 JavaScript，不仅可以实现网页特效，还可以响应用户请求，实现动态交互功能。在 PHP 动态网页中灵活运用 JavaScript，可以实现更丰富的功能。

Ajax 技术是随着 Web 2.0 而发展起来的。相对于传统的 Web 应用开发，Ajax 运用的是更加先进、标准、高效的 Web 开发技术体系。Ajax 是一种客户端技术，无论使用哪种服务器端技术，如 PHP、JSP、ASP 等，都可以使用 Ajax 技术。

本章首先介绍 JavaScript 脚本语言的基础知识，使读者在掌握基础内容的前提下能够熟练运用 JavaScript 制作 Web 页面；然后介绍 Ajax 技术以及如何在 PHP 中应用 Ajax 技术。

本章的学习目标：

- 了解 JavaScript 的概念及其作用。
- 掌握 JavaScript 脚本语言基础，灵活运用 JavaScript 实现自定义函数。
- 熟练使用 JavaScript 条件控制语句、循环控制语句、跳转语句。
- 掌握在网页中执行 JavaScript、调用自定义函数和引用 JS 文件的方法。
- 熟练运用在 PHP 中调用 JavaScript 脚本。
- 了解 Ajax 的概念、开发模式、优点。
- 掌握如何使用 Ajax 技术以及需要注意的问题。
- 掌握 Ajax 技术在 PHP 中的应用。

14.1 了解 JavaScript

JavaScript 是一种脚本编程语言，支持 Web 应用程序的客户端和服务器端开发，在 Web 开发中得到了非常广泛的应用。下面对 JavaScript 进行简单的介绍。

14.1.1 什么是 JavaScript

JavaScript 一种解释型脚本语言，是一种动态类型、弱类型、基于原型的语言，内置支持类型。它的解释器被称为 JavaScript 引擎，为浏览器的一部分，是被广泛用于客户端的脚本语言，最早是在 HTML 网页上使用，用来给 HTML 网页增加动态功能。

在 1995 年，由 Netscape 公司的 Brendan Eich，在网景导航者浏览器上首次设计实现而成。因为 Netscape 与 Sun 合作，Netscape 管理层希望它的外观看起来像 Java，因此取名为 JavaScript。

为了取得技术优势，微软推出了 JScript，CEnvi 推出了 ScriptEase，它们与 JavaScript 同样可在浏览器上运行。为了统一规格，同时因为 JavaScript 兼容于 ECMA 标准，所以也称为 ECMAScript。

JavaScript 是一种网络上的脚本语言，也是最流行的脚本语言，被亿万计的网页用来改进设计、验证表单、检测浏览器、创建 Cookie，以及实现其他更多的应用。

14.1.2　JavaScript 的功能

JavaScript 是一种流行的网络脚本语言，在客户端浏览器解释执行，可以应用在 PHP、ASP、JSP 和 ASP.NET 等网站中，同时目前比较热门的 Ajax 技术就是以 JavaScript 为基础。由此可见，熟练掌握并应用 JavaScript 对于网站开发人员非常重要。

JavaScript 主要应用于以下几种场合：

* 在网页中加入 JavaScript 脚本代码，可以使网页具有动态交互的功能。便于网站与用户间的沟通，及时响应用户的操作；对提交表单做即时检查，如验证表单元素是否为空，验证表单元素是否是数值型、检测表单元素是否有输入错误等。
* 应用 JavaScript 脚本制作网页特效，如动态的菜单、浮动广告等，为页面增加绚丽的动态效果，使网页内容更加丰富。
* 建立复杂的网页内容，如打开新窗口载入网页。
* 对用户的不同事件产生不同的响应。
* 制作各种各样的图片、文字、鼠标、动画和页面效果。
* 制作游戏。

14.2　JavaScript 语言基础

JavaScript 脚本语言和其他语言一样，有其自身的基本数据类型、表达式、运算符以及程序的基本框架结构。通过本节的学习，读者可以掌握 JavaScript 脚本语言更多的基础知识。

14.2.1　JavaScript 数据类型

JavaScript 主要有 6 种数据类型，如表 14-1 所示。

表 14-1　JavaScript 数据类型

数据类型	说　　明	举　　例
字符串型(String)	字符串是存储字符的变量。字符串可以是引号中的任意文本	var carname="Volvo XC60"; var carname='Volvo XC60';
数字型(Number)	JavaScript 只有一种数字类型。数字可以带小数点，也可以不带	var x1=34.00; var x2=34;

(续表)

数据类型	说　　明	举　　例
布尔型(Boolean)	只能有两个值：true 或 false	var x=true; var y=false;

数组(Array)	存储同类数据的复合型结构	var cars=new Array();
		cars[0]="Saab";
		cars[1]="Volvo";
		cars[2]="BMW";
		var cars=new
		Array("Saab","Volvo","BMW");
		var cars=["Saab","Volvo","BMW"];

对象型(Object)	对象由花括号分隔。在花括号内部，对象的属性以名称和值对的形式(name : value)定义	var person={firstname:"John",lastname:"Doe", id:5566};
空值(null)	可以通过将变量的值设置为 null 来清空变量	cars=null; person=null;
未定义(Undefined)	Undefined 表示变量没有值	cars= Undefined; person= Undefined;

14.2.2　JavaScript 变量

变量是指程序中一个已经命名的存储单元，它的主要作用就是为数据操作提供存放信息的容器。在使用变量之前，必须明确变量的命名规则、声明方法及作用域。

1. 变量的命名规则

与代数一样，JavaScript 变量可用于存放值(比如 x=5)和表达式(比如 z=x+y)。变量可以使用短名称，比如 x 和 y；也可以使用描述性更好的名称，比如 age、sum 和 totalvolume。总的来说，变量的命名规则如下：

● 变量必须以字母开头。
● 变量也能以$和_符号开头(不推荐这么做)。
● 变量名对大小写敏感(y 和 Y 是不同的变量)。
● 变量名不能使用 JavaScript 中的关键字。JavaScript 中的关键字如表 14-2 所示。

表 14-2　JavaScript 关键字

abstract	arguments	boolean	break	byte	case
catch	char	class*	const	continue	debugger
default	delete	do	double	else	enum*
eval	export*	extends*	false	final	finally
float	for	function	goto	if	implements
import*	in	instanceof	int	interface	let
long	native	new	null	package	private
protected	public	return	short	static	super*
switch	synchronized	this	throw	throws	transient
true	try	typeof	var	void	volatile
while	with	yield			

注意：虽然 JavaScript 变量可以任意命名，但为了在编程时使代码更加规范，最好使用便于记忆且有意义的变量名，以增强程序的可读性。

2. 变量的声明和赋值

变量是用于存储信息的"容器"。在 JavaScript 中创建变量通常称为"声明"变量。

在 JavaScript 中，使用 var 关键词来声明变量，语法格式如下：

```
var carname;
```

变量声明之后，是空的(没有值)。如果要向变量赋值，需要使用等号，例如：

```
carname="Volvo";
```

也可以在声明变量时对其赋值，代码如下：

```
var carname="Volvo";
```

在下面的例子中，创建了名为 carname 的变量，并向其赋值"Volvo"，然后把它放入 id="demo"的 HTML 段落中：

```
var carname="Volvo";
document.getElementById("demo").innerHTML=carname;
```

可以在一条语句中声明很多变量。该语句以 var 开头，并使用逗号分隔变量即可，例如：

```
var lastname="Doe", age=30, job="carpenter";
```

一条声明语句也可以跨多行，例如：

```
var lastname="Doe",
age=30,
job="carpenter";
```

在计算机程序中，经常会声明无值的变量。未使用值声明的变量，其值实际上是 undefined。在执行过以下语句后，变量 carname 的值将是 undefined，例如：

```
var carname;
```

如果重新声明 JavaScript 变量，变量的值不会丢失。在以下两条语句执行后，变量 carname 的值依然是"Volvo"：

```
var carname="Volvo";
var carname;
```

14.2.3　JavaScript 注释

可以通过添加注释来对 JavaScript 进行解释，或者提高代码的可读性。JavaScript 程序在执行时，其中的注释不会被执行。注释分为两种情况，一种是单行注释，另一种是多行注释。下面分别进行介绍。

1. 单行注释

单行注释以//开头，例如，以下程序：

```
<script>
// 输出标题：
document.getElementById("myH1").innerHTML="Welcome to my Homepage";
// 输出段落：
document.getElementById("myP").innerHTML="This is my first paragraph.";
</script>
<p><b>注释: </b>注释不会被执行。</p>
```

其中的两行：

```
// 输出标题：
// 输出段落：
```

就属于单行注释。

2. 多行注释

多行注释以/*开始，以*/结尾。例如以下程序：

```
/*
下面的这些代码会输出
一个标题和一个段落
并将代表主页的开始
*/
document.getElementById("myH1").innerHTML="欢迎来到我的主页";
document.getElementById("myP").innerHTML="这是我的第一个段落。";
```

上面程序中的代码段：

```
/*
下面的这些代码会输出
一个标题和一个段落
并将代表主页的开始
*/
```

就属于多行注释。

3. 使用注释来阻止程序的执行

在下面的例子中，注释用于阻止其中一条代码行的执行(可用于调试)：

```
//document.getElementById("myH1").innerHTML="欢迎来到我的主页";
document.getElementById("myP").innerHTML="这是我的第一个段落。";
```

在下面的例子中，注释用于阻止代码块的执行(可用于调试)：

```
/*
document.getElementById("myH1").innerHTML="欢迎来到我的主页";
document.getElementById("myP").innerHTML="这是我的第一个段落。";
*/
```

4. 在行尾使用注释

在下面的例子中，把注释放到代码行的结尾：

```
var x=5;      // 声明 x 并把 5 赋值给它
var y=x+2;    // 声明 y 并把 x+2 赋值给它
```

14.3　JavaScript 流程控制语句

流程控制语句就是对语句中不同条件的值进行判断，从而根据不同的条件执行不同的语句。在 JavaScript 中，流程控制语句可以分为条件语句、循环语句和跳转语句。

14.3.1　条件语句

在实际开发中，经常需要根据不同的决定执行不同的动作。比如，小说网站分为女生频道和男生频道，如果收到请求要进入女生频道，则进入女生频道，否则进入男生频道。针对这种场景，可以在代码中使用条件语句来实现。条件语句用于基于不同的条件来执行不同的动作。

在 JavaScript 中，可以使用以下条件语句：

● if 语句：只有当指定条件为 true 时，才使用该语句来执行代码。

● if...else 语句：当条件为 true 时执行 if 分支，当条件为 false 时执行 else 分支。

● if...else if....else 语句：使用该语句选择多个代码块之一来执行。

- switch 语句：使用该语句选择多个代码块之一来执行。

1．if 语句

if 语句是最基本、最常用的条件控制语句。通过判断条件表达式的值为 true 或 false，来确定是否执行某条语句。语法格式如下：

```
if (condition)
{
    //当条件，即 condition 为 true 时执行的代码
}
```

condition 即条件。在 if 语句中，只有当条件的值为 true 时，才会执行语句块中的语句，否则将跳过语句块，执行 if 语句之后的程序语句。例如，以下程序在时间早于 20:00 时，生成问候 "Good day"：

```
if (time<20)
{
    x="Good day";
}
```

2．if...else 语句

除上面讲解的标准的 if 单一条件语句外，if...else 语句也是 if 语句的标准形式，是双分支条件语句。语法格式如下：

```
if (condition)
{
    //当条件为 true 时执行的代码
}
else
{
    //当条件为 false 时执行的代码
}
```

当条件的值为 true 时，执行"当条件为 true 时执行的代码"，否则执行 else 分支的程序语句。

例如，以下程序当时间早于 20:00 时，生成问候"Good day"，否则生成问候"Good evening"：

```
if (time<20)
{
    x="Good day";
}
else
{
    x="Good evening";
}
```

3．if...else if....else 语句

if....else if...else 语句用来选择多个代码块之一并执行。语法结构如下：

```
if(条件 1)
{
    //当条件 1 为 true 时执行的代码
}
else if(条件 2)
{
    //当条件 2 为 true 时执行的代码
}
......
else
```

```
{
    //当条件 1 和条件 2 都不为 true 时执行的代码
}
```

在执行的时候，从上到下进行判断，如果满足条件 1，则执行条件 1 的程序代码块，否则往下判断是否满足条件 2，若满足，则执行条件 2 的程序代码块；若不满足，则向下继续判断……若所有的分支都不满足，则执行最后的 else 分支的程序代码块。

例如，以下程序中，如果时间早于 10:00，则生成问候"早上好"；如果时间晚于 10:00 但早于 20:00，则生成问候 "今天好"，否则生成问候 "晚上好"：

```
if (time<10)
{
    document.write("<b>早上好</b>");
}
else if (time>=10 && time<16)
{
    document.write("<b>今天好</b>");
}
else
{
    document.write("<b>晚上好!</b>");
}
```

4. switch 语句

虽然使用 if 条件语句可以实现多分支的条件语句，但在选择分支比较多的情况下，使用 if 多分支条件语句就会降低程序的执行效率。JavaScript 中的 switch 分支语句可以根据表达式或变量的不同值来选择执行不同的语句块，从而提高程序的运行速度。switch 语句的语法结构如下：

```
switch(n)
{
    case 1:
        执行代码块 1
        break;
    case 2:
        执行代码块 2
        break;
    default:
        与 case 1 和 case 2 不同时执行的代码
}
```

switch 语句的工作原理为：首先设置表达式 n(通常是一个变量)。随后将表达式的值与结构中的每个 case 的值作比较。如果存在匹配，则与该 case 关联的代码块会被执行。break 语句的作用是阻止代码自动地向下一个 case 运行。

例如，下面的程序显示了今天是星期几：

```
var d=new Date().getDay();
switch(d)
{
    case 0:x="今天是星期日";
    break;
    case 1:x="今天是星期一";
    break;
    case 2:x="今天是星期二";
    break;
    case 3:x="今天是星期三";
    break;
    case 4:x="今天是星期四";
```

```
        break;
        case 5:x="今天是星期五";
        break;
        case 6:x="今天是星期六";
        break;
    }
```

在 switch 语句中，可以使用 default 关键词来规定匹配不存在时做的事情，也就是所有条件都无法匹配时，所执行的默认分支。例如，如果今天不是星期六或星期日，则会输出默认的消息：

```
var d=new Date().getDay();
switch(d)
{
    case 6:x="今天是星期六";
    break;
    case 0:x="今天是星期日";
    break;
    default:
    x="期待周末";
}
document.getElementById("demo").innerHTML=x;
```

14.3.2 循环语句

循环语句主要用于在满足条件的情况下反复地执行某个操作。JavaScript 支持的循环语句如下：

- while：当指定的条件为 true 时循环执行指定的代码块。
- do/while：当指定的条件为 true 时循环执行指定的代码块。
- for：循环执行代码块一定的次数。
- for/in：循环遍历对象的属性。

1. while 循环语句

while 循环语句会在条件为真时循环执行代码块。while 循环语句是基本的循环语句，也可以当作条件判断语句。在 JavaScript 中，while 循环语句的应用比较广泛，其语法格式如下：

```
while(条件表达式)
{
    //需要执行的代码
}
```

在 while 循环语句中，首先判断条件表达式的值，如果值为 true，就执行花括号内的语句块，执行完毕后再次判断条件表达式的值，如果仍为 true，则重复执行花括号内的语句块，这样一直循环，直到条件表达式的值为 false 才结束循环，执行 while 循环语句后面的其他程序代码。

例如，下面的程序中，只要变量 i 小于 5，就输出 i 的值：

```
while(i<5)
{
    x=x + "The number is " + i + "<br>";
    i++;
}
```

注意：在 while 循环语句的循环体中应包含可以改变条件表达式的值的语句，否则条件表达式的值总是 true，会造成死循环。

2．do/while 循环语句

do/while 循环是 while 循环的变体。该循环会在检查条件是否为 true 之前执行一次代码块，然后如果条件为 true，就会重复这个循环。其语法格式如下：

```
do
{
    //需要执行的代码
}
while(条件表达式);
```

例如，下面的例子使用 do/while 循环来实现输出小于 5 的数值。该循环至少会执行一次，即使条件为 false，也会执行一次，因为代码块会在条件被测试前执行：

```
do
{
    x=x + "The number is " + i + "<br>";
    i++;
}
while(i<5);
```

3．for 循环语句

for 循环也是一种常用的循环控制语句。在 for 循环中，可以应用循环变量来明确循环的次数和具体的循环条件。for 循环通常使用一个变量作为计数器来明确循环的次数，这个变量称为循环变量。其语法格式如下：

```
for(初始化循环变量; 循环条件; 循环变量的改变值)
{
    //被执行的代码块
}
```

其中，for 循环的小括号中包含以下三部分内容：

- 初始化循环变量：该表达式的作用是声明循环变量并进行初始化赋值。在 for 循环之前也可以对循环变量进行声明和赋值。
- 循环条件：该表达式是基于循环变量的一个条件表达式，如果这个条件表达式的返回值为 true，则执行循环体内的语句块。循环体内的语句执行完毕后，将重新判断这个表达式，直到条件表达式的返回值为 false 才终止循环。
- 循环条件的改变值：该表达式用于操作循环变量的改变值。每次执行完循环体内的语句后，在重新判断循环条件之前，都将执行这个表达式。

注意：for 循环可以使用 break 语句来终止循环语句的执行。break 语句默认情况下的作用是终止当前的循环。

例如，下面使用 for 循环输出小于 5 的数字：

```
for(var i=0; i<5; i++)
{
    x=x + "该数字为 " + i + "<br>";
}
```

4．for/in 循环语句

JavaScript 的 for/in 循环语句用于循环遍历对象的属性，其语法格式如下：

```
for(属性名 in 对象)
{
    //被执行的代码块
}
```

其中，属性名为对象的属性名。例如，假设有一个 person 对象，其中包含描述一个人的属性，诸如 firstname、lastname 和 age，则用 for/in 循环语句进行循环遍历，输出对象的每个属性值，代码如下：

```
var person={fname:"John",lname:"Doe",age:25};

for(x in person)   // x 为属性名
{
    txt=txt + person[x];
}
```

14.3.3 跳转语句

跳转语句用在循环控制语句的循环体中，作用是在循环体的指定位置或是满足一定条件的情况下直接退出循环。JavaScript 跳转语句分为 break 语句和 continue 语句。

1. break 语句

break 语句用来终止循环的执行，或者结束 switch 语句。语法格式如下：

```
break;
```

例如，以下的 for 循环语句中，当循环变量 i 的值大于 10 时退出 for 循环：

```
for(i=0;i<20;i++) {
    if(i>10) {
        break;
    }
    document.write(i+" - ");
}
```

在上面的代码中，当变量 i 的值大于 10 时调用 break 语句，这时程序将跳出 for 循环，不再执行下面的循环。如果未使用 break 语句，程序将执行 for 循环语句中的循环体，直到变量 i 的值不满足条件 i<20。以上程序的输出结果为：0-1-2-3-4-5-6-7-8-9-10-。

注意：在嵌套的循环语句中，break 语句只能跳出最近的一层循环，而不是跳出所有的嵌套循环。

2. continue 语句

continue 语句与 break 语句的作用不同。continue 语句是只跳出本次循环并立即进入下一次循环；break 语句则是跳出循环后结束整个循环。语法格式如下：

```
continue;
```

例如，下面的程序输出 20 以内的奇数：

```
for(i=0;i<20;i++) {
    if(i%2==0) {
        continue;
    }
    document.write(i+" - ");
}
```

在以上程序中，首先初始化变量 i；然后在 for 循环中，通过 if 语句判断 i 是否为偶数，如果是，则跳过本次循环，i 累加 1，进入下一次循环；如果是奇数，则输出 i 的值。

以上程序的输出结果为：1-3-5-7-9-11-13-15-17-19-。

14.4　JavaScript 事件

JavaScript 是基于对象的语言。它的一个最基本的特征就是采用事件驱动。事件是某些动作发生时产生的信号,这些事件随时都可能发生。引起事件发生的动作称为触发事件,例如,鼠标指针经过某个按钮、用户单击某个链接、用户选中某个复选框、用户在文本框中输入某些信息等,都会触发相应的事件。

JavaScript 中的常用事件如表 14-3 所示。

表 14-3　JavaScript 中的常用事件

类　别	事　件	说　明
鼠标键盘事件	onclick	当单击鼠标时触发此事件
	ondblclick	当双击鼠标时触发此事件
	onmousedown	当按下鼠标时触发此事件
	onmouseup	当按下然后松开鼠标时触发此事件
	onmouseover	当移动鼠标到某对象范围内时触发此事件
	onmousemove	当移动鼠标时触发此事件
	onmouseout	当鼠标离开某对象范围时触发此事件
	onkeypress	当按下键盘上的某个按键并且释放时触发此事件
	onkeydown	当按下键盘上的某个按键时触发此事件
	onkeyup	当按下键盘上的某个按键之后松开时触发此事件
页面相关事件	onabort	图片在下载时被用户中断,将触发此事件
	onload	当页面内容加载完成时触发此事件
	onresize	当浏览器的窗口大小被改变时触发此事件
	onunload	当前页面将被改变时触发此事件
表单相关事件	onblur	当前元素失去焦点时触发此事件
	onchange	当前元素失去焦点且内容发生改变时触发此事件
	onfocus	当元素获得焦点时触发此事件
	onreset	当表单中的 reset 属性被激活时触发此事件
	onsubmit	当表单被提交时触发此事件
滚动字幕事件	onbounce	当移动 Marquee 中的内容到 Marquee 显示范围之外时触发此事件
	onfinish	当 Marquee 元素完成需要显示的内容时触发此事件
	onstart	当 Marquee 元素开始显示内容时触发此事件

14.5　调用 JavaScript 脚本

14.5.1　在 HTML 中嵌入 JavaScript 脚本

JavaScript 作为一种脚本语言,可以使用<script>标记嵌入到 HTML 文件中,语法格式如下:

```
<script language="javascript">
…
</script>
```

应用<script>标记是直接执行 JavaScript 脚本最常用的方法，大部分含有 JavaScript 的网页都采用这种方法。其中，通过 language 属性可以设置脚本语言的名称和版本。

注意：如果设置了 language 属性，IE 浏览器将默认使用 JavaScript 脚本语言。

【例 14-1】在 HTML 网页中嵌入 JavaScript 脚本。

在本例中，将在一个 HTML 文件中通过<script>标记嵌入 JavaScript 脚本，程序代码如下：

```
<html>
<head>
<meta charset="utf-8" />
<title>在 HTML 中嵌入 JavaScript 脚本</title>
</head>
<body>
<script language="javascript">
    alert("我很想学习 PHP 编程，请问如何才能学好这门语言！");
</script>
</body>
</html>
```

以上程序中，在<script>和</script>标记之间调用 window 对象的 alert()方法，向客户端浏览器弹出一个提示框。这里需要注意的是，JavaScript 脚本通常写在<head>和</head>标记以及<body>和</body>标记之间。写在<head>和</head>标记之间的一般是函数和事件处理函数；写在<body>和</body>标记之间的是网页内容或调用函数的程序块。

运行以上程序，结果如图 14-1 所示。

在 HTML 中通过"javascript:"可以调用 JavaScript 的方法。例如，在页面中插入一个按钮，在该按钮的 onclick 事件中应用 "javascript:"调用 window 对象的 alert()方法，弹出一个提示框，代码如下：

图 14-1　程序运行结果

```
<input type="submit" name="Submit" value="单击这里" onClick="javascript:alert('您单击了该按钮')">
```

14.5.2　应用 JavaScript 事件调用自定义函数

在 Web 开发过程中，经常需要在表单元素相应的事件下调用自定义函数。例如，在按钮的单击事件下调用自定义函数 check()来验证表单元素是否为空，代码如下：

```
<input type="submit" name="Submit" value="检测" onClick="check();">
```

然后在表单的当前页中编写一个 check()自定义函数即可。自定义函数在前面已经介绍过，这里不再赘述。

14.5.3　在 PHP 动态网页中引用 JS 文件

在网页中，除了可以在<script>和</script>标记之间编写 JavaScript 脚本代码，还可以通过<script>标记的 src 属性指定外部的 JavaScript 文件的路径，从而引用对应的 JS 文件，语法格式如下：

```
<script src="url" language="JavaScript"></script>
```

其中，url 是 JS 文件的路径，language="JavaScript"可以省略，因为<script>标记默认使用的就是 JavaScript 脚本语言。JavaScript 脚本不仅可以与 HTML 结合使用，同时也可以与 PHP

动态网页结合使用，引用的方法是相同的。

使用外部 JS 文件的优点如下：

● 使用 JS 文件可以将 JavaScript 脚本代码从网页中独立出来，便于代码的阅读。

● 一个外部 JS 文件，可以同时被多个页面调用。当公用的 JavaScript 脚本代码需要修改时，只需要修改 JS 文件中的代码即可，便于代码的维护。

● 通过<script>标记的 src 属性不但可以调用同一个服务器上的 JS 文件，还可以通过指定路径来调用其他服务器上的 JS 文件。

【例 14-2】在网页中通过<script>标记的 src 属性引用外部 JS 文件，用于弹出一个提示框。

```
<html>
<head>
<meta http-equiv="Content-Type" content="text/html;charset=utf-8">
<title>在 PHP 动态网页中引用 JS 文件</title>
</head>
<script src="script.js"></script>
<body>
</body>
</html>
```

在 index.php 文件的同级目录下创建一个 script.js 文件，代码如下：

```
alert("恭喜您，成功调用了 script.js 外部文件!");
```

从上面的代码可以看出，在 index.php 文件中通过设定<script>标记的 src 属性，引用了同级目录下的 script.js 文件。在 script.js 文件中调用 window 对象的 alert()方法，作用是在客户端浏览器中弹出一个提示框。

在 IE 浏览器中输入网址，按 Enter 键，运行结果如图 14-2 所示。

图 14-2　在 PHP 动态网页中引用 JS 文件

在网页中应用 JS 文件需要注意的事项如下：

● 在 JS 文件中，只能包含 JavaScript 脚本代码，不能包含<script>标记和 HTML 代码。

● 在引用 JS 文件的<script>和</script>标记之间不应存在其他的 JavaScript 代码，即使存在，浏览器也会忽略此代码，而只执行 JS 文件中的 JavaScript 脚本代码。

14.6　在 PHP 中调用 JavaScript

14.6.1　使用 JavaScript 脚本验证表单元素是否为空

表单验证几乎在每一个需要注册或登录的网站中都是必不可少的，有些验证则非常复杂。本节只介绍表单中最简单的验证方式，就是判断表单元素是否为空。

【例 14-3】验证表单元素是否为空。

```
<!DOCTYPE html>
<html>
<head>
<meta charset=" utf-8">
```

```
<meta name="author" content="http://www.example.com/" />
<title>js 简单表单验证</title>
<script type="text/javascript">
window.onload=function()
{
  var bt=document.getElementById("bt");
  bt.onclick=function()
  {
      if(document.myform.name.value=="")
      {
          alert("用户名不能为空!");
          document.myform.name.focus();
          return false;
      }
      else if(document.myform.pw.value=="")
      {
          alert("密码不能为空!");
          document.myform.pw.focus();
          return false;
      }
  }
}
</script>
</head>
<body>
<form action="index.php" method="get" name="myform">
<ul>
<li>姓名:<input type="text" name="name" id="name" /></li>
<li>密码:<input type="text" name="pw" id="age" /></li>
<li><input type="submit" id="bt"/></li>
</ul>
</form>
</body>
</html>
```

运行以上程序,结果如图 14-3 所示。当不输入姓名时,单击【提交】按钮,页面弹出提示框,提示用户"用户名不能为空!"。

图 14-3　程序运行结果

　　注意:本例中介绍的只是通过 JavaScript 脚本验证表单元素是否为空。另外还可以通过 JavaScript 脚本验证表单元素值的格式是否正确,例如,验证电话号码的格式、电子邮箱地址的格式等。

14.6.2　使用 JavaScript 脚本制作二级导航菜单

　　使用 JavaScript 脚本不仅可以验证表单元素,而且可以制作各式各样的网站导航菜单。本节以网站开发中最常用的二级导航菜单为例,讲解其实现方法。

【例 14-4】 使用 JavaScript 制作二级导航菜单。

```
<!DOCTYPE html>
<html>
<head>
<meta http-equiv="Content-Type" content="text/html; charset=utf-8" />
<title>css 菜单演示</title>
<style type="text/css">
*{margin:0;padding:0;border:0;}
body {
font-family: arial, 宋体, serif;
    font-size:12px;
}
#nav {
   line-height: 24px; list-style-type: none; background:#666;
}
#nav a {
display: block; width: 80px; text-align:center;
}
#nav a:link    {
color:#666; text-decoration:none;
}
#nav a:visited    {
color:#666;text-decoration:none;
}
#nav a:hover    {
color:#FFF;text-decoration:none;font-weight:bold;
}
#nav li {
float: left; width: 80px; background:#CCC;
}
#nav li a:hover{
background:#999;
}
#nav li ul {
line-height: 27px; list-style-type: none;text-align:left;
left: -999em; width: 180px; position: absolute;
}
#nav li ul li{
float: left; width: 180px;
background: #F6F6F6;
}
#nav li ul a{
display: block; width: 180px;width: 156px;
text-align:left;padding-left:24px;
}
#nav li ul a:link    {
color:#666; text-decoration:none;
}
#nav li ul a:visited    {
color:#666;text-decoration:none;
}
#nav li ul a:hover    {
color:#F3F3F3;text-decoration:none;font-weight:normal;
background:#C00;
}
#nav li:hover ul {
left: auto;
}
#nav li.sfhover ul {
left: auto;
```

```
}
#content {
clear: left;
}
</style>
<script type=text/javascript>
<!--//--><![CDATA[//><!--
function menuFix() {
var sfEls = document.getElementById("nav").getElementsByTagName("li");
for(var i=0; i<sfEls.length; i++) {
    sfEls[i].onmouseover=function() {
    this.className+=(this.className.length>0? " ": "") + "sfhover";
    }
    sfEls[i].onMouseDown=function() {
    this.className+=(this.className.length>0? " ": "") + "sfhover";
    }
    sfEls[i].onMouseUp=function() {
    this.className+=(this.className.length>0? " ": "") + "sfhover";
    }
    sfEls[i].onmouseout=function() {
    this.className=this.className.replace(new RegExp("( ?|^)sfhover\b"),"");
    }
}
}
window.onload=menuFix;
//--><!]]>
</script>
</head>
<body>
<ul id="nav">
<li><a href="#">产品介绍</a>
<ul>
<li><a href="#">产品一</a></li>
<li><a href="#">产品一</a></li>
<li><a href="#">产品一</a></li>
<li><a href="#">产品一</a></li>
<li><a href="#">产品一</a></li>
<li><a href="#">产品一</a></li>
</ul>
</li>
<li><a href="#">服务介绍</a>
<ul>
<li><a href="#">服务二</a></li>
<li><a href="#">服务二</a></li>
<li><a href="#">服务二</a></li>
<li><a href="#">服务二服务二</a></li>
<li><a href="#">服务二服务二服务二</a></li>
<li><a href="#">服务二</a></li>
</ul>
</li>
<li><a href="#">成功案例</a>
<ul>
<li><a href="#">案例三</a></li>
<li><a href="#">案例</a></li>
<li><a href="#">案例三案例三</a></li>
<li><a href="#">案例三案例三案例三</a></li>
</ul>
</li>
<li><a href="#">关于我们</a>
<ul>
```

```
<li><a href="#">我们四</a></li>
<li><a href="#">我们四</a></li>
<li><a href="#">我们四</a></li>
<li><a href="#">我们四 111</a></li>
</ul>
</li>
<li><a href="#">在线演示</a>
<ul>
<li><a href="#">演示</a></li>
<li><a href="#">演示</a></li>
<li><a href="#">演示</a></li>
<li><a href="#">演示演示演示</a></li>
<li><a href="#">演示演示演示</a></li>
<li><a href="#">演示演示</a></li>
<li><a href="#">演示演示演示</a></li>
<li><a href="#">演示演示演示演示演示</a></li>
</ul>
</li>
<li><a href="#">联系我们</a>
<ul>
<li><a href="#">联系联系联系联系联系联系</a></li>
<li><a href="#">联系联系联系</a></li>
<li><a href="#">联系</a></li>
<li><a href="#">联系联系</a></li>
<li><a href="#">联系联系</a></li>
<li><a href="#">联系联系联系</a></li>
<li><a href="#">联系联系联系</a></li>
</ul>
</li>
</ul>
</body>
</html>
```

运行以上程序，结果如图 14-4 所示。

图 14-4　程序运行结果

14.6.3　使用 JavaScript 脚本控制文本域和复选框

在动态网站的开发过程中，经常需要对文本域中的内容进行清空或修改、选中多个复选框以及进行提交等操作。这里介绍一种通过 JavaScript 脚本控制文本域中内容和复选框的方法。

【例14-5】通过 JavaScript 脚本创建复选框和文本域。

```
<!DOCTYPE html>
<html>
<head>
<meta charset=" utf-8">
<title>添加 checkbox 复选框</title>
<script type="text/javascript">
var oCheckbox=document.createElement("input");
var myText=document.createTextNode("蚂蚁部落");
oCheckbox.setAttribute("type","checkbox");
oCheckbox.setAttribute("id","mayi");
window.onload=function(){
  var mydiv=document.getElementById("mydiv");
  mydiv.appendChild(oCheckbox);
  mydiv.appendChild(myText);
}
</script>
</head>
<body>
<div id="mydiv"></div>
</body>
</html>
```

运行以上程序，结果如图 14-5 所示。以上程序创建了一个 checkbox 对象，然后创建了一个文本节点，最后添加到 div 中即可。

图 14-5　程序运行结果

14.7　Ajax 技术

Ajax 技术是目前最流行的前端技术之一，它极大改善了传统 Web 应用的用户体验，因此刚出现的时候被行内人士惊呼 Web 技术革命。Ajax 技术极大地发掘了浏览器的潜力，开创了使用浏览器进行开发的极大可能性。下面主要对 Ajax 技术进行详细介绍。

14.7.1　Ajax 的概念

Ajax 是由 Jesse James Garrett 创造的，是 Asynchronous JavaScript And XML 的缩写，中文译为异步 JavaScript 和 XML 技术。Ajax 并不是一门新的语言或技术，它是 JavaScript、XML、CSS、DOM 等多种已有技术的组合，它可以实现客户端的异步请求操作，这样可以实现在不需要刷新页面的情况下和服务器进行通信，减少用户等待时间。

14.7.2　Ajax 的开发模式

在传统的 Web 开发模式下，页面中用户的每一次操作都触发一次返回 Web 服务器的 HTTP 请求，服务器进行相应的处理(获得数据，运行不同的系统会话)，之后返回一个 HTML

页面给客户端，如图 14-6 所示。

而在 Ajax 技术中，页面中用户的操作将通过 Ajax 引擎和服务器端进行通信，然后将返回结果提交给客户端页面的 Ajax 引擎，再由 Ajax 引擎来决定将这些数据插入到页面的指定位置，如图 14-6 所示。

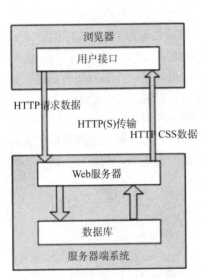

图 14-6 传统的 Web 开发模式

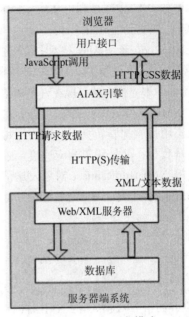

图 14-7 Ajax 开发模式

从图中可以看出，对于用户的每个行为，在传统的 Web 开发模式下，将生成一次 HTTP 请求；而在 Ajax 开发模式下，将变成对 Ajax 引擎的一次 JavaScript 调用。在 Ajax 开发模式下，通过 JavaScript 实现在不刷新整个页面的情况下，对部分数据进行更新，从而降低了网络流量，带来更好的用户体验。

14.7.3 Ajax 的优点

和传统的 Web 应用不同，Ajax 在用户和服务器之间引入一个中间媒介，即 Ajax 引擎。Web 页面不用打断交互流程进行重新加载即可动态更新，从而消除了网络交互过程中的"处理-等待-处理-等待"的缺点。

使用 Ajax 的优点具体表现在以下几个方面：

- 减轻服务器的负担。Ajax 的原则是"按需求获取数据"，可以在最大程度上减少冗余请求和响应对服务器造成的负担。
- 可以把一部分以前由服务器负担的工作转移到客户端，利用客户端闲置的资源进行处理，减轻服务器和带宽负担，节约空间和宽带租用成本。
- 无刷新更新页面，使用户不用再像以前一样在服务器处理数据时只能在呆板的屏幕前焦急地等待。Ajax 使用 XMLHttpRequest 对象发送请求并得到服务器响应，在不需要重新载入整个页面的情况下，即可通过 DOM 及时将更新的内容显示在页面上。
- 可以调用 XML 等外部数据，进一步实现 Web 页面显示和数据的分离。

- 基于标准化的并被广泛支持的技术，不需要下载插件或小程序。

14.7.4 XMLHttpRequest

JavaScript 语言是一种具有丰富的面向对象特性的程序设计语言，利用它能执行许多复杂的任务。例如，Ajax 就是利用 JavaScript 将 DOM、XHTML、HTML、XML 以及 CSS 等技术综合起来，并控制它们的行为。

XMLHttpRequest 是 Ajax 技术中最核心的部分。它是一个具有应用编程接口的 JavaScript 对象，能够使用超文本传输协议(HTTP)连接服务器，是微软公司为了满足实际需要，于 1999 年在 IE 5.0 浏览器中率先推出的。现在许多浏览器都对它提供了支持，但实现方式和 IE 有所不同。

通过 XMLHttpRequest 对象，Ajax 可以像桌面应用程序一样只同服务器进行数据层面的交换，而不用每次都刷新页面，也不用每次都将数据处理的工作交给服务器来做，这样既减轻了服务器负担，又加快了响应速度，缩短了用户等待时间。

在使用 XMLHttpRequest 对象发送请求和处理响应之前，首先需要初始化该对象。由于 XMLHttpRequest 不是一个 W3C 标准，因此对于不同的浏览器，初始化方法也不同。

- IE 浏览器

IE 浏览器把 XMLHttpRequest 实例化为一个 ActiveX 对象，具体方法如下：

```
var http_request = new ActiveXObject("Msxml2.XMLHTTP");
```

或：

```
var http_request=new ActiveXObject("Microsoft.XMLHTTP");
```

在上面的代码中，Msxml2.XMLHTTP 和 Microsoft.XMLHTTP 是针对 IE 浏览器的不同版本而进行设置的，目前比较常用的是这两种。

- Mozilla、Safari 等其他浏览器

这些浏览器把它实例化为一个本地 JavaScript 对象，具体方法如下：

```
var http_request = new XMLHttpRequest();
```

为了提高程序的兼容性，可以创建一个跨浏览器的 XMLHttpRequest 对象。方法很简单，只需要判断一下不同浏览器的实现方式，如果浏览器提供了 XMLHttpRequest 类，则直接创建一个实例，否则使用 IE 的 Active 控件。具体代码如下：

```
if(window.XMLHttpRequest){
    http_request = new XMLHttpRequest();
}
else if(window.ActiveXObject) {
    try {
        http_request = new ActiveXObject("Msxml2.XMLHTTP");
    }catch(e) {
        try {
            http_request = new ActiveXObject("Microsoft.XMLHTTP");
        }catch(e) {}
    }
}
```

说明：由于 JavaScript 具有动态类型特征，而且 XMLHttpRequest 对象在不同浏览器上的实例是兼容的，因此可以用同样的方式访问 XMLHttpRequest 实例的属性或方法，不需要考虑创建该实例的方式。

下面分别介绍 XMLHttpRequest 对象的常用方法和属性。

1. XMLHttpRequest 对象的常用方法

下面对 XMLHttpRequest 对象的常用方法进行详细介绍。

(1) open()方法

该方法用于设置进行异步请求的目标 URL、请求方法以及其他参数，具体语法格式如下：

```
open("method","URL"[,asyncFlag[,"username"[,"password"]]])
```

在上面的语句中，method 用于指定请求的类型，一般为 get 或 post；URL 用于指定请求地址，可以使用绝对地址或相对地址，并且可以传递查询字符串；asyncFlag 为可选参数，用于指定请求方式，同步请求为 true，异步请求为 false，默认情况下为 true；userName 为可选参数，用于指定用户名，没有时可省略；password 为可选参数，用于指定请求密码，没有时可省略。

(2) send()方法

send()方法用于向服务器发送请求。如果请求声明为异步，该方法将立即返回，否则将直到接收响应为止。具体语法格式如下：

```
send(content)
```

在上面的语法中，content 用于指定发送的数据，可以是 DOM 对象的实例、输入流或字符串。如果没有参数，需要传递时可以设置为 null。

(3) setRequestHeader()方法

该方法用来为请求的 HTTP 头设置值。具体语法格式如下：

```
setRequestHeader("label","value")
```

在上面的语句中，label 用于指定 HTTP 头，value 用于为指定的 HTTP 头设置值。

注意：setRequestHeader()方法必须在调用 open()方法之后才能调用。

(4) abort()方法

该方法用于停止当前异步请求。

(5) getAllResponseHeaders()方法

该方法用于以字符串形式返回完整的 HTTP 头信息，当存在参数时，表示以字符串形式返回由该参数指定的 HTTP 头信息。

2. XMLHttpRequest 对象的常用属性

XMLHttpRequest 对象的常用属性如表 14-4 所示。

表 14-4　XMLHttpRequest 对象的常用属性

属　　性	说　　明
onreadystatechange	用于指定状态改变时所触发的事件处理器
readyState	用于获取请求的状态。返回值包括： 0:未初始化 1:正在加载 2:已加载 3:交互中 4:完成

属　　性	说　　明
responseText	获取服务器的响应，表示为字符串
responseXML	获取服务器的响应，表示为 XML
status	返回的 HTTP 状态码： 200：表示成功 202：表示请求被接收，但尚未成功 400：错误的请求 404：文件未找到 500：内部服务器错误
statusText	返回 HTTP 状态码的文本信息

14.7.5　在 Ajax 开发过程中需要注意的问题

在 Ajax 开发过程中需要注意以下几个问题。

1. 浏览器兼容性问题

Ajax 使用了大量 JavaScript 和 Ajax 引擎，而这些内容需要浏览器提供足够的支持。目前提供这些支持的浏览器有 IE 5.0 及以上版本、Mozilla 1.0、Netscape 7 及以上版本。Mozilla 虽然也支持 Ajax，但是提供 XMLHttpRequest 对象的方式不一样，所以使用 Ajax 程序必须测试针对各个浏览器的兼容性。

2. XMLHttpRequest 对象封装

Ajax 技术的实现主要依赖于 XMLHttpRequest 对象，但在调用它进行异步数据传输时，由于 XMLHttpRequest 对象的实例在处理完事件后就会被销毁，因此如果不对该对象进行封装处理，在下次需要调用它时就要重新构建，而且每次调用都需要写一大段的代码，使用起来很不方便。现在很多开源的 Ajax 框架都提供了对 XMLHttpRequest 对象的封装方案，详细内容这里不作介绍。

3. 性能问题

由于 Ajax 将大量的计算从服务器端移到了客户端，这就意味着浏览器要承受更大的负担，而不再只负责简单的文档显示。由于 Ajax 的核心语言是 JavaScript，而 JavaScript 并不以高性能知名，另外，JavaScript 对象也不是轻量级的，特别是 DOM 元素会耗费大量的内存；因此，如何提高 JavaScript 代码的性能对于 Ajax 开发来说尤为重要。对 Ajax 应用执行速度的优化方法有 3 种：优化 for 循环；将 DOM 节点附加到文档上；尽量减少点号"."操作符的使用。

4. 中文编码问题

Ajax 不支持多种字符集，默认的字符集是 UTF-8，所以在应用 Ajax 技术的程序中应及时进行编码转换，否则程序中出现的中文字符将变成乱码。一般情况下，以下两种情况将产生中文乱码：

(1) PHP 发送中文、Ajax 接收时，这时只需要在 PHP 页的顶部添加如下语句：

```
header("Content-type:text/html;charset=GB2312");
```

XMLHttpRequest 就会正确解析其中的中文。

(2) Ajax 发送中文、PHP 接收时，这会比较复杂，应该在 Ajax 中先用 encodeURIComponent 对要提交的中文进行编码。再在 PHP 页中添加如下代码：

```
$GB2312string=iconv('UTF-8','gb2312//IGNORE',$RequestAjaxString);
```

PHP 选择 MySQL 数据库时，使用如下语句设置数据库的编码类型：

```
mysql_query("set names gb2312");
```

通过以上操作，即可解决中文乱码问题。

14.7.6　用户重名检测

在实际项目开发中，凡是提供用户注册功能的网站，在会员注册时，都会通过 Ajax 技术来检测当前注册的用户名是否已存在。下面的示例将通过 Ajax 技术来实现此功能。本例以前面的 book 数据库中的 employee 数据表为基础。

【例 14-6】使用 Ajax 技术检测用户名是否已存在。

静态页面的程序代码如下(14-6.html)：

```
<!DOCTYPE html>
<html>
<head>
<meta http-equiv="Content-Type" content="text/html; charset=utf-8" />
<title>检测用户名是否存在</title>
</head>
<body>
<script language="javascript">
//搭建 Ajax 开发框架
var http_request=false;
function createRequest(url){
    http_request=false;
    if(window.XMLHttpRequest){//Mozilla 等浏览器
        http_request=new XMLHttpRequest();
        if(http_request.overrideMimeType){
        /**
        *针对某些特定版本的 Mozilla 浏览器的 bug 进行修正
        *如果来自服务器的响应没有 xml mime-type 头，则一些版本的 Mozilla 浏览器不能正常运作
        *针对这种情况，overrideMimeType("text/xml")语句将覆盖发送给服务器的头，强制将 test/xml0
         作为 mime-type
        */
            http_request.overrideMimeType("text/xml");
        }
    }else if(window.ActiveXObject){
        try{
            http_request=new ActiveXObject("Msxml2.XMLHTTP");
        }catch(e){
            try{
                http_request=new ActiveXObject("Microsoft.XMLHTTP");
            }catch(e){}
        }
    }
    if(!http_request){
        alert("不能创建 XMLHTTP 实例！");
        return false;
    }
    http_request.onreadystatechange=alertContents;//指定响应方法
    //发出 HTTP 请求
    http_request.open("GET",url,true);
    http_request.send(null);
}
```

```
function alertContents(){
    if(http_request.readyState==4){
        if(http_request.status==200){
            alert(http_request.responseText);
        }else{
            alert("您请求的页面发现错误");
        }
    }
}
</script>
<script language="javascript">
function checkName(){
    var username=form1.username.value;
    if(username==""){
        window.alert("请填写用户名！");
        form1.username.focus();
        return false;
    }else{
        createRequest('checkname.php?username='+username+'&nocache='+new Date().getTime());
            //必须添加清除缓存的代码，否则程序将不能正确检测用户名是否被占用
    }
}
</script>
<form id="form1">
<input type="text" id="username" name="username"/>
<a href="#" onclick="checkName();">[检测用户名]</a>
</form>
</body>
</html>
```

服务器端提供的与数据库交互的 PHP 程序代码如下(14-6.php)：

```
<?php
// 创建数据库连接
error_reporting(0);
$conn = mysql_connect("localhost:3306",'root','123456') or die('error:'.mysql_error());
mysql_select_db('book',$conn) or die('error:'.mysql_error());
mysql_query('set NAMES utf8');
  //Ajax 中先用 encodeURIComponent 对要提交的中文进行编码
$GB2312string=iconv('UTF-8','gb2312//IGNORE',$RequestAjaxString);
mysql_query("set names gb2312");
$username=$_GET['username'];
$sql=mysql_query("select * from employees where user_name='".$username."'");
$info=mysql_fetch_array($sql);
if($info){
    echo "用户名".$username."已存在";
}else{
    echo "用户名".$username."未存在";
}
?>
```

运行程序，结果如图 14-8 所示。

图 14-8　程序运行结果

14.8　本章小结

　　本章首先重点介绍了在 HTML 静态页面和 PHP 动态页面中调用 JavaScript 脚本的不同方法，以及如何自定义函数和灵活运用 JavaScript 流程控制语句。接着介绍了开发动态网站时的高级技术 Ajax，读者应该认真学习并掌握。通过 Ajax 技术可以使编程水平上升到一个新的层次，例如，使用 Ajax 技术可以实现很多无刷新效果、增强用户体验等。通过本章的学习，读者可以掌握 JavaScript 语言的基础知识以及 Ajax 技术的开发模式及使用。

14.9　思考和练习

1. 用 PHP 编写一个用户登录接口，通过 JSON 形式返回信息。
2. 编写一个用户登录表单，使用 JavaScript 判断表单选项是否为空。
3. 在登录表单中，使用 Ajax 请求登录接口，进行登录验证。

第 15 章

ThinkPHP

ThinkPHP 是一个快速、简单的基于 MVC 和面向对象的轻量级 PHP 开发框架，遵循 Apache 2 开源协议发布，从诞生以来一直秉承简洁实用的设计原则，在保持出色的性能和至简的代码的同时，尤其注重开发体验和易用性，并且拥有众多的原创功能和特性，为 Web 应用开发提供了强有力的支持。

作为一个整体开发解决方案，ThinkPHP 能够解决应用开发中的大多数需求，因为其自身包含了底层架构、兼容处理、基类库、数据库访问层、模板引擎、缓存机制、插件机制、角色认证、表单处理等常用组件，并且跨版本、跨平台和跨数据库移植都比较方便。另外，每个组件都是精心设计且完善的，在应用开发过程中仅仅需要关注业务逻辑。通过本章的学习，大家能够对 ThinkPHP 框架有一个总体上的认识，并且能够达到进行简单应用的程度。

本章的学习目标：
- 了解 ThinkPHP。
- 了解 ThinkPHP 的目录结构。
- 了解 ThinkPHP 的控制器。
- 了解 ThinkPHP 的视图。
- 掌握 ThinkPHP 项目的构建流程。
- 掌握 ThinkPHP 的配置。
- 熟悉 ThinkPHP 的模型。
- 熟悉 ThinkPHP 的内置模板引擎。

15.1 ThinkPHP 简介

使用 ThinkPHP 可以方便、快捷地开发和部署应用。当然不仅仅是企业级应用，任何 PHP 应用开发都可以从 ThinkPHP 的简单和快速特性中受益。ThinkPHP 本身具有很多的原创特性，并且倡导"大道至简，开发由我"的开发理念，用最少的代码完成更多的功能，宗旨就是让 Web 应用开发更简单、更快速。

15.1.1 ThinkPHP 的安装

1. 环境要求

相比于以往版本，ThinkPHP 5.0 是一个颠覆和重构版本，采用全新的架构思想，引入了很多的 PHP 新特性，优化了核心，减少了依赖，支持 Composer，实现了真正的惰性加载，并且深入支持 API 开发，在功能、性能以及灵活性方面都较为突出。

ThinkPHP 可以支持 Windows/Linux 服务器环境，可运行于 Nginx、Apache、IIS 在内的多种 Web 服务器上。另外，ThinkPHP 需要 PHP 5.0 及以上版本的支持，若是 ThinkPHP 5.0，则需要 PHP 5.6.0 以上，且支持 PDO、mbstring 扩展；支持 MySQL、MsSQL、PgSQL、SQLite、Oracle 等数据库。

2. ThinkPHP 5.0 的安装

ThinkPHP 支持多种方式的安装，包括官网下载、Composer 安装以及 GIT 下载，对于新手来说，有必要理解这几种安装方式的区别。

- 从官网下载：一般都是稳定版本(并不会实时更新)，有些大的版本还会提供核心版(不含扩展)和完整版(包含常用扩展)两个版本。
- Composer 安装：这是一种主流的安装方式，分为稳定版和开发版安装。如果安装的是稳定版，则可以更新到最新的稳定版；如果安装的是开发版，那么更新到的也是实时的开发版。安装慢的可以使用国内镜像，但注意存在一定的缓存时间。
- Git 安装：这是一种直接通过 Git 地址进行安装的方式，优势是可以实时更新，跟着官方开发版本走的用户可以选择 Git 更新，也方便及时反馈和提交 PR。除了 GitHub 之外，国内的码云和 Coding 代码托管平台都有 ThinkPHP 5.0 的镜像，请自行选择。

(1) 从官网下载

ThinkPHP 最新的稳定版可以从官方网站下载，不过官网下载版本并不是实时更新的，每个版本在更新发布的时候都会重新打包。如果需要实时更新版本，请使用 Git 版本库或 Composer 安装。

(2) Composer 安装

ThinkPHP 5.0 支持使用 Composer 安装和更新，如果还没有安装 Composer，可以按 Composer 安装中的方法安装。命令如下：

```
curl -sS https://getcomposer.org/installer | php
mv composer.phar /usr/local/bin/composer
```

在 Windows 中，需要下载并运行 Composer-Setup.exe。

如果已经安装 Composer，确保使用的是最新版本，也可以用 composer self-update 命令更新为最新版本。

由于国外网站的连接速度很慢，因此安装的时间可能会比较长，建议通过下面的方式使用国内镜像。打开命令行窗口(Windows 用户)或控制台(Linux 和 Mac 用户)并执行如下命令：

```
composer config -g repo.packagist composer https://packagist.phpcomposer.com
```

然后在命令行的下面，切换到 Web 根目录并执行如下命令：

```
composer create-project topthink/think=5.0.*  tp5   --prefer-dist
```

要安装 5.1 版本，可使用下面的命令：

```
composer create-project topthink/think  tp5   --prefer-dist
```

如果之前使用 Composer 安装的话,首先切换到 tp5 目录,然后使用下面的命令更新框架到最新版本(注意因为缓存关系,Composer 不一定是及时更新的):

```
composer update
```

(3) Git 安装

ThinkPHP 使用 Git 版本库进行更新迭代,如果不太了解 Composer 或者觉得 Composer 太慢,也可以使用 Git 版本库安装和更新。ThinkPHP 5.0 被拆分为多个仓库,下面是 GitHub(主要维护仓库)及国内仓库的网址:

```
[ Github ]
应用项目: https://github.com/top-think/think
核心框架: https://github.com/top-think/framework
[ 码云 ]
应用项目: https://git.oschina.net/liu21st/thinkphp5.git
核心框架: https://git.oschina.net/liu21st/framework.git
[ Coding ]
应用项目: https://git.coding.net/liu21st/thinkphp5.git
核心框架: https://git.coding.net/liu21st/framework.git
```

首先下载应用项目仓库:

```
git clone https://github.com/top-think/think tp5
```

然后切换到 tp5 目录,再下载核心框架仓库:

```
git clone https://github.com/top-think/framework thinkphp
```

两个仓库下载完毕后,就完成了 ThinkPHP 5.0 的下载。如果需要更新核心框架,只需要切换到 thinkphp 核心目录,然后执行如下命令即可:

```
git pull https://github.com/top-think/framework
```

如果不熟悉 git 命令行,可以使用任何一个 Git 客户端进行操作,在此不再详细说明。需要注意的是,使用 Git 方式只能安装核心框架,官方扩展只能通过 Composer 安装。

15.1.2 ThinkPHP 概述

ThinkPHP 是一个免费开源、快捷、简单的 OOP 轻量级 PHP 开发框架,采取 MVC 架构模式,对 CURD 操作进行了高度封装,并且使用 ThinkPHP 开发的网站可以设置单一入口。

1. 什么是 MVC

MVC 是一种经典的程序设计理念,是 Model、View、Controller 的缩写,是一种软件设计典范。MVC采用一种业务逻辑、数据与界面显示相分离的方法来组织代码,将众多的业务逻辑聚集到一个部件里,在需要改进和个性化定制界面及用户交互的同时,不需要重新编写业务逻辑,减少编码的时间。

MVC 设计模式的产生原因:应用程序中用来完成任务的代码——模型层(也叫"业务逻辑"),通常是程序中相对稳定的部分,重用率高;而与用户交互的界面——视图层,改变频繁。如果因需求变动而修改业务逻辑代码,或者因为要在不同的模块中应用相同的功能而重复编写业务逻辑代码,不仅会降低程序开发的整体进度,也会使未来的维护变得非常困难。因此将业务逻辑代码和视图分离,这样开发人员可以更方便地根据需求改进程序,这就是 MVC 设计模式。

在 PHP Web 开发中,MVC 设计模式的各自功能及相互关系如图 15-1 所示。

● 模型(Model)

模型(Model)代表 MVC 中的 M,是指模型,表示业务规则。在 MVC 的三个部件中,模型拥有最多的处理任务。被模型返回的数据是中立的，模型与数据格式无关，这样一个模型就能为多个视图提供数据。由于应用于模型的代码只需要写一次就可以被多个视图重用，因此减少了代码的重复。

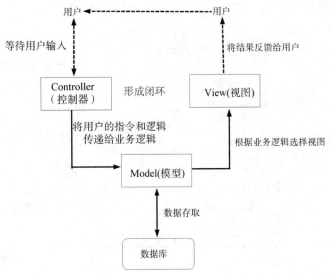

图 15-1　MVC 设计模式

- 视图(View)

视图(View)代表 MVC 中的 V，是指用户看到并与之交互的界面。比如由 HTML 元素组成的网页界面，或者软件的客户端界面。MVC 的好处之一在于能为应用程序处理很多不同的视图。在视图中其实没有真正的处理发生，而只是作为一种输出数据并允许用户操纵的方式。

- 控制器(Controller)

控制器(Controller)代表 MVC 中的 C，是指控制器，接收用户的输入并调用模型和视图以完成用户的需求，控制器本身不输出任何东西，也不作任何处理。它只是接收请求并决定调用哪个模型构件去处理请求，然后确定用哪个视图来显示返回的数据。

2. 什么是 CURD

CURD 是指数据库的 4 个基本操作：创建、更新、读取和删除。这是数据库最基本的操作，也是实现动态网站开发的基础，因此是必须掌握的知识，在此基础之上才能熟悉更多实用的数据操作方法。

3. 什么是单一入口

单一入口通常是指项目或应用具有一个统一(但并不一定是唯一)的入口文件，也就是说，项目的所有功能操作都是通过这个入口文件进行的，并且往往入口文件是第一个要被执行的文件。

15.2　ThinkPHP 架构

ThinkPHP 遵循简洁实用的设计原则，兼顾开发速度和执行速度的同时，也注重易用性。

本节将对 ThinkPHP 框架的整体思想和架构体系进行详细说明。

15.2.1 ThinkPHP 的目录结构

安装后(或对下载后的压缩文件解压后)可以看到下面的目录结构：

```
tp5
├──application        应用目录
├──extend             扩展类库目录(可定义)
├──public             网站对外访问目录
├──runtime            运行时目录(可定义)
├──vendor             第三方类库目录(Composer)
├──thinkphp           框架核心目录
├──build.php          自动生成定义文件(参考)
├──composer.json      Composer 定义文件
├──LICENSE.txt        授权说明文件
├──README.md          README 文件
├──think              命令行工具入口
```

ThinkPHP 5.1 版本的目录结构的主要变化是配置目录和路由定义目录被独立出来的，和以往版本相比，不再放入应用目录(并且不可更改)。与目录相关的常量如表 15-1 所示。

表 15-1　与目录相关的常量

目　　录	说　　明	常　　量
tp5	项目根目录	ROOT_PATH
tp5/application	应用目录	APP_PATH
tp5/thinkphp	框架核心目录	THINK_PATH
tp5/extend	应用扩展目录	EXTEND_PATH
tp5/vendor	Composer 扩展目录	VENDOR_PATH

ThinkPHP 5.1 版本取消了所有的系统常量，改为环境变量。获取方式如下：

```
think\facade\Env::get('环境变量名')
```

ThinkPHP 5.1 版本的 start.php 文件和 console.php 已经移出核心框架而放入应用包。展开后的目录结构如下：

```
├──application            应用目录
│   ├──common             公共模块目录(可以更改)
│   ├──module_name        模块目录
│   │   ├──common.php      模块函数文件
│   │   ├──controller      控制器目录
│   │   ├──model           模型目录
│   │   ├──view            视图目录
│   │   ├──config          配置目录
│   │   │   ...            更多类库目录
│   ├──command.php         命令行定义文件
│   ├──common.php          公共函数文件
│   └──tags.php            应用行为扩展定义文件
├──config                 应用配置目录
│   ├──module_name         模块配置目录
│   │   ├──database.php      数据库配置
│   │   ├──cache            缓存配置
│   │   │   ...
│   ├──app.php             应用配置
│   ├──cache.php           缓存配置
│   ├──cookie.php          Cookie 配置
```

```
|    |──database.php              数据库配置
|    |──log.php                   日志配置
|    |──session.php               Session 配置
|    |──template.php              模板引擎配置
|    |──trace.php                 Trace 配置
|──route                          路由定义目录
|    |──route.php                 路由定义
|    |── ...                       更多
|──public                         Web 目录(对外访问目录)
|    |──index.php                 入口文件
|    |──router.php                快速测试文件
|    |──.htaccess                 用于 Apache 的重写
|──thinkphp                       框架系统目录
|    |──lang                      语言文件目录
|    |──library                   框架类库目录
|    |    |──think                 Think 类库包目录
|    |    |──traits                系统 Trait 目录
|    |──tpl                       系统模板目录
|    |──base.php                  基础定义文件
|    |──convention.php            框架惯例配置文件
|    |──helper.php                助手函数文件
|    |──logo.png                  框架 LOGO 文件
|──extend                         扩展类库目录
|──runtime                        应用的运行时目录(可写，可定制)
|──vendor                         第三方类库目录(Composer 依赖库)
|──build.php                      自动生成定义文件(参考)
|──composer.json                  Composer 定义文件
|──LICENSE.txt                    授权说明文件
|──README.md                      README 文件
|──think                          命令行入口文件
```

15.2.2　自动生成项目目录

1. 入口文件

ThinkPHP 5.0 版本默认自带的入口文件位于 public/index.php(在实际部署的时候 public 目录为应用对外访问目录)，入口文件的内容如下：

```
//定义应用目录
define('APP_PATH', __DIR__ . '/../application/');
//加载框架引导文件
require __DIR__ . '/../thinkphp/start.php';
```

这段代码的作用就是定义应用目录 APP_PATH 和加载 ThinkPHP 框架的入口文件，这是所有基于 ThinkPHP 开发应用的第一步。可以在浏览器中访问入口文件，URL 如下：

```
http://localhost/tp5/public/
```

按 Enter 键，然后可以看到如图 15-2 所示的安装成功页面。

ThinkPHP 5.0 版本采用模块化的设计架构，默认的应用目录下只有一个 index 模块目录。如果要添加新的模块，可以使用控制台命令来生成。切换到命令行模式下，进入到应用根目录并执行如下指令：

图 15-2　ThinkPHP 5.0 安装成功页面

```
php think build --module demo
```

执行后，就会生成一个默认的 demo 模块，包括如下目录结构：

```
├──demo
│    ├──controller          控制器目录
│    ├──model               模型目录
│    ├──view                视图目录
│    ├──config.php          模块配置文件
│    └──common.php          模块公共文件
```

同时也会生成一个默认的 Index 控制器文件。注意：这只是初始默认的目录结构，在实际的开发过程中可能需要创建更多的目录和文件。

在后面的示例中，为了方便访问，可以设置 vhost 访问，以 Apache 为例，定义如下：

```
<VirtualHost *:80>
    DocumentRoot "/home/www/tp5/public"
    ServerName tp5.com
</VirtualHost>
```

把 DocumentRoot 修改为本机所在目录 tp5/public，并注意修改本机的 hosts 文件，把 tp5.com 指向本地 127.0.0.1。

如果暂时不想设置 vhost 或者还不是特别了解如何设置，可以先把入口文件移到框架的 ROOT_PATH 目录中，并更改入口文件中 APP_PATH 和框架入口文件的位置(这里顺便展示一下如何更改相关目录的名称)，index.php 文件的内容如下：

```
// 定义应用目录为 apps
define('APP_PATH', __DIR__ . '/apps/');
// 加载框架引导文件
require __DIR__ . '/think/start.php';
```

这样最终的目录结构如下：

```
tp5
├──index.php          应用入口文件
├──apps               应用目录
├──public             资源文件目录
├──runtime            运行时目录
└──think              框架目录
```

2. 自动生成模块

安装完 ThinkPHP 5.0 之后，若安装目录为 tp5，在浏览器中输入 http://localhost/tp5/public/。如果显示如图 15-2 所示的页面，表示框架运行成功。下面讲解 ThinkPHP 框架如何自动生成项目目录。

【例 15-1】创建名为 weibo 的项目，自动生成项目目录。

ThinkPHP 5.0 不能像 ThinkPHP 3.0 那样，不用任何配置直接访问就能生成目录，ThinkPHP 5.0 的目录生成依赖 build.php 文件。

3. 访问的自动生成

ThinkPHP 5.0 需要在入口文件 Public/index.php 中添加两行代码：

```
// 读取自动生成的定义文件
$build = include '/../build.php';
// 运行自动生成
\think\Build::run($build);
```

需要注意的是，\think\Build::run($build);语句要放在 require __DIR__ . '/../ thinkphp/start. php'; 框架引导文件的下面。不然会报错，找不到\think\Build::run($build);方法。

也可以通过命令行自动生成，即通过控制台来完成自动生成。配置好环境后，切换到命令行，在应用的根目录下输入下面的命令：

```
php think build
```

4. 在 build.php 中配置内容

默认在框架的根目录下自带一个 build.php 示例参考文件，内容如下：

```
return [
    // 生成运行时目录
    '__file__' => ['common.php'],
    // 定义 index 模块的自动生成
    'index'       => [
        '__file__'      => ['common.php'],
        '__dir__'       => ['behavior', 'controller', 'model', 'view'],
        'controller'    => ['Index', 'Test', 'UserType'],
        'model'         => [],
        'view'          => ['index/index'],
    ],
    // 其他更多的模块定义
];
```

可以给每个模块定义需要自动生成的文件和目录，以及 MVC 类。其中各选项的含义如下：

● __dir__ 表示生成目录(支持多级目录)。

● __file__ 表示生成文件(不定义的话，默认会生成 config.php 文件)。

● controller 表示生成 controller 类。

● model 表示生成 model 类。

● view 表示生成 HTML 文件(支持子目录)。

自动生成以 APP_PATH 为起始目录，__dir__ 和 __file__ 表示需要自动创建目录和文件，其他的则表示为模块自动生成。

模块的自动生成则以 APP_PATH.'模块名/'为起始目录，并且会自动生成模块默认的 Index 访问控制器文件，用于显示框架的欢迎页面。

还可以在APP_PATH目录下自动生成其他的文件和目录，或者增加多个模块的自动生成，例如：

```
return [
    // 生成应用的公共文件
    '__file__' => ['common.php', 'config.php', 'database.php'],
    // 定义 demo 模块的自动生成(按照实际定义的文件名生成)
    'demo'        => [
        '__file__'      => ['common.php'],
        '__dir__'       => ['behavior', 'controller', 'model', 'view'],
        'controller'    => ['Index', 'Test', 'UserType'],
        'model'         => ['User', 'UserType'],
        'view'          => ['index/index'],
    ],
    // 定义 test 模块的自动生成
    'test'=>[
        '__dir__'    => ['behavior','controller','model','widget'],
        'controller' => ['Index','Test','UserType'],
        'model'      => ['User','UserType'],
        'view'       => ['index/index','index/test'],
    ],
    // 其他更多的模块定义
];
```

配置完毕后，运行 http://localhost/项目名称/public/index.php，出现如图 15-2 所示的运行

成功页面，表示目录生成成功。打开项目目录下的 application 文件夹，可以看到生成的 demo 和 test 模块目录，如图 15-3 所示。

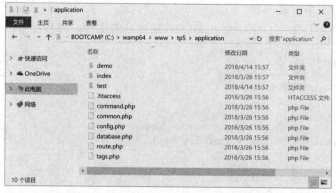

图 15-3　生成的 demo 和 test 模块目录

15.2.3　命名规范

ThinkPHP 5.0 遵循 PSR-2 命名规范和 PSR-4 自动加载规范，并且需要注意如下规范：

1. 目录和文件

- 目录使用小写+下画线。
- 类库、函数文件统一以.php 为后缀。
- 类的文件名均以命名空间定义，并且命名空间的路径和类库文件所在路径一致。
- 类文件采用驼峰法命名(首字母大写)，其他文件采用小写+下画线命名。
- 类名和类文件名保持一致，统一采用驼峰法命名(首字母大写)。

2. 函数和类、属性

- 类的命名采用驼峰法(首字母大写)，例如 User、UserType，默认不需要添加后缀，例如 UserController 应该直接命名为 User。
- 函数的命名使用小写字母和下画线(小写字母开头)的方式，例如 get_client_ip。
- 方法的命名使用驼峰法(首字母小写)，例如 getUserName。
- 属性的命名使用驼峰法(首字母小写)，例如 tableName、instance。
- 特例：以双下画线__开头的函数或方法作为魔术方法，例如 __call 和 __autoload。

3. 常量和配置

- 常量以大写字母和下画线命名，例如 APP_PATH。
- 配置参数以小写字母和下画线命名，例如 url_route_on 和 url_convert。
- 环境变量使用大写字母和下画线命名，例如 APP_DEBUG。

4. 数据表和字段

数据表和字段采用小写加下画线的方式命名，并且注意字段名不要以下画线开头，例如 think_user 表和 user_name 字段，不建议使用驼峰和中文对数据表及字段命名。

实际开发过程中，最好尽量遵循以上命名规范，以避免在开发过程中出现不必要的错误。

15.2.4　资源目录

访问网站的资源文件不会影响正常的访问操作，只有当访问的资源文件不存在时才会解析到入口文件，一般会提示模块不存在。网站的资源文件一般放在 public 目录的子目录下，例如下面是建议规范：

```
public
├──index.php          应用入口文件
├──static             静态资源目录
│    ├──css            样式目录
│    ├──js             脚本目录
│    └──img            图像目录
```

不要在 public 目录之外的任何位置放置资源文件，包括 application 目录。

如果设置了域名绑定，如 tp5.com，则访问资源文件的 URL 路径如下：

```
http://tp5.com/static/css/style.css
http://tp5.com/static/js/common.js
http://tp5.com/static/img/picture.jpg
```

如果没有设置域名绑定，而是使用子目录方式访问，那么资源访问地址如下：

```
http://localhost/public/static/css/style.css
http://localhost/public/static/js/common.js
http://localhost/public/static/img/picture.jpg
```

网站的入口文件就是资源文件的起始位置，如果入口文件不在 public 目录下，还需要自行调整。如果不清楚当前入口文件的位置，可以使用 phpinfo() 在页面输出中查看 DOCUMENT_ROOT 的值。

15.2.5　调试模式配置

ThinkPHP 支持调试模式，默认情况下处在开启状态(从 5.0.10+版本开始，ThinkPHP 默认关闭调试模式，需要自己开启)。调试模式以排错方便优先，而且在异常的时候可以显示尽可能多的信息，所以对性能有一定的影响。

调试模式一般不支持单独开启模块，只能应用全局开启。一般在开发过程中最好使用调试模式，这样可以捕获到任何细微的错误并抛出异常，可以更好地获取错误提示和避免一些问题及隐患。

开发完成后，实际进行项目部署时，为了安全考虑，避免泄露服务器的 Web 目录信息等资料，一定记得修改应用配置文件(application/config.php)中的 app_debug 配置参数以关闭调试模式：

```
// 关闭调试模式
'app_debug' =>false,
```

15.2.6　控制器

找到 index 模块的 Index 控制器(文件位于 application/index/controller/Index.php，注意大小写)，把 Index 控制器类的 index()方法修改为返回 "Hello,World"，代码如下：

```php
<?php
namespace app\index\controller;

class Index
{
    public function index()
```

```
        {
            return "hello world";
        }
    }
```

保存文件，在浏览器中输入 http://localhost/tp5/public/，运行程序，结果如图 15-4 所示。

提示：根据类的命名空间可以快速定位文件位置，在 ThinkPHP 5.0 的规范里面，命名空间其实对应文件所在的目录。app 命名空间通常代表文件的起始目录为 application，而 think 命名空间则代表文件的起始目录为 thinkphp/library/think，后面的命名空间则表示从起始目录开始的子目录。

图 15-4　程序运行结果

创建了控制器，如何用浏览器访问呢？这涉及 ThinkPHP 的 URL 和路由配置问题，在这里可以首先简单介绍一下。ThinkPHP 的 URL 规则默认如下：

http://domainName/index.php/模块/控制器/操作

实际上，前面在浏览器中输入的 http://localhost/tp5/public，是 ThinkPHP 的 application 下 index 模块的 controller 控制器目录中 Index.php 控制器里的 index 操作。完整的 URL 访问路径为：

http://localhost/tp5/public/index.php/index/index/index

依照此规则，这里尝试在 application/index/controller 控制器目录中建立一个控制器，该控制器使用驼峰命名法，名为 HelloWorld.php，如图 15-5 所示。

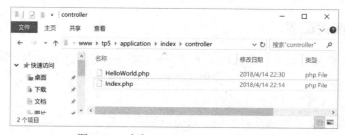

图 15-5　建立 HelloWorld.php 控制器

打开该文件，输入如下代码：

```php
<?php
namespace app\index\controller;

class HelloWorld
{
    public function index($name = 'World')
    {
        return 'Hello,' . $name . '!';
    }
}
```

这时输入 http://localhost/tp5/public/index.php/index/HelloWorld/index 进行访问，发现会报错，提示"控制器不存在"。实际上，以驼峰法命名的控制器类在访问时，正确的访问方式如下：

http://localhost/tp5/public/index.php/index/hello_world/index

这时候直接访问，发现可能还会报错。这是因为默认的 URL 访问是不区分大小写的，全部都会转换为小写的控制器名，因此先在应用配置文件中(application/config.php)关闭 URL 自动转换，如下所示：

```
'url_convert' => false,
```

当控制器之间有继承关系时，例如，如果要继承公共的控制器类 Base，定义如下：

```php
<?php
namespace app\index\controller;
use app\index\controller\Base;

class Index extends Base
{
    public function index()
    {
        return 'Hello,World！';
    }
}
```

在编写操作方法时，可以为操作方法定义参数，例如：

```php
<?php
namespace app\index\controller;

class HelloWorld
{
    public function index($name = 'World')
    {
        return 'Hello,' . $name . '!';
    }
}
```

对于具有参数的操作方法，在访问的时候可以在 URL 中向操作方法传递参数值，例如：

```
http://localhost/tp5/public/index.php/index/hello_world/index?name=landy
```

在浏览器中可以看到如下输出：

```
Hello,landy!
```

在前面介绍的控制器类中，只定义了一个操作方法。实际上，控制器类可以包括多个操作方法。另外，前面定义的操作方法一般都以 public 开头，因此可以通过 URL 在浏览器中访问，但如果操作方法是 protected 或 private 类型，就无法直接通过 URL 访问。也就是说，只有 public 类型的操作方法才可以通过 URL 访问。

下面验证一下，把 Index 控制器类的方法修改为：

```php
<?php
namespace app\index\controller;

class Index
{
    public function hello()
    {
        return 'hello,thinkphp!';
    }
    public function test()
    {
        return '这是一个测试方法!';
    }
    protected function hello2()
    {
        return '这是 protected 方法!';
    }
    private function hello3()
    {
        return '这是 private 方法!';
    }
}
```

当访问如下 URL 地址时，前面两个能正常访问，后面两个则会显示异常。

```
http://localhost/public /index.php/index/index/hello
http://localhost/public /index.php/index/index/test
http://localhost/public /index.php/index/index/hello2
http://localhost/public /index.php/index/index/hello3
```

访问 hello2 和 hello3 操作方法的结果都是显示类似的异常信息，如图 15-6 所示。

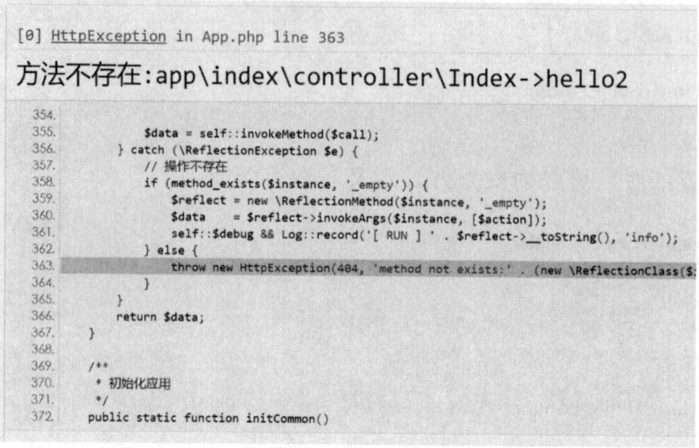

```
[0] HttpException in App.php line 363

方法不存在:app\index\controller\Index->hello2

354.
355.            $data = self::invokeMethod($call);
356.        } catch (\ReflectionException $e) {
357.            // 操作不存在
358.            if (method_exists($instance, '_empty')) {
359.                $reflect = new \ReflectionMethod($instance, '_empty');
360.                $data    = $reflect->invokeArgs($instance, [$action]);
361.                self::$debug && Log::record('[ RUN ] ' . $reflect->__toString(), 'info');
362.            } else {
363.                throw new HttpException(404, 'method not exists:' . (new \ReflectionClass($
364.            }
365.        }
366.        return $data;
367.    }
368.
369.    /**
370.     * 初始化应用
371.     */
372.    public static function initCommon()
```

图 15-6   访问非 public 操作方法时的异常信息

异常页面包含详细的错误信息，是因为开启了调试模式，如果关闭调试模式，看到的默认信息如图 15-7 所示。

页面错误！请稍后再试～

ThinkPHP V5.0.0 { 十年磨一剑-为API开发设计的高性能框架 }

图 15-7   关闭调试模式后输出的异常信息

15.2.7 视图

本节介绍如何给控制器添加视图文件功能。首先在 application/index 目录下创建一个 view 目录，然后为 Index 控制器创建视图目录 index(默认情况下，一个控制器对应一个视图目录，保存在控制器目录的同级目录 view 下)，然后添加模板文件 view/index/hello.html(注意大小写)，添加如下模板内容：

```html
<html>
<head>
<title>hello {$name}</title>
</head>
<body>
    hello, {$name}!
</body>
</html>
```

要输出视图，必须在控制器方法中执行模板渲染输出操作，现在修改控制器类，如下所示：

```php
<?php
namespace app\index\controller;
use think\Controller;
```

```
class Index extends Controller
{
 public function hello($name = 'thinkphp')
    {
        $this->assign('name', $name);
        return $this->fetch();
    }
}
```

以上程序使用 use 来导入命名空间中的一个类库，然后可以在当前文件中直接使用该别名，而不需要使用完整的命名空间路径访问类库。也就是说，如果没有使用 use think\Controller; 的话，就必须使用 class Index extends \think\Controller 这种完整的命名空间方式。

由于 Index 控制器类继承了 think\Controller 类，因此可以直接使用封装好的 assign()和 fetch()方法进行模板变量赋值和渲染输出。

Fetch()方法中并没有指定任何模板，所以按照系统默认的规则(视图目录/控制器/操作方法)输出了 view/index/hello.html 模板文件。

接下来，在浏览器访问：

http://localhost/tp5/public/index.php/index/index/hello

输出如图 15-8 所示。

图 15-8 模板渲染输出结果

15.2.8 数据读取

在开始之前，首先在数据库 book 中创建 think_data 数据表(book 数据库在前面章节中已建立)：

```
CREATE TABLE IF NOT EXISTS `think_data`(
    `id` int(8) unsigned NOT NULL AUTO_INCREMENT,
    `data` varchar(255) NOT NULL,
    PRIMARY KEY (`id`)
) ENGINE=MyISAM   DEFAULT CHARSET=utf8 ;
INSERT INTO `think_data`(`id`,`data`) VALUES
(1,'thinkphp'),
(2,'php'),
(3,'framework');
```

在应用的数据库配置文件 application/database.php 中添加数据库的连接信息，如下所示：

```
return [
    // 数据库类型
    'type'          => 'mysql',
    // 服务器地址
    'hostname'      => '127.0.0.1',
    // 数据库名
    'database'      => book,
    // 数据库用户名
    'username'      => 'root',
    // 数据库密码
    'password'      => '123456',
```

```
            // 数据库连接端口
            'hostport'      => '3306',
            // 数据库连接参数
            'params'        => [],
            // 数据库编码默认采用 utf8
            'charset'       => 'utf8',
            // 数据库表前缀
            'prefix'        => '',
            // 数据库调试模式
            'debug'         => true,
        ];
```

接下来修改控制器方法，添加读取数据的代码：

```php
<?php
namespace app\index\controller;
use think\Controller;
use think\Db;

class Index extends Controller
{
    public function index()
    {
        $data = Db::table('think_data')->find();
        $this->assign('result', $data);
        return $this->fetch();
    }

}
```

注意：Db::table('think_data')表示获取带前缀的表名字段；Db::name('data')表示获取不带前缀的表名字段。这种情况下，在 database.php 文件中需要通过 prefix 选项指定数据库表前缀。

定义好控制器后，定义 index.html 模板文件，代码如下：

```html
<html>
<head>
<title></title>
</head>
<body>
{$result.id}--{$result.data}
</body>
</html>
```

这里表示输出 think_data 表的 id 和 data 字段的值。

在浏览器中执行，输出结果如图 15-9 所示。

图 15-9　输出结果

15.3　URL 和路由

本节讲解 URL 访问和路由的使用。URL 和路由的配置用于指定 URL 和应用目录的映射关系，即指定用户如何访问网站。

15.3.1　URL 访问

ThinkPHP 采用单一入口模式访问应用，对应用的所有请求都定向到应用的入口文件，系统会从 URL 参数中解析当前请求的模块、控制器和操作。下面是标准的 URL 访问格式：

```
http://domainName/index.php/模块/控制器/操作
```

其中，index.php 称为入口文件。需要注意的是，模块在 ThinkPHP 中的概念其实就是应用目录下的子目录，而官方规范是目录名小写，因此模块全部采用小写命名。无论 URL 是否开启大小写转换，模块名都会强制小写。

例如，应用的 index 模块的 Index 控制器定义如下：

```
……
class Index
{
    public function index()
    {
        return 'index';
    }
    public function hello($name = 'World')
    {
        return 'Hello,' . $name . '!';
    }
}
```

如果直接访问入口文件，由于 URL 中没有模块、控制器和操作，因此系统会访问默认模块(index)下默认控制器(Index)的默认操作(index)，因此下面的访问是等效的：

```
http://localhost/public/index.php
http://localhost/public /index.php/index/index/index
```

如果要访问控制器的 hello()方法，则需要使用完整的 URL 地址：

```
http://tp5.com/index.php/index/index/hello/name/thinkphp
```

由于 name 为可选参数，因此也可以使用如下方式进行访问：

```
http://localhost/public /index.php/index/index/hello
```

默认情况下，URL 地址中的控制器和操作名是不区分大小写的，因此下面的访问其实是等效的：

```
http://localhost/public/index.php/index/Index/Index
http://localhost/public/index.php/index/INDEX/INDEX
```

前面在讲解控制器时提到，如果控制器采用的是驼峰命名法，例如定义 HelloWorld 控制器(application/index/controller/HelloWorld.php)，则正确的 URL 访问地址如下：

```
http://localhost/public/index.php/index/hello_world/index
```

如果服务器环境不支持 pathinfo 方式的 URL 访问，则可以使用兼容方式，例如：

```
http://localhost/public/index.php?s=/index/ hello_world /index
```

15.3.2　参数传入

通过操作方法的参数绑定功能，可以实现自动获取 URL 的参数，仍然以上面的控制器为例，控制器代码如下：

```
……
class Index
{
    public function index()
    {
        return 'index';
    }
    public function hello($name = 'World')
    {
        return 'Hello,' . $name . '!';
    }
}
```

当访问如下 URL 时：

```
http://localhost/public/index.php/index/index/hello
```

就是访问 app\index\controller\Index 控制器类的 hello()方法,因为没有传入任何参数,name 参数使用默认值 World。如果传入 name 参数，则使用:

```
http://localhost/public/index.php/index/index/hello/name/thinkphp
```

现在给 hello()方法传入第二个参数:

```
public function hello($name = 'World', $city = '')
{
    return 'Hello,' . $name . '! You come from ' . $city . '.';
}
```

则访问地址为:

```
http://localhost/public/index.php/index/index/hello/name/thinkphp/city/shanghai
```

hello()方法会自动获取 URL 地址中的同名参数值作为方法的参数值,而且这个参数的传入顺序不受 URL 参数顺序的影响。当然,还可以对 URL 进行更详细的设置,在此不再赘述。

15.3.3　隐藏入口

在 URL 中显示入口文件 index.php 和平常大家在浏览器地址栏中看到的 URL 不一致,难免别扭,而且也不安全。事实上,ThinkPHP 允许去掉 URL 地址里面的入口文件 index.php,但是需要额外配置 Web 服务器的重写规则。

以 Apache 为例,需要在入口文件的同级添加.htaccess 文件(官方默认自带了该文件),内容如下:

```
<IfModule mod_rewrite.c>
Options +FollowSymlinks -Multiviews
RewriteEngine on
RewriteCond %{REQUEST_FILENAME} !-d
RewriteCond %{REQUEST_FILENAME} !-f
RewriteRule ^(.*)$ index.php/$1 [QSA,PT,L]
</IfModule>
```

如果是 Nginx 环境,可以在 Nginx.conf 中添加:

```
location / { // …..省略部分代码
    if (!-e $request_filename) {
        rewrite  ^(.*)$  /index.php?s=/$1   last;
        break;
    }
}
```

隐藏入口文件之后,可以使用下面的 URL 地址进行访问:

```
http://localhost/public/index/index/index
http://localhost/public/index/index/hello
```

15.3.4　定义路由

URL 地址里面的 index 模块怎么才能省略呢？在路由定义文件(application/route.php)里面添加一些路由规则,如下所示:

```
return [
    // 添加路由规则，路由到 index 控制器的 hello()操作方法
    'hello/:name' => 'index/index/hello',
];
```

该路由规则表示所有以 hello 开头的并且带参数的访问都会路由到 index 控制器的 hello()操作方法。定义路由后就只能访问下面的 URL 地址:

```
http://localhost/public/hello/thinkphp
```

15.3.5　URL 生成

定义路由规则之后，可以通过 Url 类来方便地生成实际的 URL 地址(路由地址)，针对上面的路由规则，可以用下面的方式生成 URL 地址：

```
// 输出 blog/thinkphp
Url::build('blog/read', 'name=thinkphp');
Url::build('blog/read', ['name' => 'thinkphp']);
// 输出 blog/5
Url::build('blog/get', 'id=5');
Url::build('blog/get', ['id' => 5]);
// 输出 blog/2015/05
Url::build('blog/archive', 'year=2015&month=05');
Url::build('blog/archive', ['year' => '2015', 'month' => '05']);
```

build()方法的第一个参数使用路由定义中的完整路由地址。

另外，还可以使用系统提供的助手函数 url()来简化：

```
url('blog/read', 'name=thinkphp');
// 等效于
Url::build('blog/read', 'name=thinkphp');
```

若在模板文件中输出，可以使用助手函数，例如：

```
{:url('blog/read', 'name=thinkphp')}
```

如果路由规则发生调整，生成的 URL 地址会自动变化。若配置了 url_html_suffix 参数的话，生成的 URL 地址会带上后缀，例如：

```
'url_html_suffix'    => 'html',
```

那么生成的 URL 地址类似如下：

```
blog/thinkphp.html
blog/2015/05.html
```

如果 URL 地址全部采用路由方式定义，也可以直接使用路由规则来定义 URL 生成，例如：

```
url('/blog/thinkphp');
Url::build('/blog/8');
Url::build('/blog/archive/2015/05');
```

build()方法的第一个参数一定要和路由定义的路由地址保持一致，如果路由地址比较特殊，例如使用闭包定义，则需要手动给路由指定标识，例如：

```
// 添加 hello 路由标识
Route::rule(['hello','hello/:name'], function($name){
    return 'Hello,'.$name;
});
// 根据路由标识快速生成 URL
Url::build('hello', 'name=thinkphp');
// 或者使用
Url::build('hello', ['name' => 'thinkphp']);
```

15.4　请求与响应

ThinkPHP 5.0 的架构和设计与之前版本的主要区别之一，就在于增加了 Request 请求对象和 Response 响应对象的概念。

15.4.1　请求对象

ThinkPHP 5.0 的 Request 对象由 think\Request 类完成。Request 对象的一个主要职责是统

一和更安全地获取当前的请求信息，最好避免直接操作$_GET、$_POST、$_REQUEST、$_SESSION、$_COOKIE，甚至$_FILES等全局变量，最好的做法是统一使用 Request 对象提供的方法来获取请求变量。

1. 传统调用方式

实际开发中很少选择这种调用方式。例如：

```
……
use think\Request;

class Index
{
    public function hello($name = 'World')
    {
        $request = Request::instance();
        // 获取当前 URL 地址，不含域名
        echo 'url: ' . $request->url() . '<br/>';
        return 'Hello,' . $name . '! ';
    }
}
```

访问下面的 URL 地址：

```
http://localhost/public/index/index/hello.html?name=thinkphp
```

页面输出结果为：

```
url: /index/index/hello.html?name=thinkphp
Hello,thinkphp！
```

2. 继承 think\Controller

如果控制器类继承了 think\Controller，可以进行如下简化调用：

```
……
class Index extends Controller
{
    public function hello($name = 'World')
    {
        // 获取当前 URL 地址，不含域名
        echo 'url: ' . $this->request->url() . '<br/>';
        return 'Hello,' . $name . '! ';
    }
}
```

3. 自动注入请求对象

如果没有继承 think\Controller，则可以使用注入 Request 对象的方式来简化调用，任何情况下都适用，也是系统建议的方式：

```
……
use think\Request;

class Index
{
    public function hello(Request $request, $name = 'World')
    {
        // 获取当前 URL 地址，不含域名
        echo 'url: ' . $request->url() . '<br/>';
        return 'Hello,' . $name . '! ';
    }
}
```

hello()方法的 request 参数是系统自动注入的，而不需要通过 URL 请求传入。

4. 动态绑定属性

可以给 Request 请求对象绑定属性，以方便全局调用，例如可以在公共控制器中绑定当前登录的用户模型到请求对象：

```
......
use app\index\model\User;
use think\Controller;
use think\Request;
use think\Session;

class Base extends Controller
{
    public function _initialize()
    {
        $user = User::get(Session::get('user_id'));
        Request::instance()->bind('user',$user);
    }
}
```

然后，直接继承这个控制器类就可以直接使用，例如：

```
......
use app\index\controller\Base;
use think\Request;

class Index extends Base
{
    public function index(Request $request)
    {
        echo $request->user->id;
        echo $request->user->name;
    }
}
```

5. 使用助手函数

如果既没有继承 think\Controller，也不想给操作方法添加额外的 Request 对象参数，那么可以使用系统提供的助手函数，例如：

```
......
class Index
{
    public function hello($name = 'World')
    {
        // 获取当前 URL 地址，不含域名
        echo 'url: ' . request()->url() . '<br/>';
        return 'Hello,' . $name . '! ';
    }
}
```

使用上面任意一种方式都可以调用当前请求的 Request 对象实例，然后通过 Request 对象实例的方法来完成不同的信息获取或设置操作。

15.4.2 请求信息

系统推荐使用 param()方法统一获取当前请求变量，该方法最大的优势是不需要区分当前请求类型而使用不同的全局变量或方法，并且可以满足大部分的参数需求，例如：

```
......
use think\Request;
```

```
class Index
{
    public function hello(Request $request)
    {
        echo '请求参数：';
        dump($request->param());
        echo 'name:'.$request->param('name');
    }
}
```

访问下面的 URL 地址：

```
http://localhost/public/index/index/hello.html?test=ddd&name=thinkphp
```

页面输出结果为：

```
请求参数：
array (size=2)
  'test' => string 'ddd' (length=3)
  'name' => string 'thinkphp' (length=8)
name:thinkphp
```

15.4.3 响应信息

Response 响应对象用于动态响应客户端请示，控制发送给用户的信息，并动态生成响应，通常用于输出数据给客户端或浏览器。ThinkPHP 5.0 的 Response 响应对象由 think\Response 类或其子类完成，下面以自动输出方式为例介绍 Response 响应对象的基本用法。

大多数情况下，不需要关注 Response 对象本身，只需要在控制器的操作方法中返回数据即可，系统会根据 default_return_type 和 default_ajax_return 配置决定响应输出的类型。

默认的自动响应输出会自动判断是否是 Ajax 请求，如果是的话，会自动输出 default_ajax_return 配置的输出类型。例如：

```
......
class Index
{
    public function hello()
    {
        $data = ['name' => 'thinkphp', 'status' => '1'];
        return $data;
    }
}
```

由于默认输出 HTML 页面，因此访问页面时的输出结果如图 15-10 所示。

```
[0] Exception in Response.php line 117
不支持的数据类型输出：array
```

图 15-10 页面输出结果

修改配置文件，添加：

```
'default_return_type'      => 'json',
```

再次访问的输出结果为：

```
{"name":"thinkphp","status":"1"}
```

修改输出类型为 XML：

```
'default_return_type'      => 'xml',
```

输出结果变成：

```
<think>
```

```
<name>thinkphp</name>
<status>1</status>
</think>
```

15.5 数据库操作

ThinkPHP 5.0 的数据查询由低到高分 3 个层次：数据库原生查询(SQL 查询)；数据库链式查询(查询构造器)；模型的对象化查询。本节仍然以 Index 控制器和 think_data 数据表为例进行介绍。

15.5.1 数据库配置

首先需要给应用定义数据库配置文件(application/database.php)，里面设置了应用的全局数据库配置信息。数据库配置文件的基本定义如下：

```
return [
    // 数据库类型
    'type'        => 'mysql',
    // 服务器地址
    'hostname'    => '127.0.0.1',
    // 数据库名
    'database'    => 'book',
    // 数据库用户名
    'username'    => 'root',
    // 数据库密码
    'password'    => '123456',
    // 数据库连接端口
    'hostport'    => '3306',
    // 数据库连接参数
    'params'      => [],
    // 数据库编码默认采用 utf8
    'charset'     => 'utf8',
    // 数据库表前缀
    'prefix'      => '',
    // 数据库调试模式
    'debug'       => true,
];
```

如果使用了多个模块，并且不同的模块采用不同的数据库连接，那么可以在每个模块的目录下单独定义数据库配置。

15.5.2 原生查询

设置好数据库连接信息后，就可以直接进行原生的 SQL 查询操作了，包括 query()和 execute()两个方法，分别用于查询操作和写操作。下面来实现数据表 think_user 的 CURD 操作。

1. 新增记录

```
$result = Db::execute('insert into think_data (id, name ,status) values (5, "thinkphp",1)');
dump($result);
```

2. 更新记录

```
$result = Db::execute('update think_data set name = "framework" where id = 5 ');
dump($result);
```

3. 查询记录

```
$result = Db::query('select * from think_data where id = 5');
dump($result);
```

4. 删除记录

```
$result = Db::execute('delete from think_data where id = 5 ');
dump($result);
```

15.5.3 链式操作

使用链式操作可以完成复杂的数据库查询操作，例如，查询 10 个满足条件的数据，并按照 id 倒序排列：

```
$list = Db::name('data') ->where('status', 1) ->field('id,name') ->order('id', 'desc') ->limit(10) ->select();
dump($list);
```

链式操作不分先后，只要在查询方法之前调用就行，所以下面的查询是等效的：

```
$list = Db::name('data') ->field('id,name') ->order('id', 'desc') ->where('status', 1) ->limit(10) ->select();
dump($list);
```

支持链式操作的查询方法如表 15-2 所示。

表 15-2　支持链式操作的查询方法

方　法　名	描　　述	方　法　名	描　　述
select	查询数据集	find	find
insert	插入记录	update	update
delete	删除记录	value	value
column	查询列	chunk	chunk
count 等	聚合查询		

15.5.4 事务支持

对于事务支持，最简单的方法就是使用 transaction()方法，只需要把需要执行的事务操作封装到闭包里面即可自动完成事务，例如：

```
Db::transaction(function () {
    Db::table('think_user') ->delete(1);
    Db::table('think_data') ->insert(['id' => 28, 'name' => 'thinkphp', 'status' => 1]);
});
```

一旦 think_data 表写入失败，系统就会自动回滚；写入成功，系统会自动提交当前事务。也可以手动控制事务的提交，上面的实现代码可以改成：

```
// 启动事务
Db::startTrans();
try {
    Db::table('think_user') ->delete(1);
    Db::table('think_data') ->insert(['id' => 28, 'name' => 'thinkphp', 'status' => 1]);
    // 提交事务
    Db::commit();
} catch(\Exception $e) {
    // 回滚事务
    Db::rollback();
}
```

需要注意的是，事务操作只对支持事务，并且设置了数据表为事务类型的数据库才有效，请在 MySQL 数据库中设置表类型为 InnoDB，并且事务操作必须使用同一个数据库连接。

15.6　模型和关联

ThinkPHP 5.0 的模型是一种对象-关系映射(Object/Relation Mapping，ORM)的封装，并且提供简洁的 ActiveRecord 实现。一般来说，每个数据表会和一个"模型"对应。

ORM 的基本特性就是表映射到模型、记录映射到模型对象实例、字段映射到对象属性。

模型是一种对象化的操作封装，而不是简单的 CURD 操作，简单的 CURD 操作直接使用前面提过的 Db 类。

模型类和 Db 类的区别主要在于对象及业务逻辑的封装，Db 类的查询默认返回的是数组(或集合)，而模型类返回的是当前的模型对象实例(或集合)，模型类是比 Db 类更高级的数据封装，支持模型关联、模型事件和业务(逻辑)方法。

为了演示需要，首先添加一些路由定义，如下所示：

```
return [
    // 全局变量规则定义
    '__pattern__'           => [
        'id'        => '\d+',
    ],
    'user/index'            => 'index/user/index',
    'user/create'           => 'index/user/create',
    'user/add'              => 'index/user/add',
    'user/add_list'         => 'index/user/addList',
    'user/update/:id'       => 'index/user/update',
    'user/delete/:id'       => 'index/user/delete',
    'user/:id'              => 'index/user/read',
];
```

15.6.1　模型定义

为了能更好地理解，首先在数据库中创建 think_user 表，如下所示：

```
CREATE TABLE IF NOT EXISTS `think_user`(
    `id` int(8) unsigned NOT NULL AUTO_INCREMENT,
    `nickname` varchar(50) NOT NULL COMMENT '呢称',
    `email` varchar(255) NULL DEFAULT NULL COMMENT '邮箱',
    `birthday` int(11) UNSIGNED NOT NULL DEFAULT '0' COMMENT '生日',
    `status` tinyint(2) NOT NULL DEFAULT '0' COMMENT '状态',
    `create_time` int(11) UNSIGNED NOT NULL DEFAULT '0' COMMENT '注册时间',
    `update_time` int(11) UNSIGNED NOT NULL DEFAULT '0' COMMENT '更新时间',
    PRIMARY KEY (`id`)
) ENGINE=MyISAM    DEFAULT CHARSET=utf8 ;
```

为 think_user 表定义 User 模型(位于 application/index/model/User.php)，如下所示：

```
<?php
namespace app\index\model;
use think\Model;

class User extends Model
{}
```

大多情况下，无须为模型定义任何的属性和方法即可完成基础的操作。模型会自动对应数据表，规范是：

数据库前缀+当前的模型类名(不含命名空间)

因为模型类采用驼峰命名法，所以在获取实际的数据表时会自动转换为小写+下画线命名的数据表名。如果模型的命名不符合这一数据表对应规范，可以给当前模型定义单独的数据表，包括以下两种方式：第一，设置完整的数据表名，例如：

```php
<?php
namespace app\index\model;
use think\Model;

class User extends Model
{
    protected $table = 'think_user';
}
```

第二，设置不带前缀的数据表名，例如：

```php
……
class User extends Model
{
    protected $name = 'member';
}
```

15.6.2 基础操作

完成基本的模型定义后，就可以进行基础的模型操作了，主要内容包含：新增数据、批量新增数据、查询数据、数据列表、更新数据、删除数据。

1. 新增数据

首先来看下如何写入模型数据，创建一个 User 控制器并增加 add()操作方法，如下所示：

```php
……
use app\index\model\User as UserModel;

class User
{
    // 新增用户数据
    public function add()
    {
        $user            = new UserModel;
        $user->nickname  = '流年';
        $user->email     = 'thinkphp@qq.com';
        $user->birthday  = strtotime('1977-03-05');
        if ($user->save()) {
            return '用户[ ' . $user->nickname . ':' . $user->id . ' ]新增成功';
        } else {
            return $user->getError();
        }
    }
}
```

在当前文件中给 app\index\model\User 模型定义了一个别名 UserModel，这是为了避免和当前的 app\index\controller\User 产生冲突。如果当前的控制器类不是 User，则不需要定义 UserModel 别名。访问 http://localhost/public/user/add，如果看到以下输出，表示写入成功：

用户[流年:1]新增成功

2. 批量新增数据

也可以直接进行数据的批量新增，给 User 控制器添加如下 addList()操作方法，代码如下：

```php
// 批量新增用户数据
public function addList()
```

```
{
    $user = new UserModel;
    $list = [
        ['nickname' => '张三', 'email' => 'zhanghsan@qq.com', 'birthday' => strtotime('1988-01-15')],
        ['nickname' => '李四', 'email' => 'lisi@qq.com', 'birthday' => strtotime('1990-09-19')],
    ];
    if ($user->saveAll($list)) {
        return '用户批量新增成功';
    } else {
        return $user->getError();
    }
}
```

3. 查询数据

接下来添加 User 模型的查询功能，给 User 控制器增加如下 read()操作方法：

```
// 读取用户数据
public function read($id='')
{
    $user = UserModel::get($id);
    echo $user->nickname . '<br/>';
    echo $user->email . '<br/>';
    echo date('Y/m/d', $user->birthday) . '<br/>';
}
```

模型的 get()方法用于获取数据表的数据并返回当前的模型对象实例，通常只需要传入主键作为参数，如果没有传入任何值的话，则表示获取第一条数据。

4. 数据列表

如果要查询多个数据，可以使用模型的 all()方法，在 User 控制器中添加 index()操作方法用于获取用户数据列表：

```
// 获取用户数据列表
public function index()
{
    $list = UserModel::all();
    foreach ($list as $user) {
        echo $user->nickname . '<br/>';
        echo $user->email . '<br/>';
        echo date('Y/m/d', $user->birthday) . '<br/>';
        echo '--------------------------------<br/>';
    }
}
```

5. 更新数据

可以对查询出来的数据进行更新操作，例如，添加 update()操作方法，代码如下：

```
// 更新用户数据
public function update($id)
{
    $user          = UserModel::get($id);
    $user->nickname = '刘晨';
    $user->email    = 'liu21st@gmail.com';
    $user->save();
    return '更新用户成功';
}
```

6. 删除数据

例如，给 User 控制器添加 delete()方法，用于删除用户，代码如下：

```php
// 删除用户数据
public function delete($id)
{
    $user = UserModel::get($id);
    if ($user) {
        $user->delete();
        return '删除用户成功';
    } else {
        return '删除的用户不存在';
    }
}
```

15.7 视图和模板

本节主要学习视图和模板的用法。前面只是在控制器的方法里面直接输出而没有使用视图模板功能，所以本节简单介绍一下如何把变量赋值到模板，并渲染输出。

15.7.1 模板输出

首先来看如何输出一个数据集，修改 User 控制器的 index()方法，代码如下：

```php
<?php
namespace app\index\controller;
use app\index\model\User as UserModel;
use think\Controller;

class User extends Controller
{
    // 获取用户数据列表并输出
    public function index()
    {
        $list = UserModel::all();
        $this->assign('list', $list);
        $this->assign('count', count($list));
        return $this->fetch();
    }
}
```

这里的 User 控制器和之前的模型有所不同，它继承了系统的\think\Controller 类，该类对视图类的方法进行了封装，所以可以在无须实例化视图类的情况下，直接调用视图类的相关方法，这些方法名为 assign(模板变量赋值)、fetch(渲染模板文件)、display(渲染内容)、engine(初始化模板引擎)。其中，assign()和 fetch()方法是最常用的两个方法。

assign()方法可以把任何类型的变量赋值给模板，关键在于模板如何输出，不同的变量类型需要采用不同的标签输出。

fetch()方法默认渲染输出的模板文件应该是当前控制器和操作对应的模板，也就是：

```
application/index/view/user/index.html
```

接下来，定义视图文件的内容，采用 volist 标签输出数据集：

```html
<!DOCTYPE html>
<html>
<head>
<meta charset="UTF-8">
<title>查看用户列表</title>
</head>
```

```
<body>
<h2>用户列表({$count})</h2>
{volist name="list" id="user" }
<div class="info">
ID：{$user.id}<br/>
昵称：{$user.nickname}<br/>
邮箱：{$user.email}<br/>
生日：{$user.birthday}<br/>
</div>
{/volist}
<div class="copyright">
  <a title="官方网站" href="http://www.thinkphp.cn">ThinkPHP</a>
  <span>V5</span>
  <span>{ 十年磨一剑-为 API 开发设计的高性能框架 }</span>
</div>
</body>
</html>
```

ThinkPHP 5.0默认使用的是一个内置的编译型模板引擎，它包含一系列的模板标签，接下来会陆续介绍一些常见的标签用法。

index()方法给模板赋值了两个变量 count 和 list，它们分别是标量和二维数组，标量的输出很简单，使用{$count}便可，一看就明白。

二维数组通常使用 volist 标签输出，例如：

```
{volist name="list" id="user"}
ID：{$user.id}<br/>
昵称：{$user.nickname}<br/>
邮箱：{$user.email}<br/>
生日：{$user.birthday}<br/>
----------------------<br/>
{/volist}
```

volist 标签的 name 属性就是模板变量的名称，id 属性则是定义每次循环输出的变量，在 volist 标签中间使用{$user.id}表示输出当前用户的 id 属性。以此类推，下面的内容则依次输出用户的相关属性：

```
ID：{$user.id}<br/>
昵称：{$user.nickname}<br/>
邮箱：{$user.email}<br/>
生日：{$user.birthday}<br/>
```

打开浏览器，输入以下 URL 地址，即可查看输出结果：

```
http://localhost/public/user/index
```

15.7.2　分页输出

可以很简单地输出用户的分页数据，将控制器的 index()方法改为：

```
// 获取用户数据列表
public function index()
{
    // 分页输出列表，每页显示 3 条数据
    $list = UserModel::paginate(3);
    $this->assign('list',$list);
    return $this->fetch();
}
```

修改模板文件，如下所示：

```
<link rel="stylesheet" href="/static/bootstrap/css/bootstrap.min.css" />
<h2>用户列表({$list->total()})</h2>
{volist name="list" id="user"}
```

```
ID：{$user.id}<br/>
昵称：{$user.nickname}<br/>
邮箱：{$user.email}<br/>
生日：{$user.birthday}<br/>
-----------------------<br/>
{/volist}
{$list->render()}
```

15.7.3　渲染内容

有时候并不需要模板文件，而是直接渲染内容或者读取数据库中存储的内容，将控制器的方法改为如下所示：

```
……
class User extends Controller
{
    // 获取用户数据列表并输出
public function index()
{
  $list = UserModel::all();
  $this->assign('list', $list);
  $this->assign('count', count($list));
  // 关闭布局
  $this->view->engine->layout(false);
  $content = <<<EOT
<h2>用户列表({$count})</h2>
<div>
   {volist name="list" id="user"}
   ID：{\$user.id}<br/>
   昵称：{\$user.nickname}<br/>
   邮箱：{\$user.email}<br/>
   生日：{\$user.birthday}<br/>
   -----------------------<br/>
   {/volist}
</div>
<div class="copyright">
 <a title="官方网站" href="http://www.thinkphp.cn">ThinkPHP</a>
 <span>V5</span>
 <span>{ 十年磨一剑-为 API 开发设计的高性能框架 }</span>
</div>
EOT;
       return $this->display($content);
   }
}
```

display()方法用于渲染内容而不是输出模板文件，和直接使用 echo 输出的区别在于，用display()方法输出的内容支持模板标签的解析。

15.8　本章小结

在实际的网站开发中，ThinkPHP 框架是所有 PHP 开发人员必须掌握的技能之一。本章以 ThinkPHP 5.0 框架为基础，向读者介绍了 ThinkPHP 框架的使用操作。首先简单介绍了 ThinkPHP 的由来和安装，以及 MVC、CURD、单一入口的概念。接着介绍了 ThinkPHP 架构基础，包括该框架的目录结构，如何自动生成项目目录，要遵守的命名规范，资源目录的存放，调试模式和发行模式的切换，控制器和视图的使用，如何进行数据读取等。再接着介绍了 URL 和路由、请求和响应、数据库操作、模型的使用。最后介绍了用于渲染的视图和模板内容。通过本章的学习，读者能够对 ThinkPHP 5.0 框架有一个总体上的认识，并能根据这些知识创建网站。需要注意的是，ThinkPHP 框架的两个主流版本 3.2 和 5.0，有着极大的差别，在学习的时候需要多查阅官网上的帮助文档。

15.9　思考和练习

1. 使用任意一种方法，安装 ThinkPHP 5.0 框架，并验证安装是否成功。
2. 在安装好的目录中，自动生成 blog 模块。
3. 创建 book 数据库，然后通过配置文件配置数据库连接。
4. 创建一个数据表，在控制器中通过原生的方式对数据表执行增删改查操作。
5. 使用模型的方式，对数据表执行增删改查操作。

第 16 章

综合实例

前面的章节系统地介绍了 PHP 的主要知识点，对于核心知识点，提供了相应的示例。但是，许多读者发现，哪怕是将 PHP 的每个知识点都看过一遍，开敲过一遍代码，所有知识点熟记于心，到了实际项目开发中，仍然有不知从何下手的感觉。因此，本章将结合实际的项目开发流程，根据实际的业务需求，讲解如何使用 PHP 开发实际的项目。

本章的学习目标：
- 掌握 Web 应用开发流程。
- 使用 PHP 原生语言制作留言板的一般过程。
- 使用 ThinkPHP 框架开发个人博客的一般过程。

16.1 网站开发流程

目前网络营销已成主流。建设优秀的网站来宣传，甚至在网站上与客户成交，是每个企业必不可少的。本节就来简单介绍网站的开发流程。

16.1.1 确定建站目标

网站建设流程的第一步，是首先为网站设立一个目标，这个目标不能是简单的、抽象化。比如：只说想做一个什么样的网站，类似这种描述是不能准确描述网站目标的。做网站之前，先要了解为什么要做网站？网站是否有移动端？网站的目标用户群是哪些？用什么办法吸引哪些人访问网站？对网站的目标描述得越清楚、越详细，网站访问量就会越大，网站建设就越有可能成功。

16.1.2 进行需求分析

需求分析主要解决做什么的问题，相应的负责人有项目经理、产品经理，或者做更高一级的战略规划。确定好建站目标后，接着需要进行需求分析。那么，分析的内容包括什么？比如，客户想要做一个什么类型的网站，以及这个网站的风格是什么样的，确定网站域名和空间，等等。需求可来自于客户(外包软件)或用户(自有产品)。其中，客户/用户根据不同类型又可细分为个人用户、企业用户等。

16.1.3　绘制网站原型

根据网站需求分析提炼出来的功能点，产品经理根据需求分析，使用 Axure 等原型绘制工具规划出网站的内容版块的草图及交互效果。在这一过程中，产品经理有可能需要根据网站推广需求，根据搜索引擎的抓取习惯来布置网站版块。

16.1.4　系统整理所需资料

做完需求分析后，除了绘制网站原型之外，另外还有一项重要的工作就是收集整理建设网站所需的资料。网站的前期工作需要围绕网站目标来进行。例如网站的架构、网站的功能、网站所需的图片、文字、动画、视频等资料。分类整理、仔细检查，确保建站的原始资料正确。一般这件事情主要由项目经理指派资料专员去收集。

16.1.5　与网站设计美工确定布局和风格

将网站原型交给设计人员，由设计人员制作网站效果图。设计人员在根据原型图设计页面效果图时，还需要确定网站的布局、风格等内容。这需要设计人员进行综合考虑，例如，网站所在行业的特色、网站目标人群的特点、建站技术人员的经验、视觉美工的经验等方面。

16.1.6　程序员完成网站功能实现

根据设计人员制作好的网站效果图，前端和后台可以同时进行开发。

- 前端：根据设计人员提供的网站效果图制作静态页面，即包括 HTML 和 CSS 的页面。
- 后台：根据页面结构和效果图，设计数据库并开发网站后台。这部分工作主要由后端程序员实现。后端程序员需要根据客户提出的网站性能需求，考虑多方因素，例如速度、安全、负载能力、运营成本，选择合适的网站编程语言和数据库。另外，如果网站需要提供手机版网站，页面还需要进行响应式设计，或者单独制作手机版网站。

16.1.7　网站上线测试

在本地搭建服务器，测试网站有没有什么 bug。若无问题，可以使用 FTP 客户端工具将网站文件上传至服务器，然后由各方人员测试网站，其中包括建站技术人员、网站需求方、网站客户方等。发现问题并记录问题，直至网站各方面的细节都已经完善。

16.1.8　网站推广

为了让潜在客户找到网站，必须在网页搜索引擎中加入自己公司的名称或关键词。如果是新的网站，搜索引擎要找到网站可能需要一段时间。这时候就需要专业的网络推广团队为网站做优化推广。当然，后续还要进行网站维护工作，包括网站开发制作完成后经测试出现的 bug 和页面问题，修改文字、修改图片、修改 LOGO、修改后台管理账号、修改文本颜色、修改 Banner 等。

16.2 留言板

本节主要向读者介绍使用 PHP 原生语言的方式开发留言板的过程。

16.2.1 留言板制作预备知识

留言板(留言本)虽然功能简单,但涉及知识较多。本节重点介绍使用 PHP 开发留言板的过程。开发留言板需要具备以下知识:

- 数据库操作:留言板涉及 MySQL 数据表记录的添加、更新与删除操作。
- 表单处理:通过$_POST 和$_GET 全局变量来接收用户表单和 URL 参数信息。
- 留言分页显示:留言较多时需要分页显示。
- 管理员登录:留言板提供了留言管理功能,系统需要对管理员进行登录认证管理。
- Session 管理:管理员对留言进行管理时,需要通过 Session(会话)来保证其管理权限。

16.2.2 留言板功能需求分析

1. 总体需求

用户利用留言板可以发表留言,管理员可以在后台对留言进行回复或删除管理。主要功能分为前台用户留言展示与后台留言管理两部分。

(1) 前台用户留言展示功能

- 从数据库中读出已有的留言信息,最新的留言显示在前面。
- 当留言较多时,需要分页显示。
- 留言者可以在留言表单中输入的信息有昵称、电子邮箱(前台不显示)及留言内容,并通过 JavaScript 脚本初步检测用户输入的信息。
- 留言处理部分需要对输入的信息做长度限制及安全性处理,并将合法信息写入数据表。
- 如果留言成功,使用 HTML meta 的 refresh 属性自动返回留言显示页面。

(2) 后台留言管理功能

- 管理员输入管理密码(默认为 admin 账号),将密码与 user 表的信息进行比较验证,也可与配置文件中配置的密码作比对。
- 验证通过后,回到留言管理界面,为每一条留言都提供一个表单以便回复留言。
- 对于不恰当的留言,管理员可以直接删除。

2. PHP 留言板页面规划

各页面对应功能如下:

- conn.php:数据库连接包含文件。
- config.php:系统配置文件,用于配置每页显示的留言条数等。
- index.php:留言板的主界面,用于留言的读取展示及用户留言表单。
- submiting.php:处理留言者提交的留言信息。
- login.php:管理员登录及验证页面。

- admin.php：留言管理主界面，读取留言数据，提供回复表单及删除等操作界面。
- reply.php：用于留言的回复、删除等具体操作。

16.2.3　留言板数据库表设计

根据前面所做的留言板功能需求分析，设计 guestbook 数据表的结构如表 16-1 所示。

表 16-1　guestbook 数据表的设计

字段名	数据类型	NULL 属性	说　　明
id	mediumint	NOT NULL	主键，自动增长
nickname	char(16)	NOT NULL	留言者称呼
email	varchar(60)	NULL	留言者 Email
content	text	NOT NULL	留言内容
createtime	int	NOT NULL	留言时间戳
reply	text	NULL	管理员回复内容
replytime	int	NULL	回复时间戳

在数据库 book 中创建数据表 guestbook 的 SQL 语句如下：

```
DROP TABLE IF EXISTS `guestbook`;
CREATE TABLE `guestbook` (
    `id` mediumint(8) unsigned NOT NULL AUTO_INCREMENT,
    `nickname` char(16) NOT NULL DEFAULT '',
    `email` varchar(60) DEFAULT NULL,
    `content` text NOT NULL,
    `createtime` int(10) unsigned NOT NULL DEFAULT '0',
    `reply` text,
    `replytime` int(10) unsigned DEFAULT NULL,
    PRIMARY KEY (`id`)
) ENGINE=MyISAM DEFAULT CHARSET=utf8;
```

16.2.4　留言信息的读取展示

留言板的首页用于显示留言信息。在读取留言信息时，一般需要处理的问题包括：(1)数据库连接问题；(2)参数配置问题，如每页显示的留言数等；(3)输出留言信息时的分页处理等。

1. 数据库连接文件 conn.php

conn.php 文件主要存放数据库连接相关的程序。其他文件若需要连接数据库，使用 require 导入该文件即可。该文件的代码如下：

```php
<?php
$conn = @mysql_connect("localhost","root","123456");
if (!$conn){
    die("连接数据库失败：" . mysql_error());
}
mysql_select_db("book", $conn);
mysql_query("set character set 'utf-8'");
mysql_query("set names 'utf-8'");
?>
```

2. 系统配置文件 config.php

系统配置文件用于配置一些系统需要的参数，例如，每页显示的留言数：

```php
<?php
$pagesize = 3;                    //每页显示的留言数，可根据实际情况调节
$gb_password = 123456;            //留言本管理密码，在不做数据库验证时使用
?>
```

3. 留言显示文件 index.php

index.php 用于留言数据的读取展示。一般留言都会有多条，因此从数据库中读取并显示留言时需要用到数据分页。

读取并显示当前页留言的关键代码如下：

```php
<?php
//引用相关文件
require("./conn.php");
require("./config.php");
// 确定当前页数的$p 参数
// $p = $_GET['p']?$_GET['p']:1;
$p = @$_REQUEST['p']  ? intval($_REQUEST['p']) : 1;
// 数据指针
$offset = ($p-1)*$pagesize;
$query_sql = 'SELECT * FROM guestbook ORDER BY id ASC LIMIT   '."$offset , $pagesize";
$result = mysql_query($query_sql);
// 如果出现错误，退出
if(!$result) exit('查询数据错误：'.mysql_error());
// 循环输出
while($gb_array = mysql_fetch_array($result)){
?>
<div class="guestbook-list">
<p class="guestbook-head">
<img src="images/<?=$gb_array['face']?>.gif" />
<span class="bold"><?=$gb_array['nickname']?></span> <span class="guestbook-time">[<?=date("Y-m-d H:i", $gb_array['createtime'])?>]</span></p>
<p class="guestbook-content"><?=mb_convert_encoding($gb_array['content'], 'utf-8', 'gbk');?></p>
<?php
 // 回复
  if(!empty($gb_array['replytime'])) {
?>
<p class="guestbook-head">管理员回复：  <span class="guestbook-time">[<?=date("Y-m-d H:i", $gb_array['replytime'])?>]</span></p>
<p class="guestbook-content"><?=mb_convert_encoding($gb_array['reply'], 'utf-8', 'gbk');?></p>
<?php
  }      // 回复结束
?>
</div>
<?php
}//while 循环结束
?>
```

输出分页格式的关键代码如下：

```php
<?php
//计算留言页数
$count_result = mysql_query("SELECT count(*) FROM guestbook");
$count_array = mysql_fetch_array($count_result);
$pagenum = ceil($count_array['count(*)']/$pagesize);
echo '共 ',$count_array['count(*)'],' 条留言';
if ($pagenum > 1) {
  for($i=1;$i<=$pagenum;$i++) {
```

```
            if($i==$p) {
                echo ' [',$i,']';
            } else {
                echo ' <a href="index.php?p=',$i,'">'.$i.'</a>';
            }
        }
    }
?>
```

在数据库里面输入若干条测试数据以测试显示效果，如图 16-1 所示。在保证读取显示无误后，后面设计用户留言入库出现问题时，便可排除是数据读取显示的问题。

图 16-1　显示的留言信息

16.2.5　留言表单及留言处理

留言信息显示页面通常还需要提供留言表单，供用户填写留言或回复信息。

1．留言表单

留言板的留言表单位于 index.php 页面的下半部分，在显示完当前页的留言信息后，显示留言表单以供来访用户输入并提交留言。留言表单代码如下：

```
<form id="form1" name="form1" method="post" action="submiting.php"
onSubmit="return InputCheck(this)">
<h3>发表留言</h3>
<p>
<label for="title">昵    称:</label>
<input id="nickname" name="nickname" type="text" /><span>(必须填写，不超过 16 个字符串)</span>
</p>
<p>
<label for="title">电子邮件:</label>
<input id="email" name="email" type="text" /><span>(非必需，不超过 60 个字符串)</span>
</p>
<p>
<label for="title">留言内容:</label>
<textarea id="content" name="content" cols="50" rows="8" ></textarea>
</p>
<input type="submit" name="submit" value="　确　定　" />
</form>
```

2. JavaScript 检测代码

JavaScript 检测代码用于检测表单信息是否填写完整。这里要求留言者必须输入昵称及留言内容，对于电子邮件可以不用输入：

```javascript
<script language="JavaScript">
function InputCheck(form1)
{
  if (form1.nickname.value == "")
  {
    alert("请输入您的昵称。");
    form1.nickname.focus();
    return (false);
  }
  if (form1.content.value == "")
  {
    alert("留言内容不可为空。");
    form1.content.focus();
    return (false);
  }
}
</script>
```

需要说明的是，JavaScript 检测代码只是在当前页面友好地提醒用户将必须填写的信息填写完整，但浏览器可能禁用 JavaScript 代码而使之失效。因此在处理表单信息的 PHP 程序中，仍然需要对表单信息作检测。

3. 留言表单信息处理

submiting.php 文件用于处理留言者提交的留言信息。该页面分为两部分：留言信息预处理与安全性处理。

留言信息预处理部分首先要对信息的安全性作处理，其次要对有长度要求或格式要求(如 email 格式)的信息作处理：

```php
// 禁止非 POST 方式访问
if(!isset($_POST['submit'])){
    exit('非法访问!');
}
// 表单信息处理
if(get_magic_quotes_gpc()){
    $nickname = htmlspecialchars(trim($_POST['nickname']));
    $email = htmlspecialchars(trim($_POST['email']));
    $content = htmlspecialchars(trim($_POST['content']));
} else {
    $nickname = addslashes(htmlspecialchars(trim($_POST['nickname'])));
    $email = addslashes(htmlspecialchars(trim($_POST['email'])));
    $content = addslashes(htmlspecialchars(trim($_POST['content'])));
}
if(strlen($nickname)>16){
    exit('错误：昵称不得超过 16 个字符串  [ <a href="javascript:history.back()">返 回</a> ]');
}
if(strlen($nickname)>60){
    exit('错误：邮箱不得超过 60 个字符串  [ <a href="javascript:history.back()">返 回</a> ]');
```

在安全性处理部分，对系统的 get_magic_quotes_gpc 参数作检测。默认 get_magic_quotes_gpc 为开启状态(值为 1)，但也有可能为关闭状态。因此当没开启时，进行 addslashes 转义处理。

此外，还做了 htmlspecialchars 特殊字符串转换及 trim 处理。

接下来对昵称及电子邮件的长度限制做了检测，注意在本例中没有作邮箱格式检测。

4. 留言信息写入留言表

留言信息处理完毕后，可将数据写入对应的留言表，代码如下：

```
//数据写入留言表
require("./conn.php");
$createtime = time();
$insert_sql = "INSERT INTO guestbook(nickname,email,content,createtime)VALUES";
$insert_sql .= "('$nickname','$email','$content','$createtime')";
if(mysql_query($insert_sql)){
?>
<!DOCTYPE html>
<html>
<head>
<meta http-equiv="Content-Type" content="text/html; charset=gb2312">
<meta http-equiv="Refresh" content="2;url=index.php">
<title>留言成功</title>
</head>
<body>
<p>
留言成功！非常感谢您的留言。<br />请稍后，页面正在返回...
</p>
</body>
</html>
<?php
} else {
    echo '留言失败：',mysql_error(),'[ <a href="javascript:history.back()">返 回</a> ]';
}
?>
```

这里是很普通的 mysql_query()数据写入操作。由于写入成功后要使用 HTML meta 的 Refresh 属性自动转至留言主界面，因此在两段 PHP 代码间插入了 HTML 代码。至此，整个 PHP 留言板程序的前台用户留言及展示部分已经完成。运行效果如图 16-2 和图 16-3 所示。

图 16-2 填写留言

图 16-3　新增的留言

16.2.6　后台管理登录

一般情况下，用户登录之后才能发表留言。login.php 用于输出留言板后台管理登录表单以及处理登录用户名/密码验证，登录表单如下：

```
<form id="form1" name="form1" method="post" action="login.php" onSubmit="return InputCheck(this)">
<h1>请输入管理员密码</h1>
<p>
<input type="hidden" name="username" value="admin" />
<label for="password">密　码:</label>
<input id="password" name="password" type="password" />
</p>
<input type="submit" name="submit" value=" 确 定 " />
</form>
```

对登录表单进行空验证，代码如下：

```
<script language="JavaScript">
function InputCheck(form1)
{
  if (form1.password.value == "")
  {
    alert("请输入密码。");
    form1.password.focus();
    return (false);
  }
}
</script>
```

表单提交后，对照 user 表检测管理员账户/密码正确与否：

```
<?php
session_start();
require("./conn.php");
if($_POST){
    $password = MD5(trim($_POST['password']));
    $username = $_POST['username'];
    $check_result = mysql_query("SELECT uid FROM user WHERE username = '$username' AND
    password = '$password'");
    if(mysql_fetch_array($check_result)){
        session_register("username");
// 重定向至留言管理界面
        header("Location: http://".$_SERVER['HTTP_HOST'].rtrim(dirname($_SERVER['PHP_SELF']), '/\').
"/admin.php");
        exit;
    } else {
```

```
            echo '密码错误！';
        }
    }
    ?>
```

需要注意的是，这段检测用户名/密码的代码应该放置于整个页面的开始部分，也就是登录表单的上面。

在登录表单中，默认设置用户名为 admin，可根据实际情况修改或者修改输入用户名的方式。如果需要将登录页面与其他系统管理集成在一起，可以省略登录页面。在留言板程序的 admin.php、reply.php 页面中，如果需要权限验证，设定与其他管理同样的权限验证条件即可。如果不作用户数据表验证，而是与配置文件中的密码作校验，那么上面的验证代码可修改为：

```php
<?php
session_start();
require("./config.php");
if($_POST){
    $username = $_POST['username'];
    $password = $_POST['password'];
    if($password == $gb_password)){
        session_register("username");
 // 重定向至留言管理界面
        header("Location: http://".$_SERVER['HTTP_HOST'].rtrim(dirname($_SERVER['PHP_SELF']), '/' ).
"/admin.php");
        exit;
    } else {
        echo '密码错误！';
    }
}
?>
```

16.2.7　PHP 留言板系统后台管理

留言板系统的后台管理程序 admin.php 的逻辑与 index.php 相同，分页输出各条留言，只是增加了以下功能：

- 登录检测：在此页面的开始部分增加用户登录管理判断，如果是未登录而直接访问该页面，则重定向至登录页面 login.php。
- 回复、删除等管理功能：为每条留言提供回复表单及删除链接。

在 reply.php 文件中处理 admin.php 表单提交过来的留言回复以及处理留言的删除。另外 reply.php 也要作用户登录判断，以防止非法操作。

1. 登录检测

需要权限才能操作的界面应先进行用户登录检测，甚至还要进行权限检测。本例需要进行登录检测的有 admin.php 和 reply.php 两个页面。登录检测代码如下：

```php
session_start();
// 未登录则重定向到登录页面
if(!isset($_SESSION['username'])){
    header("Location: http://".$_SERVER['HTTP_HOST'].rtrim(dirname($_SERVER['PHP_SELF']), '/\').
"/login.php");
    exit;
}
```

2. 留言列表管理功能

需要为留言管理界面加入的管理功能为留言回复表单与留言删除链接，这里的大部分代码与 index.php 页面一致，因此部分重复代码会被省略：

```php
require("./conn.php");
require("./config.php");
// ……
while($gb_array = mysql_fetch_array($result)){
    echo $gb_array['nickname'],' ';
    echo '发表于：',date("Y-m-d H:i", $gb_array['createtime']);
    echo ' ID 号：',$gb_array['id'],'<br />';
    echo '内容：', mb_convert_encoding($gb_array['content'], 'utf-8', 'gbk'),'<br />';
?>
<div id="reply">
<form id="form1" name="form1" method="post" action="reply.php">
<p><label for="reply">回复本条留言:</label></p>
<textarea id="reply" name="reply" cols="40" rows="5"><?=$gb_array['reply']?></textarea>
<p>
<input name="id" type="hidden" value="<?=$gb_array['id']?>" />
<input type="submit" name="submit" value="回复留言" />
<a href="reply.php?action=delete&id=<?=$gb_array['id']?>">删除留言</a>
</p>
</form>
</div>
<?
    echo '<hr />';
}
//以下是分页显示代码，只需要将 index.php 相应代码处的 index.php 改成 admin.php 即可。
// ……
```

在回复表单中，增加了隐藏元素用于标识该条留言的 id：

```php
<input name="id" type="hidden" value="<?=$gb_array['id']?>" />
```

如果回复已存在，则直接显示在文本框中：

```php
<textarea id="reply" name="reply"><?=$gb_array['reply']?></textarea>
```

<?=$gb_array['reply']?>是 PHP 代码的一种简写，常用于简短输出，效果相当于：

```php
<?php
echo $gb_array['reply'];
?>
```

16.2.8　后台管理回复及留言删除处理

1. 留言回复

reply.php 文件用于在留言板中处理管理员对留言的回复及删除功能。同样，为防止未经登录的非法操作，需要作登录检测：

```php
session_start();
// 未登录则重定向到登录页面
if(!isset($_SESSION['username'])){
    header("Location: http://".$_SERVER['HTTP_HOST'].rtrim(dirname($_SERVER['PHP_SELF']), '/\\')."/login.php");
    exit;
}
```

下面是对留言回复的处理代码：

```php
require("./conn.php");
if($_POST){
    if(get_magic_quotes_gpc()){
        $reply = htmlspecialchars(trim($_POST['reply']));
```

```
    } else {
        $reply = addslashes(htmlspecialchars(trim($_POST['reply'])));
    }
    // 回复为空时，将回复时间置为空
    $replytime = $reply?time():'NULL';
    $update_sql = "UPDATE guestbook SET reply = '$reply',replytime = $replytime WHERE id =
$_POST[id]";
    if(mysql_query($update_sql)){
        exit('<script language="javascript">alert("回复成功！ ");self.location="admin.php";</script>');
    } else {
        exit('留言失败：'.mysql_error().'[ <a href="javascript:history.back()">返 回</a> ]');
    }
}
```

以上程序中，当回复内容为空时，会认为是将原来的回复内容清空，这时候将对应的回复时间也设置为空(replytime = NULL)。在回复成功时，采用 JavaScript 方式重定向到 admin.php 页面，与 submiting.php 中留言成功的基于 meta Refresh 属性的重定向方式略有不同，具体采用哪种方式视实际情况或个人喜好而定。

2. 留言删除

在留言板程序中删除留言很简单，只要判断出是以 HTTP GET 方式请求页面并且 URL 参数中 action=delete，就执行删除相关留言记录的 SQL。程序代码如下：

```
// 删除留言
if($_GET['action'] == 'delete'){
    $delete_sql = "DELETE FROM guestbook3 WHERE id = $_GET[id]";
    if(mysql_query($delete_sql)){
        exit('<script language="javascript">alert("删除成功！ ");self.location="admin.php";</script>');
    } else {
        exit('留言失败：'.mysql_error().'[ <a href="javascript:history.back()">返 回</a> ]');
    }
}
```

至此，留言板已经全部介绍完毕。

16.3　个人博客

本节通过个人博客的开发，使得大家可以巩固所掌握的 ThinkPHP 5.0 知识，学会用框架来开发网站。

16.3.1　功能阐述

博客是使用特定的软件，在网络上出版、发表和张贴个人文章，并由个人管理、不定期张贴新文章的网站。博客是网络时代的个人"读者文摘"，是以超链接为武器的网络日记，代表着一种新的生活、工作和学习方式。一个典型的博客往往结合了文字、图像、其他博客或网站的链接以及其他与主题相关的媒体，能够让读者以互动的方式留下意见。大部分的博客内容以文字为主，但仍有一些博客专注于艺术、摄影、视频、音乐、播客等各种主题。博客是社会媒体网络的一部分。比较著名的有新浪博客、网易博客等。

16.3.2 功能结构

个人博客包括前台和后台功能模块，具体功能结构如图 16-4 所示。

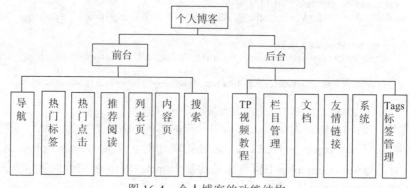

图 16-4 个人博客的功能结构

16.3.3 系统预览

个人博客由多个页面组成。限于篇幅，本节只挑选有代表性的功能来介绍，以向大家展示使用框架开发网站的操作方法。

(1) 博客主页的运行效果如图 16-5 所示，页面包括导航栏、热门标签、推荐阅读、搜索、博客列表页、博客内容页、版权栏等。

图 16-5 博客主页的效果

(2) 内容页主要用来显示每篇博客的详细信息，以及相关阅读和频道推荐栏目，效果如图 16-6 所示。

(3) 个人博客的后台管理程序的网址是 http://localhost/tp5/public/admin/index/index/，页面效果如图 16-7 所示。若没有登录过，系统将导向登录页面，登录测试账号为 admin，密码默认为 123456。后台管理程序提供了与前台栏目相关的数据信息的管理功能，比如对教程资料、管理员账号、栏目、文档、友情链接等的管理。

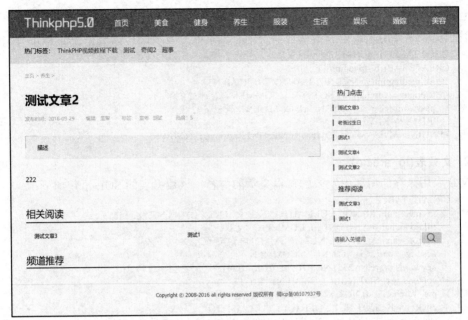

图 16-6　内容页

图 16-7　后台管理页面

16.3.4　数据库设计

本例采用的是 MySQL 数据库。创建一个数据库，命名为 blog，用来存储以下信息：管理员、文章、栏目、友情链接、标签等。

16.3.5　数据表设计

为了方便建立数据表，本节将提供数据表的 SQL 创建语句。

1. 管理员表(tp_admin)

管理员表主要用来维护登录博客后台的管理员账号及权限，该数据表的 SQL 语句如下：

```
DROP TABLE IF EXISTS `tp_admin`;
CREATE TABLE `tp_admin` (
  `id` mediumint(9) NOT NULL AUTO_INCREMENT,
  `username` varchar(30) NOT NULL COMMENT '管理员名称',
  `password` char(32) NOT NULL COMMENT '管理员密码',
  PRIMARY KEY (`id`)
) ENGINE=MyISAM AUTO_INCREMENT=21 DEFAULT CHARSET=utf8;
```

2. 文章表(tp_article)

文章表用来存储博客中发表的每篇文章的内容，该数据表的 SQL 语句如下：

```
CREATE TABLE `tp_article` (
  `id` mediumint(9) NOT NULL AUTO_INCREMENT COMMENT '文章 id',
  `title` varchar(60) NOT NULL COMMENT '文章标题',
  `author` varchar(30) NOT NULL COMMENT '文章作者',
  `desc` varchar(255) NOT NULL COMMENT '文章简介',
  `keywords` varchar(255) NOT NULL COMMENT '文章关键词',
  `content` text NOT NULL COMMENT '文章内容',
  `pic` varchar(100) NOT NULL COMMENT '缩略图',
  `click` int(10) NOT NULL DEFAULT '0' COMMENT '点击数',
  `state` tinyint(1) NOT NULL DEFAULT '0' COMMENT '0:不推荐  1：推荐',
  `time` int(10) NOT NULL COMMENT '发布时间',
  `cateid` mediumint(9) NOT NULL COMMENT '所属栏目',
  PRIMARY KEY (`id`)
) ENGINE=MyISAM AUTO_INCREMENT=8 DEFAULT CHARSET=utf8;
```

3. 栏目表(tp_cate)

栏目表用来存储博客的每个频道栏目，该数据表的 SQL 语句如下：

```
CREATE TABLE `tp_cate` (
  `id` mediumint(9) NOT NULL AUTO_INCREMENT COMMENT '栏目 id',
  `catename` varchar(30) NOT NULL COMMENT '栏目名称',
  PRIMARY KEY (`id`)
) ENGINE=MyISAM AUTO_INCREMENT=10 DEFAULT CHARSET=utf8;
```

4. 友情链接表(tp_links)

友情链接表用来存储与本网站相关的链接，该数据表的 SQL 语句如下：

```
CREATE TABLE `tp_links` (
  `id` mediumint(9) NOT NULL AUTO_INCREMENT COMMENT '链接 id',
  `title` varchar(30) NOT NULL COMMENT '链接标题',
  `url` varchar(60) NOT NULL COMMENT '链接地址',
  `desc` varchar(255) NOT NULL COMMENT '链接说明',
  PRIMARY KEY (`id`)
) ENGINE=MyISAM AUTO_INCREMENT=3 DEFAULT CHARSET=utf8;
```

5. 标签表(tp_tags)

标签表用来存储本网站的热门标签，该数据表的 SQL 语句如下：

```
CREATE TABLE `tp_tags` (
  `id` mediumint(9) NOT NULL AUTO_INCREMENT COMMENT 'tag 标签 id',
  `tagname` varchar(30) NOT NULL COMMENT 'tag 标签名称',
  PRIMARY KEY (`id`)
) ENGINE=MyISAM AUTO_INCREMENT=5 DEFAULT CHARSET=utf8;
```

16.3.6　连接数据库

在应用 ThinkPHP 5.0 开发项目的过程中，前后连接数据库操作的文件分别存储于框架安装目录的 application\database.php 文件中，关键代码如下：

```
return [
    // 数据库类型
    'type'            => 'mysql',
    // 服务器地址
    'hostname'        => '127.0.0.1',
    // 数据库名
    'database'        => 'blog',
    // 用户名
    'username'        => 'root',
    // 密码
    'password'        => '123456',
    // 端口
    'hostport'        => '',
    // 连接 DSN
    'dsn'             => '',
    // 数据库连接参数
    'params'          => [],
    // 数据库编码默认采用 utf8
    'charset'         => 'utf8',
    // 数据库表前缀
    'prefix'          => 'tp_',
    // 数据库调试模式
    'debug'           => true,
    // 数据库部署方式:0 集中式(单一服务器),1 分布式(主从服务器)
    'deploy'          => 0,
    // 数据库读写是否分离,主从式有效
    'rw_separate'     => false,
    // 读写分离后,主服务器数量
    'master_num'      => 1,
    // 指定从服务器序号
    'slave_no'        => '',
    // 是否严格检查字段是否存在
    'fields_strict'   => true,
    // 数据集返回类型:array 表示数组;collection 表示 Collection 对象
    'resultset_type'  => 'array',
    // 是否自动写入时间戳字段
    'auto_timestamp'  => false,
    // 是否需要进行 SQL 性能分析
    'sql_explain'     => false,
];
```

16.3.7　自动生成项目目录

下载安装完 ThinkPHP 框架之后，首先在项目的根目录下编写入口文件。ThinkPHP 5.0 版本默认自带的入口文件位于 public/index.php(实际部署的时候，public 目录为应用对外访问目录)，入口文件的内容如下：

```
//定义应用目录
define('APP_PATH', __DIR__ . '/../application/');
//加载框架引导文件
require __DIR__ . '/../thinkphp/start.php';
```

ThinkPHP 5.0 版本采用模块化的设计架构，在默认的应用目录下只有一个 index 模块目录，如果要添加新的模块，可以使用控制台命令来生成。切换到命令行模式，进入应用根目录并执行如下指令：

```
php think build --module demo
```

ThinkPHP 5.0 的目录生成依赖 build.php 文件。在这里，首先在入口文件 public/index.php
中读取自动生成定义文件并运行，然后定义应用目录：

```
// 读取自动生成定义文件
$build = include '/../build.php';
// 运行自动生成
require __DIR__ . '/../thinkphp/start.php';
\think\Build::run($build);
// 加载框架引导文件
// 定义应用目录
define('APP_PATH', __DIR__ . '/../application/');
define('SITE_URL', 'http://127.0.0.1/tp5');
```

将\think\Build::run($build);语句放在 require __DIR__.'/../thinkphp/start.php';框架引导文件的
下面。不然会报错，提示找不到\think\Build::run($build);方法。然后如下修改 build.php 文件：

```
return [
    // 生成应用公共文件
    '__file__' => ['common.php', 'config.php', 'database.php'],

    // 定义 demo 模块的自动生成(按照实际定义的文件名生成)
    // 定义 test 模块的自动生成
    ' admin' =>[
        '__dir__'    => ['behavior','controller','model','widget'],
        'controller'=>  ['Index','Test','UserType'],
        'model'      =>  ['User','UserType'],
        'view'       =>  ['index/index','index/test'],
    ],

    // 其他更多的模块定义
];
```

配置完毕后，运行 http://localhost/tp5/public/index.php，然后就出现表明运行成功的界面，
表示目录生成成功。打开项目目录下的 application 文件夹，可以看到生成了 admin 模块目录，
如图 16-8 所示。

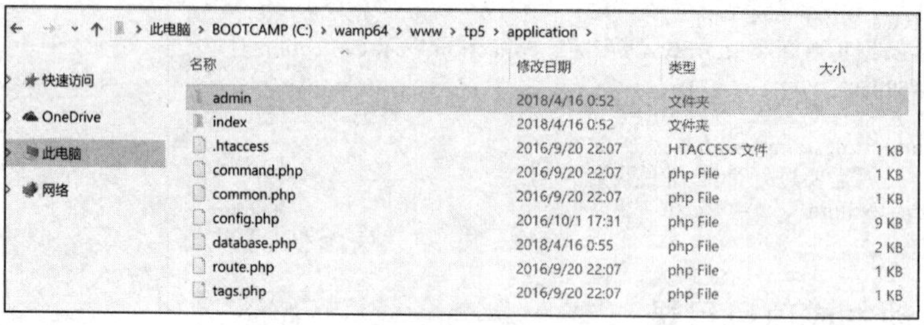

图 16-8　生成的 admin 模块目录

16.3.8　控制器的设置

1. 前台页面分析

本节以前台页面为例，介绍控制器的设计。从前面展示的效果图进行分析可知，博客前
台包括文章、频道、搜索元素 3 个独立功能，它们会在列表页、内容页以及其他任何页面单
独调用，因此，将为这 3 个功能分别设计单独的控制器；另外，从布局上来说，右侧的热门
点击和热门标签始终出现，内容上则有所变化，因此，提取为公有的父控制器，其他控制器
继承该控制器；Index 控制器用于将查询到的文章列表按每页 3 条的形式渲染到模板。

经过以上分析，为前台的 Index 模块设计控制器：公有控制器(Base.php)、频道控制器(Cate.php)、文章控制器(Article.php)、搜索控制器(Search.php)、Index 控制器(Index.php)。下面分别进行介绍。

1. 公有控制器(Base.php)

当页面加载时，对右侧的"热门点击"和"推荐阅读"进行更新。"热门推荐"对文章的点击率统计字段 click 进行降序排序，取前 8 条点击率最高的文章进行推荐；而"推荐阅读"则根据是否推荐字段 state 进行查询，取点击率最高的前 8 条数据。

在设计 Base.php 控制器时，将以上查询功能封装为 right()方法，然后在_initialize()中进行调用，然后对用到的模板进行渲染(所有的视图模板将在下一节介绍)。Base.php 控制器的代码如下：

```php
<?php
namespace app\index\controller;
use think\Controller;
class Base extends Controller
{
    public function _initialize()
    {
        $this->right();
        $cateres=db('cate')->order('id asc')->select();
        $tagres=db('tags')->order('id desc')->select();
        $this->assign(array(
                'cateres'=>$cateres,
                'tagres'=>$tagres
                ));
    }

    public function right(){
        $clickres=db('article')->order('click desc')->limit(8)->select();
        $tjres=db('article')->where('state','=',1)->order('click desc')->limit(8)->select();
        $this->assign(array(
                    'clickres'=>$clickres,
                    'tjres'=>$tjres
                ));
    }
}
```

2. 频道控制器(Cate.php)

当用户单击顶部导航中的某一项时，就会调用频道控制器，查询出属于该频道栏目的文章列表进行显示。频道控制器 Cate.php 继承了公有控制器 Base.php，根据当前频道栏目的名称，查询出所属栏目的所有文章进行显示。该控制器的关键代码如下：

```php
class Cate extends Base
{
    public function index()
    {
        $cateid=input('cateid');
        //查询当前栏目名称
        $cates=db('cate')->find($cateid);
        $this->assign('cates',$cates);
        //查询当前栏目下的文章
        $articleres=db('article')->where(array('cateid'=>$cateid))->paginate(3);
        $this->assign('articleres',$articleres);
        return $this->fetch('cate');
    }
}
```

3. 文章控制器(Article.php)

文章控制器继承了公有控制器 Base.php，并根据文章显示需求，提取出与文章显示逻辑相关的功能。文章内容页在显示的时候，主要包括当前文章的导航栏显示、内容显示、频道推荐、相关阅读。由于相关阅读的查询比较复杂且功能比较独立，因此单独封装成 ralat($keywords,$id)方法。文章控制器(Article.php)的关键代码如下：

```php
class Article extends Base
{
    public function index()
    {
        $arid=input('arid');                                        //文章 id
        $articles=db('article')->find($arid);                       //当前文章
        $ralateres=$this->ralat($articles['keywords'],$articles['id']);  //相关文章
        db('article')->where('id','=',$arid)->setInc('click');      //查找当前文章
        $cates=db('cate')->find($articles['cateid']);               //顶部导航
        $recres=db('article')->where(array('cateid'=>$cates['id'],'state'=>1))->limit(8)->select();
        $this->assign(array(
            'articles'=>$articles,                                  //文章
            'cates'=>$cates,                                        //顶部导航
            'recres'=>$recres,                                      //频道推荐
            'ralateres'=>$ralateres                                 //相关阅读
            ));
        return $this->fetch('article');
    }
    //查询相关文章
    public function ralat($keywords,$id){
        $arr=explode(',', $keywords);
        static $ralateres=array();
        foreach ($arr as $k=>$v) {
            $map['keywords']=['like','%'.$v.'%'];
            $map['id']=['neq',$id];
            $artres=db('article')->where($map)->order('id desc')->limit(8)->select();
            $ralateres=array_merge($ralateres,$artres);
        }
        if($ralateres){
        $ralateres=arr_unique($ralateres);
        return $ralateres;
        }
    }
}
```

4. 搜索控制器(Search.php)

搜索控制器主要用于查询与输入关键字匹配的所有文章，然后渲染到文章列表页面，该控制器的关键代码如下：

```php
class Search extends Base
{
    public function index()
    {
        $keywords=input('keywords');//查询关键字
        if($keywords){
            $map['title']=['like','%'.$keywords.'%'];
            $searchres=db('article')->where($map)->order('id desc')->paginate($listRows = 3, $simple = false, $config = [
                'query'=>array('keywords'=>$keywords),
                ]);
            $this->assign(array(
                'searchres'=>$searchres,
                'keywords'=>$keywords
```

```
            ));
        }else{
            $this->assign(array(
                'searchres'=>null,
                'keywords'=>'暂无数据'
                ));
        }
        return $this->fetch('search');
    }
}
```

5. Index 控制器(Index.php)

Index 控制器继承了公共控制器 Base.php，查询所有文章，并按 id 倒序排序，然后取前面的 3 条记录，最后渲染模板。该控制器的关键代码如下：

```
class Index extends Base
{
    public function index()
    {
        $articleres=db('article')->order('id desc')->paginate(3);
        $this->assign('articleres',$articleres);
        return $this->fetch();
    }
}
```

16.3.9 视图设置

前一节介绍了对前台功能划分之后所设计的控制器类及关键代码。每一个控制器在处理完数据之后，都需要将结果数据渲染到视图模板中。本节就介绍与上一节中控制器对应的视图模板的设计。

首先在 index 模块下创建视图文件夹 view，如图 16-9 所示。

图 16-9 建立 index 模块的视图文件夹 view

除了公共控制器 Base.php 不需要提供视图模板之外，为其他控制器分别建立模板文件夹。另外，对于顶部导航条和底部版权页这类公共元素，创建公共模板文件夹。基于以上分析，创建 5 个模板文件夹：common、cate、article、search、index，如图 16-10 所示。

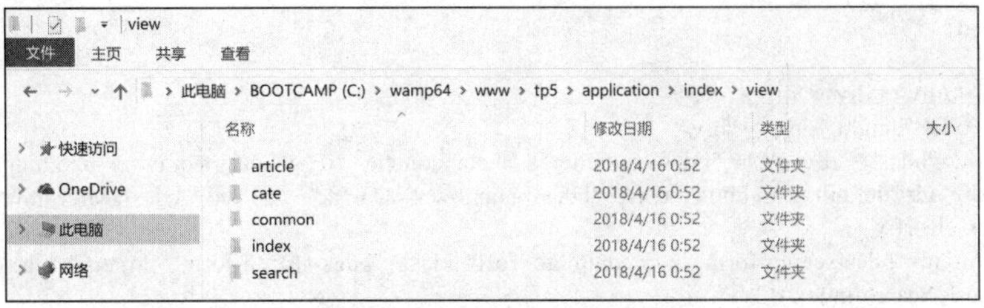

图 16-10 建立 5 个模板文件夹

1. common 模板文件夹

common 模板文件夹主要用于存放前台页面顶部、右侧栏、底部版权的模板，分别命名为 header.html、right.html、foot.html，这 3 个视图供其他模板包含调用。

header.html 视图模板用于规定页面头部的显示结构，其代码如下：

```html
<div class="ladytop">
    <div class="nav">
    <div class="left"><a href=""><img src="__PUBLIC__/images/hunshang.png" alt="wed114 婚尚"></a></div>
    <div class="right">
    <div class="box"><a href="{:url('index/index')}"  rel='dropmenu209'>首页</a>
      {volist name="cateres" id="vo"}
       <a href="{:url('cate/index',array('cateid'=>$vo['id']))}"  rel='dropmenu209'>{$vo.catename}</a>
       {/volist}
    </div></div></div></div>
<div class="hotmenu">
  <div class="con">热门标签：
    <a href="#" target="_blank" style="color:#f00;">ThinkPHP 视频教程下载</a>
    {volist name="tagres" id="vo"}
<a href='http://127.0.0.1/tp5/public/index.php/index/search/index?keywords={$vo.tagname}'>
{$vo.tagname}</a>
    {/volist}
    </div></div>
```

right.html 视图模板用于规定页面右侧的热门点击、推荐阅读的显示结构，其代码如下：

```html
<div class="right">
<div id="hm_t_57953"><div style="display: block; margin: 0px; padding: 0px; float: none; clear: none;
overflow: hidden; position: relative; border: 0px none; background: transparent none repeat scroll 0% 0%;
max-width: none; max-height: none; border-radius: 0px; box-shadow: none; transition: none 0s ease 0s ; text-align:
left; box-sizing: content-box; width: 300px;">
    <div class="hm-t-container" style="width: 298px;"><div class="hm-t-main"><div class="hm-t-header">热门
点击</div><div class="hm-t-body"><ul class="hm-t-list hm-t-list-img">
    {volist name="clickres" id="vo"}
    <li class="hm-t-item hm-t-item-img"><a data-pos="3" title="{$vo.title}" target="_blank" href="{:url('article/
index',array('arid'=>$vo['id']))}" class="hm-t-img-title" style="visibility: visible;"><span>{$vo.title}</span></a></li>
    {/volist}
    </ul>
    </div></div></div></div></div>
    <div style="height:15px"></div>
    <div id="hm_t_57953"><div style="display: block; margin: 0px; padding: 0px; float: none; clear: none;
overflow: hidden; position: relative; border: 0px none; background: transparent none repeat scroll 0% 0%;
max-width: none; max-height: none; border-radius: 0px; box-shadow: none; transition: none 0s ease 0s ; text-align:
left; box-sizing: content-box; width: 300px;">
    <div style="width: 298px;" class="hm-t-container"><div class="hm-t-main"><div class="hm-t-header">推荐
阅读</div><div class="hm-t-body"><ul class="hm-t-list hm-t-list-img">
    {volist name="tjres" id="vo"}
    <li class="hm-t-item hm-t-item-img"><a data-pos="3" title="{$vo.title}" target="_blank" href="{:url('article/
index',array('arid'=>$vo['id']))}" class="hm-t-img-title" style="visibility: visible;"><span>{$vo.title}</span></a>
</li>
    {/volist}
    </ul>
    </div></div></div></div></div>
    <div style="height:15px"></div>
    <div id="bdcs"><div class="bdcs-container"><meta content="IE=9" http-equiv="x-ua-compatible"><!--嵌入
式--> <div id="default-searchbox" class="bdcs-main bdcs-clearfix"><div id="bdcs-search-inline" class="bdcs-
search bdcs-clearfix">
    <form id="bdcs-search-form" autocomplete="off" class="bdcs-search-form" target="_blank" method="get"
action="{:url('Search/index')}">
        <input type="text" placeholder="请输入关键词" id="bdcs-search-form-input" class="bdcs-search-
```

```
form-input" name="keywords" autocomplete="off" style="line-height: 30px; width:220px;">
        <input type="submit" value="搜索" id="bdcs-search-form-submit" class="bdcs-search-form-submit
bdcs-search-form-submit-magnifier">
    </form>
  </div>
    <div id="bdcs-search-sug" class="bdcs-search-sug" style="top: 552px; width: 239px;">
    <ul id="bdcs-search-sug-list" class="bdcs-search-sug-list"></ul>
    </div> </div></div></div><div style="height:15px"></div></div>
```

footer.html 视图模板用于规定底部版权的显示结构，其代码如下：

```
<div class="footerd">
<ul>
<li>Copyright &#169; 2008-2016   all rights reserved 版权所有<a href="#" target="_blank" rel="nofollow">
蜀 icp 备 08107937 号</a></li>
</ul>
</div>
```

以上公共视图模板，从代码可以看出，作为公共模板，一般不包括<html>、<head>、<body>之类的 HTML 文档标签，只有这样，才可以包含到其他视图模板中。要在一个视图模板中包含另一个公共视图模板，可以使用 include file 关键字，例如，在其他页面中包含 header 模板：

```
{include file="common/header" /}
```

2. cate 模板文件夹

cate 模板文件夹下只有 cate.html 模板(默认供 cate.php 控制器调用)，其关键代码如下：

```
<link href="__PUBLIC__/style/lady.css" type="text/css" rel="stylesheet" />
<script type='text/javascript' src='__PUBLIC__/style/ismobile.js'></script>
</head>
<body>
  {include file="common/header" /}
<!--顶部通栏-->
<div class="position"><a href="{:url('index/index')}">主页</a> > <a href="{:url('cate/index',array('cateid'=>
$cates['id']))}">{$cates.catename}</a>  </div>
<div class="overall"><div class="left">
    {volist name="articleres" id="vo"}
    <div class="xnews2">
    <div class="pic"><a target="_blank" href="{:url('article/index',array('arid'=>$vo['id']))}">
    <img src="{if condition="$vo['pic'] neq ""}__IMG__{$vo.pic}{else /}__PUBLIC__/images/error.
png{/if}" alt=""/>
    </a></div>
    <div class="dec">
    <h3><a target="_blank" href="{:url('article/index',array('arid'=>$vo['id']))}">{$vo.title}</a></h3>
    <div class="time">发布时间：{$vo['time']|date="Y-m-d",###}</div>
    <p>{$vo.desc}</p>
    <div class="time">
    <?php
        $arr=explode(',', $vo['keywords']);
        foreach ($arr as $k=>$v) {
            echo "<a href='http://127.0.0.1/tp5/public/index.php/index/search/index?keywords=$v'>
$v</a>";
        }
    ?>
    </div></div></div>
    {/volist}
    <div class="pages"><div class="plist" >{$articleres->render()}
    </div></div></div>{include file="common/right" /}</div>
    {include file="common/foot" /}
</body>
```

以上代码中，引用 JS 资源时代码如下：

```
<script type='text/javascript' src='__PUBLIC__/style/ismobile.js'></script>
```

其中用到了关键字__PUBLIC__，默认情况下该关键字是指 public\static 下相关模块文件夹用到的静态资源，这里指的是 public\static\index\style。更多的 ThinkPHP 关键字设置请查阅帮助文档和本例的源代码。

另外，在此模板中还引用了头部、右侧和底部的模板：

```
{include file="common/header" /}
{include file="common/right" /}
{include file="common/foot" /}
```

3. article 模板文件夹

article 模板文件夹存放着 article.php 控制器需要调用的模板文件 article.html，主要用于规定文章内容页的显示结构，其关键代码如下：

```
        <link href="__PUBLIC__/style/lady.css" type="text/css" rel="stylesheet" />
        <script type='text/javascript' src='__PUBLIC__/style/ismobile.js'></script>
    </head>
    <body>
        {include file="common/header" /}
        <!--顶部通栏-->
        <script src='/jiehun/goto/my-65547.js' language='javascript'></script>
        <div class="position"><a href='{:url('index/index')}'>主页</a> > <a href="{:url('cate/index',array
('cateid'=>$cates['id']))}">{$cates.catename}</a> > </div>
        <div class="overall">
        <div class="left">
        <div class="scrap">
          <h1>{$articles.title}</h1>
           <div class="spread">
           <span class="writor">发布时间：{$articles.time|date="Y-m-d",###}</span>
           <span class="writor">编辑：{$articles.author}</span>
           <span class="writor">标签：
           <?php
               $arr=explode(',', $articles['keywords']);
                foreach ($arr as $k=>$v) {
                   echo "<a href='#'>$v</a>";
                   }
           ?>
           </span>
           <span class="writor">热度：{$articles.click}</span>
                   </div> </div>
                <!--百度分享-->
                <script src='/jiehun/goto/my-65542.js' language='javascript'></script>
                <div class="takeaway">
                    <span class="btn arr-left"></span>
                    <p class="jjxq">{$articles.desc}</p>
                    <span class="btn arr-right"></span>
                </div>
                  <script src='/jiehun/goto/my-65541.js' language='javascript'></script>
                <div class="substance">
                {$articles.content}
                </div>
                <div class="biaoqian"> </div>
                <!--相关阅读 -->
                <div class="xgread">
                <div class="til"><h4>相关阅读</h4></div>
                <div class="lef"><!--相关阅读主题链接--><script src='/jiehun/goto/my-65540.js' language
='javascript'></script></div>
                <div class="rig">
```

```
                    <ul>
                        {volist name="ralateres" id="vo"}
    <li><a href="{:url('article/index',array('arid'=>$vo[0]))}" target="_blank">{$vo.1}</a></li>
                        {/volist}
                    </ul>
                </div></div>
                    <!--频道推荐-->
                    <div class="hotsnew">
                        <div class="til"><h4>频道推荐</h4></div>
                        <ul>
                    {volist name="recres" id="vo"}
    <li><div class="tu"><a href='{:url('article/index',array('arid'=>$vo['id']))}' target="_blank">
    <img src="{if condition="$vo['pic'] neq ""}__IMG__{$vo.pic}{else /}__PUBLIC__/images/error.png{/if}"
alt=""/></a></div><p><a href='{:url('article/index',array('arid'=>$vo['id']))}'>{$vo.title}</a></p></li>
                        {/volist}
                        </ul>
                </div> </div>{include file="common/right" /} </div>
            {include file="common/foot" /}
        </body>
```

4. search 模板文件夹

search 模板文件夹存放着 search.php 控制器需要调用的模板文件 search.html，主要用于规定搜索栏和搜索结果页的显示结构，其关键代码如下：

```
<link href="__PUBLIC__/style/lady.css" type="text/css" rel="stylesheet" />
<script type='text/javascript' src='__PUBLIC__/style/ismobile.js'></script>
</head>
<body>
{include file="common/header" /}<!--顶部通栏-->
<div class="position">搜索：<span style="color:#f00; font-weight:bold;">{$keywords}</span> </div>
<div class="overall">
  <div class="left">
        {volist name="searchres" id="vo"}
        <div class="xnews2">
        <div class="pic"><a target="_blank" href="{:url('article/index',array('arid'=>$vo['id']))}">
        <img src="{if condition="$vo['pic'] neq ""}__IMG__{$vo.pic}{else /}__PUBLIC__/images/error.
png{/if}" alt=""/>
        </a></div>
        <div class="dec">
        <h3><a target="_blank" href="{:url('article/index',array('arid'=>$vo['id']))}">{$vo.title}</a></h3>
        <div class="time">发布时间：{$vo['time']|date="Y-m-d",###}</div>
        <p>{$vo.desc}</p>
        <div class="time">
        <?php
            $arr=explode(',', $vo['keywords']);
            foreach ($arr as $k=>$v) {
        echo "<a href='http://127.0.0.1/tp5/public/index.php/index/search/index?keywords=$v'>$v</a>";
            }
        ?>
        </div></div></div>
        {/volist}
        <div class="pages">
        <div class="plist" >
{$searchres->render()}
        </div></div></div>
  {include file="common/right" /}
</div>
{include file="common/foot" /}
</body>
```

5. index 模板文件夹

index 模板文件夹存放着 index.php 控制器需要调用的模板文件 index.html，主要用于规定首页的显示结构，其关键代码如下：

```
<script type='text/javascript' src='__PUBLIC__/style/ismobile.js'></script>
</head>
<body>
 {include file="common/header" /}
<!--顶部通栏-->
<div class="position"></div>
<div class="overall">
  <div class="left">
      {volist name="articleres" id="vo"}
          <div class="xnews2">
              <div  class="pic"><a  target="_blank"  href="20160920156216.html"><img  src="{if
condition="$vo['pic']  neq  ""}__IMG__{$vo.pic}{else /}__PUBLIC__/images/error.png{/if}"  alt="{$vo.title}"/>
</a></div>
              <div class="dec">
              <h3><a  target="_blank"  href="{:url('article/index',array('arid'=>$vo['id']))}">{$vo.title}
</a></h3>
              <div class="time">发布时间：{$vo.time|date="Y-m-d",###}</div>
              <p>{$vo.desc}</p>
              <div class="time">
      <?php
          $arr=explode(',', $vo['keywords']);
          foreach ($arr as $k=>$v) {
      echo "<a href='http://127.0.0.1/tp5/public/index.php/index/search/index?keywords=$v'>$v</a>";
          }
      ?>
      </div></div></div>
      {/volist}
          <div class="pages">
          <div class="plist" >{$articleres->render()}</div>
          </div></div>
 {include file="common/right" /}
 </div>
 {include file="common/foot" /}
 </body>
```

16.3.10 后台管理程序架构分析

后台管理程序的目录结构如图 16-11 所示。

图 16-11 后台管理程序的目录结构

后台管理程序的控制器如图 16-12 所示。其中包括了公共控制器 Base.php、管理员控制器 Admin.php、文章控制器 Article.php、频道栏目控制器 Cate.php、首页控制器 Index.php、相关链接控制器 Links.php、登录控制器 Login.php、标签控制器 Tags.php。这些控制器的设计思路和前台的控制器类似，不同的是：主要功能一般是针对数据的增删改查操作。限于篇幅，在此不再赘述，读者可自行查看源代码进行练习。

图 16-12　后台管理程序的控制器

后台管理程序的视图文件夹如图 16-13 所示。其中，每个视图文件夹主要提供了与数据的增删改查相关的视图模板。例如，对于 article 控制器的视图文件夹 article，其中的模板包括 add.htm、edit.htm、lst.htm；而 common 文件夹和前台的 common 文件夹类似，用于保存后台页面的头部、底部等公共区域的模板文件。

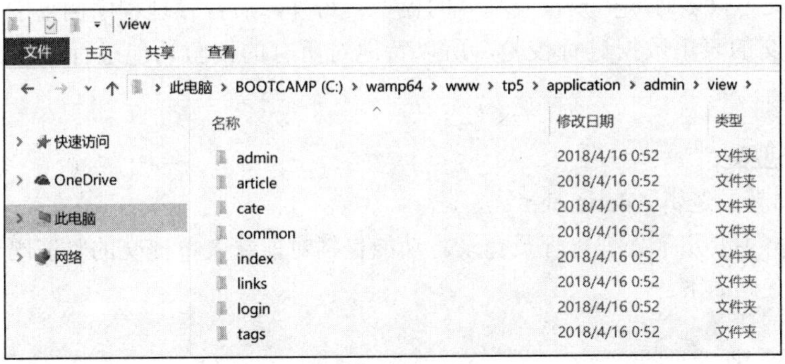

图 16-13　后台管理程序的视图文件夹

后台管理程序提供了数据模型文件夹 model，主要用于处理业务逻辑对数据处理的需求，如图 16-14 所示。其中包括了管理员账号模型 Admin.php、文章模型 Article.php、频道栏目模型 Cate.php 和相关友情链接模型 Links.php。控制器可以调用模型中提供的数据及方法。

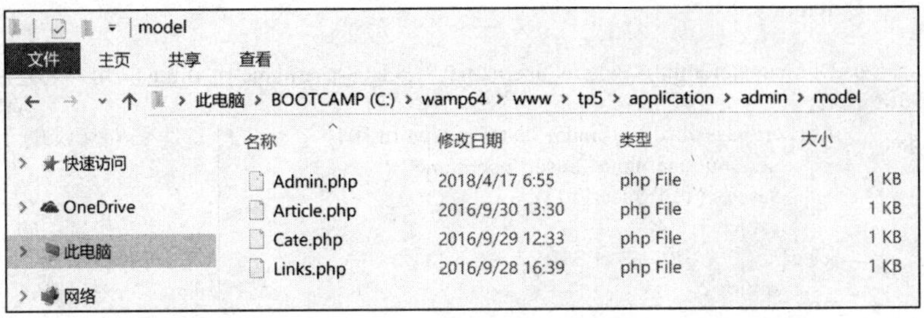

图 16-14　数据模型文件夹

除此之外，后台管理程序还提供了 validate 目录，用于存放数据校验程序，如图 16-15 所示。

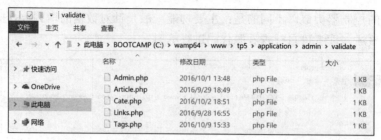

图 16-15　数据校验文件

限于篇幅，后台管理程序对控制器、视图等的设计思路不再作过多介绍，下面主要简单介绍前台没有用到的数据模型和数据校验。

16.3.11　数据模型和数据校验的设计

后台的控制器、视图模板的创建思路和前台一样，不一样的是后台大多提供了数据模型和数据校验功能。前面介绍前台功能时并没有涉及数据模型的使用，因为前台功能重在交互，对于数据需求，一般以读取数据为主。但是后台管理程序不一样，由于主要负责整个网站的数据管理，因此需要为数据处理逻辑编写逻辑代码，频繁地对数据库中存储的信息执行增删改查操作。因此，很多时候需要设置独立的模型。另外，后台管理程序侧重于数据处理，因此有必要对提交的表单数据进行校验，所以特地对所有的校验功能进行分类封装，保存到 validate 文件夹下。

1. 数据模型类

(1) 管理员登录逻辑 Admin.php

Admin.php 主要用于处理管理员登录。功能包括对前端表单提交的验证码、用户名和密码进行验证。代码如下：

```php
<?php
namespace app\admin\model;
use think\Model;
use think\Db;
class Admin extends Model
{
  public function login($data){
      $captcha = new \think\captcha\Captcha();          //验证码验证
        if (!$captcha->check($data['code'])) {
            return 4;
        }
      $user=Db::name('admin')->where('username','=',$data['username'])->find();//用户名判断
      if($user){
            if($user['password'] == md5($data['password'])){   //密码判断
                session('username',$user['username']);
                session('uid',$user['id']);
                return 3;                                 //信息正确
            }else{
                return 2;                                 //密码错误
            }
      }else{
            return 1;                                      //用户不存在
      }
  }
}
```

(2) 频道栏目逻辑 Admin.php

本例中，考虑到前端页面的布局问题，如果随意增减频道栏目，对前端页面的显示影响极大，因此不允许增减频道栏目。Cate.php 类直接继承 Model 类，不提供其他业务逻辑处理代码，程序如下：

```php
<?php
namespace app\admin\model;
use think\Model;
class Cate extends Model
{
}
```

(3) 文章处理逻辑 Article.php

Article 类直接返回属于指定频道栏目 id 的文章列表，代码如下：

```php
<?php
namespace app\admin\model;
use think\Model;
class Article extends Model
{
  public function cate(){
        return $this->belongsTo('cate','cateid');
  }
}
```

(3) 友情链接逻辑 Links.php

Links.php 和频道栏目一样，直接继承 Model 类，代码如下：

```php
<?php
namespace app\admin\model;
use think\Model;
class Links extends Model
{}
```

2. 数据校验类

ThinkPHP 提供了强大的校验类 Validate，使用该校验类可以很方便地对用户提交的表单数据进行校验。用户可以继承 ThinkPHP 的校验类，然后添加校验规则。例如，管理员登录表单校验类 Admin.php 的代码如下：

```php
<?php
namespace app\admin\validate;
use think\Validate;
class Admin extends Validate
{
    protected $rule = [
        'username'  =>  'require|max:25|unique:admin',
        'password' =>   'require',
    ];
    protected $message   =    [
        'username.require' => '管理员名称必须填写',
        'username.max' => '管理员名称长度不得大于 25 位',
        'username.unique' => '管理员名称不得重复',
        'password.require' => '管理员密码必须填写',
    ];
    protected $scene = [
        'add'    =>   ['username'=>'require|unique:admin','password'],
        'edit'   =>   ['username'=>'require|unique:admin'],
    ];
}
```

以上程序中，对用户名、密码，表单元素填写时的错误提示信息，以及新增和编辑等权限做了规定。

文章校验类 Article.php 则对提交的文章表单数据进行校验，关键代码如下：

```
class Article extends Validate
{
    protected $rule = [
        'title'  => 'require|max:25',
        'cateid' => 'require',
    ];
    protected $message = [
        'title.require' => '文章标题必须填写',
        'title.max' => '文章标题长度不得大于 25 位',
        'cateid.require' => '请选择文章所属栏目',
    ];
    protected $scene = [
        'add'  => ['title','cateid'],
        'edit' => ['title','cateid'],
    ];
}
```

可以看出，文章校验类 Article.php 和 Admin.php 的设计逻辑一样，都规定了表单元素的必填、选填规则，对选项元素错误提示，以及增加和编辑规则进行了设置。

Cate.php 校验类的关键代码如下：

```
class Cate extends Validate
{
    protected $rule = [
        'catename'  => 'require|max:25|unique:cate',
    ];
    protected $message = [
        'catename.require' => '栏目名称必须填写',
        'catename.max' => '栏目名称长度不得大于 25 位',
        'catename.unique' => '栏目名称不得重复',
    ];
    protected $scene = [
        'add'  => ['catename'=>'require|unique:cate'],
        'edit' => ['catename'=>'require|unique:cate'],
    ];
}
```

友情链接校验类 Links.php 的关键代码如下：

```
class Links extends Validate
{
    protected $rule = [
        'title'  => 'require|max:25',
        'url' => 'require',
    ];
    protected $message = [
        'title.require' => '链接标题必须填写',
        'title.max' => '链接标题长度不得大于 25 位',
        'url.require' => '链接地址必须填写',
    ];
    protected $scene = [
        'add'  => ['title','url'],
        'edit' => ['title','url'],
    ];
}
```

标签校验类 Tags.php 的关键代码如下：

```
class Tags extends Validate
```

```
{
    protected $rule = [
        'tagname'   =>   'require|max:25|unique:tags',
    ];
    protected $message   =   [
        'tagname.require' => 'Tag 标签必须填写',
        'tagname.max' => 'Tag 标签长度不得大于 25 位',
        'tagname.unique' => 'Tag 标签不得重复',
    ];
    protected $scene = [
        'add'   =>   ['tagname'],
        'edit'   =>   ['tagname'],
    ];
}
```

16.4　本章小结

　　本章首先对实际的网站开发流程做了简单介绍；然后介绍了如何使用 PHP 原生语言开发一个简易留言板，以综合运用本书所介绍的 PHP 基础知识，巩固所学；最后，分析并介绍了使用 ThinkPHP 5.0 框架创建个人博客的思路。通过本章所学，读者应能巩固掌握的 PHP 基础知识，会使用 ThinkPHP 5.0 搭建网站框架，并对网站开发有个总体上的认识。

16.5　思考和练习

1. 简述网站开发的一般流程。
2. 动手将本章的留言板代码敲一遍，然后在本机环境下调试。
3. 安装 ThinkPHP 框架，根据本章创建个人博客的思路，动手创建个人的博客网站。

参 考 文 献

[1] 李开涌 编著. PHP MVC 开发实战[M]. 北京：机械工业出版社，2013

[2] 软件开发技术联盟 著. PHP 开发实例大全[M]. 北京：清华大学出版社，2016

[3] 明日科技 编著. PHP 从入门到精通(第 4 版)[M]. 北京：清华大学出版社，2017

[4] 传智播客高教产品研发部 编著. PHP 程序设计基础教程[M]. 北京：中国铁道出版社，
2014

[5] 列旭松，陈文 著. PHP 核心技术与最佳实践[M]. 北京：机械工业出版社，2013

[6] [美] Josh Lockhart 著，安道 译. Modern PHP(中文版)[M]. 北京：中国电力出版社，
2015

[7] [美] Baron Schwartz，[美] Peter Zaitsev，[美] Vadim Tkachenko 著；宁海元 等译. 高
性能 MYSQL(第 3 版)[M]. 北京：电子工业出版社，2013

[8] 夏磊 著. ThinkPHP 实战[M]. 北京：清华大学出版社，2017

[9] 刘增杰，张工厂 编著. PHP 7 从入门到精通[M]. 北京：清华大学出版社，2016

[10] 辛洪郁，张鑫 编著. PHP 项目开发全程实录(第 3 版)[M]. 北京：清华大学出版社，
2013

[11] 秦朋 著. PHP7 内核剖析[M]. 北京：电子工业出版社，2017

[12] 陈浩 等编著. 零基础学 PHP[M]. 北京：机械工业出版社，2014

[13] 李慧，高飞 等编著. PHP 入门经典[M]. 北京：机械工业出版社，2013

[14] 刘乃琦，李忠 编著. PHP 和 MySQL Web 应用开发[M]. 北京：人民邮电出版社，2013

[15] [美] David Sklar，[美] Adam Trachtenberg 著；苏金国，丁小峰 等译. PHP 经典实例
(第 3 版)[M]. 北京：中国电力出版社，2015

[16] 孔祥盛 主编. PHP 编程基础与实例教程(第 2 版)[M]. 北京：人民邮电出版社，2016

[17] 秦秀媛等 编著. 数据库原理及应用[M]. 北京：西南交通大学出版社，2016

[18] 孔丽红 编著. 数据库原理[M]. 北京：清华大学出版社，2015

[19] 明日科技 编著. MySQL 从入门到精通[M]. 北京：清华大学出版社，2017

[20] 姜承尧 著. MySQL 技术内幕：InnoDB 存储引擎(第 2 版)[M]. 北京：机械工业出版社，
2013

[21] www.php.net

[22] www.php100.com